高等职业院校精品教材系列

液压与气动应用技术

（第2版）

韩京海　主　编
郭　燕　王维英　副主编
高彩霞　主　审

電子工業出版社
Publishing House of Electronics Industry
北京·BEIJING

内 容 简 介

本书第1版得到广大院校老师的欢迎和使用，前后已累计重印十多次，在征求专业教师和专家意见的基础上，结合最新的本课程改革成果，以突出应用能力和综合素质培养为原则进行修订编写。全书内容包括液压传动和气动技术两部分，通过13个学习项目、27个任务来强化学员的操作技能。本书主要论述液压与气动的基础知识、液压元件、液压基本回路和应用、液压系统的组建与维护、气源装置、气动执行元件和控制元件、气动基本回路及气动系统的应用和维护等；强调液压与气动元件的选用与拆装，液压与气动控制回路的设计与组装，液压与气动系统的组建、调试及故障排除等实践操作；着重于学生知识应用综合技能和创新能力的培养。

本教材重视学生在校学习与工作的一致性，有针对性地采取任务驱动、项目导向、课堂与实习地点一体化等行动导向的教学模式，以项目任务为载体，每个项目或任务都包括实践知识、理论知识、职业态度和情感等内容，是相对完整的一个系统，具有较强的操作性和可行性，方便教学安排。

本书为高等职业本专科院校机电类、自动化类及机械类等专业的教材，也可作为开放大学、成人教育、自学考试、中职学校、培训班的教材，以及企业工程技术人员的参考书。

本书提供精美的多媒体课件、视频、习题参考答案和图片素材，详见前言。

图书在版编目（CIP）数据

液压与气动应用技术/韩京海主编．—2版．—北京：电子工业出版社，2014.2
全国高等职业院校规划教材·精品与示范系列
ISBN 978-7-121-22374-7

Ⅰ．①液…　Ⅱ．①韩…　Ⅲ．①液压传动-高等职业教育-教材　②气压传动-高等职业教育-教材
Ⅳ．①TH137　②TH138

中国版本图书馆CIP数据核字（2014）第010971号

策划编辑：陈健德（E-mail：chenjd@phei.com.cn）
责任编辑：毕军志
印　　刷：涿州市般润文化传播有限公司
装　　订：涿州市般润文化传播有限公司
出版发行：电子工业出版社
　　　　　北京市海淀区万寿路173信箱　邮编：100036
开　　本：787×1092　1/16　印张：18.5　字数：504.3千字
版　　次：2009年3月第1版
　　　　　2014年2月第2版
印　　次：2023年6月第18次印刷
定　　价：49.00元

所购买电子工业出版社图书有缺损问题，请向购买书店调换。若书店售缺，请与本社发行部联系，联系及邮购电话：（010）88254888，88258888。

质量投诉请发邮件至zlts@phei.com.cn，盗版侵权举报请发邮件至dbqq@phei.com.cn。

本书咨询联系方式：chenjd@phei.com.cn。

职业教育　继往开来(序)

自我国经济在21世纪快速发展以来，各行各业都取得了前所未有的进步。随着我国工业生产规模的扩大和经济发展水平的提高，教育行业受到了各方面的重视。尤其对高等职业教育来说，近几年在教育部和财政部实施的国家示范性院校建设政策鼓舞下，高职院校以服务为宗旨、以就业为导向，开展工学结合与校企合作，进行了较大范围的专业建设和课程改革，涌现出一批示范专业和精品课程。高职教育在为区域经济建设服务的前提下，逐步加大校内生产性实训比例，引入企业参与教学过程和质量评价。在这种开放式人才培养模式下，教学以育人为目标，以掌握知识和技能为根本，克服了以学科体系进行教学的缺点和不足，为学生的顶岗实习和顺利就业创造了条件。

中国电子教育学会立足于电子行业企事业单位，为行业教育事业的改革和发展，为实施“科教兴国”战略做了许多工作。电子工业出版社作为职业教育教材出版大社，具有优秀的编辑人才队伍和丰富的职业教育教材出版经验，有义务和能力与广大的高职院校密切合作，参与创新职业教育的新方法，出版反映最新教学改革成果的新教材。中国电子教育学会经常与电子工业出版社开展交流与合作，在职业教育新的教学模式下，将共同为培养符合当今社会需要的、合格的职业技能人才而提供优质服务。

近期由电子工业出版社组织策划和编辑出版的“全国高职高专院校规划教材·精品与示范系列”，具有以下几个突出特点，特向全国的职业教育院校进行推荐。

(1) 本系列教材的课程研究专家和作者主要来自于教育部和各省市评审通过的多所示范院校。他们对教育部倡导的职业教育教学改革精神理解得透彻准确，并且具有多年的职业教育教学经验及工学结合、校企合作经验，能够准确地对职业教育相关专业的知识点和技能点进行横向与纵向设计，能够把握创新型教材的出版方向。

(2) 本系列教材的编写以多所示范院校的课程改革成果为基础，体现重点突出、实用为主、够用为度的原则，采用项目驱动的教学方式。学习任务主要以本行业工作岗位群中的典型实例提炼后进行设置，项目实例较多，应用范围较广，图片数量较大，还引入了一些经验性的公式、表格等，文字叙述浅显易懂。增强了教学过程的互动性与趣味性，对全国许多职业教育院校具有较大的适用性，同时对企业技术人员具有可参考性。

(3) 根据职业教育的特点，本系列教材在全国独创性地提出“职业导航、教学导航、知识分布网络、知识梳理与总结”及“封面重点知识”等内容，有利于老师选择合适的教材并有重点地开展教学过程，也有利于学生了解该教材相关的职业特点和对教材内容进行高效率的学习与总结。

(4) 根据每门课程的内容特点，为方便教学过程对教材配备相应的电子教学课件、习题答案与指导、教学素材资源、程序源代码、教学网站支持等立体化教学资源。

职业教育要不断进行改革，创新型教材建设是一项长期而艰巨的任务。为了使职业教育能够更好地为区域经济和企业服务，殷切希望高职高专院校的各位职教专家和老师提出建议和撰写精品教材（联系邮箱：chenjd@phei.com.cn，电话：010－88254585），共同为我国的职业教育发展尽自己的责任与义务！

中国电子教育学会

第 2 版前言

近年来，随着我国经济的快速发展，机电行业取得了明显的进步，同时对行业技术人员的理论知识与操作技能提出了更高的要求。高职院校肩负着为行业培养更多更好的专业技能人才的使命。按照教育部倡导的教学改革思路与要求，职业院校的多个相关专业不断开展专业建设和课程改革，取得了许多的课程改革成果与经验。为了方便和有针对性地开展课程教学，使学生掌握更多的知识和技能，以便顺利就业和做好职业岗位工作，有必要对本书进行修订。通过学生就业岗位需求和针对职业典型工作任务的分析，本书侧重培养学生基本技能，尽量编入新技术和新设备内容，强调以真实项目为引导，突出完成工作任务与所需知识的密切联系，强化学生知识应用综合技能和创新能力的培养，更好地满足企业用人的需要。知识拓展部分提供液压与气动技术的最新发展，为学生课外阅读和深入学习提供丰富的素材。

本书第 1 版得到了广大院校老师的欢迎和使用，已发行 23000 余册，编者根据新的教学需要，在广泛征求专业教师和职教专家意见的基础上，结合最新的职业教育教学改革成果，以突出应用能力和综合素质培养为原则进行修订，其修订思路如下。

1. 以具体化的工作项目任务为载体开展教学，每个项目任务都包括实践知识、理论知识、职业态度与情感等内容，是相对完整的一个系统。

2. 紧密结合学校与企业工业现场的设备，以知识的应用为目的，以工作过程为主线，融合最新技术和工艺知识，强调知识、能力、素质结构整体优化，强化设备系统安装调试、维修和工程应用能力。

3. 在内容选择上，突出课程内容的实践性和实用性。任务的选取从简单到复杂、由单一到全面，基本知识由浅入深贯穿全书。每个任务基于完整的工作过程，具有可操作性和可行性，内容安排合理，使学生更加有效地将理论和实践相结合，有利于学习和就业。

4. 在任务的可操作性上，强调元器件的认识和选取方法，增加了新型控制阀的应用，注重其工程实际应用，强化学生对液压与气动系统回路设计、组建和调试，设备的安装与控制，系统故障的分析与排除等方面的技能。

本书图文并茂，通俗易懂，通过 13 个学习项目、27 个任务来强化学员的操作技能。本书以项目任务为导向，可采用四步教学法、引导提示法、案例分析法、模拟教学法、演示教学法等多种方法进行教学与实践。每个项目任务设有【学习目标】、【任务引入】、【任务分析】、【相关知识】和【任务实施】、【知识拓展】、【自我评价】等。本书的参考学时为 60 ～ 80 学时，不同院校可根据不同专业设置和实际情况，对任务和学时进行适当的调整。

本次修订由南京交通职业技术学院韩京海任主编并进行统稿，由南京化工职业技术学院郭燕、无锡工艺职业技术学院王维英任副主编，南京机电职业技术学院陆晨芳、无锡工艺职业技术学院陆新、南京翼马数控机床有限公司陆江参加编写。具体分工如下：项目1、2由郭燕编写，项目5、6、7、8、12由韩京海编写，项目3、4、9由王维英编写，项目10、11由陆晨芳编写，项目13由陆新编写，项目12部分案例由陆江编写。本书配套的多媒体教学课件、习题及参考答案由韩京海、王维英、郭燕制作完成。本书由南京交通职业技术学院高彩霞副教授主审。在修订编写过程中得到无锡工艺职业技术学院徐小东副教授和南京旭上数控机床有限公司潘毅工程师的大力支持和关心指导，同时也从许多文献中得到有益的启发，在此表示衷心的感谢！

由于编写水平有限，书中难免有不到之处，敬请读者指正，以便在再次修订时加以完善。

为了教学方便，本书提供精美的多媒体教学课件、习题参考答案和图片素材等立体化教学资源，读者可通过华信教育资源网（http://www.hxedu.com.cn）免费注册后进行下载，有问题时请在网站留言或与电子工业出版社联系（E-mail：hxedu@phei.com.cn）。

编者 

第1版前言

本书根据高等职业教育和高等专科教育要求，结合最新的教学改革经验，按照以就业为导向、以能力为本位、突出应用能力和综合素质培养的原则进行编写。全书内容包括液压传动和气动技术两部分，共分13章，其中第1～9章为液压传动，第10～13章为气动技术。本书主要论述了液压与气动的基础知识、液压元件、液压基本回路和应用、液压系统的安装和维护、气源装置、气动元件、气动基本回路以及气动系统的应用和维护等。

本书在编写过程中注重理论联系实际，采用理论实践一体化教学法优化课程内容，较好地处理了理论教学与技能训练的关系，切实突出“管用、够用、适用”的教学指导思想；注重教材的针对性和实用性，尽量编入新技术和新设备内容，配有工程项目应用实例作为操作训练项目，提高学生的学习兴趣，贴近工程实际，以缩短学校教育与企业需要间的距离，更好地满足企业用人的需要，体现高职教育重技能操作的教学特色。

本书图文并茂，通俗易懂，通过18个实训项目强化学员的操作技能。为使学员更直观地认识到教材内容与职业岗位的关系，本书设置了“职业导航”；为更好地引导教师与学员实现教学目标，教材在每章都设置了“教学导航”；为使学员掌握每小节内容的知识与技能要点，本书在正文中都提供了“知识分布网络”；为了帮助学员实现学习目标，教材在每一章的最后均安排了“知识梳理和总结”。

本书由无锡工艺职业技术学院徐小东任主编，南京交通职业技术学院韩京海、南通职业大学王磊任副主编，南通职业大学吴炜及无锡工艺职业技术学院陆新、王维英参加编写。其中绪论、第4～7章由韩京海编写，第1～3章、第10～12章由徐小东编写，第8～9章由王磊编写，第13章由陆新编写，多媒体教学课件、习题及答案由徐小东、吴炜、王维英制作完成，校对工作由王维英完成。本书由深圳职业技术学院朱光力教授担任主审。在编写过程中得到了江苏工学院左健民教授和无锡职业技术学院倪森寿副教授的大力支持和关心指导，在此表示衷心的感谢！

本书在编写过程中得到许多同行、专家和企业工程人员的指点，同时也从许多文献中得到有益的启发。由于编写水平有限，书中难免有不到之处，敬请读者指正，以便在修订时加以完善。

本书为《液压与气动技术》省级精品课的配套教材，提供精美的多媒体教学课件、习题参考答案和图片素材等立体化教学资源，精品课网站为 http://58.193.80.5/yycd/index.asp。本书力求克服以往教材形式的单一性，提高其适用性，满足现代学习者个性化、自主性和实践性的要求，为教学提供整体解决方案，促进优秀教学资源的有机整合与合理运用。读者也可通过华信教育资源网（http://www.hxedu.com.cn）免费注册后浏览和参考更多的教材与教学资源。

目 录

项目1

液压传动系统输出力的确定

学习目标

通过本项目的学习，应掌握液压传动系统的工作原理、组成和液体静力学的有关知识，形成识别液压系统的各个组成部分和进行液体静压力计算的能力。其具体目标为：

（1）掌握液压传动系统的工作原理及组成；

（2）掌握液体静压力及传递原理；

（3）能识别液压元件图形符号；

（4）能说出液压传动优缺点；

（5）能识别液压系统的各个组成部分；

（6）能计算液体的静压力。

任务1-1 认识液压系统

任务引入

图1-1 挖掘机

如图1-1所示是工地上常见的挖掘机，它由液压传动系统带动铲斗运动从而完成挖掘工作。

这种设备中都使用了液压传动系统。那么，什么是液压传动系统？液压传动系统是如何带动机器工作的呢？

任务分析

一个液压传动系统要由哪些部分组成才能正常工作？液压传动系统又分成哪些类别呢？下面就先来认识一下液压传动系统。

相关知识

1-1-1 液压传动的概念

所谓传动，是指传递运动和动力的方式。常见的传动有机械传动、电气传动和流体传动。

流体传动包括液体传动和气体传动。液体传动是指以液体为工作介质来传递动力（能量），包括液压传动和液力传动。其中液压传动主要以液体压力能来传递动力，液力传动主要以液体动能来传递动力。

液压传动是以流体为工作介质进行能量传递和控制的一种传动形式。利用多种元件组成不同功能的基本回路，再由若干个基本回路有机地组合成能完成一定控制功能的传动系统来进行能量的传递、转换和控制，以满足机电设备对各种运动和动力的要求。

1-1-2 液压传动的工作原理

1. 液压千斤顶

讨论液压传动的工作原理可以从最简单的液压千斤顶入手，如图1-2所示，标示了液压千斤顶的工作原理。液压千斤顶由手动液压泵和举升液压缸两部分构成。大缸体6、大活塞7和卸油阀9组成举升液压缸。杠杆1、小活塞2、小缸

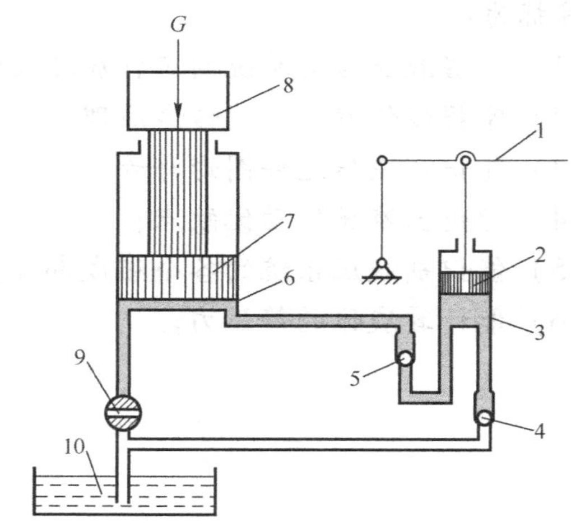

1—杠杆；2—小活塞；3—小缸体；4、5—单向阀；6—大缸体
7—大活塞；8—重物；9—卸油阀；10—油箱
图1-2 液压千斤顶的工作原理图

体3、单向阀4和5等组成手动液压泵。另外还有油箱10和重物8。

工作时，先提起杠杆1使小活塞2向上移动，小活塞下端油腔容积增大，形成局部真空，这时单向阀5将所在油路关闭。而油箱10中的油液则在大气压力的作用下，推开单向阀4的钢球，沿吸油孔道进入并充满小缸体3的下腔，完成一次吸油动作。接着用力压下杠杆1，小活塞2下移，小缸体3下腔的密闭容积减小，其腔内压力升高，单向阀4关闭，阻断了油液流回油箱的通路，并使单向阀5的钢球受到一个向上的作用力。当这个作用力大于大缸体6下腔对它的作用力时，钢球被推开，油液便进入大缸体6的下腔（卸油阀9处于关闭状态），推动大活塞7向上移动，顶起重物8。反复提压杠杆1，就能不断地把油液压入举升缸下腔，使重物逐渐地升起。将卸油阀9转动90°，缸体6下腔与油箱连通，活塞7在重物8推动下下移，下腔的油液通过卸油阀9流回油箱10。

由液压千斤顶的工作过程可知：小液压缸与单向阀4和活塞7一起完成吸油与压油，将杠杆的机械能转换成油液的压力能输出，称为（手动）液压泵。大液压缸将油液的压力能转换为机械能输出，顶起重物，称为执行元件（液压缸）。大、小液压缸组成了最简单的液压系统，实现了运动和动力的传递。

2. 机床工作台的液压传动系统

如图1–3（a）所示为机床工作台液压传动系统结构原理，它由油箱、滤油器、液压泵、溢流阀、开停阀、节流阀、换向阀、液压缸以及连接这些元件的油管、接头组成。

该系统的工作原理是：液压泵由电动机驱动后，从油箱中吸油。油液经滤油器进入液压泵，油液由泵腔的低压侧吸入，从泵的高压侧输出，在图1–3（a）所示状态下，通过开停阀、节流阀、换向阀进入液压缸左腔，压力油推动活塞连同工作台向右移动。这时，液压缸右腔的油经换向阀和回油管6排回油箱。

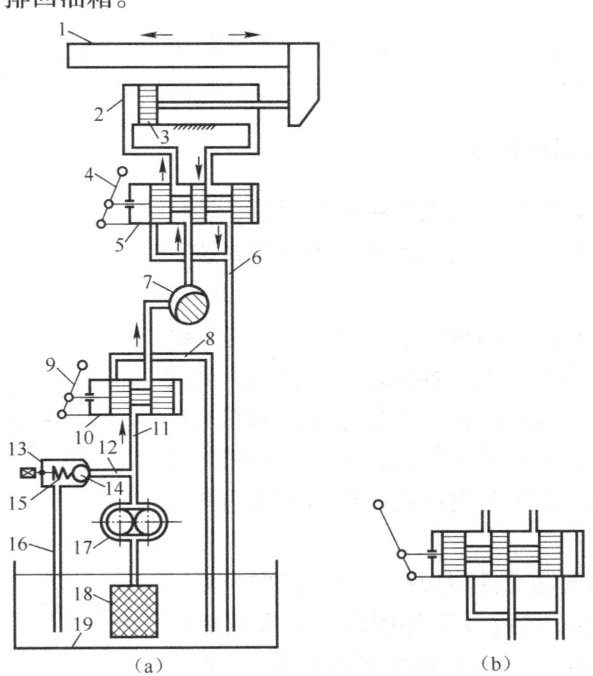

1—工作台；2—液压缸；3—活塞；4—换向手柄；5—换向阀；6，8，16—回油管；7—节流阀；9—开停手柄；10—开停阀；11—压力管；12—压力支管；13—溢流阀；14—钢球；15—弹簧；17—液压泵；18—滤油器；19—油箱

图1–3　机床工作台液压系统结构原理

如果将换向阀手柄转换成如图 1-3（b）所示的状态，则压力管中的油将经过开停阀、节流阀和换向阀进入液压缸右腔，压力油推动活塞连同工作台向左移动，并使液压缸左腔的油经换向阀和回油管 6 排回油箱。

工作台的移动速度是通过节流阀来调节的。当节流阀开大时，进入液压缸的油量增多，工作台的移动速度增大；当节流阀关小时，进入液压缸的油量减小，工作台的移动速度减小。为了克服移动工作台时所受到的各种阻力，液压缸必须产生一个足够大的推力，这个推力是由液压缸中的油液压力所产生的。要克服的阻力越大，缸中的油液压力越高；反之压力就越低。这种现象正说明了液压传动的一个基本原理，即压力取决于负载。

1-1-3　液压传动系统的组成及图形符号

1. 液压传动系统的组成

由上面的例子可以看出，一个完整的液压传动系统主要由以下几部分组成。

（1）动力元件。它将原动机输出的机械能转换为油液的压力能，提供液压系统所需要的压力油。常见的动力元件是液压泵。

（2）执行元件。它将油液的压力能转换为机械能，驱动工作机构做直线运动或旋转运动。常见的执行元件是液压缸和液压马达。

（3）控制元件。它控制和调节系统中油液的压力、流量和流动方向。控制元件包括各种压力控制阀、流量控制阀和方向控制阀。这些元件组合成了能完成不同功能的液压系统。

（4）辅助元件。除以上三种以外的其他装置称为辅助元件，起着储油、过滤、测量和密封等作用，以保证液压系统可靠、稳定、持久地工作。例如，油箱、过滤器、分水过滤器、油雾器、蓄能器等。

（5）传动介质。它是液压传动系统中传递能量的液体。常用的传动介质是液压油。

2. 液压传动系统的图形符号

液压传动系统的原理图是由代表各种液压元件、辅件及连接形式的图形符号组成的，用以表达一个液压系统工作原理的示意图。

液压传动系统的原理图有两种表达方式：一种是半结构式系统原理图，它有直观性强、容易理解的优点，当液压系统发生故障时，根据原理图检查十分方便，但图形比较复杂，绘制比较麻烦，一般较少使用；另一种是用图形符号表示的系统原理图，即把各类液压元件用规定的图形符号表示。

我国制定的液压与气动元件图形符号最新标准为 GB/T 786.1—1993《流体传动系统及元件图形符号和回路图 第一部分：用于常规用途和数据处理的图形符号》，其中常用液压控制元件图形符号摘录于本教材附录 A 中。如图 1-4 所示为机床工作台液压系统的图形符号图。

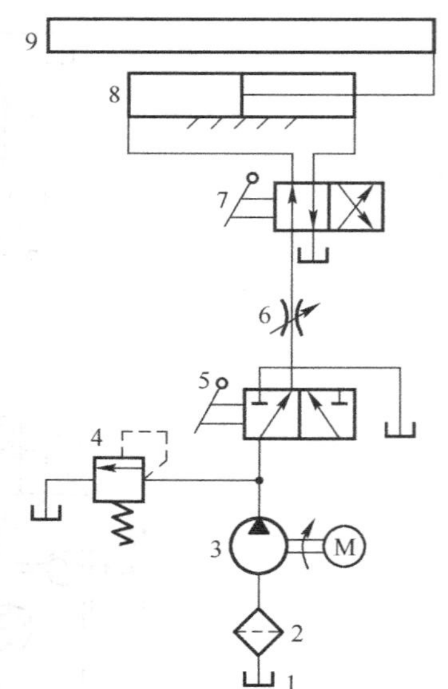

1—油箱；2—滤油器；3—液压泵；4—溢流阀；5—开停阀；6—节流阀；7—换向阀；8—液压缸；9—工作台

图 1-4　机床工作台液压系统的图形符号图

1-1-4　液压传动的特点

1. 液压传动的优点

（1）单位功率的重量轻（比功率大），即在相同功率输出的条件下，体积小、重量轻、惯性小、结构紧凑、动态特性好。例如，轴向柱塞泵的重量只是同功率直流发电机重量的10%～20%，前者的外形尺寸只有后者的12%～13%。

（2）可在较大范围内实现无级调速。调速范围一般100:1，最高可达2000:1。

（3）工作平稳、反应快、冲击小，能快速启动、制动和频繁换向。

（4）容易获得很大的力和转矩，可以使传动结构简单。

（5）操作控制方便，调节简单，易于实现自动化。当机、电、液配合使用时，易于实现较复杂的自动工作循环和较远距离操控。

（6）易于实现过载保护，安全性好。采用矿物油为工作介质，相对运动表面间能自行润滑，可以延长元件的使用寿命。

（7）液压元件已实现了标准化、系列化和通用化，便于液压系统的设计、制造和使用。液压元件的排列布置也具有较大的灵活性。

2. 液压传动的缺点

（1）液压传动以液压油为工作介质，在相对运费表面间会出现泄漏。

（2）由于液体不是绝对不可压缩的，所以液压传动不能保证严格的传动比。

（3）液压传动系统的成本比一般机械传动系统要高一些。

（4）液压传动在工作过程中有较多的能量损失，如摩擦损失、泄漏损失等，故不宜远距离传动。

（5）液压传动的故障诊断比较困难，因此对维修人员的要求很高，需要系统地掌握液压传动知识并有一定的实践经验。

（6）随着高压、高速、高效率和大流量液压传动技术的现场应用，液压元件和系统的噪声增大，泄漏增多，容易造成环境污染。

任务实施1-1　认识挖掘机液压系统的组成

工作任务单

<table>
<tr><td>姓名</td><td></td><td>班级</td><td></td><td>组别</td><td></td><td>日期</td><td></td></tr>
<tr><td colspan="2">工作任务</td><td colspan="6">挖掘机液压系统的组成</td></tr>
<tr><td colspan="2">任务描述</td><td colspan="6">在教师的指导下，在液压实训室或生产车间对挖掘机液压系统进行观察，找出所用液压系统的各部分。</td></tr>
<tr><td colspan="2">任务要求</td><td colspan="6">1. 了解实训室或生产车间安全知识；
2. 掌握危险化学物品的安全使用与存放；
3. 认识液压元件实物并记录其型号；
4. 对液压元件进行归类</td></tr>
<tr><td colspan="2">提交成果</td><td colspan="6">1. 液压动力元件、执行元件、控制元件和辅助元件的型号清单；
2. 液压工作介质清单</td></tr>
</table>

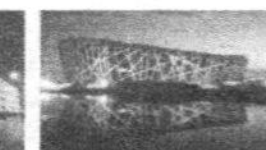

续表

姓名	班级		组别	日期	
考核评价	序号	考核内容	配分	评分标准	得分
	1	安全意识	20	遵守安全规章、制度	
	2	工具的使用	10	正确使用实验工具	
	3	危险因素清单	10	危险因素查找全面、准确	
	4	液压元件清单	50	液压元件无遗漏、归类准确	
	5	团队协作	10	与他人合作有效	
指导教师			总分		

任务 1–2　确定液压千斤顶的输出力

任务引入

如图 1–5 所示，要求左方站立的人能够借助液压千斤顶，通过手的力气将右方的小汽车举起，计算 F_1 与 F_2 的关系。

（a）千斤顶实物

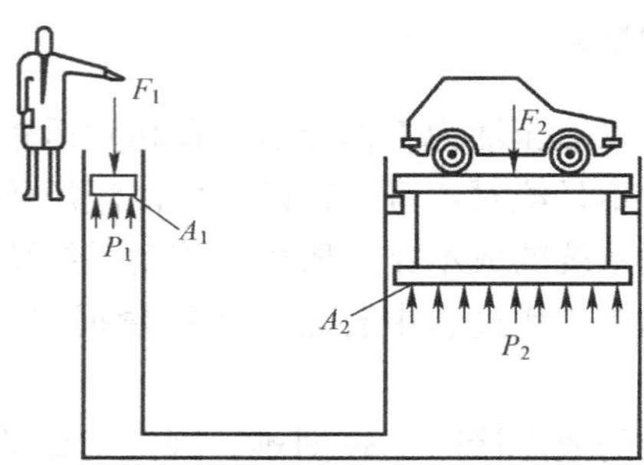

（b）受力示意图

图 1–5　液压千斤顶的受力关系

任务分析

在日常生活中，仅依靠人力是不可能举起重达几吨的小汽车的。要完成将小汽车举起的任务，液压系统必须能将人的力放大，那么液压系统是如何将较小的力转化为较大的力呢？

液压传动系统中是依靠什么作为工作介质来传递力的，对工作介质有何要求，又如何来选用？下面就让我们一起学习液压传动系统输出力的相关知识。

相关知识

1–2–1　液体静力学

1. 液体静压力及其特性

液体静压力是指静止液体单位面积上所受的法向力，如果在液体内某质点处微小面积 ΔA 上作用有法向力 ΔF，则 $\Delta F/\Delta A$ 的极限就定义为该点处的静压力，用 p 表示，即

$$p = \lim_{\Delta A \to 0} \frac{\Delta F}{\Delta A} \tag{1-1}$$

若在液体的面积 A 上，所受的作用力 F 均匀分布时，则静压力可表示为：

$$p = \frac{F}{A} \tag{1-2}$$

液体静压力在物理学上称为压强，在工程实际应用中习惯上称为压力。

液体静压力有以下特性：液体静压力垂直于作用面，其方向与该面的内法线方向一致；静止液体内任何一点所受到的静压力在各个方向上都相等。

2. 液体静力学方程

静止液体内部受力情况可用图1-6来说明。设容器中装满液体，在任意一点 A 处取一微小面积 dA，该点距液面深度为 h。根据静压力的特性，作用于这个液柱上的力在各方向都呈平衡状态，现求各作用力在 Z 方向的平衡方程。

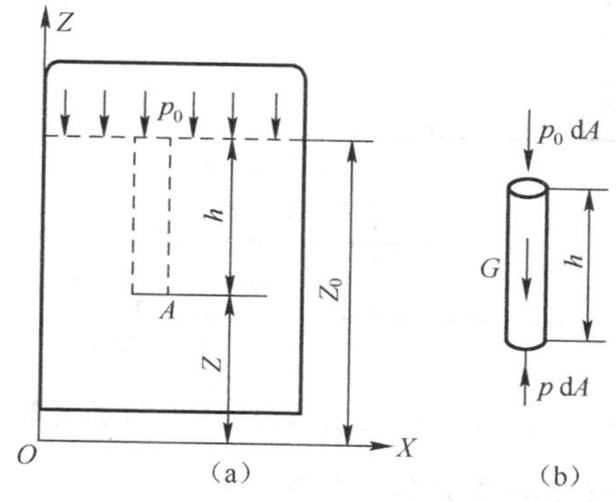

图1-6　静压力的分布规律

平衡方程为：

$$p\mathrm{d}A = p_0\mathrm{d}A + \rho gh\mathrm{d}A$$

$$p = p_0 + \rho gh \tag{1-3}$$

式（1-3）为液体静力学基本方程。由此可知，静止液体中任一点的压力均由两部分组成，即液面上的表面压力 p_0 和液体自重而引起的对该点的压力 ρgh。静止液体内的压力随液体距液面的深度 h 变化呈线性规律分布，且在同一深度上各点的压力相等。

3. 压力的表示方法及单位

液体压力通常有绝对压力、相对压力（表压力）、真空度三种表示方法。因为在地球表面上，一切物体都受大气压力的作用，而且是自成平衡的，即大多数测压仪表在大气压力下并不动作，这时它所表示的压力值为零，因此，它们测出的压力是高于大气压力的那部分压力。也就是说，它是相对于大气压（即以大气压为基准零值时）所测量到的一种压力，因此称它为相对压力或表压力。另一种是以绝对真空为基准零值时所测得的压力，我们称它为绝对压力。当绝对压力低于大气压时，习惯上称为出现真空。因此，某点的绝对压力比大气压小的那部分数值叫作该点的真空度。所以有：真空度 = 大气压力–绝对压力。有关绝对压力、相对压力及真空度的关系如图1-7所示。

如果不特别指明，液、气压传动中所提到的压力均为表压力。

压力的单位为帕斯卡，简称帕，符号为 Pa，1 Pa = 1 N/m^2。由于此单位很小，工程上使用不便，因此常采用它的倍数单位兆帕，符号为 MPa，其关系为 1 MPa = 10^6 Pa。在工程上目前还采用的压力单位有巴，符号为 bar，即 1 bar = 10^5 N/m^2 = 10 N/cm^2。

4. 压力的传递

由静压力的基本方程可知，静止液体中任意一点处的压力都包含了液体上的压力 p_0。在液压传动中，由于负载产生的外加压力 p_0 远大于液体自重所形成的压力 ρgh，因此可忽略 ρgh，即认为液压传动中液体内部压力处处相等，$p = p_0$。若负载越大，即 p_0 越大，则液压系统中液体压力 p 也就越大，反之亦然。由此说明液压系统的工作压力取决于负载，并随着负载的变化而变化。

密封容器内的静止液体，当边界上的压力 p_0 发生变化时，例如，增加 Δp 则容器内任意一点的压力将增加同一数值 Δp，也就是说，在密封容器内施加于静止液体任一点的压力将以等值传递到液体内各点。这就是帕斯卡原理。

如图 1-8 所示，在密封容器内，施加于静止液体上的各点压力将以等值同时传递到液体内各点，容器内压力方向垂直于内表面。

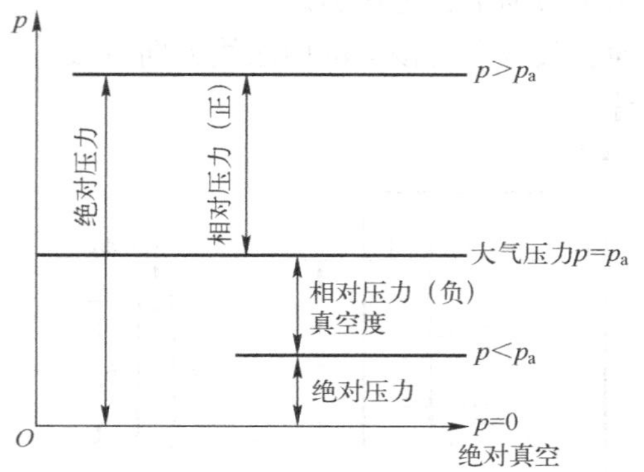

图 1-7　绝对压力、相对压力和真空度的关系

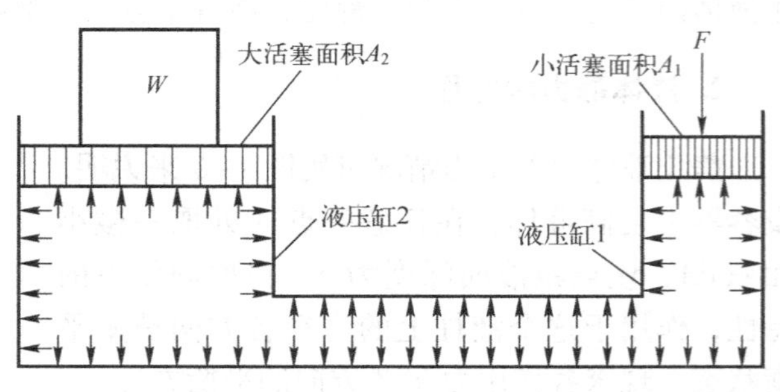

图 1-8　帕斯卡原理的示意图

容器内液体各点的压力为：

$$p = \frac{W}{A_2} = \frac{F}{A_1} \tag{1-4}$$

由于 $A_2 > A_1$，故 $W > F$。也就是说，在小活塞上施加较小的力 F，即可在大活塞上获得较大的输出力，从而能够举升重物 W。

1-2-2　液体动力学

1. 液体流动的基本概念

1）理想液体和恒定流动

由于液体具有黏性，只有在流动时才表现出来，因此研究流动液体时就要考虑其黏性的影响，而液体的黏性问题是一个很复杂的问题。为了便于分析和计算问题，我们引入理想液体的概念，理想液体就是指没有黏性、不可压缩的液体。我们把既具有黏性又可压缩的液体称为实际液体。

如果空间上的运动参数 p、v 及 ρ 在不同的时间内都有确定的值，即它们只随空间点坐标的变化而变化，不随时间 t 变化，对液体的这种运动称为恒定流动。

在流体的运动参数中，只要有一个运动参数随时间而变化，液体的运动就是非恒定流动。

2）流量和平均流速

流量：单位时间内通过通流截面的液体的体积称为流量，用 q 表示，流量的常用单位为 L/min（升/分）。

对微小流束，由于通流截面积很小，可以认为通流截面上各点的流速 v 是相等的，所以通过该截面积 dA 的流量为 $dq = v dA$，对此式进行积分，可得到整个通流截面积 A 上的流量为：

$$q = vA \tag{1-5}$$

2. 连续性方程

质量守恒是自然界的客观规律，不可压缩液体的流动过程也遵守质量守恒定律。流量连续

性方程是质量守恒定律在流体力学中的一种表现形式。

对恒定流动而言，液体通过流管内任一截面的液体质量必然相等。如图1-9所示，管内两个通流截面面积为 A_1 和 A_2，流速分别为 v_1 和 v_2，则

$$\rho_1 v_1 A_1 = \rho_2 v_2 A_2 \tag{1-6}$$

若忽略液体的可压缩性，即 $\rho_1 = \rho_2$，则通过任一截面的流量 q 为：

$$q = A_1 v_1 = A_2 v_2 = 常数 \tag{1-7}$$

流量的单位通常用 L/min 表示，与单位 m^3/s 的换算式子如下：

$$1L = 1\times10^{-3}m^3;\ 1m^3/s = 6\times10^4 L/min$$

式（1-7）即为连续性方程，表明运动速度取决于流量，与流体的压力无关。

3. 伯努利方程

能量守恒是自然界的客观规律，流动液体也遵守能量守恒定律，这个规律是用伯努利方程来表达的。伯努利方程是一个能量方程，掌握这一物理意义是十分重要的。

1）理想液体的伯努利方程

如图1-10所示，在恒定流动的管道中任取一段液流1—2为研究对象，设液流两截面 A_1、A_2 的中心到基准面0—0的高度分别为 z_1、z_2，平均流速分别为 v_1、v_2，压力分别为 p_1、p_2。当液体为理想液体且做恒定流动时，有：

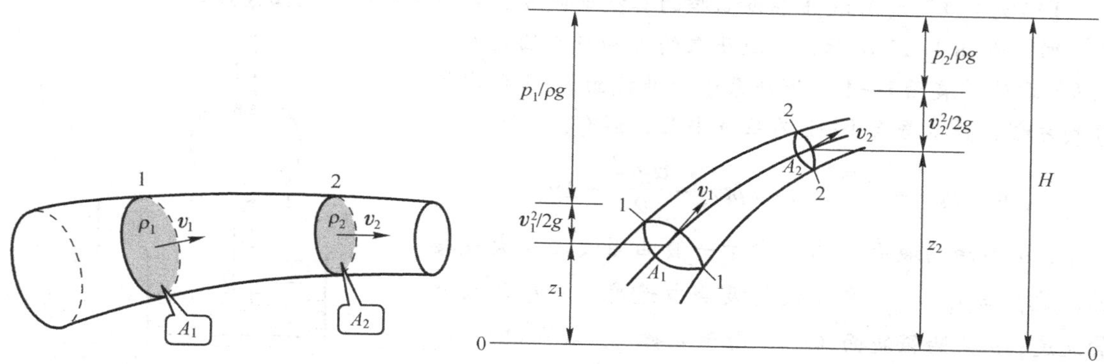

图1-9　连续性方程的示意图

图1-10　伯努利方程的示意图

$$p_1 + \rho g z_1 + \frac{1}{2}\rho v_1^2 = p_2 + \rho g z_2 + \frac{1}{2}\rho v_2^2 \tag{1-8}$$

由于流束的 A_1、A_2 截面是任取的，因此伯努利方程表明，在同一流束各截面上参数 z、$\frac{p}{\rho g}$ 及 $\frac{v^2}{2g}$ 之和是常数，即：

$$\frac{p}{\rho g} + z + \frac{v^2}{2g} = C（C为常数） \tag{1-9}$$

式中，$p/\rho g$ 为单位质量液体所具有的压力能；z 为单位质量液体所具有的势能；$v^2/2g$ 为单位质量液体所具有的动能。

伯努利方程的物理意义为：在密封管道内做恒定流动的理想液体在任意一个通流断面上具有三种形式的能量，即压力能、势能和动能。三种能量的总和是一个恒定的常量，而且三种能量之间是可以相互转换的，即在不同的通流断面上，同一种能量的值会是不同的，但各断面上的总能量值都是相同的。

2）实际液体的伯努利方程

实际液体在管道中流动时，由于液体存在着黏性，会产生摩擦力，并消耗能量；同时由于管道局部形状和尺寸的变化，也会消耗能量。因此，当液体流动时，液流的总能量在不断减少。另外，由于实际液体在管道中流动时的流速分布是不均匀的，因而在实际计算时引入动能修正系数 α 来修正用平均流速代替实际流速时产生的误差。所以，实际液体的伯努利方程为：

$$p_1 + \rho g z_1 + \frac{\alpha_1 \rho v_1^2}{2} = p_2 + \rho g z_2 + \frac{\alpha_2 \rho v_2^2}{2} + \Delta p_w \qquad (1\text{-}10)$$

式中，Δp_w 为单位体积液体在两截面中流动时的能量损失；α 为动能修正系数，紊流时 α 取1，层流时 α 取2。

3）液压系统中的伯努利方程

液压系统是依靠压力能来进行能量传递的。系统中的压力能比动能、势能大得多，在研究液压系统时，为了方便，可以将动能、势能忽略不计，因此对实际流体的伯努利方程进行修改，就可得到液压系统的伯努利方程为

$$p_1 = p_2 + \Delta p \qquad (1\text{-}11)$$

式中，p_1 为1截面的压力；p_2 为2截面的压力；Δp 为液体从1截面流到2截面总的压力损失。

式（1-11）在分析液压系统和确定液压泵的工作压力时非常有用。

【实例1-1】 计算液压泵吸油腔的真空度或液压泵允许的最大吸油高度。

解 如图1-11所示，设液压泵的吸油口比油箱液面高 h，取油箱液面1—1和液压泵进口处截面2—2列出伯努利方程，并取截面1—1为基准平面，则有：

$$p_1 + \rho g z_1 + \frac{\alpha_1 \rho v_1^2}{2} = p_2 + \rho g z_2 + \frac{\alpha_2 \rho v_2^2}{2} + \Delta p_w$$

式中，p_1 为油箱液面压力，由于一般油箱液面与大气接触，故 $p_1 = p_a$；v_2 为液压泵的吸油口速度，一般取吸油管流速；v_1 为油箱液面流速，由于 $v_1 \ll v_2$，故忽略不计；p_2 为吸油口的绝对压力；Δp_w 为单位质量液体的能量损失。据此，液压泵吸油腔的真空度为：

$$p_a - p_2 = \rho g h + \rho \alpha_2 \frac{v_2^2}{2} + \Delta p_w$$

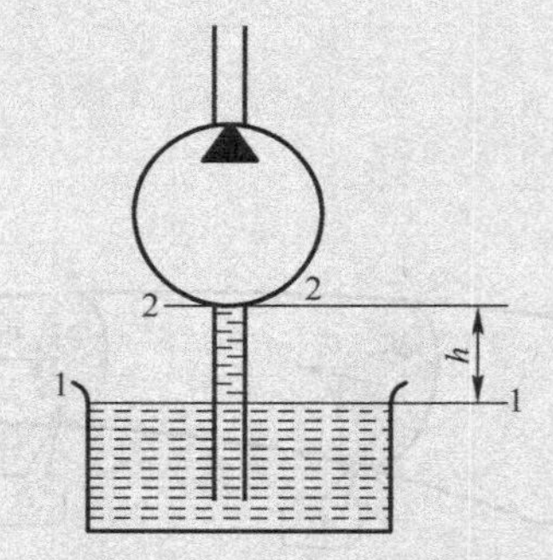

图1-11 液压泵从油箱吸油的示意图

1-2-3 管路中液体的压力损失和能量损失

由于液体具有黏性，在管路中流动时又不可避免地存在着摩擦力，因此液体在流动过程中必然要损耗一部分能量。这部分能量损耗主要表现为压力损失，其损失不仅与流程的长度、流道的局部特性有关，还与液体的流动状态有关。

1. 液体的流态

19世纪末，法国科学家雷诺通过观察水在圆管中的流动情况，发现液体有两种流动状态：层流和紊流。

层流：在液体运动时，如果质点没有横向脉动，不引起液体质点混杂，而是层次分明，能够维持安定的流束状态，这种流动称为层流。

紊流：如果液体流动时质点具有脉动速度，引起流层间质点相互错杂交换，这种流动称为紊流或湍流。当液体流速较低，黏性力起主导作用时流动呈层流状态；当液体流速较高，惯性力起主导作用时流动呈紊流状态。

液体流动时究竟是层流还是紊流，须用雷诺数来判别。

实验证明，液体在圆管中的流动状态不仅与管内的平均流速 v 有关，还和管径 d、液体的运动黏度 ν 有关。但是，真正决定液流状态的，却是这三个参数所组成的一个称为雷诺数。雷诺数是一个无量纲数。

$$Re = vd/\nu \tag{1-12}$$

由式（1–12）可知，液流的雷诺数如相同，它的流动状态也相同。当液流的雷诺数 Re 小于临界雷诺数（用 Re_c 表示）时，液流为层流；反之，液流大多为紊流。常见的液流管道的临界雷诺数由实验求得，如表 1–1 所示。

表 1–1 常见液流管道的临界雷诺数

管道的材料与形状	Re_c	管道的材料与形状	Re_c
光滑的金属圆管	2000～2320	带槽装的同心环状缝隙	700
橡胶软管	1600～2000	带槽装的偏心环状缝隙	400
光滑的同心环状缝隙	1100	圆柱形滑阀阀口	260
光滑的偏心环状缝隙	1000	锥状阀口	20～100

2. 压力损失

压力损失有沿程损失和局部损失两种。沿程损失是当液体在直径不变的直管中流过一段距离时，因摩擦而产生的压力损失。局部损失是由于管子截面形状突然变化、液流方向改变或其他形式的液流阻力而引起的压力损失。总的压力损失等于沿程损失与局部损失之和。

由于零件结构不同（尺寸的偏差与表面粗糙度的不同），因此，要准确地计算出总的压力损失的数值是比较困难的，但压力损失又是液压传动中一个必须考虑的因素，它关系到确定系统所需的供油压力和系统工作时的温升，所以，生产实践中也希望压力损失尽可能小一些。

由于压力损失的必然存在，因此，泵的额定压力要略大于系统工作时所需的最大工作压力。一般可将系统工作所需的最大工作压力乘以一个 1.3 ～ 1.5 的系数来估算。

3. 流量损失

在液压系统中，各液压元件都有相对运动的表面，如液压缸内表面和活塞外表面。因为要有相对运动，所以它们之间都有一定的间隙，如果间隙的一边为高压油，另一边为低压油，那么高压油就会经间隙流向低压区，从而造成泄漏。同时，由于液压元件密封不完善，因此，一部分油液也会向外部泄漏。这种泄漏会造成实际流量有所减少，这就是我们所说的流量损失。

流量损失影响运动速度，而泄漏又难以绝对避免，所以在液压系统中泵的额定流量要略大于系统工作时所需的最大流量。通常也可以用系统工作所需的最大流量乘以一个 1.1 ～ 1.3 的系数来估算。

1-2-4　液压冲击及空穴现象

1. 液压冲击现象

在液压系统中，由于某种原因，液体压力在某一瞬间会突然升高，产生很高的压力峰值，这种现象称为液压冲击。液压冲击的压力峰值往往比正常工作压力高好几倍，且常伴有巨大的震动和噪声，使液压系统产生温升，有时会使一些液压元件或管件损坏，导致设备损坏，因此，搞清液压冲击的本质，研究抑制措施是十分必要的。

1）液压冲击产生的原因

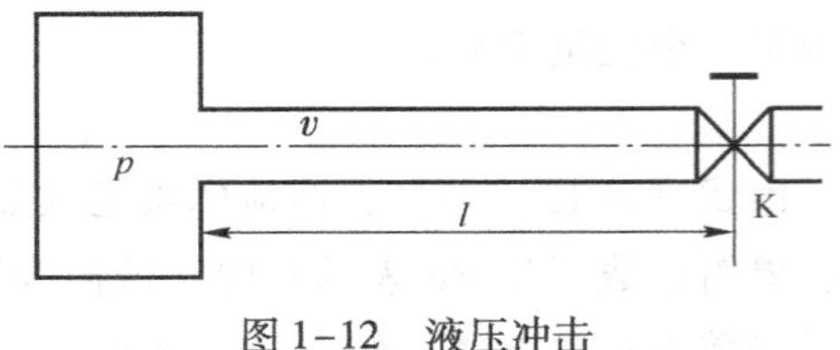

图 1-12　液压冲击

有一较大的容腔和在另一端装有阀门的管道相连（如图 1-12 所示），容腔的体积较大，认为其中的压力值是恒定的，阀门开启时，管道内的液体从流速口流过，当不考虑管中的压力损失时，压力均等于 p。当阀门 K 瞬间关闭时，管道中便产生液压冲击，液压冲击的实质主要是管道中的液体因突然停止运动而导致动能向压力能的瞬时转变。

另外，液压系统中运动着的工作部件突然制动或换向时，工作部件的动能将引起液压执行元件的回油腔和管路内的油液产生剧烈震动，导致液压冲击。

液压系统中某些元件的动作不够灵敏，也会产生液压冲击，如系统压力突然升高，但溢流阀反应迟钝，不能迅速打开时，便产生压力超调，也称压力冲击。

2）减小液压冲击的措施

（1）缓慢关闭阀门，削减冲击波的强度。

（2）在阀门前设置蓄能器，以减小冲击波传播的距离。

（3）应将管中流速限制在适当范围内，或采用橡胶软管，也可以减小液压冲击。

（4）在系统中设置安全阀，可起卸载作用。

2. 空穴现象

在液流中当某点压力低于液体所在温度下的空气分离压力时，原来溶于液体中的气体会分离出来而产生气泡，这就叫空穴现象。当压力进一步减小直至低于液体的饱和蒸气压时，液体就会迅速汽化形成大量的蒸气气泡，使空穴现象更为严重，从而使液流呈不连续状态。如果液压系统中发生了空穴现象，液体中的气泡随着液流运动到压力较高的区域时，一方面，气泡在较高压力作用下将迅速破裂，从而引起局部液压冲击，造成噪声和震动；另一方面，由于气泡破坏了液流的连续性，降低了油管的通油能力，造成流量和压力的波动，使液压元件承受冲击载荷，因此影响了其使用寿命。同时，气泡中的氧也会腐蚀金属元件的表面。

1）空穴现象产生的原因

管道中发生空穴现象时，气泡随着液流进入高压区时，体积急剧缩小，气泡又凝结成液体，形成局部真空，周围液体质点以极大速度来填补这一空间，使气泡凝结处瞬间局部压力可高达数百巴，温度可达近千度。在气泡凝结附近壁面，因反复受到液压冲击与高温作用，以及油液中逸出气体具有较强的酸化作用，使金属表面产生腐蚀。因空穴产生的腐蚀，一般称为气蚀。在液压传动装置中，这种气蚀现象可能发生在油泵、管路以及其他具有节流装置的地方。

泵吸入管路连接或密封不严使空气进入管道，回油管高出油面使空气冲入油中而被泵吸油

管吸入油路，以及泵吸油管道阻力过大、流速过高，均是造成空穴的原因。

此外，当油液流经节流部位时，流速增高，压力降低，如果节流部位前后压差 $p_1/p_2 \geqslant 3.5$ 时，将发生节流空穴。

2）减小空穴现象的措施

在液压系统中的任何地方，只要压力低于空气分离压，就会发生空穴现象。为了防止空穴现象的产生，就是要防止液压系统中的压力过度降低，具体措施有下面三点。

（1）减小流经节流小孔前后的压力差，一般希望小孔前后的压力比 $p_1/p_2 < 3.5$。

（2）正确设计液压泵的结构参数，适当加大吸油管内径，使吸油管中液流速度不致太高，尽量避免急剧转弯或存在局部狭窄处，接头应有良好密封，过滤器要及时清洗或更换滤芯以防堵塞，对高压泵宜设置辅助泵向液压泵的吸油口供应足够的低压油。

（3）提高零件的抗气蚀能力，增加零件的机械强度，采用抗腐蚀能力强的金属材料，提高零件的表面加工质量等。

任务实施1-2　液压千斤顶输出力的计算

工作任务单

姓名		班级		组别		日期	
工作任务	液压千斤顶输出力的计算						
任务描述	在液压实训室，利用液压连通器和砝码，找出液压千斤顶输入力和输出力的关系，并计算液压千斤顶的输出力。						
任务要求	1. 掌握危险化学物品的安全使用与存放； 2. 正确使用相关工具； 3. 计算千斤顶的输出力						
提交成果	1. 系统危险物品清单； 2. 液压千斤顶的输出力的计算报告						
考核评价	序号	考核内容		配分	评分标准		得分
	1	安全意识		20	遵守安全规章、制度		
	2	工具的正确使用		10	选择合适工具，正确使用工具		
	3	危险因素清单		10	危险因素查找全面、准确		
	4	液压千斤顶的输出力的计算报告		50	计算正确		
	5	团队协作		10	与他人合作有效		
指导教师				总分			

知识拓展1　孔口及缝隙液流特性

孔口及缝隙液流特性是研究节流调速及分析液压元件泄漏时的理论基础。

1. 孔口液流特性

在液压系统的管路中装有截面突然收缩的装置，称为节流装置（如节流阀）。突然收缩处的流动叫节流，一般均采用各种形式的孔口来实现节流。节流孔分为薄壁小孔和细长小孔，当小孔的通流长度 l 与孔径 d 之比 $l/d \leqslant 0.5$ 时，称为薄壁小孔；当小孔的通流长度与孔径之比

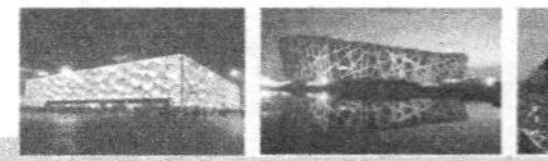

$l/d>4$ 时，称为细长小孔。流经小孔的流量可用下式表示：

$$q = KA\Delta p^m \tag{1-13}$$

式中，A 为孔口截面面积（m^2）；Δp 为孔口前后的压力差（N/m^2）；m 为由孔口形状决定的指数，$0.5 \leqslant m \leqslant 1$（当孔口为薄壁小孔时，$m=0.5$；当孔口为细长小孔时，$m=1$）；$K$ 为孔口的形状系数（当孔口为薄壁小孔时，$K=C_d\sqrt{2/\rho}$（C_d为流量系数）；当孔口为细长小孔时，$K=\dfrac{d^2}{32\mu l}$）。式（1–13）在分析不同孔口的流量及其特性时经常会用到。

2. 缝隙液流特性

液压系统是由一些元件、管接头和管道组成的，每一部分都是由一些零件组成的，在这些零件之间，通常需要有一定的配合间隙，由此带来了泄漏现象，同时液压油也总是从压力较高处流向系统中压力较低处或大气中，前者称为内泄漏，后者称为外泄漏。

泄漏主要是由压力差与间隙造成的。泄漏量过大会影响液压元件和系统的正常工作，另一方面泄漏也将使系统的效率降低，功率损耗加大，因此研究液体流经间隙的泄漏规律，对提高液压元件的性能和保证液压系统正常工作是十分重要的。

自我评价1

1. 填空题

（1）液压与气压传动是以________为工作介质进行能量传递和控制的一种传动形式。

（2）液压传动系统主要由________、________、________、________及传动介质等部分组成。

（3）动力元件是把________转换成流体的压力能的元件，执行元件是把流体的________转换成机械能的元件，控制元件是对液压系统中流体的压力、流量和流动方向进行________的元件。

2. 判断题

（1）以绝对真空为基准测得的压力称为绝对压力。（　　）

（2）液体在不等横截面的管中流动，液流速度和液体压力与横截面积的大小成反比。（　　）

（3）液压千斤顶能用很小的力举起很重的物体，因而能省功。（　　）

（4）空气侵入液压系统，不仅会造成运动部件的“爬行”，而且会引起冲击现象。（　　）

（5）当液体通过的横截面积一定时，液体的流动速度越高，需要的流量越小。（　　）

（6）液体在管道中流动的压力损失表现为沿程压力损失和局部压力损失两种形式。（　　）

（7）液体能承受压力，不能承受拉应力。（　　）

（8）油液在流动时有黏性，处于静止状态也可以显示黏性。（　　）

（9）用来测量液压系统中液体压力的压力计所指示的压力为相对压力。（　　）

（10）以大气压力为基准测得的高出大气压力的那一部分压力称绝对压力。（　　）

3. 选择题

（1）把机械能转换成液体压力能的元件是（　　）。

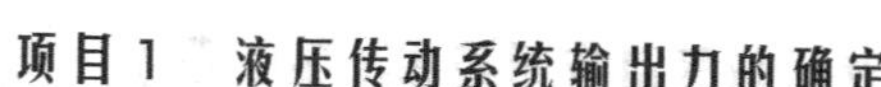

A. 动力元件　　B. 执行元件　　C. 控制元件

(2) 液压传动的优点是（　　）。

A. 比功率大　　B. 传动效率低　　C. 可定比传动

(3) 液压传动系统中，液压泵属于（　　），液压缸属于（　　），溢流阀属于（　　），油箱属于（　　）。

A. 动力元件　　B. 执行元件　　C. 辅助元件　　D. 控制元件

(4) 在密封容器中，施加于静止液体内任一点的压力能等值地传递到液体中的所有地方，这称为（　　）。

A. 能量守恒原理　　B. 动量守恒定律

C. 质量守恒原理　　D. 帕斯卡原理

(5) 在液压传动中，压力一般是指压强，在国际单位制中，它的单位是（　　）。

A. Pa　　B. N　　C. W　　D. N·m

(6) 在液压传动中人们利用（　　）来传递力和运动。

A. 固体　　B. 液体　　C. 气体　　D. 绝缘体

(7)（　　）是液压传动中最重要的参数。

A. 压力和流量　　B. 压力和负载

C. 压力和速度　　D. 流量和速度

(8)（　　）又称表压力。

A. 绝对压力　　B. 相对压力　　C. 大气压　　D. 真空度

4. 简答题

(1) 液压和气压传动系统由哪些基本组成部分？各部分的作用是什么？

(2) 什么是液压冲击？

(3) 怎样避免空穴现象？

(4) 在如图1-13所示的液压系统中，已知使活塞1、2向左运动所需的压力分别为p_1、p_2，阀门T的开启压力为p_3，且$p_1 < p_2 < p_3$。问：

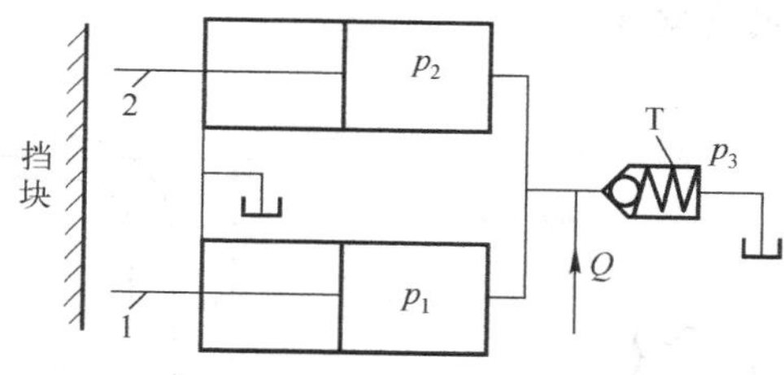

图1-13

① 哪个活塞先动？此时系统中的压力为多少？

② 另一个活塞何时才能动？这个活塞动时系统中的压力是多少？

③ 阀门T何时才会开启？此时系统中的压力又是多少？

④ 若$p_3 < p_2 < p_1$，此时两个活塞能否运动？为什么？

5. 计算题

(1) 在图1-14所示的简化液压千斤顶中，$T = 294$ N，大小活塞的截面积分别为$A_2 = 5 \times$

10^{-3}m^2，$A_1=1\times10^{-3}\text{m}^2$，忽略损失，试计算下列各题。

① 通过杠杆机构作用在小活塞上的力 F_1 及此时系统压力 p。

② 大活塞能顶起重物的质量 G。

③ 大小活塞的运动速度哪个快？快多少倍？

④ 若需顶起的重物 $G=19\,600\text{ N}$ 时，系统压力 p 又为多少？作用在小活塞上的力 F_1 应为多少？

（2）如图1-15所示，已知活塞面积 $A=10\times10^{-3}\text{m}^2$，包括活塞自重在内的总负重 $G=10\text{ kN}$，问从压力表上读出的压力 p_1、p_2、p_3、p_4、p_5 各是多少？

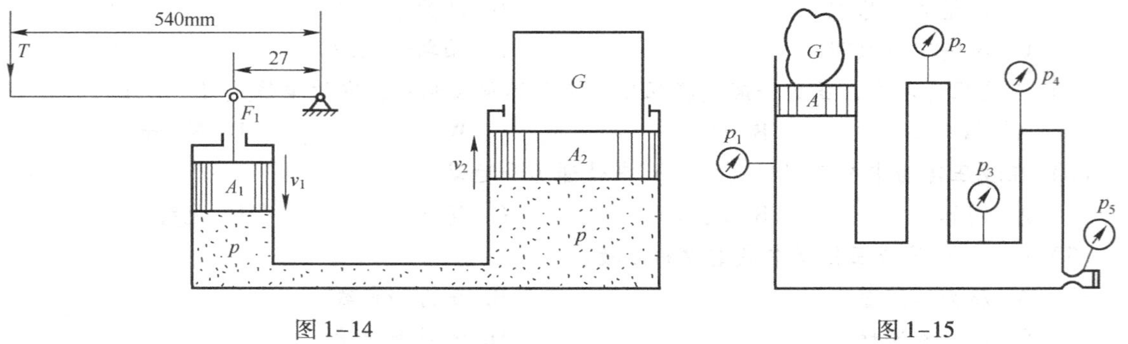

图1-14　　　　图1-15

（3）如图1-16所示的连通器，中间有一活动隔板T，已知活塞面积 $A_1=1\times10^{-3}\text{m}^2$，$A_2=5\times10^{-3}\text{m}^2$，$F_1=200\text{ N}$，$G=2\,500\text{ N}$，活塞自重不计，问：

① 当中间用隔板T隔断时，连通器两腔的压力 p_1、p_2 各是多少？

② 当把中间隔板抽去，使连通器连通时，两腔的压力 p_1、p_2 各是多少？作用力 F_1 能否举起重物 G？

③ 当抽去中间隔板T后，若要使两活塞保持平衡，F_1 应是多少？

④ 若 $G=0$，其他已知条件都同前，F_1 是多少？

（4）如图1-17所示，液压泵的流量 $q=32\text{ L/min}$，吸油管直径 $d=20\text{ mm}$，液压泵吸油口距离液面高度 $h=500\text{ mm}$，油液密度为 $\rho=0.9\text{ g/cm}^3$，在忽略压力损失且动能修正系数均为1的条件下，求液压泵吸油口的真空度。

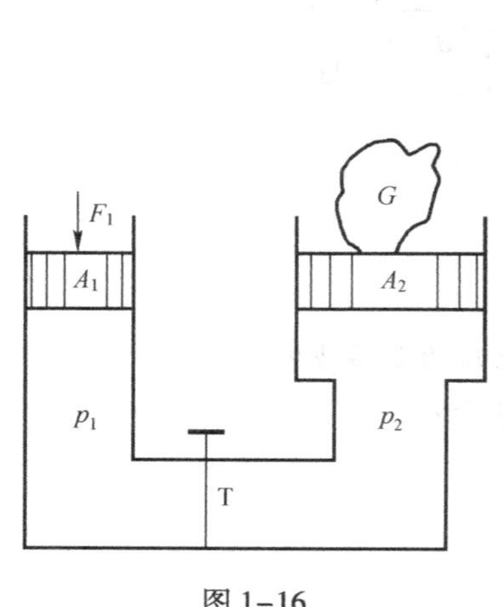

图1-16

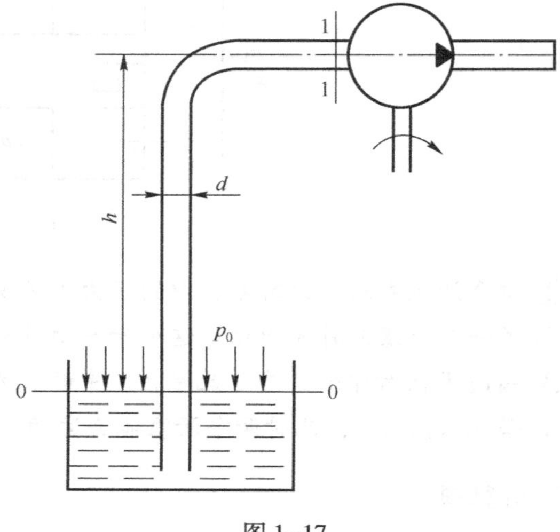

图1-17

项目2 液压传动系统工作介质的应用

学习目标

通过本项目的学习，应掌握液压传动系统工作介质（液压油）的基本物理性质、种类及其选用。其具体目标为：

(1) 能够识别液压油的牌号；

(2) 能够根据液压设备的类型和工作条件选用液压油；

(3) 能够提出并实施防止油液污染的常用措施；

(4) 能够合理选用、安装、维护过滤器。

任务2-1　液压机液压油的选用

任务引入

如图2-1所示是一台四柱液压机，液压机的主要运动是上滑块机构和下滑块顶出机构的运动，上滑块机构由主液压缸（上缸）驱动，顶出机构由辅助液压缸（下缸）驱动。它主要用于可塑性材料的压制，如冲压、弯曲、翻边、薄板拉深等。液压机使用液压传动系统，通过工作介质（液压油）来传递运动和动力，而液压系统的故障与液压油的选用不当有关，不同的液压系统对液压油的要求也不相同。

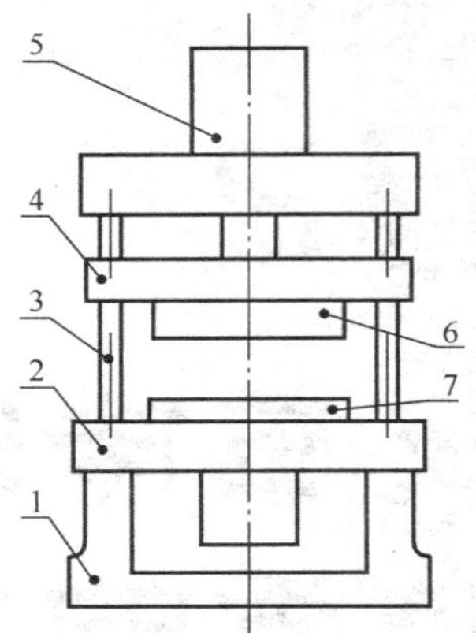

1—床身；2—工作平台；3—导柱；4—上滑块；5—上缸；6—上滑块模具；7—下滑块模具

图2-1　四柱液压机结构原理图

任务分析

液压油是液压传动系统中的工作介质，而且还对液压装置的机构、零件起着润滑、冷却和防锈作用。液压传动系统的压力、温度和流速在很大的范围内变化，液压油的质量优劣直接影响液压系统的工作性能。因此，合理地选用液压油是很重要的，所以首先要了解液压油的相关知识。

相关知识

2-1-1　液压油的性质

1. 密度

单位体积液体的质量称为液体的密度。液压油的密度随压力的升高而稍有增大，随温度的升高而减小，一般情况下，由压力和温度引起的这种变化都较小，可将其近似地认为是常数。液体的密度越大，其泵吸入性就越差。

2. 可压缩性

液体受压力作用而体积减小的特性称为液体的可压缩性。液体的可压缩性可用体积压缩系数 κ 来表示。并定义为单位压力变化下的液体体积的相对变化量。设体积为 V_0 的液体，其压力变化量为 Δp，液体体积减小 ΔV，则体积压缩系数

$$\kappa = -\frac{1}{\Delta p}\frac{\Delta V}{V_0} \tag{2-1}$$

液压油的可压缩性是钢的100～150倍。可压缩性会降低运动的精度，增大压力损失而使

油温上升，压力信号传递时，会有时间延迟、响应不良的现象。液压油虽具有可压缩性，但在中低压系统中压缩量很小，一般可忽略不计。只有在高压系统和液压系统的动态特性分析中才考虑液体的可压缩性。

3. 黏性

液体在外力作用下流动时，由于液体分子间的内聚力而产生一种阻碍液体分子之间进行相对运动的内摩擦力，这一特性称为黏性。

实验测定指出，液体流动时相邻液层之间的内摩擦力 F 与液层间的接触面积 A 和液层间的相对速度 $\mathrm{d}u$ 成正比，而与液层间的距离 $\mathrm{d}y$ 成反比，即

$$F = \mu A \frac{\mathrm{d}u}{\mathrm{d}y} \tag{2-2}$$

式中，μ 为比例常数，称为黏性系数或黏度；$\frac{\mathrm{d}u}{\mathrm{d}y}$为速度梯度。

如果以 τ 表示液体的内摩擦切应力，即液层间单位面积上的内摩擦力，则有

$$\tau = \frac{F}{A} = \mu \frac{\mathrm{d}u}{\mathrm{d}y} \tag{2-3}$$

运动黏度的数学表达式为：

$$\gamma = \frac{\mu}{\rho} \tag{2-4}$$

黏度是衡量流体黏性的指标。常用的液体黏度表示方法有三种，即动力黏度、运动黏度和相对黏度。

1）*动力黏度 μ*

动力黏度 μ 在物理意义上讲，是当速度梯度 $\mathrm{d}u/\mathrm{d}z = 1$ 时，单位面积上的内摩擦力的大小，它直接表示流体的黏性即内摩擦力的大小。其法定计量单位为 Pa · s。

2）*运动黏度 ν*

运动黏度是动力黏度 μ 与液体密度 ρ 的比值，即：$\nu = \mu/\rho$。

运动黏度的单位是 $\mathrm{m^2/s}$，通常称为 St（斯），它与 cSt（厘斯）之间的关系是

$$1\mathrm{m^2/s} = 10^6\mathrm{mm^2/s} = 10^6\mathrm{cSt}$$

运动黏度 ν 虽没有明确的物理意义，但习惯上常用它来标志液体的黏度，工程中常用运动黏度 ν 作为液体黏度的标志。例如，各种矿物油的牌号就是该种油液在 40℃ 时的运动黏度（$\mathrm{mm^2/s}$）的平均值。

3）*相对黏度 $°E_t$*

相对黏度又称条件黏度。各国采用的相对黏度单位有所不同。美国用赛氏黏度，英国用雷氏黏度，中国、德国等采用恩氏黏度。

4）*黏度和温度的关系*

油液的黏度对温度的变化极为敏感，温度升高，油液的黏度下降。黏度随温度变化的性质称为油液的黏温特性。不同种类的液压油有不同的黏温特性，黏温特性较好的液压油，黏度随温度的变化较小，因而油温变化对液压系统性能的影响较小。

国内常采用黏度指数 VI 值来衡量油液黏温特性的好坏。黏度指数 VI 值较大，表示油液黏度随温度的变化率较小，即黏温特性较好。

5）黏度和压力的关系

液体所受的压力增大时，其分子间的距离减小，内聚力增大，黏度也随之增大。但对于一般的液压系统，当压力在32 MPa以下时，压力对黏度的影响不大，可以忽略不计。

4. 其他性质

液压油除了以上的基本物理性质外，还有其他一些物理及化学性质，如稳定性、抗泡沫性、抗乳化性、防锈性、润滑性及相容性等。它们都对液压油的选择和使用有重要影响，这些性质需要在精炼的矿物油中加入各种添加剂来获得。

2-1-2 液压油的识别

液压油有矿油型、合成型和乳化型三种。矿油型液压油的主要品种有普通液压油、抗磨液压油、低温液压油、高黏度指数液压油、液压导轨油及其他专用液压油（如航空液压油、舵机液压油等），都是以全损耗系统用油为基础原料，精炼后按需要加入适当的添加剂制得的。矿油型液压油润滑性和防锈性好，黏度等级范围较宽，因而在液压系统中应用很广。

合成型液压油主要有水－乙二醇液、磷酸酯液和硅油等，乳化型液压油有水包油型乳化液和油包水型乳化液。合成型和乳化型液压油的抗燃性好，主要用于有抗燃要求的液压系统。

液压油采用统一的命名方式，其一般形式为：类别－品种－牌号。例如，L－HV22，其中，L是润滑剂及有关产品类别代号，HV是指低温抗磨液压油，22是液压油的牌号。液压油的特性和用途见表2-1。

表2-1 液压油的特性和用途

类　型	名　称	ISO代号	特性和用途
矿油型	普通液压油	L－HL	精制矿油加添加剂，提高抗氧化和防锈性能，适用于室内一般设备的中低压系统
	抗磨液压油	L－HM	L－HL油加添加剂，改善抗磨性能，适用于工程机械、车辆液压系统
	低温液压油	L－HV	L－HM油加添加剂，改善黏温特性，可用于环境温度在－20～－40℃的高压系统
	高黏度指数液压油	L－HR	L－HL油加添加剂，改善黏温特性，黏度指数VI值达175以上，适用于对黏温特性有特殊要求的低压系统，如数控机床液压系统
	液压导轨油	L－HG	L－HM油加添加剂，改善黏滑性能，适用于机床中液压和导轨润滑合用的系统
	全损耗系统用油	L－AN	浅度精制矿油，抗氧化性、抗泡沫性较差，主要用于机械润滑，可作液压代用油，用于要求不高的低压系统
	汽轮机油	L－TSA	深度精制矿油加添加剂，改善抗氧化、抗泡沫等性能，为汽轮机专用油，可作液压代用油，用于一般液压系统
乳化型	水包油乳化液	L－HFA	包括HFAS（高水基液压油）和HFAE（水包油型乳化液）又称高水基液，特点是难燃、黏温特性好，有一定的防锈能力，润滑性差，易泄漏。适用于有抗燃要求，油液用量大且泄漏严重的系统
	油包水乳化液	L－HFB	既具有矿油型液压油的抗磨、防锈性能，又具有抗燃性，适用于有抗燃要求的中压系统
合成型	水－乙二醇液	L－HFC	难燃，黏温特性和抗蚀性好，能在－30～60℃温度下使用，适用于有抗燃要求的中低压系统
	磷酸酯液	L－HFDR	难燃，润滑抗磨性能和抗氧化性能良好，能在－54～135℃温度范围内使用，缺点是有毒。适用于有抗燃要求的高压精密液压系统

2-1-3　液压油的选用

1. 液压油的功用

（1）传递能量和信号；（2）润滑液压元件、减少摩擦和磨损；（3）散热；（4）防止锈蚀；（5）密封液压元件对偶摩擦副的间隙；（6）传输、分离和沉淀杂质。

2. 对液压油的性能要求

在液压传动中，液压油既是传动介质，又兼起润滑作用，故对液压油的性能提出如下要求。

（1）合适的黏度和良好的黏温特性。

（2）润滑性能好，腐蚀性小，抗锈性好。

（3）质地要纯净，极少量的杂质、水分和水溶性酸碱，无毒害、无味，废料易处理，成本低等。

（4）对金属和密封件有良好的相容性。

（5）氧化稳定性好，长期工作不易变质。

（6）抗泡沫性和抗乳化性好。

（7）体积膨胀系数小，比热容大。

（8）在高温环境下具有较高的闪点，起防火作用；低温环境下具有较低的凝点。

3. 液压油的选择

1）液压油的选用原则

选用液压油时，可根据液压元件生产厂样本和说明书所推荐的品种号数来选用液压油，或者根据液压系统的工作压力、工作温度、液压元件种类及经济性等因素全面考虑。

液压油的选择，首先是液压油品种的选择。油液品种选择得是否合适，对液压系统的工作影响很大。选择油液品种时，可根据是否液压专用、有无起火危险、工作压力及工作温度范围等因素进行考虑。

液压油的品种确定之后，接着就是选择液压油的黏度等级。黏度等级的选择是十分重要的，因为黏度对液压系统工作的稳定性、可靠性、效率、温升以及磨损都有显著的影响。在选择黏度等级时应注意以下几方面的情况。

（1）按工作机械的不同要求选用。精密机械与一般机械对黏度要求不同。为了避免温度升高而引起机件变形、影响工作精度，精密机械宜采用较低黏度的液压油。例如，机床液压伺服系统，为保证伺服机构动作灵敏性，宜采用黏度较低的液压油。

（2）按液压泵的类型选用。液压泵是液压系统的重要元件，在系统中它的运动速度、压力和温升都较高，工作时间又长，因而对黏度要求较严格，所以选择黏度时要考虑液压泵。否则，液压泵磨损快，容积效率降低，甚至可能破坏液压泵的吸油条件。不同类型的泵对油的黏度有不同的要求，液压泵常用液压油的黏度范围见表2-2。

（3）按液压系统工作压力选用。通常当工作压力较高时，宜采用黏度较高的油，以免系统泄漏过多，效率过低；工作压力较低时，宜采用黏度较低的油，这样可以减少压力损失。例如，机床液压传动的工作压力一般低于6.3 MPa，采用20 ～ 60 cSt油液；工程机械的液压系统，其工作压力属于高压，多采用较高黏度的油液。

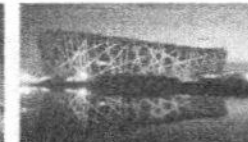

表2-2 液压泵常用液压油的黏度范围

液压泵类型		液压油黏度 v_{40}（mm^2/s）	
		液压系统温度5～40℃	液压系统温度40～80℃
齿轮泵		30～70	65～165
叶片泵	$p<7.0$ MPa	30～50	40～75
	$p\geq7.0$ MPa	50～70	55～90
径向柱塞泵		30～80	65～240
轴向柱塞泵		40～75	70～150

（4）考虑液压系统的环境温度。矿物油的黏度由于温度的影响变化很大，为保证在工作温度时有较适宜的黏度，还必须考虑周围环境温度的影响。当温度高时，宜采用黏度较高的油液；周围环境温度低时，宜采用黏度较低的油液。依据环境和工况条件的液压油选择见表2-3。

表2-3 依据环境和工况条件的液压油选择

工况	系统压力	7.0 Mpa以下	7.0～14.0 Mpa	7.0～14.0 Mpa	14.0 Mpa以上
环境	系统温度	50℃以下	50℃以下	50～80℃	80～100℃
室内固定液压设备		HL液压油	HL或HM液压油	HM液压油	HM液压油
露天、寒区和严寒区		HL或HS液压油	HV或HS液压油	HV或HS液压油	HV或HS液压油
地下、水上		HL液压油	HL或HM液压油	HL或HM液压油	HM液压油
高温热源或明火附近		HFAE、HFAS液压油	HFB、HFC液压油	HFDR液压油	HFDR液压油

（5）考虑液压系统中的运动速度。当液压系统中工作部件的运动速度很高时，油液的流速也高，压力损失随着增大，而泄漏相对减少，因此宜采用黏度较低的液压油；反之，当系统工作部件的运动速度较低时，每分钟所需的油量很小，这时泄漏相对较大，对系统的运动速度影响也较大，所以宜采用黏度较高的油液。

2）合理使用液压油

（1）使用前验明油品的牌号、性能等是否符合要求。

（2）液压系统要清洗干净方可使用。

（3）新油使用前要过滤，油液不能与其他物品混放。

（4）严格控制污染，防水、气、固体杂物混入液压系统。为防止空气进入系统，回油口应在油箱液面以下，并将管口切成斜面；液压泵和吸油管应严格密封；液压泵和油管安装高度应尽量低些，以减少液压泵吸油阻力；必要时在系统的最高处设置放气阀。

（5）定期检查油液质量和油面高度。

（6）应保证油箱的温度不超过液压油允许的范围，通常不超过70℃，否则应进行冷却调节。

4. 液压油的更换

1）液压油变质

引起液压油变质的原因很多，其中比较常见的原因有如下几方面。

（1）蒸发对液压油的性质很有影响。例如，含水液压油的水分蒸发，使水包油型水二乙醇的浓度增加，黏度上升，防火性能下降；水分蒸发也会使油包水型液压油的黏度下降。

一般讲，液压油的蒸发，除了与温度有关外，与蒸发面积、容器的气体空间和密封程度及大气压力有关，所以在使用液压油时，为了保证质量，应在这些方面加以注意。

（2）在空气作用下，液压油会发生氧化变质，使其颜色变深，酸度增大。值得注意的是，各种金属都是氧化的催化剂，尤其是铜更能加快油液的污染和变质。

（3）杂质和水分侵入液压油，也会引起油液的污染和变质。

（4）液压油中混入轻质油，会使黏度和闪点下降；若混入粗制油，可使酸值和残碳增大。混入含有不同添加剂的油品，可能使油液的性能提高，也可能使其性能下降。这些都表明液压油中一旦混入异种油品，既会影响数量，也会影响质量。

2）*液压油变质的鉴别方法*

液压油好坏，不仅影响机械设备正常工作，而且会损坏液压系统零部件。那么如何来鉴别液压油变质了呢？

不同种类的油品具有不同的颜色；所含成分不同，其气味也不一样。用手仔细抚摸，不同油品的手感各异。取其无色玻璃瓶装的油品，进行摇动时，会出现不同的油膜接瓶状况和气泡的状态。据此，人们在长期使用中，总结出一套“看、嗅、摇、摸”识别液压油的简易方法。常用液压油的“看、嗅、摇、摸”简易鉴别方法如表2–4所示。

表2–4 常用液压油的“看、嗅、摇、摸”简易鉴别方法

方法 特征 油品	看	嗅	摇	摸
N32 – N68号机械油	黄褐到棕黄，有不明显的蓝荧光		泡沫多而消失慢，挂瓶呈黄色	
普通液压油	浅到深黄，发蓝光	酸味	气泡消失快，稍挂瓶	
汽轮机油	浅到深黄		气泡多、大、消失快，无色	蘸水捻不乳化
抗磨液压油	橙红透明		气泡多、消失较快，稍挂瓶	
低凝液压油	深红			
水二乙醇液压油	浅黄	无味		光滑，觉热
磷酸酯液压油	浅黄			
油包水型乳化液	乳白		浓稠	
水包油型乳化液		无味	清淡	
蓖麻油制动液	淡黄透明	强烈酒精味		光滑、觉凉
矿物油型制动液	淡红			
合成制动液	苹果绿	醚味		

3）*液压油的更换*

液压油使用时间长了，会逐渐地老化变质，在不同的场合更换液压油，常用如下一些方法。

（1）对于要求不高、耗油量较少的液压系统，可采用经验更换法，即操作者或现场服务的技术人员根据其使用经验，或者通过外观比较，或者采用沉淀法和加热过滤法等简易测定

法，对液压油的污染程度做出判断，从而决定液压油是否应当更换。

（2）对于工作条件和工作环境变化不大的中、小型液压系统，可采用定期更换法，即根据液压油本身规定的使用寿命进行更换。

（3）对于大型的或耗油量较大的液压系统，可用试验更换法，即在液压油使用过程中，定期取样化验，鉴定污染程度，监视油液的质量变化；当被测定油液的物理、化学性能超出规定的范围时，就不能继续使用了，而应更换。可以说，这种以试验数据来决定换油时间的方法是一种可取的科学方法。

任务实施2-1　液压机液压油的检测和更换

工作任务单

<table>
<tr><td>姓名</td><td></td><td>班级</td><td colspan="2"></td><td>组别</td><td></td><td>日期</td><td></td></tr>
<tr><td>工作任务</td><td colspan="8">液压机液压油的检测和更换</td></tr>
<tr><td>任务描述</td><td colspan="8">在教师的指导下，在液压实训室或生产车间对液压机的液压油进行监测和更换，并记录液压油的检测结果和更换过程</td></tr>
<tr><td>任务要求</td><td colspan="8">1. 掌握危险化学物品的安全使用与存放；
2. 检测液压油并记录检测结果；
3. 使用换油设备对液压油进行更换</td></tr>
<tr><td>提交成果</td><td colspan="8">1. 液压油性质及更换记录清单；
2. 液压油检测报告</td></tr>
<tr><td rowspan="6">考核评价</td><td>序号</td><td colspan="2">考核内容</td><td>配分</td><td colspan="3">评分标准</td><td>得分</td></tr>
<tr><td>1</td><td colspan="2">安全文明操作</td><td>10</td><td colspan="3">遵守安全规章、制度，正确使用实验工具</td><td></td></tr>
<tr><td>2</td><td colspan="2">正确选择液压油牌号</td><td>20</td><td colspan="3">正确分析和选用液压油</td><td></td></tr>
<tr><td>3</td><td colspan="2">放油操作</td><td>20</td><td colspan="3">操作规范，对油污处理好</td><td></td></tr>
<tr><td>4</td><td colspan="2">清洗油箱</td><td>30</td><td colspan="3">清洗干净</td><td></td></tr>
<tr><td>5</td><td colspan="2">加注新液压油</td><td>20</td><td colspan="3">液压油更换过程记录，归纳正确</td><td></td></tr>
<tr><td>指导教师</td><td colspan="3"></td><td colspan="4">总 分</td><td></td></tr>
</table>

知识拓展2　液压油污染的控制

液压油是否清洁，不仅影响液压系统的工作性能和液压元件的使用寿命，而且直接关系到液压系统是否能正常工作。液压系统多数故障与液压油受到污染有关，因此控制液压油的污染是十分重要的。

1. 液压油被污染的原因

液压油被污染的原因主要有以下几方面。

（1）液压系统的管道及液压元件内的型砂、切屑、磨料、焊渣、锈片、灰尘等污垢在系统使用前冲洗时未被洗干净，在液压系统工作时，这些污垢就进入到液压油里。

（2）外界的灰尘、砂粒等，在液压系统工作过程中通过往复伸缩的活塞杆，流回油箱的漏油等进入液压油里。另外在检修时，稍不注意也会使灰尘、棉绒等进入液压油里。

（3）液压系统本身也不断地产生污垢，而直接进入液压油里，例如，金属和密封材料的磨损颗粒，过滤材料脱落的颗粒或纤维及油液因油温升高氧化变质而生成的胶状物等。

2. 油液污染的危害

液压油污染严重时，直接影响液压系统的工作性能，使液压系统经常发生故障，液压元件寿命缩短。造成这些危害的原因主要是污垢中的颗粒。对于液压元件来说，由于这些固体颗粒进入到元件里，会使元件的滑动部分磨损加剧，并可能堵塞液压元件里的节流孔、阻尼孔，或使阀芯卡死，从而造成液压系统的故障。水分和空气的混入使液压油的润滑能力降低并使它加速氧化变质，产生气蚀，使液压元件加速腐蚀，使液压系统出现振动、爬行等。

3. 防止污染的措施

造成液压油污染的原因多而复杂，液压油自身又在不断地产生脏物，因此要彻底解决液压油的污染问题是很困难的。为了延长液压元件的寿命，保证液压系统可靠地工作，将液压油的污染度控制在某一限度以内是较为切实可行的办法。对液压油的污染控制工作主要从两方面着手：一是防止污染物侵入液压系统；二是把已经侵入的污染物从系统中清理出去。污染控制要贯穿于整个液压装置的设计、制造、安装、使用、维护和修理等各个阶段。

为防止油液污染，在实际工作中应采取如下措施。

（1）使液压油在使用前保持清洁。液压油在运输和保管过程中都会受到外界污染，新买来的液压油看上去很清洁，其实很“脏”，必须将其静放数天后经过滤加入液压系统中使用。

（2）使液压系统在装配后、运转前保持清洁。液压元件在加工和装配过程中必须清洗干净，液压系统在装配后、运转前应彻底进行清洗，最好用系统工作中使用的油液清洗，清洗时油箱除通气孔（加防尘罩）外必须全部密封，密封件不可有飞边、毛刺。

（3）使液压油在工作中保持清洁。液压油在工作过程中会受到环境污染，因此应尽量防止工作中空气和水分的侵入，为完全消除水、气和污染物的侵入，采用密封油箱，通气孔上加空气滤清器，防止尘土、磨料和冷却液侵入，经常检查并定期更换密封件和蓄能器中的胶囊。

（4）采用合适的滤油器。这是控制液压油污染的重要手段。应根据设备的要求，在液压系统中选用不同的过滤方式、不同的精度和不同的结构的滤油器，并要定期检查和清洗滤油器和油箱。

（5）定期更换液压油。更换新油前，油箱必须先清洗一次，系统较脏时，可用煤油清洗，排尽后注入新油。

（6）控制液压油的工作温度。液压油的工作温度过高对液压装置不利，液压油本身也会加速变质，产生各种生成物，缩短它的使用期限，一般液压系统的工作温度最好控制在 65℃以下，机床液压系统则应控制在 55℃以下。

自我评价 2

1. 填空题

（1）液体流动时，沿其边界面会产生一种阻止其运动的流体摩擦作用，这种产生内摩擦力的性质称为________。

（2）单位体积液体的质量称为液体的________，液体的密度越大，其泵吸入性就越________。

（3）油温升高时，部分油会蒸发而与空气混合成油气，该油气所能点火的最低温度称为________，如果继续加热到某一温度，则会发生连续燃烧，此温度称为________。

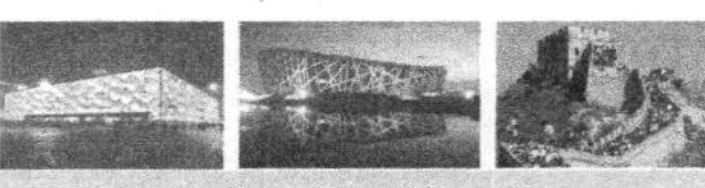

（4）工作压力较高的系统宜选用黏度________的液压油，以减少泄漏；反之便选用黏度________的液压油。执行机构的运动速度较高时，为了减小液流的功率损失，宜选用黏度________的液压油。

（5）我国油液牌号是以________℃时油液________黏度来表示的。

（6）油液黏度因温度升高而________，因压力增大而________。

（7）液压油是液压传动系统中的传动介质，而且还对液压装置的机构、零件起着________、________和防锈作用。

2. 判断题

（1）油液在流动时有黏性，处于静止状态也可以显示黏性。（　）

（2）一般的液压系统，由于系统压力不高，可以忽略压力对黏度的影响。（　）

（3）液体黏度的表示方法有两种形式。（　）

（4）液压油黏度对温度的变化十分敏感，温度上升时黏度上升。（　）

（5）液压油的可压缩性很大，严重影响了液压系统运动平稳性。（　）

（6）在选用液压油时，通常是依据液压泵的类型和系统的温度来确定液压油的品种。（　）

（7）液体能承受压力，不能承受拉应力。（　）

3. 选择题

（1）液体具有如下性质（　）。

A. 无固定形状而只有一定体积　　B. 无一定形状而只有固定体积

C. 有固定形状和一定体积　　D. 无固定形状又无一定体积

（2）液压油 L－HM32 中，L－HM 表示（　）。

A. 普通液压油　　B. 抗磨液压油

C. 低温液压油　　D. 汽轮机油

（3）对油液黏度影响较大的因素是（　）。

A. 压力　　B. 温度

C. 流量　　D. 流速

（4）对于黏度较大的油液，其（　）。

A. 黏度随温度变化较大　　B. 黏度随温度变化较小

C. 黏度不随温度而变化　　D. 不能确定

（5）若液压系统的工作压力较高时，应选用（　）的液压油。

A. 黏度指数较大　　B. 黏度较大

C. 黏度指数较小　　D. 黏度较小

4. 简答题

（1）液压油的主要性能指标有哪些？并说明各性能指标的含义。

（2）选用液压油主要应考虑哪些因素？

（3）液压系统中油液被污染的主要原因是什么？

（4）液压油污染后会对液压系统产生怎样的后果？

项目3

液压动力元件的应用

学习目标

通过本项目的学习，应能识别常用液压泵，如齿轮泵、叶片泵等，理解各种液压泵的工作原理与性能，并能正确地选用和拆装液压泵。其具体目标为：

(1) 掌握液压泵的工作原理；

(2) 掌握液压泵的分类和结构；

(3) 能进行液压泵的主要性能和参数计算；

(4) 能进行液压泵与电动机参数的选用；

(5) 能进行液压泵简单故障分析与排除。

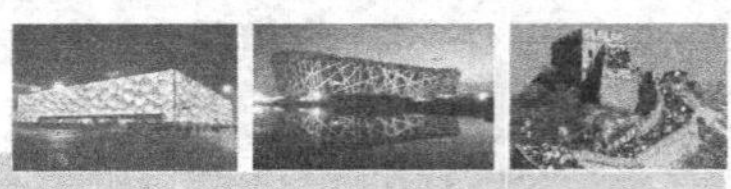

任务3-1　汽车修理升降台动力元件的应用

任务引入

如图3-1所示为汽车修理液压升降台的外形图，汽车的升降是由液压缸带动升降台上下运动实现的。那么如何使液压缸实现这一运动？通过什么元件来实现这一运动？如何选择这些元件？这些元件的结构如何？这些问题都需要通过本任务来完成。

图3-1　汽车修理液压升降台

任务分析

分析上述任务，要使液压缸向上运动必须在液压缸压力油进油口输入压力油，而要使升降台克服汽车的重力，又要求输入的压力油的压力足够大。在液压系统中动力元件起着向系统提供动力源的作用，是系统不可缺少的核心元件，液压系统中的动力元件指的就是液压泵。

在压力机上液压泵将原动机（电动机或内燃机）输出的机械能转换为工作液体的压力能，是一种能量转换装置。液压泵有很多种，其中齿轮泵结构简单、维护方便、造价低，对工作环境的适应性较好，而对升降台液压泵要求维护和保养简单、成本低，所以齿轮泵能很好地满足其使用要求，为此这里选用齿轮泵作为动力元件。

相关知识

液压泵作为液压系统的动力元件，将原动机（电动机、柴油机等）输入的机械能（转矩和角速度）转换为压力能（压力和流量）输出，为执行元件提供压力油。液压泵的性能好坏直接影响到液压系统的工作性能和可靠性，在液压传动中占有极其重要的地位。液压传动系统中使用的液压泵都是容积式液压泵，它是依靠周期变化的密封容积和配流装置来工作的，其主要形式有齿轮泵、叶片泵和柱塞泵等。

3-1-1　液压泵的工作原理及分类

1. 液压泵的工作原理

如图3-2所示为液压泵的工作原理。柱塞2装在缸体3内，并可做左右移动，在弹簧4的作用下，柱塞2紧压在偏心轮1的外表面上。当电动机带动偏心轮旋转时，偏心轮推动柱塞左右运动，使密封容积α的大小发生周期性的变化。当α由小变大时就形成部分真空，使油箱中的油液在大

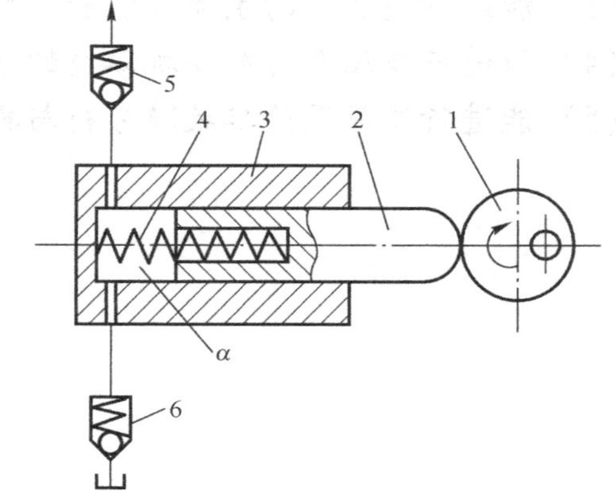

1—偏心轮；2—柱塞；3—缸体；4—弹簧；5、6—单向阀

图3-2　液压泵的工作原理

气压的作用下，经吸油管道顶开单向阀6进入油腔以实现吸油；反之，当α由大变小时，腔中吸满的油液将顶开单向阀5流入系统而实现压油。电动机带动偏心轮不断旋转，液压泵就不断地吸油和压油。

由于这种泵是依靠泵的密封工作腔的容积变化来实现吸油和压油的，因而称之为容积式泵。

容积式泵的流量大小取决于密封工作腔容积变化的大小和次数。若不计泄漏，则流量与压力无关。

2. 液压泵的分类

液压泵的分类方式很多，它可按压力的大小分为低压泵、中压泵和高压泵；也可按流量是否可调节分为定量泵和变量泵；还可按泵的结构分为齿轮泵、叶片泵和柱塞泵，其中，齿轮泵和叶片泵多用于中、低压系统，柱塞泵多用于高压系统。

液压泵的图形符号如图3-3所示。

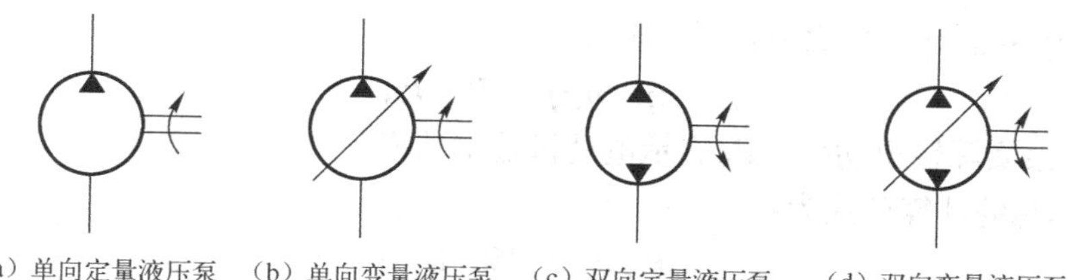

（a）单向定量液压泵　（b）单向变量液压泵　（c）双向定量液压泵　（d）双向变量液压泵

图3-3　液压泵的图形符号

3-1-2　液压泵的主要性能参数

1. 工作压力

液压泵实际工作时的输出压力称为液压泵的工作压力，用符号p表示。工作压力取决于外负载的大小和排油管路上的压力损失，而与液压泵的流量无关。

2. 额定压力

液压泵在正常工作条件下，按试验标准规定，连续运转的最高压力称为液压泵的额定压力。

3. 最高允许压力

在超过额定压力的条件下，根据试验标准规定，允许液压泵短暂运行的最高压力值称为液压泵的最高允许压力，超过此压力，泵的泄漏会迅速增加。

4. 排量

排量是泵主轴每转一周所排出液体体积的理论值，用符号V表示。如果泵排量固定，则为定量泵；如果泵排量可变，则为变量泵。一般定量泵因密封性较好，泄漏小，故在高压时效率较高。

5. 流量

流量为泵单位时间内排出的液体体积（L/min），用符号q表示，有理论流量q_{th}和实际流量q_{ac}两种。

$$q_{th} = Vn \tag{3-1}$$

式中，V表示泵的排量（L/r）；n表示泵的转速（r/min）。

$$q_{ac} = q_{th} - \Delta q \tag{3-2}$$

式中，Δq 表示泵运转时，油会从高压区泄漏到低压区的泄漏损失。

6. 容积效率和机械效率

液压泵的容积效率η_V的计算公式为：

$$\eta_V = q_{ac}/q_{th} \tag{3-3}$$

液压泵的机械效率η_m的计算公式为：

$$\eta_m = T_{th}/T_{ac} \tag{3-4}$$

式中，T_{th}表示泵的理论输入扭矩；T_{ac}表示泵的实际输入扭矩。

7. 泵的总效率和功率

泵的总效率η的计算公式为：

$$\eta = \eta_V \eta_m = P_{ac}/P_M \tag{3-5}$$

式中，P_{ac}表示泵实际输出功率；P_M表示电动机输出功率。

泵的功率P_{ac}的计算公式为：

$$P_{ac} = pq_{ac}/60(\text{kW}) \tag{3-6}$$

式中，p表示泵输出的工作压力（MPa）；q_{ac}表示泵的实际输出流量（L/min）。

【实例3-1】 某液压系统，泵的排量$V = 10$ mL/r，电机转速$n = 1200$ r/min，泵的输出压力$p = 5$ MPa，泵容积效率$\eta_V = 0.92$，总效率$\eta = 0.84$，求：

（1）泵的理论流量；

（2）泵的实际流量；

（3）泵的输出功率；

（4）驱动电动机功率。

解（1）泵的理论流量为：

$$q_{th} = V \times n = 10 \times 1200 \times 10^{-3} = 12(\text{L/min})$$

（2）泵的实际流量为：

$$q_{ac} = q_{th} \times \eta_V = 12 \times 0.92 = 11.04(\text{L/min})$$

（3）泵的输出功率为：

$$P_{ac} = pq_{ac}/60 = 5 \times 11.04/60 = 0.9(\text{kW})$$

（4）驱动电动机功率为：

$$P_M = P_{ac}/\eta = 0.9/0.84 = 1.07(\text{kW})$$

3-1-3 齿轮泵工作原理与结构

齿轮泵按结构形式可分为外啮合和内啮合两种，内啮合齿轮泵的应用较少，故我们着重介绍外啮合齿轮泵。外啮合齿轮泵具有结构简单、紧凑、容易制造、成本低、对油液污染不敏感、工作可靠、维护方便、寿命长等优点，故广泛应用于各种低压系统中。随着齿轮泵在结构上的不断完善，中、高压齿轮泵的应用逐渐增多。目前高压齿轮泵的工作压力可达 14 ～ 21 MPa。

1. 外啮合齿轮泵的工作原理

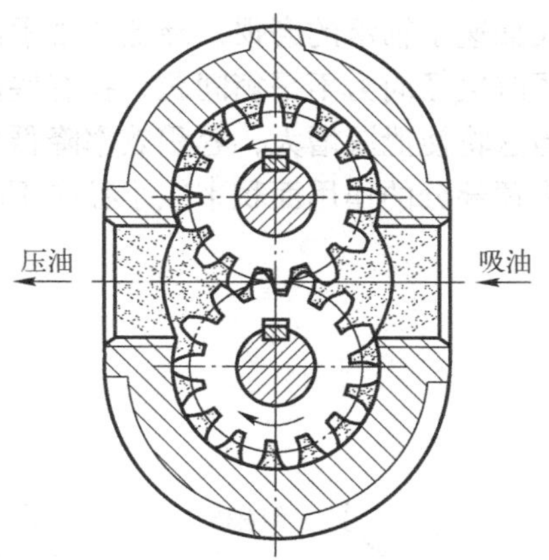

图 3-4　外啮合齿轮泵工作原理

外啮合齿轮泵的工作原理如图 3-4 所示。它由装在壳体内的一对齿轮所组成，齿轮两侧由端盖罩住，壳体、端盖和齿轮的各个齿间槽组成了许多密封工作腔。当齿轮按图 3-4 所示方向旋转时，右侧吸油腔由于相互啮合的齿轮逐渐脱开，密封工作容积逐渐增大，形成部分真空，因此油箱中的油液在外界大气压的作用下，经吸油管进入吸油腔，将齿间槽充满，并随着齿轮旋转，把油液带到左侧的压油腔内。在压油区的一侧，由于齿轮在这里逐渐进入啮合，密封工作腔容积不断减小，油液便被挤出去，从压油腔输送到压油管路中去。这里的啮合点处的齿面接触线一直起着隔离高、低压油腔的作用。

2. 齿轮泵存在的问题

1）齿轮泵的泄漏问题

外啮合齿轮运转时的泄漏途径有三个：一为两个齿轮的齿面啮合处，二为齿顶与齿轮壳内壁的间隙，三为齿端面与侧板之间的间隙。当压力增加时，前者不会改变，但后者挠度增大，此为外啮合齿轮泵泄漏最主要的原因，故不适合用作高压泵。

为解决外啮合齿轮泵的内泄漏问题，提高其压力，逐步开发出固定侧板式齿轮泵，其最高压力长期平均为 7 ～ 10 MPa；开发出的可动侧板式齿轮泵在高压时侧板被往内推，以减少高压时的内漏，其最高压力可达 14 ～ 17 MPa。

2）齿轮泵的困油问题

为了使齿轮泵能连续平稳地供油，必须使齿轮啮合的重叠系数 $\varepsilon>1$，以保证工作的任一瞬间至少有一对轮齿在啮合。由于 $\varepsilon>1$，会出现两对轮齿同时啮合的情况，即原先一对啮合的轮齿尚未脱开，后面的一对轮齿已进入啮合。这样就在两对啮合的轮齿之间产生一个闭死的容积，称为困油区，使留在这两对轮齿之间的油液困在这个封闭的容积内，如图 3-5 所示。随着齿轮的转动，困油区的容积大小发生变化。当容积缩小时，由于无法排油，困油区的油液受到挤压，压力急剧升高；随着齿轮的继续转动，闭死容积又逐渐变大（前面一对啮合轮齿处于即将脱开的位置时，闭死容积为最大），由于无法补油，困油区形成局部真空。油液处在困油区中，需要排油时无处可排，而需要被充油时，又无法补充，这种现象就叫作困油现象。这种困油现象极为严重地影响着泵的工作平稳性和使用寿命。

为了消除困油现象，在齿轮泵的泵盖上铣出两个困油卸荷凹槽，其几何关系如图 3-5 所示。卸荷槽的位置应该使困油腔由大变小时，能通过卸荷槽与压油腔相通，而当困油腔由小变大时，能通过另一卸荷槽与吸油腔相通。两卸荷槽之间的距离为 a，必须保证在任何时候都不能使压油腔和吸油腔互通。

3）齿轮泵的径向不平衡力

齿轮泵工作时，在齿轮和轴承上承受径向液压力的作用。如图 3-6 所示，泵的左侧为吸油腔，右侧为压油腔。在压油腔内有液压力作用于齿轮上，沿着齿顶的泄漏油，具有大小不等的压力，就是齿轮和轴承受到的径向不平衡力。液压力越高，这个不平衡力就越大，其结果不

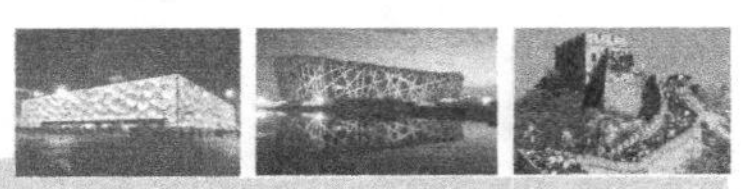

仅加速了轴承的磨损，降低了轴承的寿命，甚至使轴变形，造成齿顶和泵体内壁的摩擦等。为了解决径向力不平衡问题，在有些齿轮泵上，采用开压力平衡槽的办法来消除径向不平衡力，但这将使泄漏增大，容积效率降低等。CB－B 型齿轮泵则采用缩小压油腔，以减少液压力对齿顶部分的作用面积来减小径向不平衡力，所以泵的压油口孔径比吸油口孔径要小。

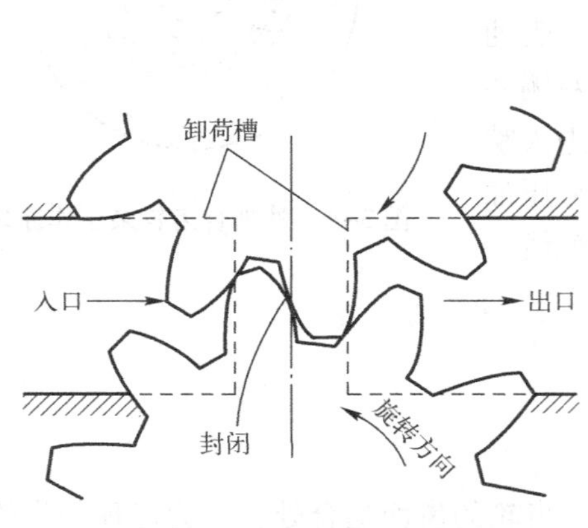

图 3-5　齿轮泵的困油现象

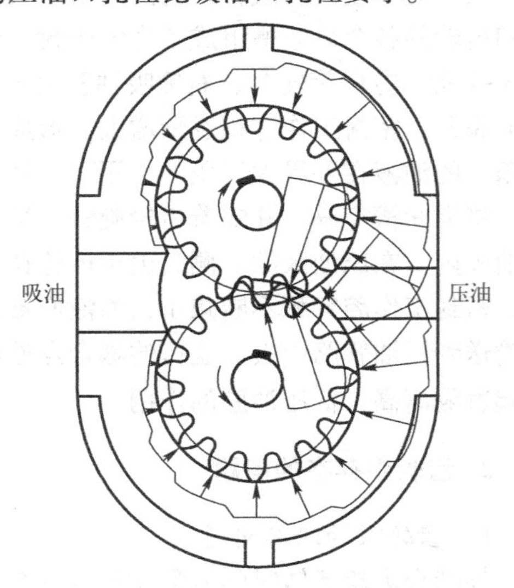

图 3-6　齿轮泵的径向不平衡力

3. 齿轮泵的结构

齿轮泵的外形大致相同，而内部结构却有不同，可分为：无侧板型、浮动侧板型和浮动轴套型。

CB－B 型齿轮泵为无侧板型，其结构如图 3-7 所示。它是分离三片式结构，三片是指泵

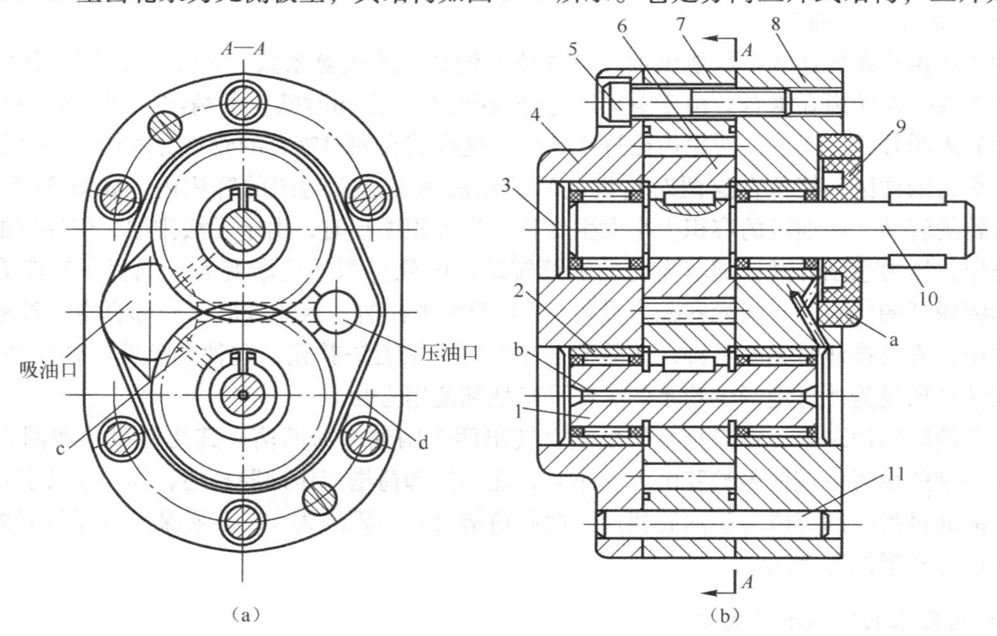

1—短轴；2—滚针轴承；3—油堵；4、8—前、后泵盖；5—螺钉；6—齿轮；7—泵体；9—密封圈；10—长轴；11—定位销

图 3-7　外啮合齿轮泵

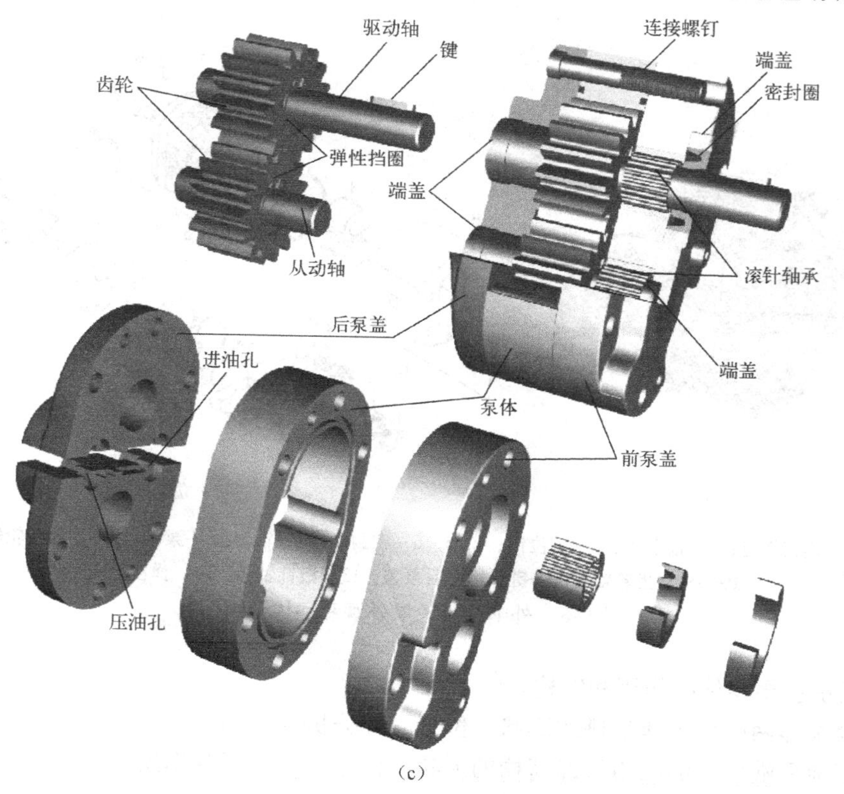

图3-7　外啮合齿轮泵（续）

体7和泵盖4、8，结构简单，不能承受较高的压力。泵体内装一对齿数相等又相互啮合的齿轮6，长轴10和短轴1通过键与齿轮6相连接，两根轴借助滚针轴承2支撑在前后泵盖4、8中。前后盖与泵体用两个定位销11定位，用6个螺钉5连接并压紧。为了使齿轮能灵活地转动，同时又要使泄漏最小，在齿轮端面和泵盖之间应有适宜间隙。为了防止泵内油液外泄又能减轻螺钉的拉力，在泵体的两端面开有封油卸荷槽d，此槽与吸油口相通，泄漏油由此槽流回吸油口。另外，在前后端盖中的轴承处也钻有泄漏油孔，使轴承处泄漏油液经短轴中心通孔b及通道c流回吸油腔。

任务实施3-1　齿轮泵的选用和拆装

1. 齿轮泵的拆装步骤

如图3-8所示为外啮合式齿轮泵外观和立体分解图。

其拆装步骤和方法如下。

（1）准备好内六角扳手一套、耐油橡胶板一块、油盘一个及钳工工具一套等器具。

（2）松开泵体与泵盖的连接螺钉1。

（3）取出定位销3。

（4）将前泵盖2、后泵盖12和泵体8分离开。

（5）取出密封圈4、5、6。

（6）从泵体8中依次取出轴套7、主动齿轮轴9、从动齿轮轴10等。如果配合面发卡，可用铜棒轻轻敲击出来，禁止猛力敲打，损坏零件。拆卸后，观察轴套的构造，并记住安装方向。

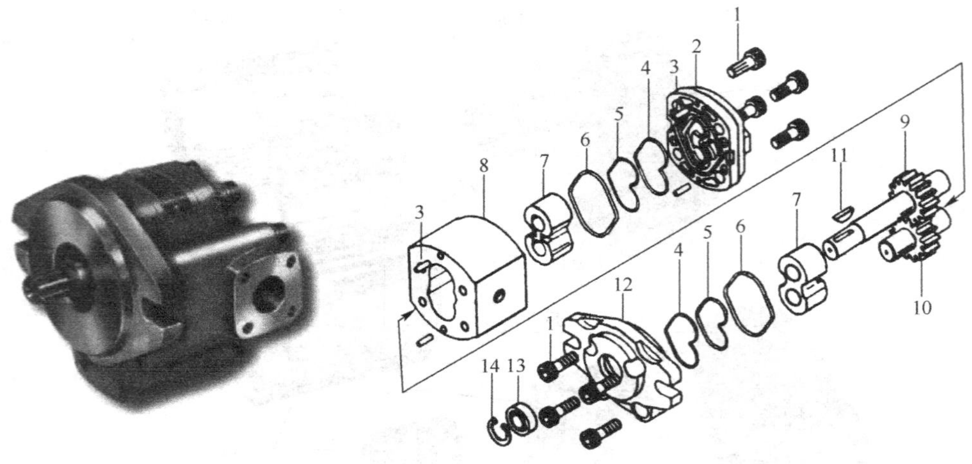

（a）外观图　　　　（b）立体分解图

1—连接螺钉；2—前泵盖；3—定位销；4、5、6—密封圈；7—轴套；8—泵体；9—主动齿轮轴；10—从动齿轮轴；11—键；12—后泵盖；13—滚针轴承；14—弹性挡圈

图 3-8　外啮合齿轮泵外观和立体分解图

（7）观察主要零件的作用和结构。

① 观察泵体两端面上泄油槽的形状、位置，并分析其作用。

② 观察前后端盖上的两矩形卸荷槽的形状、位置，并分析其作用。

③ 观察进、出油口的形状、位置。

（8）按拆卸的反向顺序装配齿轮泵。装配前清洗各零部件，将轴与泵盖之间、齿轮与泵体之间的配合表面涂润滑液，并注意各处密封的装配，安装浮动轴套时应将有卸荷槽的端面对准齿轮端面，径向压力平衡槽与压油口处在对角线方向，检查泵轴的旋向与泵的吸压油口是否吻合。

（9）装配完毕后，将现场整理干净。

2. 工作任务单

<table>
<tr><td>姓名</td><td></td><td>班级</td><td></td><td>组别</td><td></td><td>日期</td><td></td></tr>
<tr><td colspan="2">工作任务</td><td colspan="6">齿轮泵的选用和拆装</td></tr>
<tr><td colspan="2">任务描述</td><td colspan="6">在液压实训室完成液压泵的拆卸与组装；完成液压泵的工作压力与负载关系分析</td></tr>
<tr><td colspan="2">任务要求</td><td colspan="6">1. 正确进行齿轮泵拆装并记录；
2. 正确使用相关工具；
3. 正确检测齿轮泵的工作压力，分析齿轮泵工作时出油口压力与负载之间的关系；
4. 实训结束后对液压泵、使用工具进行整理并放回原处</td></tr>
<tr><td colspan="2">提交成果</td><td colspan="6">拆装实训报告</td></tr>
<tr><td colspan="2" rowspan="6">考核评价</td><td>序号</td><td>考核内容</td><td>配分</td><td colspan="2">评分标准</td><td>得分</td></tr>
<tr><td>1</td><td>安全意识</td><td>20</td><td colspan="2">遵守安全规章、制度</td><td></td></tr>
<tr><td>2</td><td>工具的正确使用</td><td>10</td><td colspan="2">选择合适工具，正确使用工具</td><td></td></tr>
<tr><td>3</td><td>齿轮泵的拆卸与组装</td><td>50</td><td colspan="2">齿轮泵拆装前后状态一致</td><td></td></tr>
<tr><td>4</td><td>工作压力分析</td><td>10</td><td colspan="2">出油口压力与负载关系分析正确</td><td></td></tr>
<tr><td>5</td><td>团队协作</td><td>10</td><td colspan="2">与他人合作有效</td><td></td></tr>
<tr><td colspan="2">指导教师</td><td colspan="2"></td><td colspan="3">总分</td><td></td></tr>
</table>

任务3-2　加工中心液压系统动力元件的选择和拆装

任务引入

数控加工中心的主轴进给运动采用微电子伺服控制，而其他辅助运动则采用液压驱动，如图3-9所示，液压泵作为动力元件向各分支提供稳定的液压能源。由于数控加工工作的特殊性，正确选择动力元件是保证整个液压系统可靠工作的关键。试根据具体要求，选择液压系统的动力元件。

图3-9　数控加工中心

任务分析

在加工中心的液压系统中，经常采用液压泵作为动力元件，自动地向各分支提供稳定的液压能源，如夹紧回路、滑楔移动回路、机械手回转缸、刀库移动换刀等。由于加工工作的特殊性，加工中心的液压系统工作时，不同于液压机，它不需要液压泵输出较大的流量，也不需要液压泵输出很高的压力，但是要求液压泵在工作中噪声小，工作平稳，而齿轮泵工作时噪声大，小流量供油不稳定，因此，齿轮泵用在加工中心中不能很好地满足工作要求，故在实际应用时，常选择限压式变量叶片泵或双作用叶片泵配蓄能器作为动力元件，大型加工中心则采用柱塞泵为动力元件。

相关知识

叶片泵的优点是：运转平稳，压力脉动小，噪声小，结构紧凑尺寸小，流量大。其缺点是：对油液要求高，如油液中有杂质，则叶片容易卡死；与齿轮泵相比结构较复杂。它广泛应用于机械制造中的专用机床、自动线等中、低压液压系统中。该泵有两种结构形式：一种是单作用叶片泵，另一种是双作用叶片泵。单作用叶片泵往往做成变量的，而双作用叶片泵是定量的。

3-2-1　单作用叶片泵

1. 单作用叶片泵的工作原理与结构

单作用叶片泵的工作原理如图3-10所示，单作用叶片泵由转子1、定子2、叶片3和端盖等组成。定子具有圆柱形内表面，定子和转子间有偏心距p，叶片装在转子槽中，并可在槽内滑动，当转子压油回转时，由于离心力的作用，使叶片紧靠在定子内壁，这样，在定子、转子、叶片

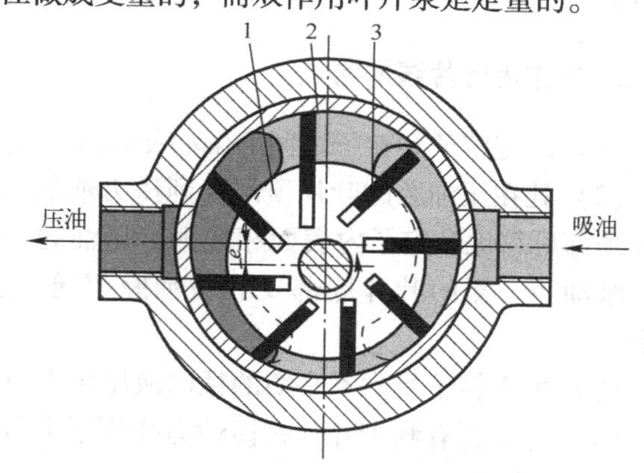

1—转子；2—定子；3—叶片

图3-10　单作用叶片泵工作原理

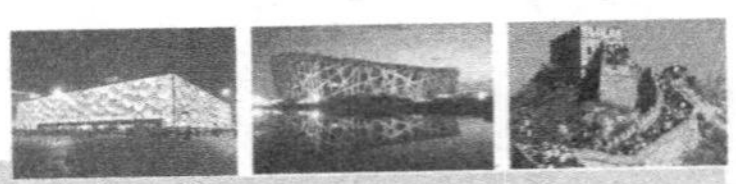

和两侧配油盘间就形成了若干个密封的工作空间，当转子按逆时针方向回转时，在图3-10所示的右部，叶片逐渐伸出，叶片间的空间逐渐增大，从吸油口吸油，这是吸油腔。在图3-10所示的左部，叶片被定子内壁逐渐压进槽内，工作空间逐渐缩小，将油液从压油口压出，这就是压油腔。在吸油腔和压油腔之间有一段封油区，把吸油腔和压油腔隔开，这种叶片泵每转一周，每个工作腔就完成一次吸油和压油，因此称之为单作用叶片泵。转子不停地旋转，泵就不断地吸油和排油。单作用叶片泵的实物图和结构分解图如图3-11所示。

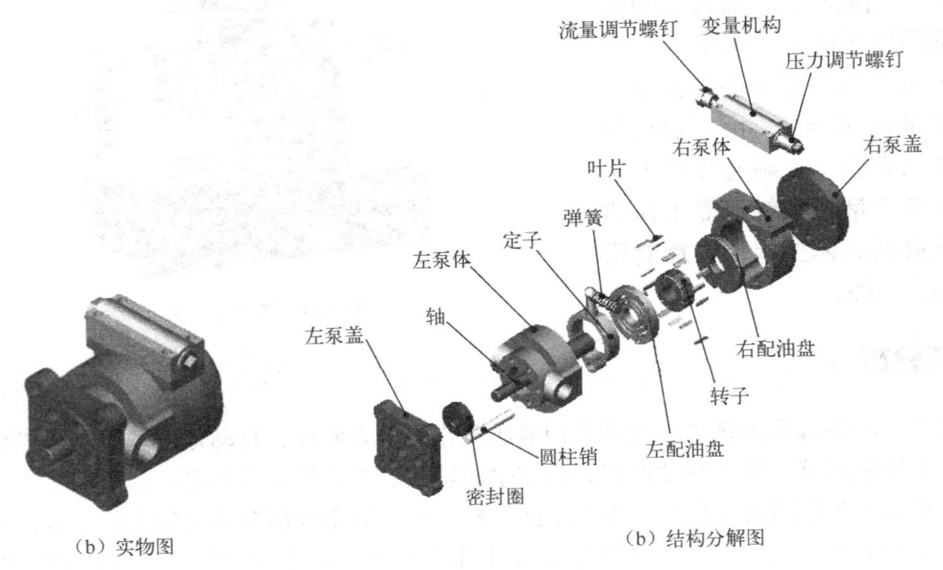

（b）实物图　　（b）结构分解图

图3-11　单作用叶片泵

改变转子与定子的偏心量，即可改变泵的流量，偏心量越大，流量越大，若调成几乎是同心的，则流量接近于零。因此单作用叶片泵大多为变量泵。

单作用叶片泵的流量也是有脉动的，理论分析表明，泵内叶片数越多，流量脉动率越小。此外，奇数叶片的泵的脉动率比偶数叶片的泵的脉动率小，所以单作用叶片泵的叶片数均为奇数，一般为13或15片。

另外还有一种限压式变量泵，当负荷小时，泵输出流量大，负载可快速移动；当负荷增加时，泵输出流量变少，输出压力增加，负载速度降低。如此可减少能量消耗，避免油温上升。

2. 单作用叶片泵的特点

（1）改变定子和转子之间的偏心便可改变流量。偏心反向时，吸油压油方向也相反。

（2）处在压油腔的叶片顶部受到压力油的作用，该作用要把叶片推入转子槽内。为了使叶片顶部可靠地和定子内表面相接触，压油腔一侧的叶片底部要通过特殊的沟槽和压油腔相通。吸油腔一侧的叶片底部要和吸油腔相通，这里的叶片仅靠离心力的作用顶在定子内表面上。

（3）由于转子受到不平衡的径向液压作用力，所以这种泵一般不宜用于高压。

（4）为了更有利于叶片在惯性力作用下向外伸出，而使叶片有一个与旋转方向相反的倾斜角，称后倾角，一般为24°。

3-2-2 双作用叶片泵

1. 双作用叶片泵的工作原理

双作用叶片泵的工作原理如图 3-12 所示，定子内表面近似为椭圆，转子和定子同心安装，有两个吸油区和两个压油区对称布置。转子每转一周，完成两次吸油和压油。双作用叶片泵大多是定量泵。

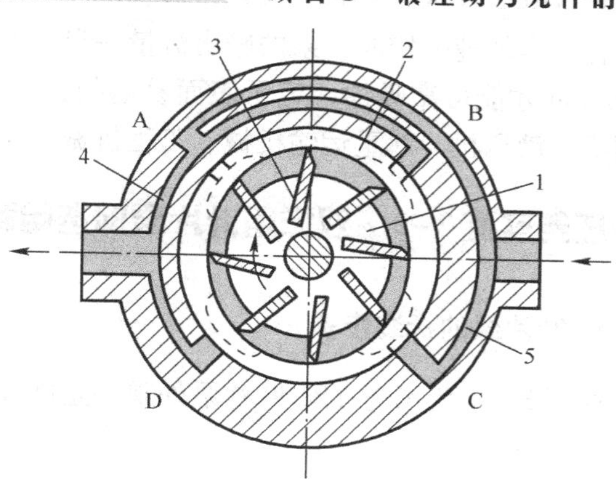

1—转子；2—定子；3—叶片；4—油液

图 3-12 双作用叶片泵工作原理

2. YB1 型叶片泵的结构

YB1 型叶片泵的结构如图 3-13 所示。它由前泵体 7 和后泵体 6、左右配油盘 1 和 5、定子 4、转子 12 等组成。为了便于装配和使用，两个配油盘与定子、转子和叶片可组装成一个部件，用两个长螺钉 13 紧固。转子 12 上开有 12 个径向槽，槽内装有叶片 11。为了使叶片顶部与定子内表面紧密接触，叶片根部通过配油盘的环槽 c 与压油腔相通。转子安装在传动轴 3 上，传动轴由两个滚珠轴承 2 和 8 支撑。右配油盘 5 是浮动的，它可以自动补偿与转子之间的轴向间隙，从而保证可靠密封，减少泄漏。

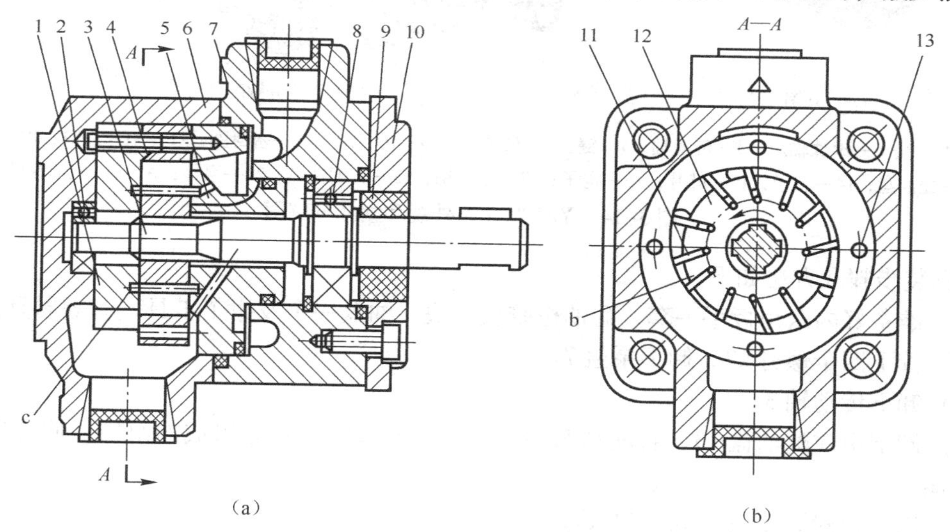

1—左配油盘；2、8—滚珠轴承；3—传动轴；4—定子；5—右配油盘；6—后泵体；
7—前泵体；9—油封；10—压盖；11—叶片；12—转子；13—螺钉

图 3-13 YB1 型叶片泵

双作用叶片泵若不考虑叶片厚度，泵的输出流量是均匀的，但实际叶片是有厚度的，长半径圆弧和短半径圆弧也不可能完全同心，尤其是叶片底部槽与压油腔相通，因此泵的输出流量将出现微小的脉动，但其脉动率较其他形式的泵（螺杆泵除外）小得多，且在叶片数为 4 的整数倍时最小，为此，双作用叶片泵的叶片数一般为 12 或 16 片。

3. 双作用叶片泵的应用

双作用叶片泵的突出优点在于径向作用力平衡，卸除了转子轴和轴承的径向负荷，结构紧凑，流量均匀，运转平稳，噪声小，寿命较长，因此获得广泛应用。但由于结构上很难实现排量变化，当转速一定时，泵的输出流量一定，不能调节变化，故多为定量泵。同时转速需大于 500 r/min 才能可靠吸油，定子表面易磨损，叶片易咬死折断，可靠性差。一般常用在机床、注塑机、液压机、起重运输机械、工程机械、飞机等机械中。

任务实施 3-2　双作用叶片泵的选用和拆装

1. 叶片泵的拆装步骤

如图 3-14 所示为 YB1 叶片泵外观和立体分解图。

（a）外观图

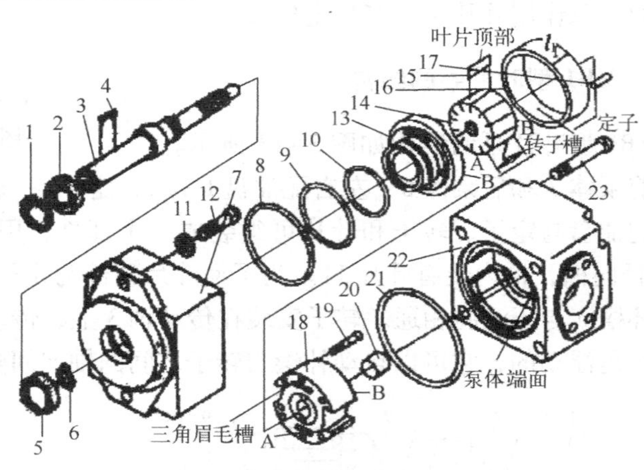

（b）立体分解图

1、6—挡圈；2、5—滚珠轴承；3—传动轴；4—键；7—泵盖；8、9、10、20、21—密封圈；11—垫片；12、19、23—螺钉；13—左配油盘；14—转子；15—叶片；16—定子；17—定位销；18—右配油盘；22—泵体；A，B—配油盘的两个面

图 3-14　YB1 叶片泵外观和立体分解图

其拆装步骤和方法如下。

（1）准备好内六角扳手一套、耐油橡胶板一块、油盘一个及钳工工具一套等器具。

（2）拧下四个螺钉 23，卸下泵盖 7。

（3）卸下传动轴 3。

（4）卸下由左配油盘 13、右配油盘 18、定子 16、转子 14 等组成的组件，使它们从泵体 22 上脱离。

（5）卸下密封圈 8、9、10、21 等。

（6）再将左右配油盘、定子、转子等组件拆开。

① 拧下螺钉 19。

② 卸下左配油盘 13、右配油盘 18、定位销 17。

③ 卸下定子 16、转子的叶片 15。

（7）观察叶片泵主要零件的作用和结构。

① 观察定子内表面的四段圆弧和四段过渡曲线的组成情况。

② 观察转子叶片上叶片槽的倾斜角度和斜倾方向。

③ 观察配油盘的结构。

④ 观察吸油口、压油口、三角槽、环形槽及槽底孔，并分析其作用。

⑤ 观察泵中所用密封圈的位置和形式。

（8）按拆卸时的反向顺序进行装配。装配前清洗各零部件，将各配合表面涂润滑液，并

注意各处密封的装配，检查泵轴的旋向与泵的吸压油口是否吻合。

（9）装配完毕后，将现场整理干净。

2. 工作任务单

姓名		班级		组别		日期	
工作任务	双作用叶片泵的选用和拆装						
任务描述	在液压实训室完成液压泵的拆卸与组装；观察叶片泵的结构，正确检测叶片泵的工作压力；正确分析叶片泵工作时出油口压力与负载之间的关系。						
任务要求	1. 正确进行叶片泵拆装并记录； 2. 正确使用相关工具； 3. 正确检测叶片泵的工作压力，分析叶片泵工作时出油口压力与负载之间的关系； 4. 实训结束后对液压泵、使用工具进行整理并放回原处。						
提交成果	拆装实训报告						
考核评价	序号	考核内容	配分	评分标准	得分		
	1	安全意识	20	遵守安全规章、制度			
	2	工具的正确使用	10	选择合适工具，正确使用工具			
	3	叶片泵的拆卸与组装	50	叶片泵拆装前后状态一致			
	4	工作压力分析	10	出油口压力与负载关系分析正确			
	5	团队协作	10	与他人合作有效			
指导教师			总分				

任务3-3　液压拉床动力元件的应用

任务引入

液压拉床是用拉刀加工工件各种内外成形表面的机床，如图3-15所示。拉床主要应用于对通孔、平面及成形表面的加工。虽然拉刀的机构复杂、成本高，但是其加工效率高、加工精度高而且有较细的表面粗糙度，因此在机械加工中占有相当重要的地位。因拉削时拉床受到的切削力非常大，所以它通常是由液压驱动的。那么如何选择拉床液压系统的动力元件才能保证较大的切削力呢？

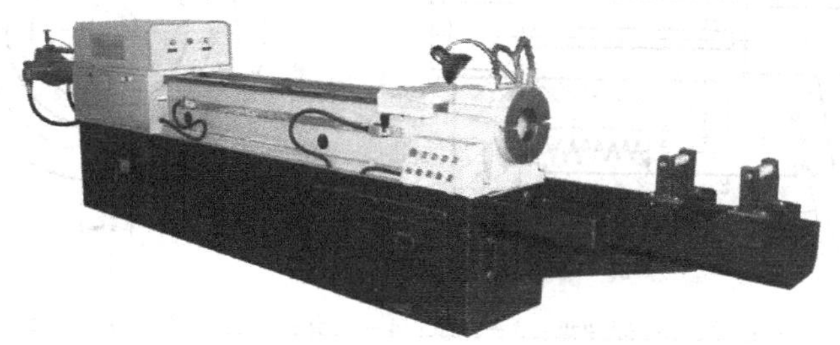

图3-15　液压拉床

任务分析

拉削时机床只有拉刀的直线运动，它是加工过程的主运动。由于需要较大的输出力来完成

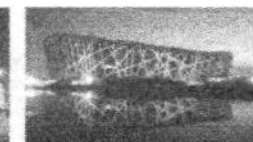

拉削任务，所以该设备使用了柱塞泵为液压系统提供压力油。与齿轮泵和叶片泵相比，柱塞泵能以最小的尺寸和最小的质量供给最大的动力，为一种高效泵。该泵输出压力高，输出流量大。润滑装置动力元件一般要求体积小，效率高，故一般选择轴向柱塞泵作为动力元件，而径向柱塞泵使用较少。在使用轴向柱塞泵时，同样要求油液要清洁。

相关知识

3-3-1　柱塞泵的工作原理与结构

柱塞泵的工作原理是通过柱塞在液压缸内做往复运动来实现吸油和压油的。与齿轮泵和叶片泵相比，柱塞泵是一种高效率的泵，但制造成本相对较高，该泵用于高压、大流量、大功率的场合。柱塞泵可分为轴向式和径向式两大类。轴向式又可分为直轴式（斜盘式）和斜轴式两种，其中直轴式应用较广。

1. 轴向柱塞泵的工作原理

轴向柱塞泵的工作原理如图3-16所示。轴向柱塞泵是将多个柱塞配置在一个共同缸体的圆周上，并使柱塞中心线和缸体中心线平行的一种泵。柱塞沿圆周均匀分布在缸体内，斜盘轴线与缸体轴线倾斜一个角度，柱塞靠机械装置或在低压油作用下压紧在斜盘上（图中为弹簧6），配油盘2和斜盘4固定不转，当原动机通过传动轴使缸体转动时，由于斜盘的作用，迫使柱塞在缸体内做往复运动，并通过配油盘的配油窗口进行吸油和压油。如图3-16中所示的回转方向，当缸体转角在 $\pi/2 \sim -\pi/2$ 范围内，柱塞向外伸出，柱塞底部缸孔的密封工作容积增大，通过配油盘的吸油窗口吸油；在 $-\pi/2 \sim \pi/2$ 范围内，柱塞被斜盘推入缸体，使缸孔的密封容积减小，通过配油盘的压油窗口压油。缸体每转一周，每个柱塞各完成吸、压油过程一次，若改变斜盘倾角 γ，就能改变柱塞行程的长度，即改变液压泵的排量和斜盘倾角方向，就能改变吸油和压油的方向，即成为双向变量泵。

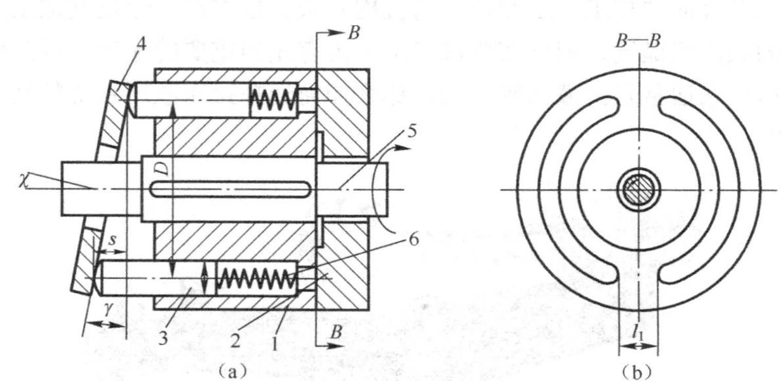

1—缸体；2—配油盘；3—柱塞；4—斜盘；5—传动轴；6—弹簧

图3-16　轴向柱塞泵的工作原理

2. 径向柱塞泵的工作原理

径向柱塞泵的工作原理如图3-17所示，柱塞1径向排列装在缸体2中，缸体由原动机带动连同柱塞1一起旋转，所以缸体2一般称为转子，柱塞1在离心力的（或在低压油）作用下

抵紧定子4的内壁，当转子按图示方向回转时，由于定子和转子之间有偏心距 e，柱塞绕经上半周时向外伸出，柱塞底部的容积逐渐增大，形成部分真空，因此便经过衬套3（衬套3压紧在转子内，并和转子一起回转）上的油孔从配油孔5和吸油口b吸油；当柱塞转到下半周时，定子内壁将柱塞向里推，柱塞底部的容积逐渐减小，向配油轴的压油口c压油，当转子回转一周时，每个柱塞底部的密封容积完成一次吸压油，转子连续运转，即完成压吸油工作。配油轴固定不动，油液从配油轴上半部的两个孔a流入，从下半部两个油孔d压出，为了进行配油，配油轴在和衬套3接触的一段加工出上下两个缺口，形成吸油口b和压油口c，留下的部分形成封油区。封油区的宽度应能封住衬套上的吸压油孔，以防吸油口和压油口相连通，但尺寸也不能大得太多，以免产生困油现象。

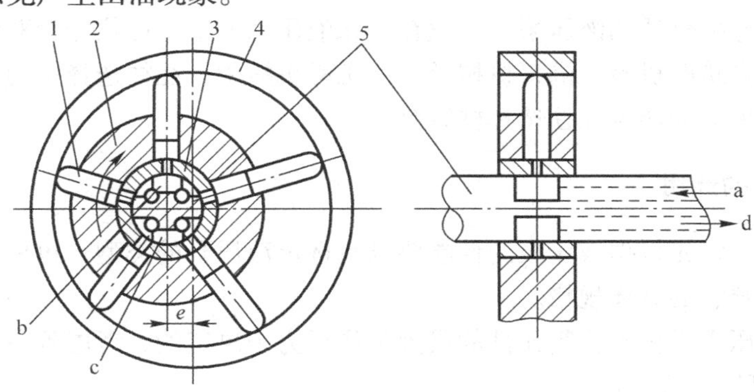

1—柱塞；2—缸体；3—衬套；4—定子；5—配油轴

图3-17 径向柱塞泵的工作原理

3-3-2 液压泵与电动机参数的选用

液压泵是向液压系统提供一定流量和压力的油液的动力元件，它是每个液压系统不可缺少的核心元件，合理地选择液压泵对于降低液压系统的能耗、提高系统的效率、降低噪声、改善工作性能和保证系统的可靠工作都十分重要。

1. 液压泵类型的选择

选择液压泵的原则是：根据主机工况、功率大小和系统对工作性能的要求，首先确定液压泵的类型，然后按系统所要求的压力、流量大小确定其规格型号。如表3-1所示列出了液压系统中常用液压泵的主要性能。

表3-1 液压系统中常用液压泵的性能比较

性能	齿轮泵	双作用叶片泵	限压式变量叶片泵	径向柱塞泵	轴向柱塞泵
输出压力/MPa	<20	6.3～20	≤7	10～20	20～35
排量/（mL/r）	2.5～210	2.5～237	10～125	0.25～188	2.5～915
流量调节	不能	不能	能	能	能
效率	0.60～0.85	0.75～0.85	0.70～0.85	0.75～0.92	0.85～0.95
输出流量脉动	很大	很小	一般	一般	一般
自吸特性	好	较差	较差	差	差
对油的污染敏感性	不敏感	较敏感	较敏感	很敏感	很敏感

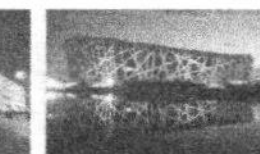

续表

性能	齿轮泵	双作用叶片泵	限压式变量叶片泵	径向柱塞泵	轴向柱塞泵
噪声	大	小	较大	大	大
造价	最低	中等	较高	高	高
应用范围	机床、工程机械、农业机械、航空、船舶和一般机械	机床、注塑机、液压机、起重机械、工程机械	机床、注塑机	机床、冶金机械、锻压机械、工程机械、航空、船舶	机床、液压机、船舶

一般来说，由于各类液压泵各自具有特点，其结构、功能和运转方式各不相同，因此应根据不同的使用场合选择合适的液压泵。一般在机床液压系统中，往往选用双作用叶片泵和限压式变量叶片泵；而在筑路机械、港口机械及小型工程机械中，往往选择抗污染能力较强的齿轮泵；在负载大、功率大的场合往往选择柱塞泵。

2. 液压泵大小的选用

液压泵的选择通常先根据液压泵的性能要求来选定液压泵的类型，再根据液压泵所应保证的压力和流量来确定它的具体规格。

液压泵的工作压力是根据执行元件的最大工作压力来决定的，考虑到各种压力损失，泵的最大工作压力 $p_{泵}$ 可按下式确定：

$$p_{泵} \geqslant k_{压} \times p_{缸} \tag{3-7}$$

式中，$p_{泵}$ 表示液压泵所需要提供的最大工作压力（Pa）；$k_{压}$ 表示系统中压力损失系数，一般取1.3～1.5；$p_{缸}$ 表示液压缸中所需的最大工作压力（Pa）。

液压泵的输出流量取决于系统所需最大流量及泄漏量，即有：

$$q_{泵} \geqslant k_{流} \times q_{缸}$$

式中，$q_{泵}$ 表示液压泵所需输出的流量（m^3/min）；$k_{流}$ 表示系统的泄漏系数，一般取1.1～1.3；$q_{缸}$ 表示液压缸所需提供的最大流量（m^3/min）。若为多液压缸同时动作，$q_{缸}$ 应为同时动作的几个液压缸所需的最大流量之和。

在 $p_{泵}$、$q_{泵}$ 求出以后，就可具体选择液压泵的规格。选择时应使实际选用泵的额定压力大于所求出的 $p_{泵}$ 值，通常可放大25%。泵的额定流量一般选择略大于或等于所求出的 $q_{缸}$ 值即可。

3. 电动机参数的选择

液压泵是由电动机驱动的，可根据液压泵的功率计算出电动机所需要的功率，再考虑液压泵的转速，然后从样本中合理地选定标准的电动机。

驱动液压泵所需的电动机功率可按下式确定：

$$P_{M} = \frac{p_{泵} \times q_{泵}}{60\eta}(kW) \tag{3-8}$$

式中，P_{M} 表示电动机所需的功率（kW）；$p_{泵}$ 表示泵所需的最大工作压力（MPa）；$q_{泵}$ 表示泵所需输出的最大流量（L/min）；η 表示泵的总效率。

各种泵的总效率大致为以下数据。

齿轮泵：0.6～0.7。

叶片泵：0.6～0.75。

柱塞泵：0.8 ～ 0.85。

【实例3-2】已知某液压系统如图3-18所示，工作时活塞上所受的外载荷为 $F = 9720\text{N}$，活塞有效工作面积 $A = 0.008\ \text{m}^2$，活塞运动速度 $v = 0.04\ \text{m/s}$，问应选择额定压力和额定流量为多少的液压泵？驱动它的电动机功率应为多少？

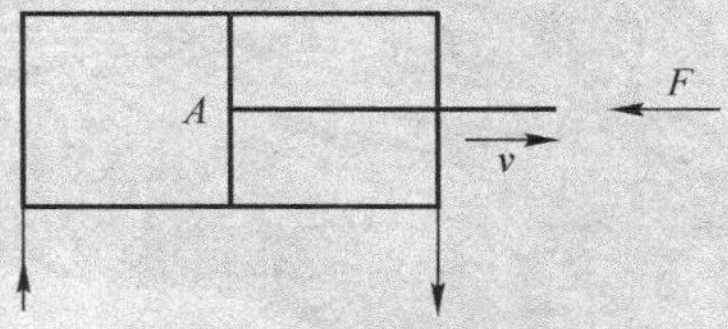

图3-18　液压系统

解　首先确定液压缸中最大工作压力 $p_{缸}$ 为：

$$p_{缸} = \frac{F}{A} = \frac{9720}{0.008} = 12.15 \times 10^5 (\text{Pa}) = 1.215 (\text{MPa})$$

选择 $k_{压} = 1.3$，计算液压泵所需最大压力为：

$$p_{泵} = 1.3 \times 1.215 = 1.58 (\text{MPa})$$

再根据运动速度计算液压缸中所需的最大流量为：

$$q_{缸} = v \times A = 0.04 \times 0.008 = 3.2 \times 10^{-4} (\text{m}^3/\text{s})$$

选取 $k_{流} = 1.1$，计算泵所需的最大流量为：

$$q_{泵} = k_{流} \times q_{缸} = 1.1 \times 3.2 \times 10^{-4} = 3.52 \times 10^{-4} (\text{m}^3/\text{s}) = 21.12 (\text{L/min})$$

查液压泵的样本资料，选择CB－B25型齿轮泵。该泵的额定流量为25 L/min，略大于 $q_{泵}$；该泵的额定压力约为2.5 MPa，大于泵所需要提供的最大压力。

选取泵的总效率 =0.7，驱动泵的电动机功率为：

$$P_{\text{M}} = \frac{p_{泵} \times q_{泵}}{60\eta} = \frac{1.58 \times 25}{60 \times 0.7} = 0.94 (\text{kW})$$

由上式可见，在计算电机功率时用的是泵的额定流量，而没有用计算出来的泵的流量，这是因为所选择的齿轮泵是定量泵的缘故，定量泵的流量是不能调节的。

任务实施3-3　柱塞泵的选用和拆装

1. 柱塞泵的拆装步骤

如图3-19所示为10SCY14－1B型柱塞泵外观和立体分解图。

其拆装步骤和方法如下。

（1）准备好内六角扳手一套、耐油橡胶板一块、油盘一个及钳工工具一套等器具。

（2）先把泵安装在拆装台上，加以固定，用抹布将泵壳体擦干净，旋转手轮，将斜盘角调至零度，并用锁紧螺母锁紧。

（3）用内六角扳手将壳体与变量机构之间的紧固螺栓对称拧松，用手将螺栓旋出体外，然后用螺丝刀伸入缸体与变量机构之间的缝隙中（不要伸入过多，以免碰坏密封圈）撬松，然后两手均匀用力，将变量机构从壳体上卸下来，朝天放在工作台上，防止碰坏斜盘。

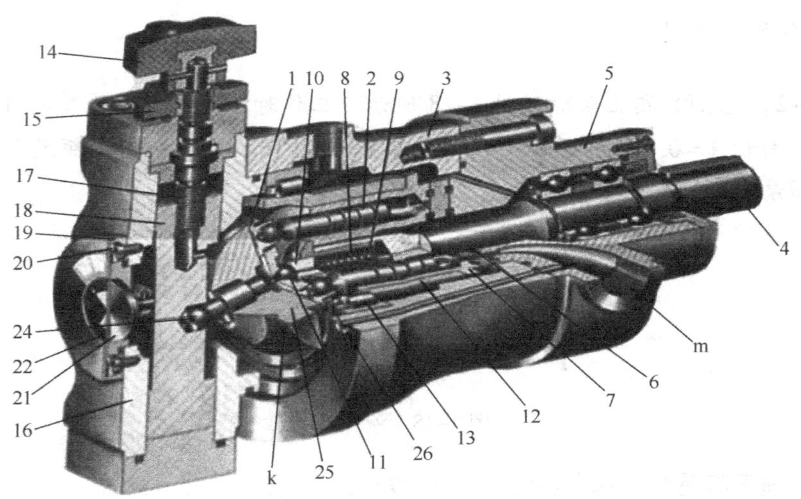

1—回程盘；2—柱塞；3—中间泵体；4—传动轴；5—前泵体；6—配流盘；7—缸体；8—定心弹簧外套；9—定心弹簧；10—定心弹簧内套；11—钢球；12—缸体外套；13—滚子轴承；14—调节手轮；15—锁紧螺母；16—变量壳体；17—调节螺杆；18—变量活塞；19—法兰盘；20—紧固螺栓；21—刻度转盘；22—刻度指示盘；24—销轴；25—变量头（斜盘）；26—滑履 ；k、m—进口或出口

图 3-19　柱塞泵剖视图

（4）将柱塞拔出缸体，应特别注意柱塞是精密偶件，卸下时一定要做好记号，以便装配时对号入座。将柱塞朝天放在橡皮垫上，柱塞、油缸、滑履的表面不要受损伤。

（5）两人将泵体慢慢抬起，水平放在工作台上，将输出轴端往上抬起（约 60°左右）。使缸体慢慢从泵壳中滑出，并安放在工作台上，此时可清楚地看到配油盘上吸油口、阻尼孔的分布情况，若要拆下配油盘，应注意配油盘背面的定位销。

（6）拆下调节手轮及固定螺母和斜盘角度指示器，然后两人配合用内六角扳手将变量活塞端盖上的螺栓选下，卸下两端盖，将调节螺杆旋出。

（7）观察主要零件的作用和结构。

① 观察缸体结构，并分析其作用。

② 观察柱塞与滑履的结构，并分析其作用。

③ 观察中心弹簧机构和变量机构的结构、位置，并分析其作用。

（8）将零部件用煤油清洗后装配，装配过程与拆装过程相反。

（9）装配完毕后，将现场整理干净。

2. 工作任务单

姓名		班级		组别		日期	
工作任务		柱塞泵的选用和拆装					
任务描述		在液压实训室完成液压泵的拆卸与组装；观察柱塞泵的结构，正确检测柱塞泵的工作压力；正确分析柱塞泵工作时出油口压力与负载之间的关系					
任务要求		1. 正确进行柱塞泵拆装并记录； 2. 正确使用相关工具； 3. 正确检测柱塞泵的工作压力，分析柱塞泵工作时出油口压力与负载之间的关系； 4. 实训结束后对液压泵、使用工具进行整理并放回原处					

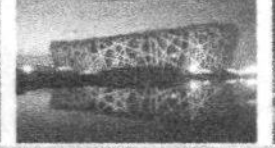

续表

姓名		班级		组别		日期	
提交成果		拆装实训报告					
考核评价		序号	考核内容	配分	评分标准		得分
		1	安全意识	20	遵守安全规章、制度		
		2	工具的正确使用	10	选择合适工具，正确使用工具		
		3	柱塞泵的拆卸与组装	50	柱塞泵拆装前后状态一致		
		4	工作压力分析	10	出油口压力与负载关系分析正确		
		5	团队协作	10	与他人合作有效		
指导教师				总分			

知识拓展 3　内啮合齿轮泵

内啮合齿轮泵的工作原理也是利用齿间密封容积的变化来实现吸油压油的。如图 3-20 所示是内啮合齿轮泵的工作原理图。它是由配油盘（前、后盖）、外转子（从动轮）和偏心安置在泵体内的内转子（主动轮）等组成，其实物图如图 3-21 所示。

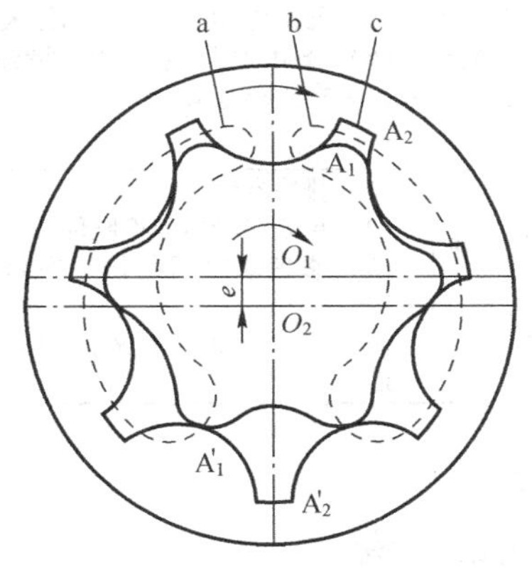

图 3-20　内啮合齿轮泵工作原理图

图 3-21　内啮合齿轮泵实物图

内、外转子相差一齿，图中内转子为六齿，外转子为七齿，由于内外转子是多齿啮合，这就形成了若干密封容积。当内转子围绕中心 O_1 旋转时，带动外转子绕外转子中心 O_2 做同向旋转。这时，由内转子齿顶 A_1 和外转子齿谷 A_2 间形成的密封容积 C（图中虚线部分），随着转子的转动密封容积就逐渐扩大，于是就形成局部真空，油液从配油窗口 b 被吸入密封腔，至 A_1'、A_2' 位置时封闭容积最大，这时吸油完毕。当转子继续旋转时，充满油液的密封容积便逐渐减小，油液受挤压，于是通过另一配油窗口 a 将油排出，至内转子的另一齿全部和外转子的齿凹 A_2 全部啮合时，压油完毕，内转子每转一周，由内转子齿顶和外转子齿谷所构成的每个密封容积，完成吸、压油各一次，当内转子连续转动时，即完成了液压泵的吸排油工作。

内啮合齿轮泵的外转子齿形是圆弧，内转子齿形为短幅外摆线的等距线，故又称为内啮合摆线齿轮泵，也叫转子泵。

内啮合齿轮泵有许多优点，如结构紧凑，体积小，零件少，转速可高达 10 000 r/mim，运动平稳，噪声低，容积效率较高等。缺点是流量脉动大，转子的制造工艺复杂等，目前已采用粉末冶金压制成形。随着工业技术的发展，摆线齿轮泵的应用将会越来越广泛。内啮合齿轮泵

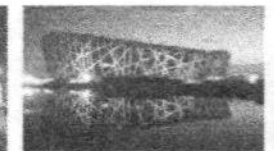

可正、反转，可作液压马达用。

知识拓展4 动力元件的常见故障诊断与维修

（1）齿轮泵的常见故障诊断与维修方法（见表3-2）。

表3-2 齿轮泵的常见故障诊断与维修方法

序号	故障现象	故障原因	维修方法
1	吸不上油，无油液输出	（1）电动机转向不对 （2）电动机轴或泵轴上漏装了传动键 （3）齿轮与泵轴之间漏装了连接键 （4）进油管路密封圈漏装或破损 （5）进油滤油器或吸油管因油箱油液不够而裸露在油面之上，吸不上油 （6）装配时轴向间隙过大 （7）泵的转速过高或过低	（1）将电动机电源进线某两相交换一下 （2）补装传动键 （3）补装连接键 （4）补装密封圈 （5）应往油箱中加油至规定高度 （6）调整间隙 （7）泵的转速应调整至允许范围
2	泵虽上油，但输出油量不足，压力也升不到标定值	（1）电动机转速不够 （2）选用的液压油黏度过高或过低 （3）进油滤油器堵塞 （4）前后盖板或侧盖板端面严重拉伤产生的内泄漏太大 （5）对于采用浮动轴套或浮动侧板式齿轮泵，浮动轴套或浮动侧板端面产生拉伤或磨损 （6）油温太高，液压油黏度降低，内泄增大使输出油量减少	（1）电动机转速应达标 （2）合理选用液压油 （3）清洗滤油器 （4）用平磨磨平前后盖板或侧盖板端面 （5）修磨浮动轴套或浮动侧板端面 （6）查明原因，采取相应措施，对中高泵，应检查密封圈
3	发出“咯咯咯……”或“喳喳喳……”的噪声	（1）联轴器的键或花键磨损造成回转件的径向跳动产生机械噪声 （2）齿轮泵与驱动电动机安装不同心	（1）排净空气 （2）更换联轴器的橡胶件 （3）修理联轴器的键或花键，必要时更换 （4）泵与电动机安装的同心度应满足要求

（2）叶片泵的常见故障诊断与维修方法（见表3-3）。

表3-3 叶片泵的常见故障诊断与维修方法

序号	故障现象	故障原因	维修方法
1	泵不出油或泵输出油，但出油量不够	（1）泵的旋转方向不对 （2）泵的转速不够 （3）吸油管路或滤油器堵塞 （4）油箱液面过低 （5）液压油黏度过大 （6）配油盘端面过度磨损 （7）叶片与定子内表面接触不良 （8）叶片卡死 （9）连接螺钉松动 （10）溢流阀失灵	（1）改变电动机转向 （2）提高转速 （3）疏通管路，清洗滤油器 （4）补油至油标线 （5）更换合适的油 （6）修磨或更换配油盘 （7）修磨或更换叶片 （8）修磨或更换叶片 （9）按规定拧紧螺钉 （10）调整或拆检该阀
2	泵的噪声大，振动也大	（1）吸油高度太大，油箱液面低 （2）泵与联轴器不同轴或松动 （3）吸油管路或滤油器堵塞 （4）吸油管连接处密封不严 （5）液压油黏度过大 （6）个别叶片运动不灵活或装反 （7）定子吸油区内表面磨损	（1）降低吸油高度，补充液压油 （2）重装联轴器 （3）疏通管路，清洗滤油器 （4）固紧连接件 （5）更换合适的油 （6）研磨或重装叶片 （7）抛光定子内表面

续表

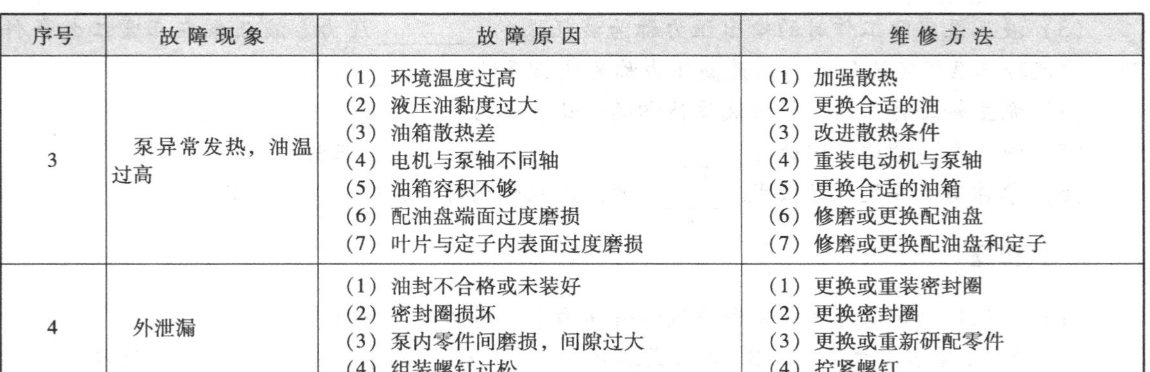

序号	故障现象	故障原因	维修方法
3	泵异常发热，油温过高	（1）环境温度过高 （2）液压油黏度过大 （3）油箱散热差 （4）电机与泵轴不同轴 （5）油箱容积不够 （6）配油盘端面过度磨损 （7）叶片与定子内表面过度磨损	（1）加强散热 （2）更换合适的油 （3）改进散热条件 （4）重装电动机与泵轴 （5）更换合适的油箱 （6）修磨或更换配油盘 （7）修磨或更换配油盘和定子
4	外泄漏	（1）油封不合格或未装好 （2）密封圈损坏 （3）泵内零件间磨损，间隙过大 （4）组装螺钉过松	（1）更换或重装密封圈 （2）更换密封圈 （3）更换或重新研配零件 （4）拧紧螺钉

（3）柱塞泵的常见故障诊断与维修方法（见表3-4）。

表3-4　柱塞泵的常见故障诊断与维修方法

序号	故障现象	故障原因	维修方法
1	泵输出的油量不够或完全不出油	（1）泵的旋转方向不对 （2）泵的转速不够 （3）吸油管路或滤油器堵塞 （4）油箱液面过低 （5）液压油黏度过大 （6）柱塞与缸体或配油盘与缸体间过度磨损 （7）中心弹簧折断，柱塞回程不够或不能回程	（1）改变电动机转向 （2）提高转速 （3）疏通管路，清洗滤油器 （4）补油至油标线 （5）更换合适的油 （6）更换柱塞，修磨配油盘与缸体接触面 （7）更换中心弹簧
2	泵的输出油压低或没有油压	（1）溢流阀失灵 （2）柱塞与缸体或配油盘与缸体间过度磨损 （3）变量机构倾角不够	（1）调整或拆检该阀 （2）更换柱塞，修磨配油盘与缸体接触面 （3）调整变量机构倾角
3	泵异常发热，油温过高	（1）环境温度过高 （2）液压油黏度过大 （3）油箱散热差 （4）电动机与泵轴不同轴 （5）油箱容积不够 （6）柱塞与缸体或配油盘与缸体间过度磨损	（1）加强散热 （2）更换合适的油 （3）改进散热条件 （4）重装电动机与泵轴 （5）更换合适的油箱 （6）更换柱塞，修磨配油盘与缸体接触面
4	外泄漏	（1）油封不合格或未装好 （2）密封圈损坏 （3）泵内零件间磨损，间隙过大 （4）组装螺钉过松	（1）更换或重装密封圈 （2）更换密封圈 （3）更换或重新研配零件 （4）拧紧螺钉

自我评价3

1. 填空题

（1）液压泵是一种能量转换装置，它将机械能转换为________，是液压传动系统中的动力元件。

（2）液压传动中所用的液压泵都是依靠泵的密封工作腔的容积变化来实现________的，

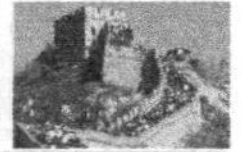

因而称之为________泵。

(3) 液压泵实际工作时的输出压力称为液压泵的________压力。液压泵在正常工作条件下，按试验标准规定连续运转的最高压力称为液压泵的________压力。

(4) 泵主轴每转一周所排出液体体积的理论值称为 ________。

(5) 液压泵按结构不同分为________、________、________三种。

(6) 单作用叶片泵往往做成________的，而双作用叶片泵是________的。

2. 选择题

(1) 液压传动是依靠密封容积中液体静压力来传递力的，如（　　）。

A. 万吨水压机　B. 离心式水泵　C. 水轮机　D. 液压变矩器

(2) 为了使齿轮泵能连续供油，要求重叠系数 ε（　　）。

A. 大于 1　B. 等于 1　C. 小于 1

(3) 齿轮泵泵体的磨损一般发生在（　　）。

A. 压油腔　B. 吸油腔　C. 连心线两端

(4) 下列属于定量泵的是（　　）。

A. 齿轮泵　B. 单作用叶片泵　C. 径向柱塞泵　D. 轴向柱塞泵

(5) 柱塞泵中的柱塞往复运动一次，完成一次（　　）。

A. 进油　B. 压油　C. 进油和压油

(6) 泵常用的压力中，（　　）是随外负载变化而变化的。

A. 泵的工作压力　B. 泵的最高允许压力　C. 泵的额定压力

(7) 机床的液压系统中，常用（　　）泵，其特点是压力中等，流量和压力脉动小，工作平稳可靠。

A. 齿轮　B. 叶片　C. 柱塞

(8) 改变轴向柱塞变量泵倾斜盘倾斜角的大小和方向，可改变（　　）。

A. 流量大小　B. 油流方向　C. 流量大小和油流方向

(9) 液压泵在正常工作条件下，按试验标准规定连续运转的最高压力称为（　　）。

A. 实际压力　B. 理论压力　C. 额定压力

(10) 在没有泄漏的情况下，根据泵的几何尺寸计算得到的流量称为（　　）。

A. 实际流量　B. 理论流量　C. 额定流量

(11) 驱动液压泵的电动机功率应比液压泵的输出功率大，是因为（　　）。

A. 泄漏损失　B. 摩擦损失　C. 溢流损失　D. 前两种损失

(12) 齿轮泵多用于（　　）系统，叶片泵多用于（　　）系统，柱塞泵多用于（　　）系统。

A. 高压　B. 中压　C. 低压

(13) 液压泵的工作压力取决于（　　）。

A. 功率　B. 流量　C. 效率　D. 负载

3. 判断题

(1) 容积式液压泵输出油量的大小取决于密封容积的大小。（　　）

(2) 齿轮泵的吸油口制造得比压油口大，是为了减小径向不平衡力。（　　）

(3) 叶片泵的转子能朝正、反方向旋转。（　　）

(4) 单作用叶片泵如果反接就可以成为双作用叶片泵。(　　)

(5) 外啮合齿轮泵中，轮齿不断进入啮合的一侧的油腔是吸油腔。(　　)

(6) 理论流量是指考虑液压泵泄漏损失时，液压泵在单位时间内实际输出的油液体积。(　　)

(7) 双作用叶片泵可以做成变量泵。(　　)

(8) 定子与转子偏心安装，改变偏心距 e 值可改变泵的排量，因此径向柱塞泵可作为变量泵使用。(　　)

(9) 齿轮泵、叶片泵和柱塞泵相比较，柱塞泵最高压力最大，齿轮泵容积效率最低，双作用叶片泵噪声最小。(　　)

(10) 双作用叶片泵的转子每回转一周，每个密封容积完成两次吸油和压油。(　　)

4. 简答题

(1) 齿轮泵运转时油泄漏途径有哪些？

(2) 试述叶片泵的特点。

(3) 已知轴向柱塞泵的压力为 $p=15\ \text{MPa}$，理论流量 $q=330\ \text{L/min}$，设液压泵的总效率为 $\eta=0.9$，机械效率为 $\eta_m=0.93$，求泵的实际流量和驱动电动机的功率。

(4) 某液压系统，泵的排量 $V=10\ \text{mL/r}$，电动机转速 $n=1200\ \text{rpm}$，泵的输出压力 $p=3\ \text{MPa}$，泵容积效率 $\eta_v=0.92$，总效率 $\eta=0.84$，求下面几个参数。

① 泵的理论流量；

② 泵的实际流量；

③ 泵的输出功率；

④ 驱动电动机功率。

(5) 某液压泵的转速为 $n=950\ \text{r/min}$，排量 $V=168\ \text{mL/r}$，在额定压力 $p=30\ \text{MPa}$ 和同样转速下，测得的实际流量为 150 L/min，额定工况下的总效率为 0.87，求下面几个参数。

① 泵的理论流量；

② 泵的容积效率和机械效率；

③ 泵在额定工况下，所需驱动电动机功率。

项目4 液压执行元件的应用

学习目标

通过本项目的学习，应掌握液压执行元件的功能和种类，熟悉液压缸和液压马达的结构原理，认识液压执行元件的使用特点，形成应用液压执行元件的能力。其具体目标为：

(1) 掌握液压缸、液压马达的工作原理、结构特点和图形符号；

(2) 掌握液压缸的推力和速度计算方法；

(3) 掌握液压马达的参数计算；

(4) 能合理选用液压缸；

(5) 能进行液压缸简单故障的分析与排除。

任务4-1　压蜡机执行元件的应用

任务引入

如图4-1所示为双工位、双缸液压压蜡机的外形图。双工位、双缸液压压蜡机设有两个挤蜡缸，液压系统配有4个液压油泵。两个挤蜡缸分别给两个工位供蜡，两个工位可按工艺要求分别调定射蜡压力，克服了双工位、单缸压蜡机射蜡压力相互影响的问题。每个工位配有两个液压油泵，压模、进模、退模、升模由一个油泵供油；挤蜡由一个油泵专门供油，射蜡压力可根据工艺要求调定。更换蜡缸，采用回转进出，操作轻便，定位准确。那么在压蜡机中由什么元件来带动主轴完成这一运动呢？该如何选择这些元件呢？

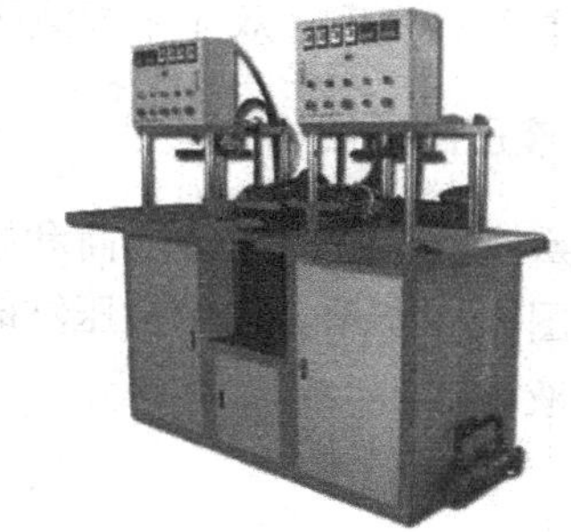

图4-1　压蜡机

任务分析

分析上述任务可知，液压压蜡机要完成工作所需的双工位运动必须靠液压传动系统中相关的元件来带动，这个元件就是液压传动系统中的执行元件。在液压传动系统中，执行元件一般有液压缸和液压马达两种，液压缸将油压力转化为直线运动，液压马达将油压力转化为旋转运动。此任务中需要采用液压缸作为执行元件来带动主轴产生上下运动。

相关知识

在液压传动系统中，液压执行元件是把液压能转变为机械能输出的装置。液压执行元件有液压缸和液压马达两种类型，这两者的不同点在于：液压缸将液压能变成直线运动或摆动的机械能，液压马达将液压能变成连续旋转的机械能。液压缸又有活塞式、柱塞式和摆动式等形式。

4-1-1　液压缸的结构与参数计算

液压缸是液压系统中的执行元件。它的作用是将液体的压力能转变为运动部件的机械能，使运动部件实现往复直线运动或摆动。

1. 液压缸的分类

液压缸按结构特点的不同可分为活塞缸、柱塞缸和摆动缸三类。活塞缸和柱塞缸用于实现直线运动，输出推力和速度；摆动缸用于实现小于360°的转动，输出转矩和角速度。

液压缸按其作用方式的不同可分为单作用式和双作用式两种，如图4-2、图4-3所示。单

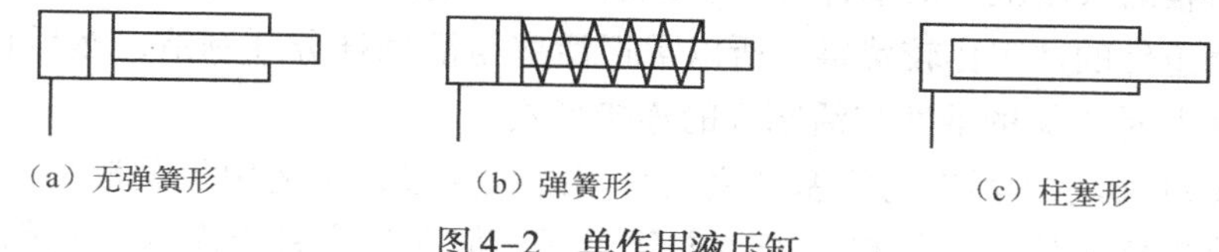

（a）无弹簧形　（b）弹簧形　（c）柱塞形

图4-2　单作用液压缸

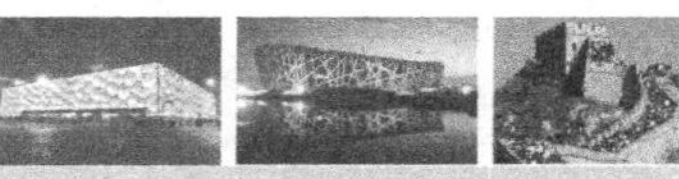

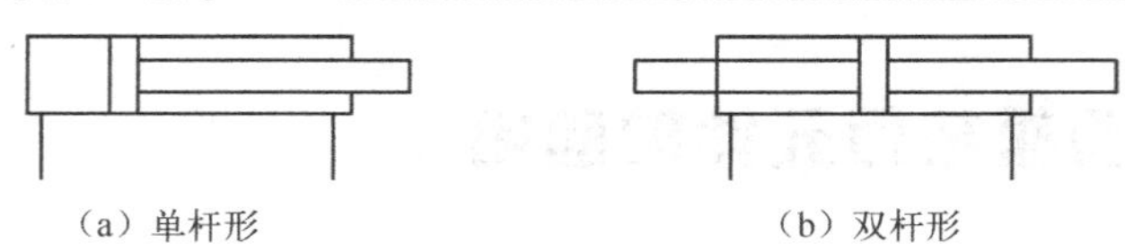

图4-3　双作用液压缸

作用式液压缸中液压力只能使活塞（或柱塞）单方向运动，反方向运动必须靠外力（如弹簧力或自重等）实现；双作用式液压缸可由液压力实现两个方向的运动。

2. 液压缸的结构

活塞式液压缸一般由缸筒和缸盖、活塞和活塞杆、缓冲装置、放气装置和密封装置等组成，如图4-4所示。选用液压缸时，首先应考虑活塞杆的长度，再根据回路的最高压力选用适合的液压缸。

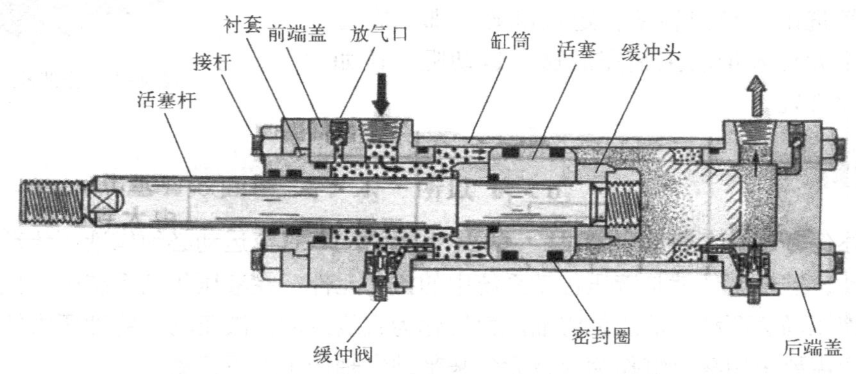

图4-4　活塞式液压缸结构

1）缸筒和缸盖

一般来说，缸筒和缸盖的结构形式与其使用的材料有关。工作压力 $p<10$ MPa 时，使用铸铁；$p<20$ MPa 时，使用无缝钢管；$p>20$ MPa 时，使用铸钢或锻钢。如图4-5所示为缸筒和缸盖的常见结构形式。如图4-5（a）所示为法兰连接式，结构简单，容易加工，也容易拆装，但外形尺寸和质量都较大，常用于铸铁制的缸筒上。如图4-5（b）所示为半环连接式，它的缸筒壁部因开了环形槽而降低了强度，为此有时要加厚缸壁，它容易加工和拆装，质量较小，常用于无缝钢管或锻钢制的缸筒上。如图4-5（c）所示为螺纹连接式，它的缸筒端部结构复杂，外径加工时要求保证内外径同心，拆装要使用专用工具，它的外形尺寸和质量都较小，常用于无缝钢管或铸钢制的缸筒上。如图4-5（d）所示为拉杆连接式，结构的通用性大，容易加工和拆装，但外形尺寸较大且较重。如图4-5（e）所示为焊接连接式，结构简单，尺寸小，但缸底处内径不易加工，且可能引起变形。

2）活塞与活塞杆

可以把短行程的液压缸的活塞杆与活塞做成一体，这是最简单的形式。但当行程较长时，这种整体式活塞组件的加工比较费事，所以常把活塞与活塞杆分开制造，然后再连接成一体。如图4-6所示为几种常见的活塞与活塞杆的连接形式。

如图4-6（a）所示为活塞与活塞杆之间采用螺纹连接，它适用负载较小，受力无冲击的液压缸中。螺纹连接虽然结构简单，安装方便可靠，但在活塞杆上车螺纹将削弱其强度。如

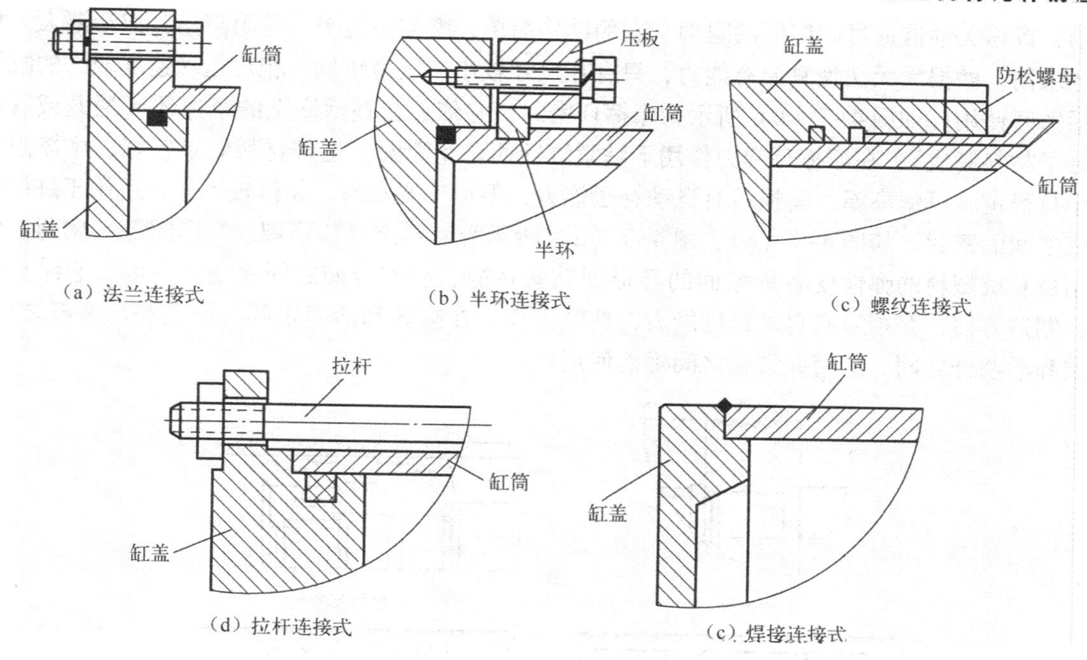

图4–5　缸筒和缸盖结构

图4–6（b）和（c）所示为卡环式连接方式。图4–6（b）中活塞杆上开有一个环形槽，槽内装有两个半环以夹紧活塞，半环由轴套套住，而轴套的轴向位置用弹簧卡圈来固定。图4–6（c）中的活塞杆，使用了两个半环，它们分别由两个密封圈座套住，半圆形的活塞安放在密封圈座的中间。如图4–6（d）所示是一种径向销式连接结构，用锥销把活塞固定在活塞杆上。这种连接方式特别适用于双出杆式活塞。

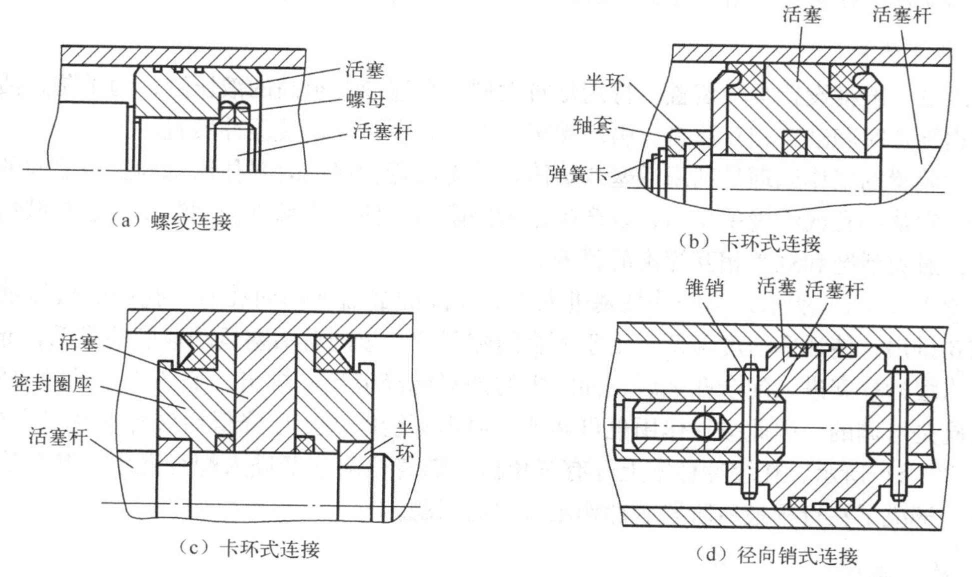

图4–6　常见的活塞组件结构形式

3）密封装置

液压缸中常见的密封装置如图4–7所示。如图4–7（a）所示为间隙密封，它依靠运动间的微小间隙来防止泄漏。为了提高这种装置的密封能力，常在活塞的表面上制出几条细小的环

形槽，以增大油液通过间隙时的阻力。它的结构简单，摩擦阻力小，可耐高温，但泄漏大，加工要求高，磨损后无法恢复原有能力，只有在尺寸较小、压力较低、相对运动速度较高的缸筒和活塞间使用。如图4-7（b）所示为摩擦环密封，它依靠套在活塞上的摩擦环（尼龙或其他高分子材料制成），在摩擦环弹力作用下贴紧缸壁而防止泄漏。这种材料效果较好，摩擦阻力较小且稳定，可耐高温，磨损后有自动补偿能力，但加工要求高，装拆较不便，适用于缸筒和活塞之间的密封。如图4-7（c）、图4-7（d）所示为密封圈（O形圈、V形圈等）密封，它利用橡胶或塑料的弹性使各种截面的环形圈贴紧在静、动配合面之间来防止泄漏。它结构简单，制造方便，磨损后有自动补偿能力，性能可靠，在缸筒和活塞之间、缸盖和活塞杆之间、活塞和活塞杆之间、缸筒和缸盖之间都能使用。

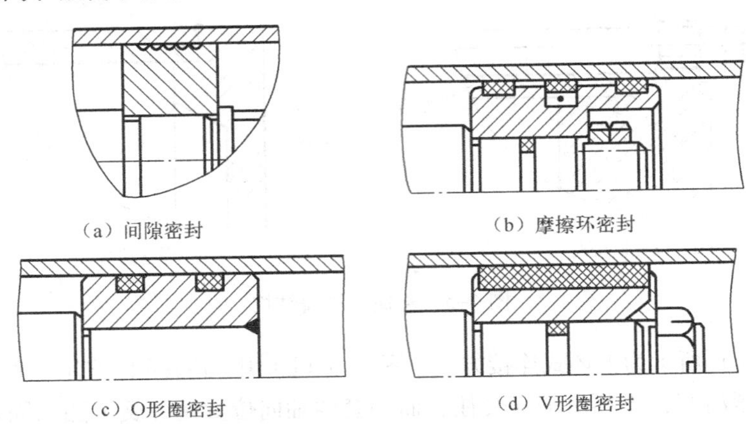

图4-7　密封装置

对于活塞杆外伸部分来说，由于它很容易把脏物带入液压缸，使油液受到污染，使密封件磨损，因此常需在活塞杆密封处加装防尘圈，并放在向着活塞杆外伸的一端。

4）缓冲装置

液压缸一般都设置缓冲装置，特别是对大型、高速或要求高的液压缸，为了防止活塞在行进到行程终点时和缸盖相互撞击，引起噪声、冲击，则必须设置缓冲装置。

缓冲装置的工作原理是利用活塞或缸筒在其走向行程终端时封住活塞和缸盖之间的部分油液，强迫它从小孔或细缝中挤出，以产生很大的阻力，使工作部件受到制动，逐渐减慢运动速度，达到避免活塞和缸盖相互撞击的目的。

如图4-8（a）所示，当缓冲柱塞进入与其相配的缸盖上的内孔时，孔中的液压油只能通过间隙δ排出，使活塞速度降低。由于配合间隙不变，故随着活塞运动速度的降低，起到缓冲作用。当缓冲柱塞进入配合孔之后，油腔中的油只能经节流阀排出，如图4-8（b）所示。由于节流阀是可调的，因此缓冲作用也可调节，但仍不能解决速度降低后缓冲作用减弱的缺点。如图4-8（c）所示，在缓冲柱塞上开有三角槽，随着柱塞逐渐进入配合孔中，其节流面积越来越小，解决了在行程最后阶段缓冲作用过弱的问题。

5）放气装置

液压缸在安装过程中或长时间停放后重新工作时，液压缸里和管道系统中会渗入空气，为了防止执行元件出现爬行、噪声和发热等不正常现象，需把缸中和系统中的空气排出。一般可在液压缸的最高处设置进出油口把气带走，也可在最高处设置如图4-9（a）所示的放气孔或专门的放气阀，如图4-9（b）、（c）所示。

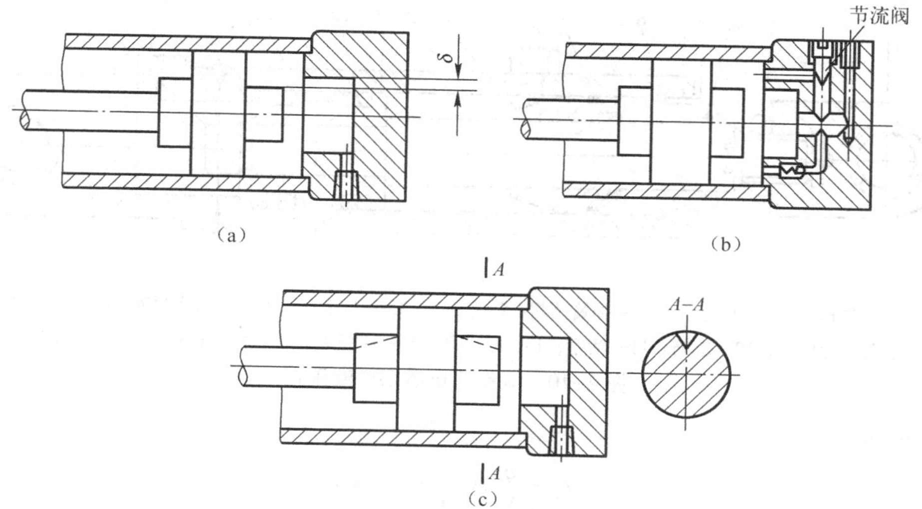

图4–8　液压缸的缓冲装置

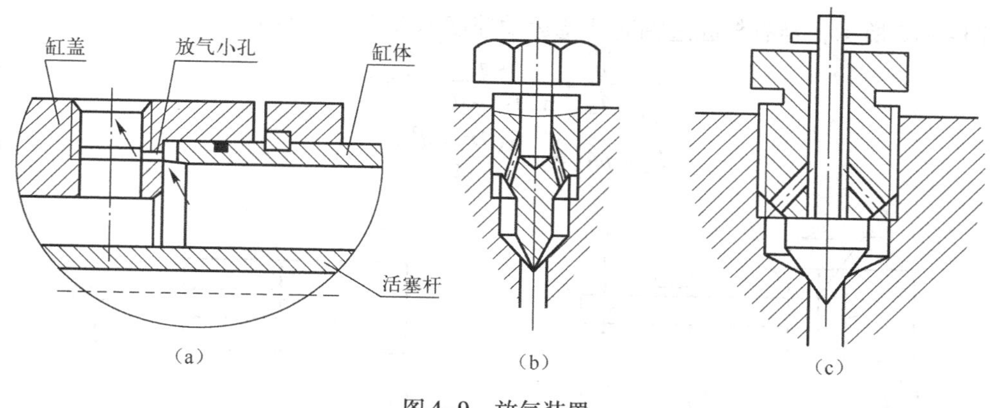

图4–9　放气装置

6）液压缸的典型结构

如图4–10所示是一个较常用的双作用单活塞杆液压缸。它是由缸底20、缸筒10、缸盖兼导向套9、活塞11和活塞杆18组成。缸筒一端与缸底焊接，另一端缸盖（导向套）与缸筒用卡键6、套5和弹簧挡圈4固定，以便拆装检修，两端设有油口A和B。活塞11与活塞杆18利用卡键15、卡键帽16和弹簧挡圈17连在一起。活塞与缸孔的密封采用的是一对Y形聚氨酯密封圈12，由于活塞与缸孔有一定间隙，采用由尼龙1010制成的耐磨环（又叫支撑环）13定心导向。活塞杆18和活塞11的内孔由密封圈14密封。较长的导向套9则可保证活塞杆不偏离中心，导向套外径由O形密封圈7密封，而其内孔则由Y形密封圈8和防尘圈3分别防止油外漏和灰尘带入缸内。缸与杆端销孔与外界连接，销孔内有尼龙衬套防磨损。

3. 液压缸的参数计算

液压缸的参数计算主要指活塞的运动速度和推力，下面通过三种不同类型的液压缸进行论述。

1）单杆缸

如图4–11所示，若泵输入液压缸的流量为q，压力为p，则当无杆腔进油时活塞运动速度

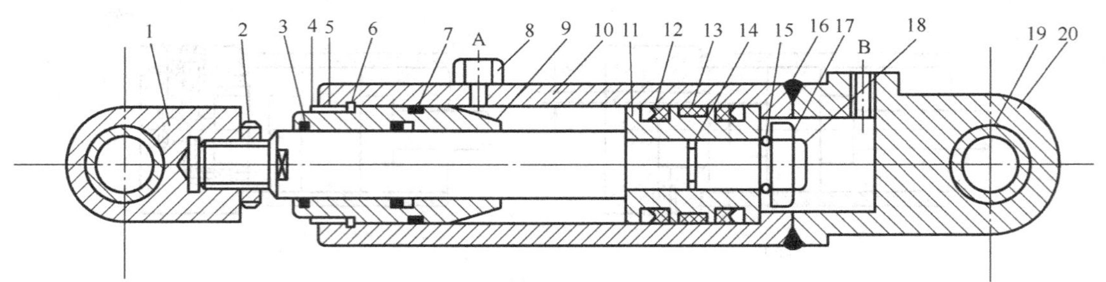

1—耳环；2—螺母；3—防尘圈；4、17—弹簧挡圈；5—套；6、15—卡键；7、14—O形密封圈；8、12—Y形密封圈；9—缸盖兼导向套；10—缸筒；11—活塞；13—耐磨环；16—卡键帽；18—活塞杆；19—衬套；20—缸底

图4-10　双作用单活塞杆液压缸

v_1及推力F_1为：

$$v_1=\frac{q}{A_1}=\frac{4q}{\pi D^2}\ (\mathrm{m/s}) \tag{4-1}$$

$$F_1=pA_1=p\frac{\pi D^2}{4}\ (\mathrm{N}) \tag{4-2}$$

如图4-12所示，当有杆腔进油时活塞运动速度v_2及推力F_2为：

$$v_2=\frac{q}{A_2}=\frac{4q}{\pi(D^2-d^2)}\ (\mathrm{m/s}) \tag{4-3}$$

$$F_2=pA_2=p\frac{\pi(D^2-d^2)}{4}\ (\mathrm{N}) \tag{4-4}$$

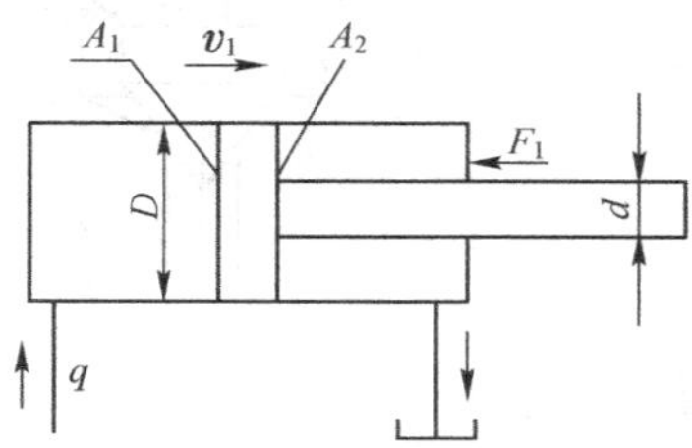

图4-11　无杆腔进油

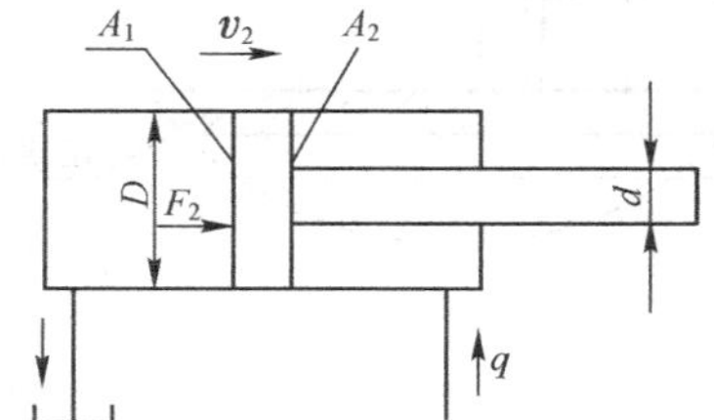

图4-12　有杆腔进油

比较上述各式，可以看出：$v_2>v_1$，$F_1>F_2$，液压缸往复运动时的速度比为：

$$\frac{v_1}{v_2}=\frac{D^2-d^2}{D^2} \tag{4-5}$$

由上述公式分析得知：若有效作用面积大，则推力大、速度慢；反之，若有效作用面积小，则推力小、速度快。

2）*差动连接缸*

如图4-13所示，当缸的两腔同时通以压力油时，由于作用在活塞两端面上的推力不等，产生推力差。在此推力差的作用下，活塞向右运动，这时，从液压缸有杆腔排出的油液也进入液压缸的左端，使活塞实现快速运动。这种连接方式称为差动连接。这种两端同时通压力油，利用活塞两端面积差进行工作的单出杆液压缸也叫差动液压缸。

设差动连接时泵的供油量为q，无杆腔的进油量为q_1，有杆腔的排油量为q_2，则活塞运动速度v_3及推力F_3为：

$$q=q_1-q_2=A_1v_3-A_2v_3=A_3v_3=v_3\frac{\pi d^2}{4}$$

$$v_3 = \frac{4q}{\pi d^2} \ (\mathrm{m/s}) \tag{4-6}$$

$$F_3 = pA_3 = p\frac{\pi d^2}{4} \ (\mathrm{N}) \tag{4-7}$$

由上述公式分析得知：同样大小的液压缸差动连接时，活塞的速度 v_3 大于无差动连接时的速度 v_1，因而可以获得快速运动。当要求差动液压缸的往返速度相同时（即 $v_3 = v_2$），只要使活塞直径满足下列关系即可：

$$D = \sqrt{2}d \tag{4-8}$$

差动连接通常应用于需要快进、工进、快退运动的组合机床液压系统中。

3）双作用、双出杆活塞式液压缸

双作用、双出杆活塞式液压缸的活塞两端都带有活塞杆，分为缸体固定和活塞杆固定两种形式，如图4-14所示。因为双出杆活塞式液压缸的两活塞杆直径相等，所以当输入流量和油液压力不变时，其往返运动速度和推力相等。则缸的运动速度 v 及推力 F 为：

$$v = \frac{q}{A} = \frac{4q}{\pi(D^2 - d^2)} \ (\mathrm{m/s}) \tag{4-9}$$

$$F = pA = p\frac{\pi(D^2 - d^2)}{4} \ (\mathrm{N}) \tag{4-10}$$

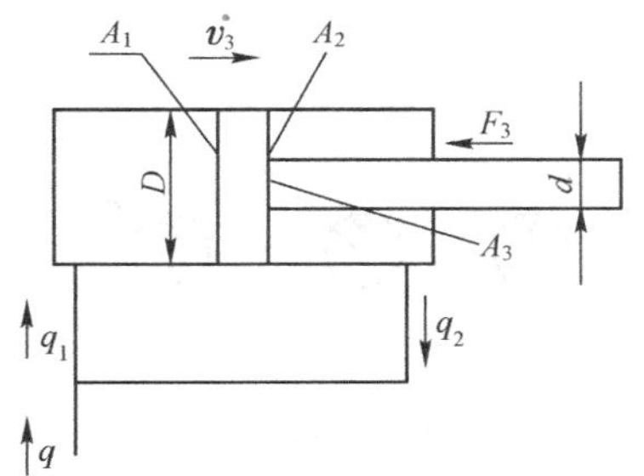

图4-13 差动连接

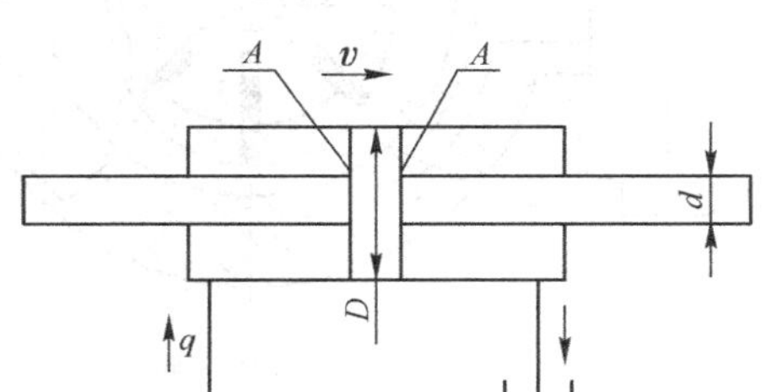

图4-14 双作用、双出杆活塞式液压缸

4-1-2 液压马达的工作原理与参数计算

液压马达是将液体的压力能转换为机械能的能量转换装置，它是液压设备执行机构实现旋转运动的执行元件。从工作原理上讲，它与液压泵是可逆的，但由于功能不同，它们的实际结构有所差别，本节仅做简要介绍。

1. 液压马达的分类

液压马达与液压泵一样，按其结构形式仍分为齿轮式、叶片式和柱塞式；按其排量是否可调仍分为定量式和变量式。

液压马达一般根据其转速来分类，有高速液压马达和低速液压马达两类。一般认为，额定转速高于500r/min的马达属于高速液压马达；额定转速低于500r/min的马达属于低速液压马达。高速液压马达的主要优点是转速高，转动惯量小，便于启动、制动、调速和换向；其缺点是：启动转矩较低，最低稳定转速偏高，低速稳定性差。低速液压马达主要有径向柱塞马达、斜盘式柱塞马达、双作用叶片马达等。它的主要特点是排量大，低速稳定性好和启动转矩较

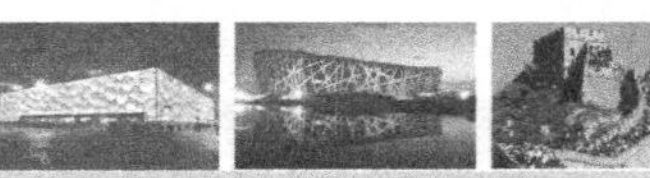

大，因此可以直接与工作机构连接，不需要减速机构，从而大大减少了机械的传动装置。低速液压马达的输出转矩较大，所以又称为低速大转矩液压马达。低速液压马达的主要缺点是：体积大，转动惯量大，制动较为困难。

2. 液压马达的工作原理和图形符号

以叶片式液压马达为例，通常是双作用的，其工作原理如图4-15所示。当压力油从进油口经配油窗口a输入转子与相邻两叶片间的密封容腔时，位于进油腔的两叶片2和6两侧均受进油口压力作用，作用力相互抵消，故不产生转矩；位于回油腔的两叶片4和8两侧均受回油压力作用，也不产生转矩。而位于封油区的叶片3、7和1、5，一面受进油腔压力的作用，而另一面通过配油窗口b与回油口相通，受低压油作用，叶片两侧所受作用力不平衡，故叶片推动转子转动。由于叶片3和7的伸出长度比叶片1和5大，即作用面积大，故转子产生顺时针方向的转动，通过与转子相连的马达轴输出转矩和转速。当改变输油方向时，液压马达反转。叶片式液压马达一般都是双向定量液压马达。

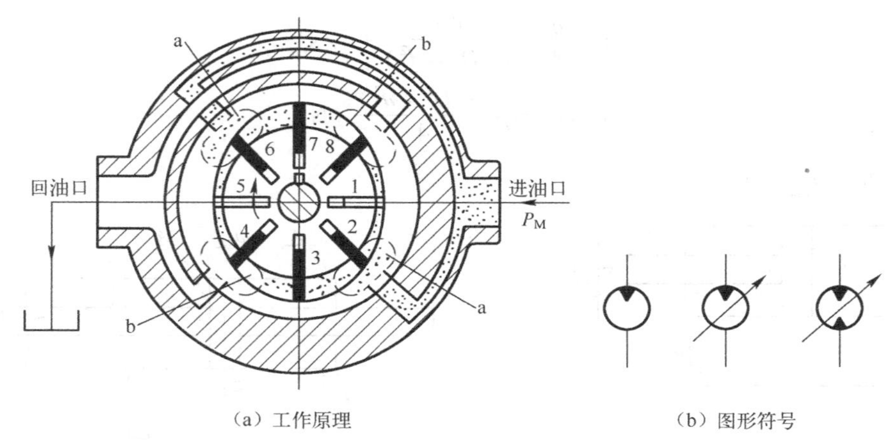

（a）工作原理　　（b）图形符号

图4-15　叶片式液压马达

为保证叶片式液压马达正、反转的要求，叶片沿转子径向安放，进、回油口通径一样大，同时叶片根部必须与进油腔相通，使叶片与定子内表面紧密接触，在泵体内装有两个单向阀。

3. 液压马达的参数计算

在液压马达的各项性能参数中，压力、排量、流量等参数与液压泵同类参数有相似的含义，其原则差别在于：在液压泵中它们是输出参数，在液压马达中则是输入参数。

1）排量

排量是指在不考虑泄漏情况下，液压马达轴每转一周，所需要输入液体的体积，用V_M表示。常用单位：mL/r。

2）流量

(1) 理论流量q_{th}：液压马达在不考虑泄漏的情况下，单位时间内所需输入的液体体积(L/min)，用符号q_{th}表示。如果液压马达轴的每分钟转速为n，则液压马达的理论流量q_{th}为：

$$q_{th} = V_M n \tag{4-11}$$

式中，V 表示泵的排量（L/r）；n 表示泵的转速（r/min）。

（2）实际流量 q_{ac}：液压马达工作时的输入流量，用符号 q_{ac} 表示。计算实际流量必须考虑液压马达的泄漏量（Δq）。则液压马达的实际流量为：

$$q_{ac} = q_{th} + \Delta q \tag{4-12}$$

$$\eta_V = \frac{q_{th}}{q_{ac}} \tag{4-13}$$

因为理论上液压马达的输入、输出功率相等，所以有如下关系：

$$\Delta p q_{th} = T_{th}\omega \tag{4-14}$$

即有：

$$\Delta p V_M n = T_{th} 2\pi n$$

式中，q_{ac} 表示输入液压马达的实际流量（m^3/min）；ω 表示马达角速度（r/min）；n 表示液压马达转速（r/min）；T_{th} 表示理论转矩（N·m）；Δp 表示液压马达的输入压力与出口压力差（Pa）。所以有：

$$T_{th} = \Delta p V_M / 2\pi \tag{4-15}$$

$$T_{ac} = \eta_m T_{th} \tag{4-16}$$

式中，T_{ac} 表示液压马达的实际输出转矩（N·m）；η_m 为液压马达的机械效率。

$$n = \frac{q_{ac}}{V_M}\eta_V \tag{4-17}$$

式中，V_M 表示液压马达排量（m^3/r）；η_V 表示液压马达的容积效率。

4. 液压马达在结构上与液压泵的差异

（1）液压马达是依靠输入压力油来启动的，密封容腔必须有可靠的密封。

（2）液压马达往往要求能正、反转，因此它的配流机构应该对称，进、出油口的大小相等。

（3）液压马达是依靠泵输出压力来进行工作的，不需要具备自吸能力。

（4）液压马达要实现双向转动，高、低压油口要能相互变换，故采用外泄式结构。

（5）液压马达应有较大的启动转矩，为使启动转矩尽可能接近工作状态下的转矩，要求液压马达的转矩脉动小，内部摩擦小，齿数、叶片数、柱塞数比液压泵多一些。同时，马达轴向间隙补偿装置的压紧力系数也比泵小，以减小摩擦。

虽然液压马达和液压泵的工作原理是可逆的，由于上述原因，同类型的液压泵和液压马达一般不能通用。

4-1-3　液压执行元件的选用

1. 液压马达的选用

选择液压马达时，需要考虑的因素很多，如转矩、转速、工作压力、排量、外形及连接尺寸、容积效率、总效率等。首先应根据液压系统的工作特点选择类型，然后再根据要求输出的转矩和转速选择合适的型号和规格。

（1）齿轮式液压马达的选用。齿轮式液压马达结构简单，制造容易，但转速脉动性较大，齿轮式液压马达负载转矩不大，速度平稳性要求不高，噪声限制不严，适用于高转速低转矩的

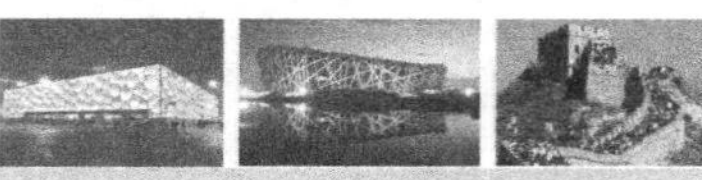

情况。所以，齿轮式液压马达一般用于钻床、通风设备中。

（2）叶片式液压马达的选用。叶片式液压马达结构紧凑，外形尺寸小，运动平稳，噪声小，负载转矩小，一般适用于磨床回转工作台和机床操纵机构。

（3）摆线式液压马达的选用。负载速度中等，体积要求小，一般适用于塑料机械、煤矿机械、挖掘机。

（4）柱塞式液压马达的选用。轴向柱塞式液压马达结构紧凑，径向尺寸小，转动惯量小，转速较高，负载大，有变速要求，负载转矩较小，低速平稳性要求高。所以一般用于起重机、绞车、铲车、内燃机车、数控机床、行走机械；径向柱塞式液压马达负载转矩较大，速度中等，径向尺寸大，较多应用于塑料机械、行走机械等；内曲线径向柱塞式液压马达负载转矩较大，转速低，平稳性高，用于挖掘机、拖拉机、起重机、采煤机等。

液压马达的种类很多，可针对不同的工况进行选择。

低速运转工况可选择低转速液压马达，也可以采用高速液压马达加减速装置。在这两种方案的选择上，应根据结构及空间情况、设备成本、驱动转矩是否合理等进行选择。确定所采用液压马达的种类后，可根据液压马达产品的技术参数概览表选出几种规格，然后进行综合分析，加以选择。

如表 4–1 所示为常用液压马达的技术性能参数表，供选用液压马达时参考。

表 4–1　常用液压马达的技术性能参数表

性　能	齿轮式液压马达	叶片式液压马达	轴向柱塞式液压马达	曲轴连杆式液压马达	静力平衡式液压马达	多作用内曲线式液压马达
压力范围（MPa）	10～14	6～20	10～32	16	14～25	7～32
转矩（N·m）	17～330	10～70	17～5655	44～23 304	470～16 800	167～120 814
转速范围（r/min）	150～3000	120～3000	30～3000	5～1500	2～1500	0.2～180
机械效率	0.8～0.85	0.85～0.95	0.90～0.95	0.92～0.95	0.92～0.95	0.95～0.98
制动性能	差	较差	好	尚好	尚好	尚好
噪声	大	小	较小	大	大	大
流量脉动（%）	11～27	1～3	2～14	1～14	2～14	<1
最高自吸能力（kPa）	50	33.5	33.5	16.5	16.5	63.5
连续运转允许油温（℃）	60	60	60	60	60	60
对油中杂质的敏感性	不敏感	较敏感	较敏感	很敏感	很敏感	不敏感

2. 液压缸的选用

液压系统中选择合适的液压缸，首先应考虑工况及安装条件，然后再确定液压缸的主要参数及标准密封附件和其他附件。使用工况及安装条件如下。

（1）工作中有剧烈冲击时，液压缸的缸筒、端盖不能用脆性材料，如铸铁。

（2）采用长行程液压缸时，需综合考虑选用足够刚度的活塞杆和安装中间圈。

（3）当工作环境污染严重，有较多的灰尘、风沙、水分等杂质时，需采用活塞杆防护套。

（4）安装方式与负载导向直接影响活塞杆的稳定性，也影响活塞杆直径 d 的选择。

按负载的重、中、轻型，推荐的安装方式和导向条件见表 4–2。

表 4-2　安装方式与负载导向参考表

负载类型	推荐安装方式	作用力承受情况	负载导向情况
重型	法兰安装	作用力与支承中心在同一轴线上	导向
	耳轴安装		导向
	底座安装	作用力与支承中心不在同一轴线上	导向
	后球铰安装	作用力与支承中心在同一轴线上	不要求导向
中型	耳环安装	作用力与支承中心在同一轴线上	导向
	法兰安装		导向
	耳轴安装		导向
轻型	耳环安装	作用力与支承中心在同一轴线上	可不导向

(5) 缓冲机构的选用：一般认为普通液压虹在工作压力 $p>10$ MPa、活塞速度 $v>0.1$ m/s 时，应采用缓冲装置或其他缓冲办法。这只是一个参考条件，还要看具体情况和液压缸的用途等来决定。例如，要求速度变化缓慢的液压缸，当活塞速度 $v \geqslant 0.05 \sim 0.12$ m/s 时，也需要采用缓冲装置。

(6) 密封装置的选用：选用合适的密封圈和防尘圈。

(7) 工作介质的选用：按照环境温度可初步选定工作介质的品种。

① 在正常温度（-20 ～ 60℃）下工作的液压缸，一般采用石油型液压油；

② 在高温（>60℃）下工作的液压缸，须采用难燃液及特殊结构液压缸。

任务实施 4-1　液压缸的选用和拆装

1. 液压缸的拆装步骤

如图 4-16 所示为单杆液压缸外观和立体分解图。

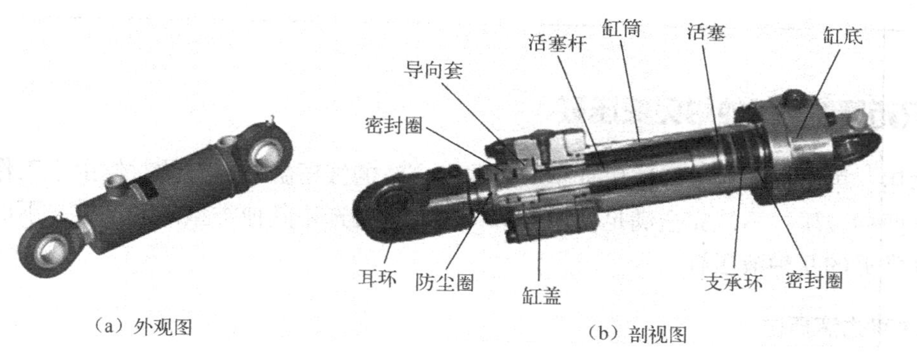

图 4-16　单杆液压缸外观和立体分解图

其拆装步骤和方法如下。

(1) 准备好锤子、内六角扳手、钳子、螺钉旋具等器具。

(2) 液压缸拆卸顺序：先拆掉两端压盖上的螺钉，拆掉端盖；将活塞与活塞杆从缸体中分离。在拆卸液压缸的缸盖时，对于内卡键式连接的卡键或卡环要使用专用工具，禁止使用扁铲；对于法兰式端盖必须用螺钉顶出，不允许锤击或硬撬。在活塞和活塞杆难以抽出时，不可强行抽出，应先查明原因再进行拆卸。

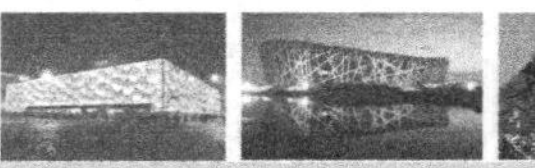

（3）观察活塞与活塞杆的结构及其连接方式，缸筒与端盖的连接方式；观察缓冲装置的类型并分析原理及调节方法。观察密封的类型及原理。

（4）缸的装配：装配前清洗各零件，将活塞杆与导向套、活塞与活塞杆、活塞与缸体等配合表面涂润滑油，按拆卸时的反向顺序装配。

（5）装配完毕后，将现场整理干净。

2. 工作任务单

<table>
<tr><td>姓　名</td><td></td><td>班　级</td><td></td><td>组　别</td><td></td><td>日　期</td><td></td></tr>
<tr><td colspan="2">工作任务</td><td colspan="6">液压缸的选用和拆装</td></tr>
<tr><td colspan="2">任务描述</td><td colspan="6">在液压实训室完成液压缸的拆卸与组装；观察液压缸的结构，正确检测液压缸的运动速度和工作压力；正确分析液压缸工作时运动速度、工作压力等参数。</td></tr>
<tr><td colspan="2">任务要求</td><td colspan="6">1. 正确进行液压缸拆装并记录；
2. 正确使用相关工具；
3. 正确检测液压缸的运动速度和工作压力，分析影响液压缸正常工作及容积效率的因素，了解易产生故障的部件并分析其原因；
4. 实训结束后对液压缸、使用工具进行整理并放回原处。</td></tr>
<tr><td colspan="2">提交成果</td><td colspan="6">拆装实训报告</td></tr>
<tr><td colspan="2" rowspan="6">考核评价</td><td>序号</td><td>考核内容</td><td>配分</td><td colspan="2">评分标准</td><td>得分</td></tr>
<tr><td>1</td><td>安全意识</td><td>20</td><td colspan="2">遵守安全规章、制度</td><td></td></tr>
<tr><td>2</td><td>工具的正确使用</td><td>10</td><td colspan="2">选择合适工具，正确使用工具</td><td></td></tr>
<tr><td>3</td><td>液压缸的拆卸与组装</td><td>50</td><td colspan="2">液压缸拆装前后状态一致</td><td></td></tr>
<tr><td>4</td><td>影响液压缸正常工作及容积效率分析</td><td>10</td><td colspan="2">影响液压缸正常工作及容积效率的因素分析正确</td><td></td></tr>
<tr><td>5</td><td>团队协作</td><td>10</td><td colspan="2">与他人合作有效</td><td></td></tr>
<tr><td colspan="2">指导教师</td><td colspan="3"></td><td colspan="2">总分</td><td></td></tr>
</table>

知识拓展 5　其他常见液压缸

双作用、单出杆和双出杆液压缸是应用非常广泛的液压缸，但有的时候由于工作要求的特殊性，这两种液压缸不能完全满足使用要求，这时就要选用其他类型的液压缸，下面就一起来认识其他常见的几种液压缸。

1. 柱塞式液压缸

前面所讨论的双作用、单出杆和双出杆液压缸都属于活塞式液压缸。这种液压缸由于缸孔加工精度要求很高，当行程较长时，加工难度大，使制造成本增加。在生产实际中，某些场合所用的液压缸并不要求双向控制，柱塞式液压缸正是满足了这种使用要求的一种价格低廉的液压缸。

如图 4-17（a）所示，柱塞式液压缸由缸筒、柱塞、导套、密封圈和压盖等零件组成，柱塞和缸筒内壁不接触，因此，缸筒内孔不需精加工，工艺性好，成本低。柱塞式液压缸是单作用的，它的回程需要借助自重或弹簧等其他外力来完成，如果要获得双向运动，可将两个柱塞式液压缸成对使用，如图 4-17（b）所示。柱塞式液压缸的柱塞端面是受压面，其面积大小

决定了柱塞式液压缸的输出速度和推力，为保证柱塞式液压缸有足够的推力和稳定性，一般柱塞较粗，质量较大，水平安装时易产生单边磨损，故柱塞式液压缸适宜垂直安装使用。为减小柱塞的质量，有时将其制成空心柱塞。

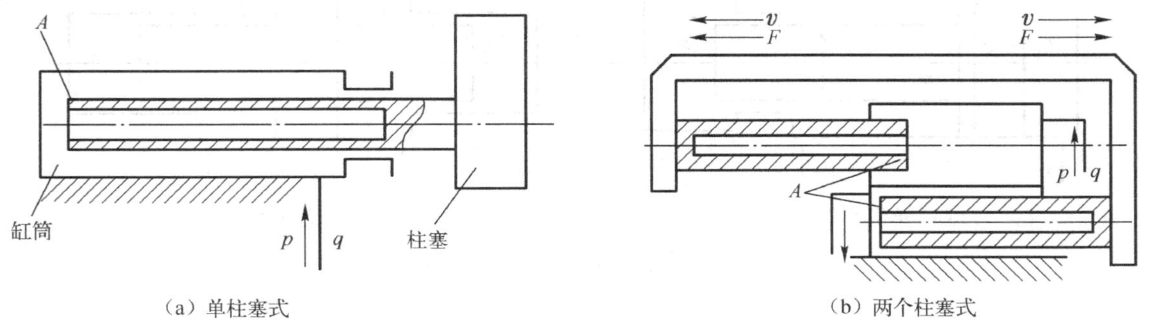

（a）单柱塞式　　（b）两个柱塞式

图4-17　柱塞式液压缸

柱塞式液压缸结构简单，制造方便，常用于工作行程较长的场合，如大型拉床、矿用液压支架等。

2. 摆动式液压缸

摆动式液压缸也称摆动马达。当它通入液压油时，它的主轴输出小于360°的摆动运动。如图4-18（a）所示为单叶片式摆动缸，它的摆动角度较大，可达300°。如图4-18（b）所示为双叶片式摆动缸，它的摆动角度和角速度为单叶片式的一半，而输出角度是单叶片式的两倍。

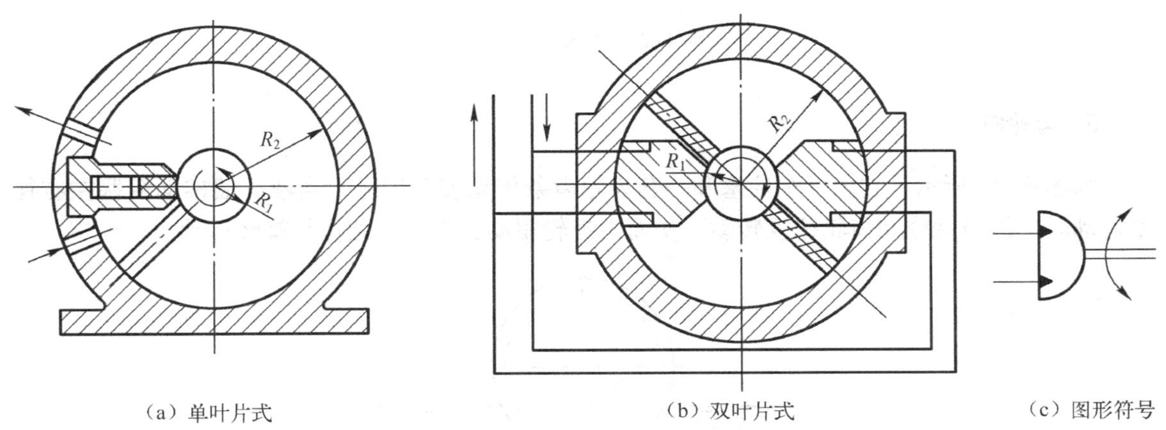

（a）单叶片式　　（b）双叶片式　　（c）图形符号

图4-18　摆动式液压缸

3. 增压缸

在某些短时间或局部需要高压的液压系统中，常用增压缸与低压大流量泵配合作用，单作用式增压缸的工作原理如图4-19（a）所示，输入低压力p_1的液压油，输出高压力为p_2的液压油，增大压力关系式为：

$$p_2 = p_1\left(\frac{D}{d}\right)^2 \tag{4-18}$$

单作用式增压缸不能连续向系统供油，如图4-19（b）所示为双作用式增压缸，可由两个高压端连续向系统供油。

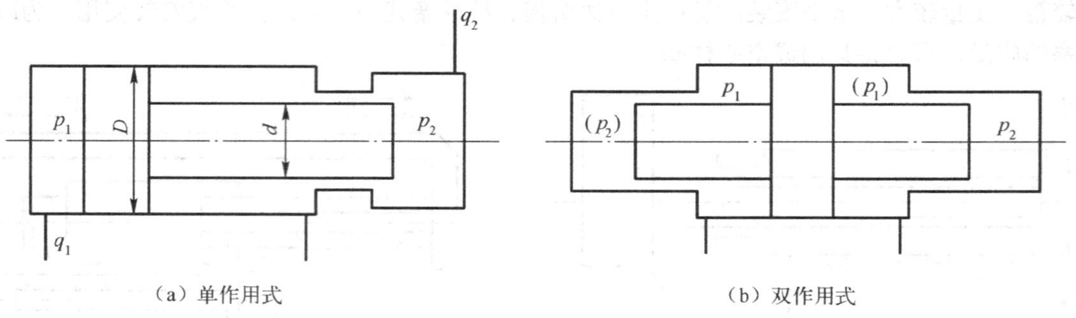

图4-19　增压缸

4. 伸缩式液压缸

如图4-20所示，伸缩式液压缸由两个或多个活塞式液压缸套装而成，前一级活塞缸的活塞是后一级活塞缸的缸筒，可获得很长的工作行程。伸缩式液压缸广泛地用于起重运输车辆上。

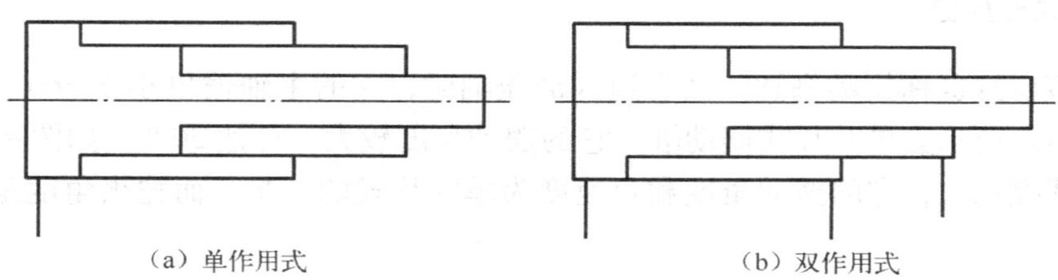

图4-20　伸缩式液压缸

5. 齿轮缸

如图4-21所示，它由两个柱塞和一套齿轮齿条传动装置组成，当液压油推动活塞左右往复运动时，齿条就推动齿轮往复转动，从而由齿轮驱动工作部件做往复旋转运动。

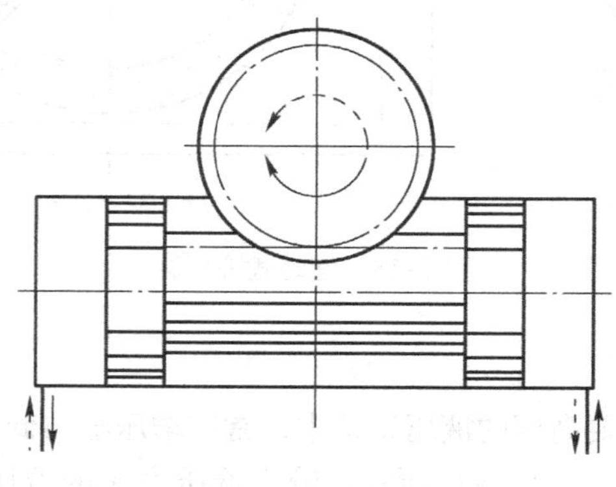

图4-21　齿轮缸

知识拓展6　液压缸的常见故障诊断与维修

液压缸的常见故障诊断与维修方法见表4-3。

表4–3　液压缸的常见故障诊断与维修方法

序号	故障现象	故障原因	维修方法
1	爬行	（1）混入空气 （2）运动密封件装配过紧 （3）活塞杆与活塞不同轴 （4）导向套与缸筒不同轴 （5）活塞杆弯曲 （6）液压缸安装不良，其中心线与导轨不平行 （7）缸筒内径圆柱度超差 （8）缸筒内孔锈蚀、拉毛 （9）活塞杆两端螺母拧得过紧，使同轴度降低 （10）活塞杆刚度差 （11）液压缸运动件之间间隙过大 （12）导轨润滑不良	（1）排除空气 （2）调整密封圈，使之松紧适当 （3）校正、修整或更换 （4）修正调整 （5）校直活塞杆 （6）重新安装 （7）镗磨修复，重配活塞或增加密封件 （8）除去锈蚀、毛刺或重新镗磨 （9）调整螺母的松紧度，使活塞杆处于自然状态 （10）加大活塞杆直径 （11）减小配合间隙 （12）保持良好润滑
2	冲击	（1）缓冲间隙过大 （2）缓冲装置中的单向阀失灵	（1）减小缓冲间隙 （2）修理或更换单向阀
3	缓冲过长	（1）缓冲装置结构不正确，三角节流槽过短 （2）缓冲节流回油口开设位置不对 （3）活塞与缸体内径配合间隙过小 （4）缓冲的回油孔道半堵塞	（1）修正凸台与凹槽，加长三角节流槽 （2）修改节流回油口的位置 （3）加大至要求的间隙 （4）清洗回油孔道
4	推力不足或工作速度下降	（1）缸体和活塞的配合间隙过大，或密封件损坏，造成内泄漏 （2）缸体和活塞的配合间隙过小，密封过紧，运动阻力大 （3）运动零件制造存在误差和装配不良，引起不同心或单面剧烈摩擦 （4）活塞杆弯曲，引起剧烈摩擦 （5）缸体内孔拉伤与活塞咬死，或缸体内孔加工不良 （6）液压油中杂质过多，使活塞或活塞杆卡死 （7）液压油温度过高，加剧泄漏	（1）修理或更换不合乎精度要求的零件，重新装配、调整或更换密封件 （2）增加配合间隙，调整密封件的压紧程度 （3）修理误差较大的零件重新装配 （4）校直活塞杆 （5）镗磨、修复缸体或更换缸体 （6）清洗液压系统，更换液压油 （7）分析温升原因，改进密封结构，避免温升过高
5	外泄漏	（1）活塞杆密封圈密封不严，活塞杆表面损伤或密封圈损伤或老化 （2）缸盖处密封不严，加工精度不高或密封圈老化	（1）如活塞杆损伤则加以修复；若密封圈损伤或老化，更换相应处密封圈 （2）检查密封表面的加工精度及密封圈的老化情况，做相应修整或更换
6	内泄漏	（1）缸筒内孔与活塞因磨损致使配合间隙超差，造成高低压腔互通内泄 （2）活塞上的密封圈损伤或老化，造成内泄漏 （3）活塞与缸筒安装不同心或受偏心载荷，使活塞倾斜或偏磨造成内泄 （4）缸筒内表面加工精度达不到要求	（1）加工修复缸筒、活塞（或更换），更换密封圈 （2）更换密封圈 （3）检查缸筒、活塞、缸盖活塞孔的同心度，修整对中；造成偏磨的应修复缸筒，重配活塞 （4）镗缸孔，重配活塞

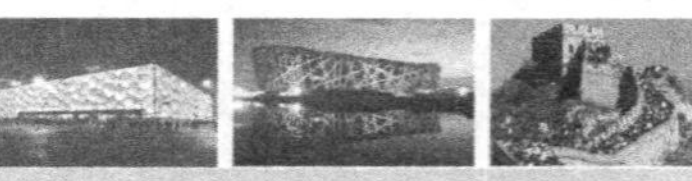

自我评价 4

1. 填空题

（1）液压执行元件有________和________ 两种类型，这两者不同点在于：________ 将液压能变成直线运动或摆动的机械能，________ 将液压能变成连续旋转的机械能。

（2）液压缸按结构特点的不同可分为________ 缸、________缸和________缸三类。液压缸按其作用方式不同可分为________ 式和________ 式两种。

（3）________缸和________ 缸用于实现直线运动，输出推力和速度；________缸用于实现小于 300°的转动，输出转矩和角速度。

（4）活塞式液压缸一般由________、________、缓冲装置、放气装置和________ 装置等组成。选用液压缸时，首先应考虑活塞杆的________，再根据回路的最高________选用适合的液压缸。

（5）两腔同时输入压力油，利用________进行工作的单活塞杆液压缸称为差动液压缸，它可以实现________的工作循环。

（6）液压缸常用的密封方法有________和________ 两种。

（7）________式液压缸由两个或多个活塞式液压缸套装而成，可获得很长的工作行程。

2. 单项选择题

（1）液压缸差动连接工作时，缸的（　　），缸的（　　）。

A. 运动速度增大了　　B. 输出力增大了　　C. 运动速度减小了　　D. 输出力减小了

（2）在某一液压设备中需要一个完成很长工作行程的液压缸，宜采用（　　）。

A. 单活塞液压缸　　B. 双活塞杆液压缸　　C. 柱塞液压缸　　D. 伸缩式液压缸

（3）液压系统中的液压缸是（　　）。

A. 动力元件　　B. 执行元件　　C. 控制元件　　D. 传动元件

（4）在液压传动中，液压缸的（　　）决定于流量。

A. 压力　　B. 负载　　C. 速度　　D. 排量

（5）将压力能转换为驱动工作部件机械能的能量转换元件是（　　）。

A. 动力元件　　B. 执行元件　　C. 控制元件

（6）要求机床工作台往复运动速度相同时，应采用（　　）液压缸。

A. 双出杆　　B. 差动　　C. 柱塞　　D. 单叶片摆动

（7）单活塞杆液压缸作为差动液压缸使用时，若使其往复速度相等，其活塞直径应为活塞杆直径的（　　）倍。

A. 0　　B. 1　　C. $\sqrt{2}$　　D. $\sqrt{3}$

（8）一般单活塞杆液压缸在快速缩回时，往往采用（　　）。

A. 有杆腔回油无杆腔进油　　B. 差动连接

C. 有杆腔进油无杆腔回油

（9）活塞直径为活塞杆直径$\sqrt{2}$倍的单活塞杆液压缸，当两腔同时与压力油相通时，则活塞（　　）。

A. 不动　　B. 动，速度低于任一腔单独通压力油

C. 动，速度等于有杆腔单独通压力油

(10) 不能成为双向变量液压泵的是（ ）。

A. 双作用式叶片泵 B. 单作用式叶片泵 C. 轴向柱塞泵 D. 径向柱塞泵

3. 判断题

(1) 液压缸负载的大小决定进入液压缸油液压力的大小。( )

(2) 改变活塞的运动速度，可采用改变油压的方法来实现。( )

(3) 工作机构的运动速度决定于一定时间内进入液压缸油液容积的多少和液压缸推力的大小。( )

(4) 一般情况下，进入油缸的油压力要低于油泵的输出压力。( )

(5) 如果不考虑液压缸的泄漏，液压缸的运动速度只决定于进入液压缸的流量。( )

(6) 增压液压缸可以不用高压泵而获得比该液压系统中供油泵高的压力。( )

(7) 液压执行元件包含液压缸和液压马达两大类型。( )

(8) 双作用式单活塞杆液压缸的活塞，两个方向所获得的推力不相等：工作台做慢速运动时，活塞获得的推力小；工作台做快速运动时，活塞获得的推力大。( )

(9) 为实现工作台的往复运动，可成对地使用柱塞式液压缸。( )

(10) 采用增压缸可以提高系统的局部压力和功率。( )

4. 计算题

(1) 图4-22所示，试分别计算图（a）、（b）中的大活塞杆上的推力和运动速度。

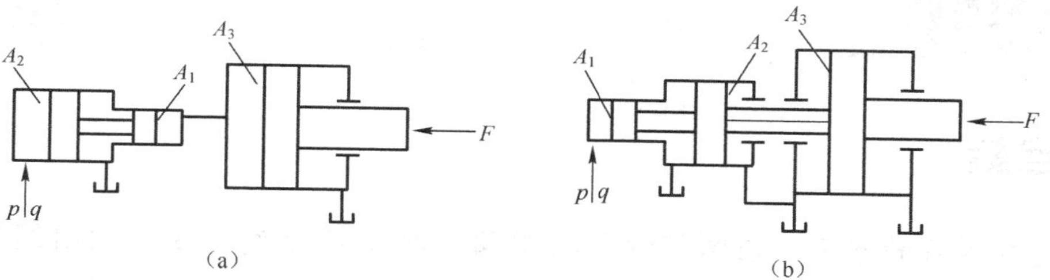

图4-22

(2) 某一差动液压缸，求在 $v_{快进}=v_{快退}$ 和 $v_{快进}=2v_{快退}$ 两种条件下活塞面积 A_1 和活塞杆面积 A_2 之比。

(3) 如图4-23所示，已知活塞直径 D、活塞杆直径 d、进油压力 p、进油流量 q，各缸上负载 F 相同，试求活塞1和2的运动速度 v_1、v_2 和负载 F。

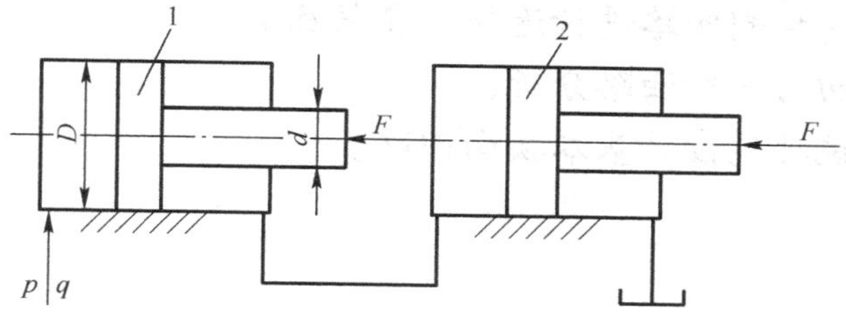

图4-23

(4) 已知某液压马达的排量 $V=250\ \text{mL/r}$，液压马达入口压力为 $p_1=10.5\ \text{MPa}$，出口压力 $p_2=1.0\ \text{MPa}$，其总效率 $\eta=0.9$，容积效率 $\eta_V=0.92$，当输入流量 $q=22\ \text{L/min}$ 时，试求液压马达的实际转速 n 和液压马达的输出转矩 T。

项目5 液压方向控制回路的设计与应用

学习目标

通过本项目的学习，应掌握方向控制阀的功用及分类，方向控制阀的工作原理和滑阀的中位机能，认识换向阀的不同操作方式，具有分析和调试方向控制回路的能力。其具体目标为：

(1) 掌握方向控制阀的功用和分类；

(2) 掌握换向阀的工作原理和中位机能；

(3) 能对方向控制阀进行正确选用及维护；

(4) 能够对方向控制回路进行连接、安装及运行；

(5) 能对锁紧回路进行油路分析；

(6) 能根据系统功能设计基本换向回路。

任务5-1　汽车助力转向机构中方向控制阀的应用

任务引入

如图5-1所示为汽车助力转向机构，它在工作中由液压传动系统带动两个前轮进行往复运动，那么液压传动系统中控制转向的是哪些元件呢？这些元件是如何在系统中工作的呢？

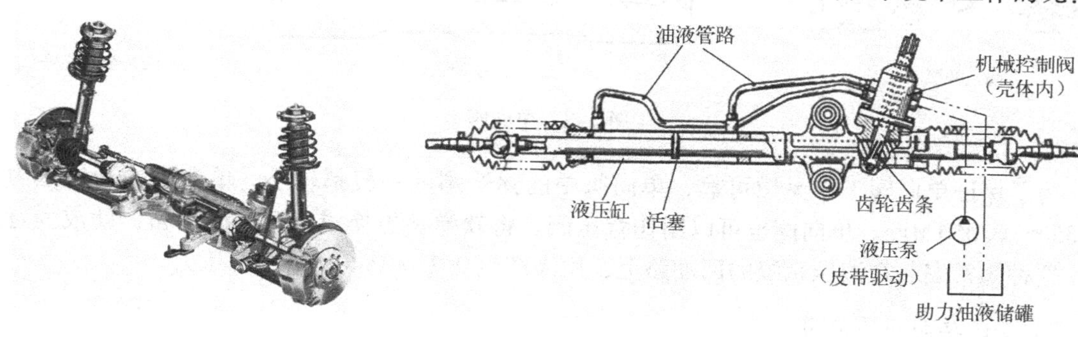

图5-1　汽车助力转向机构

任务分析

只要使液压油进入驱动汽车助力转向机构液压缸的不同工作腔，就能使液压缸带动转向机构完成往复运动。这种能够使液压油进入不同的液压缸工作油腔从而实现液压缸不同的运动方向的元件，我们把它称为换向阀。换向阀是如何改变和控制液压传动系统中油液流动的方向、油路的接通和关闭，从而来改变液压系统的工作状态的呢？转向机构在工作时，需要自动地完成往复运动，液压泵由电动机驱动后，从油箱中吸油，油液经滤油器进入液压泵，油液在泵腔中从入口低压到泵出口高压，通过溢流阀、节流阀、换向阀进入液压缸左腔或右腔，推动活塞使转向机构向右或向左移动。现要求正确选用汽车助力转向机构的方向控制阀。学会单向阀和换向阀的拆装方法。

相关知识

方向控制阀用于控制液压系统中液流的方向和通断。它分为单向阀和换向阀两类，单向阀主要用于控制油液的单向流动，换向阀主要用于接通或者切断油路、改变油液的流动方向。

5-1-1　单向阀的工作原理与应用

1. 普通单向阀

1）普通单向阀的结构和工作原理

普通单向阀简称单向阀，其作用是控制油液只能按一个方向流动，而反向截止。它由阀体、阀芯、弹簧等零件组成，其外形如图5-2（a）所示。如图5-2（b）所示是一种管式普通单向阀的结构原理。压力油从阀体左端的通口P_1流入时，作用于锥形阀芯上，当克服弹簧的弹力时，使阀芯向右移动，打开阀口，并通过阀芯上的径向孔a、轴向孔b从阀体右端的通口P_2流出。但是当压力油从阀体右端的通口P_2流入时，它和弹簧力一起使阀芯锥面压紧在阀座

上，使阀口关闭，油液无法通过。如图 5-2（c）所示是单向阀的图形符号。

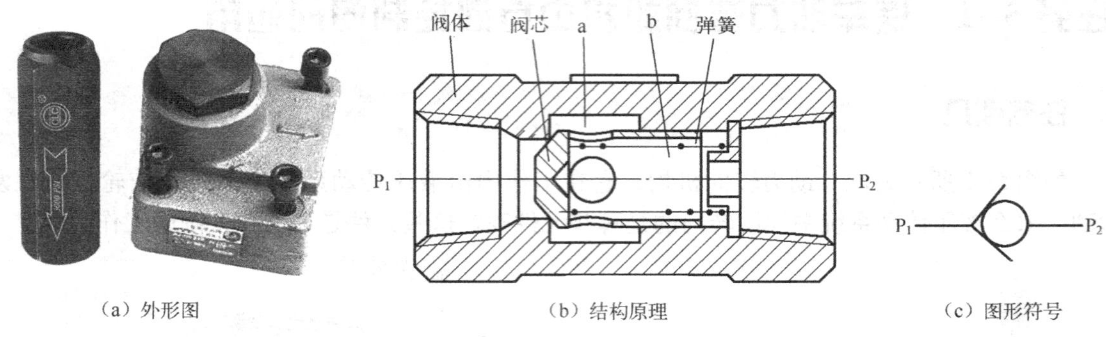

（a）外形图　（b）结构原理　（c）图形符号

图 5-2　单向阀

为了保证单向阀工作灵敏可靠，单向阀中的弹簧刚度一般都较小。单向阀的开启压力为 0.035 ～ 0.050 MPa。单向阀也可以用作背压阀。将软弹簧更换成合适的硬弹簧，就成为背压阀。这种阀常安装在液压系统的回油路上，用来产生 0.2 ～ 0.6 MPa 的背压力。

2）普通单向阀的应用

（1）普通单向阀装在液压泵的出口处，可以防止油液倒流而损坏液压泵。如图 5-3 中的阀 5。

（2）普通单向阀装在回油管路上作背压阀，使其产生一定的回油阻力，以满足控制油路使用要求或改善执行元件的工作性能。

（3）隔开油路之间不必要的联系，防止油路相互干扰，如图 5-3 中的阀 1 和阀 2。

（4）普通单向阀与其他阀制成组合阀，如单向减压阀、单向顺序阀、单向调速阀等。

另外，在安装单向阀时须认清进、出油口的方向，否则会影响系统的正常工作。

2. 液控单向阀

1）液控单向阀的结构和工作原理

液控单向阀又称单向闭锁阀，其作用是使液流有控制地双向流动，其外形如图 5-4 所示。液控单向阀由普通单向阀和液控装置两部分组成。其结构原理如图 5-5（a）所示，当控油口

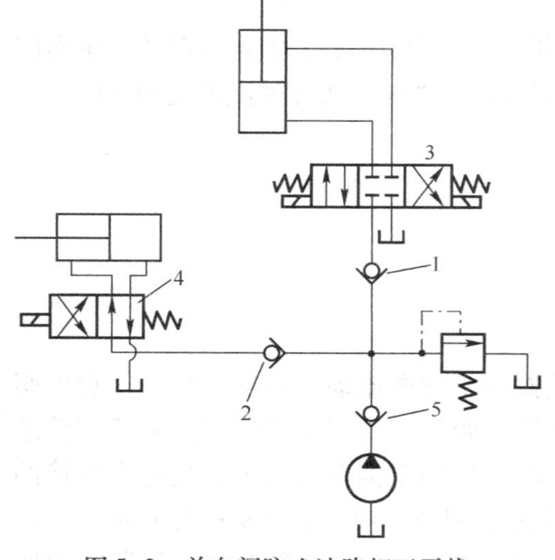

图 5-3　单向阀防止油路相互干扰

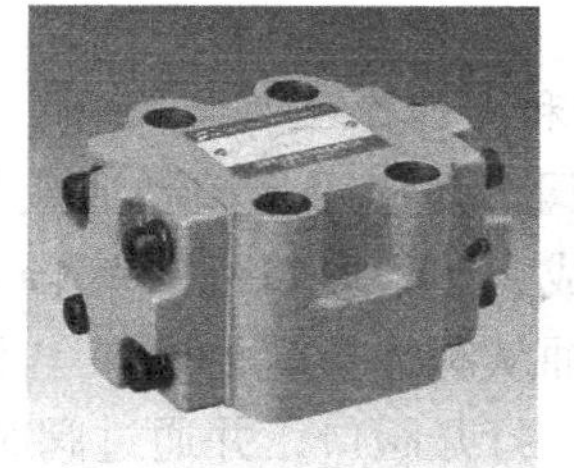

图 5-4　液控单向阀外形图

K 处不通入压力油时，其作用与普通单向阀相同。当控油口 K 通入压力油时，因控制活塞右侧 a 腔与泄油口相通，活塞在压力作用下右移，推动顶杆顶开阀芯，使通口 P_1 和 P_2 接通，油液就可在两个方向自由流动。如图 5-5（b）所示为液控单向阀的图形符号。

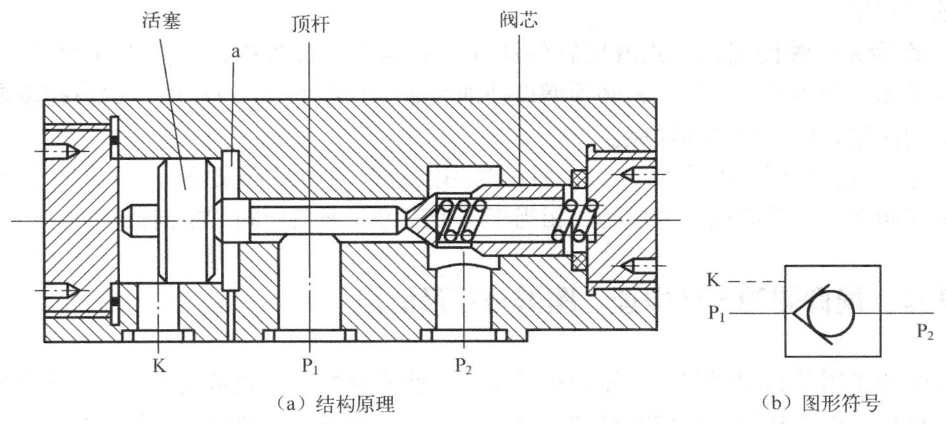

（a）结构原理　　（b）图形符号

图 5-5　液控单向阀结构原理

2）液控单向阀的应用

（1）保持压力。滑阀式换向阀都有间隙泄漏现象，只能短时间保压。当有保压要求时，可在油路上加一个液控单向阀，如图 5-6（a）所示，利用锥阀关闭的严密性，使油路进行长时间保压。

（2）用于液压缸的“支撑”。如图 5-6（b）所示，液控单向阀接于液压缸下腔的油路，可防止立式液压缸的活塞和滑块等活动部分因滑阀泄漏而下滑。

（3）实现液压缸的锁紧状态。如图 5-6（c）所示，换向阀处于中位时，两个液控单向阀关闭，严密封闭液压缸两腔的油液，这时活塞就不能因外力作用而产生移动。

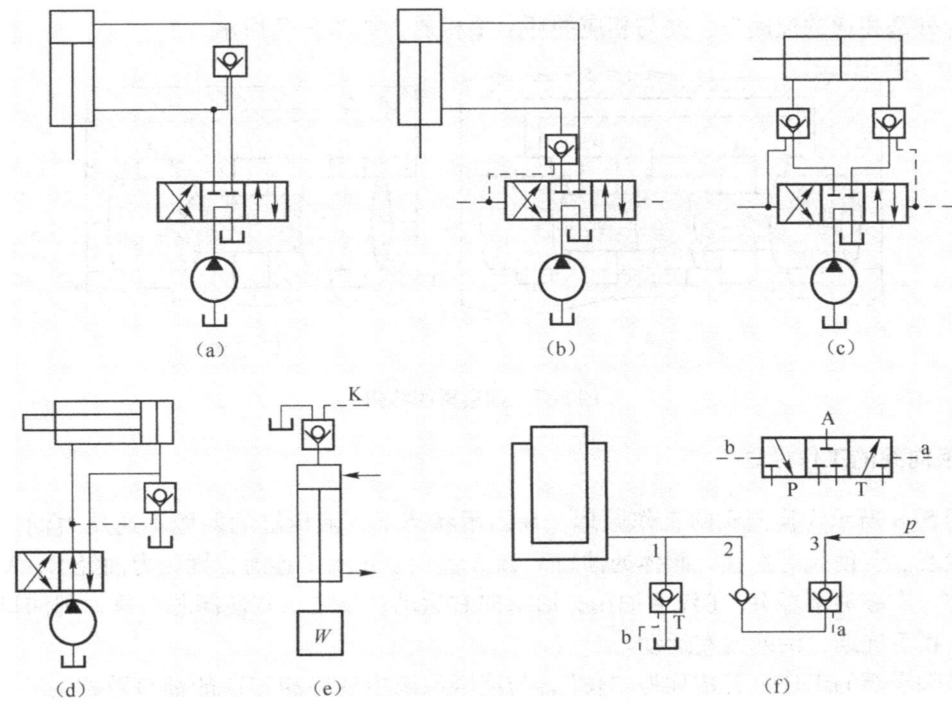

图 5-6　液控单向阀的应用

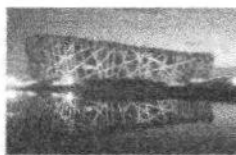

（4）大流量排油。图5-6（d）中液压缸两腔的有效工作面积相差很大。在活塞退回时，液压缸右腔排油骤然增大，此时若采用小流量的滑阀，会产生节流作用，限制活塞的后退速度；若加设液控单向阀，在液压缸活塞后退时，控制压力油将液控单向阀打开，便可以顺利地将右腔油液排出。

（5）作为充油阀使用。立式液压缸的活塞在高速下降过程中，因高压油和自重的作用，致使下降迅速，产生吸空和负压，必须增设补油装置。如图5-6（e）所示的液控单向阀就是作为充油阀使用，以完成补油功能。

（6）组合成换向阀。如图5-6（f）所示为用液控单向阀组合成换向阀的例子，它是用两个液控单向阀和一个单向阀组合成的，相当于一个三位三通换向阀的换向回路。

5-1-2　换向阀的工作原理、图形符号及选用

换向阀的作用是利用阀芯对阀体的相对运动，使油路接通、关断或变换油流的方向，从而实现液压执行元件及其驱动机构的启动、停止或变换运动方向。换向阀的种类很多，其分类见表5-1。

表5-1　换向阀的分类

分类方式	类　型
按阀的操纵方式分	手动、机动、电磁动、液动、电液动换向阀
按阀芯位置数和通道数分	二位三通、二位四通、三位四通、三位五通换向阀
按阀芯的运动方式分	滑阀、转阀和锥阀
按阀的安装方式分	管式、板式、法兰式、叠加式、插装式

常用的换向阀阀芯在阀体内做往复滑动，称为滑阀。滑阀是一个有多段环形槽的圆柱体，其直径大的部分称凸肩，凸肩与阀体内孔相配合。阀体内孔中加工有若干段环形槽，阀体上有若干个与外部相通的通路口，并与相应的环形槽相通，如图5-7所示。

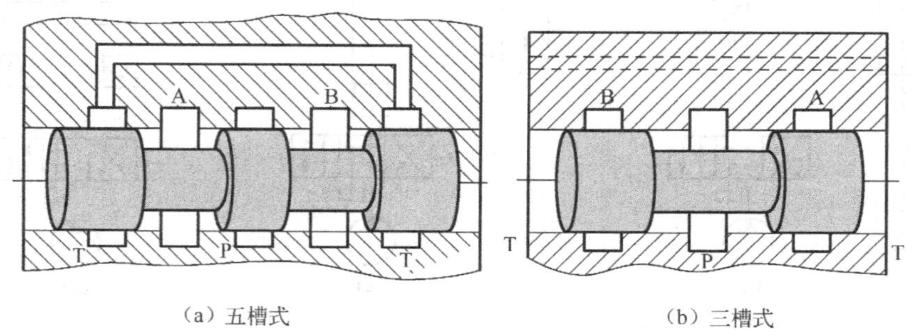

（a）五槽式　　（b）三槽式

图5-7　四通滑阀结构

1. 换向阀的工作原理

如图5-8所示为换向阀的工作原理。在图示状态下，液压缸的两腔不通压力油，活塞处于停止状态。若使阀芯左移，阀体的油口P和A连通、B和T连通，则压力油经P、A进入液压缸左腔，右腔油液经B、T流回油箱，活塞向右运动；反之，若使阀芯右移，则油口P和B连通、A和T连通，活塞向左运动。

换向阀滑阀的工作位置数称为“位”，与液压系统中油路相连通的油口数称为“通”。常用换向阀的结构原理和图形符号见表5-2。

2. 换向阀图形符号的规定和含义

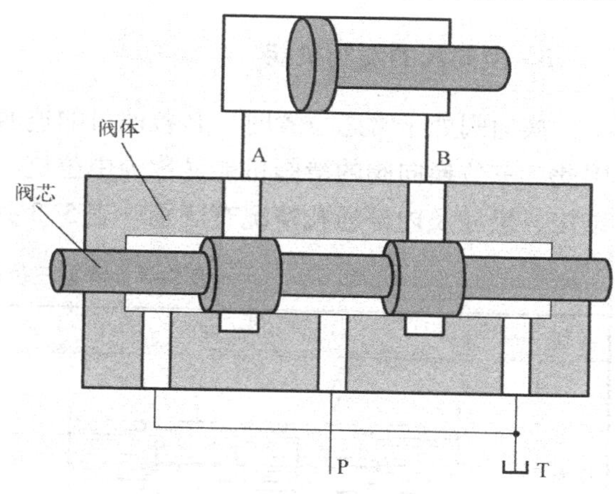

图5–8　换向阀的工作原理

(1) 用方框数表示阀的工作位置数，有几个方框就是几位阀。

(2) 在一个方框内，箭头“↑”或堵塞符号“⊤”或“⊥”与方框相交的点数就是通路数，有几个交点就是几通阀，箭头“↑”表示阀芯处在这一位置时两油口相通，但不表示流向，“⊤”或“⊥”表示此油口被阀芯封闭（堵塞）不通流。

(3) 三位阀中间的方框和二位阀靠近弹簧的方框为阀的常态位置（即未施加控制信号以前的原始位置）。在液压系统原理图中，换向阀的图形符号与油路的连接，一般应画在常态位置上。工作位置应遵守“左位”画在常态位的左面，“右位”画在常态位右面的规定。同时在常态位上应标出油口的代号。

(4) 控制方式和复位弹簧的符号画在方框的两侧。

表5–2　常用换向阀的结构原理和图形符号

名称	结构原理	图形符号	使用场合	
二位二通	A　P	A P	控制油路的接通与切断	
二位三通	A　P　B	A B P	控制油液流动方向	
二位四通	A　P　B　T	A　B P　T	控制执行元件换向，且执行元件正反向运动时回油方式相同	不能使执行元件在任意位置处于停止运动
三位四通	A　P　B　T	A B P T		能使执行元件在任意位置处于停止运动
二位五通	T_1　A　P　B　T_2	A B T_1 P T_2	执行元件正反向运动时可获得不同的回油方式	不能使执行元件在任意位置处于停止运动
三位五通	T_1　A　P　B　T_2	A B T_1 P T_2		能使执行元件在任意位置处于停止运动

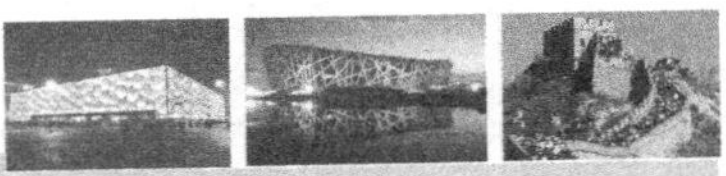

3. 换向阀的滑阀机能

换向阀处于常态位置时，其各油口的连通关系称为滑阀机能。三位换向阀的常态为中位，因此，三位换向阀的滑阀机能又称为中位机能。不同机能的三位阀的阀体通用，但阀芯的台肩结构、尺寸及内部通孔情况有区别。表 5-3 列出常见三位四通换向阀的中位机能。

表 5-3　常见三位四通换向阀的中位机能

类别	结构原理	图形符号	中位油口状况、特点及应用
O 形	A B T P	A B P T	各油口全封闭；换向精度高，但有冲击，缸被锁紧，泵不卸荷，并联缸可运动
H 形	A B T P	A B P T	各油口全通；换向平稳，缸浮动，泵卸荷
Y 形	A B T P	A B P T	P 口封闭，A、B、T 口相通；换向较平稳，缸浮动，泵不卸荷，并联缸可运动
M 形	A B T P	A B P T	P、T 口相通，A 与 B 口均封闭；缸被锁紧，泵卸荷，换向精度高
P 形	A B T P	A B P T	P、A、B 口相通，T 口封闭；换向最平稳，双杆缸浮动，单杆缸差动，泵不卸荷，并联缸可运动

4. 几种常用的换向阀

1）手动换向阀

手动换向阀是用手动杆操纵阀芯换位的换向阀，分弹簧自动复位和弹簧钢珠定位两种，如图 5-9 所示。图 5-9（b）为弹簧自动复位式手动换向阀。放开手柄，阀芯在弹簧的作用下自动回到中位，该阀适用于动作频繁、工作持续时间短的场合，操作比较完全，常用于工程机械的液

压传动系统中。

如果将该阀阀芯左端弹簧的部位改为图5-9（a）的形式，即成为可在三个位置定位的手动换向阀。图5-9（c）、（d）分别为两种手动换向阀的图形符号。

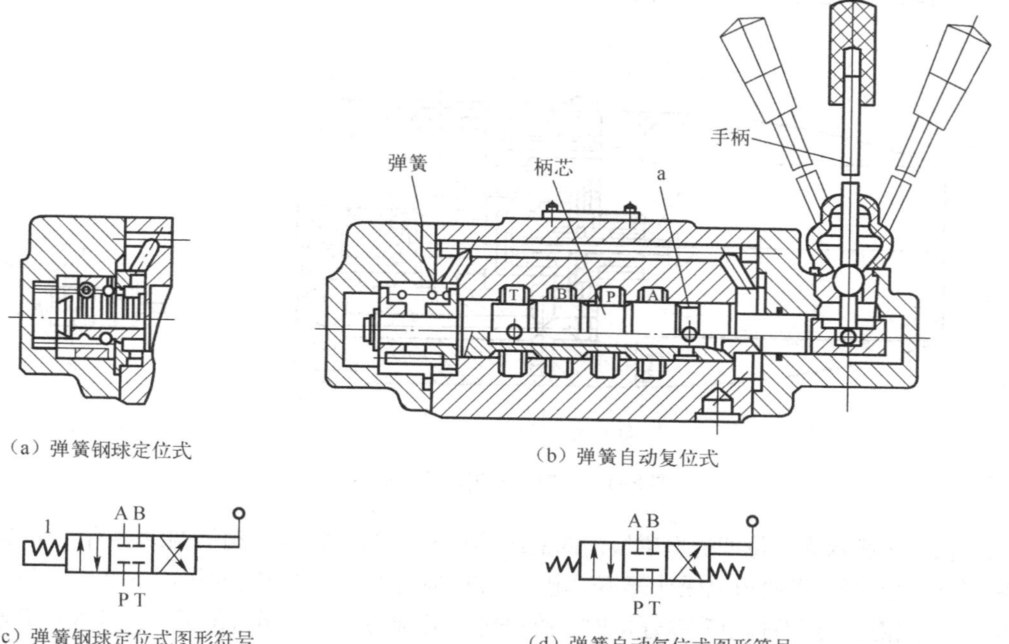

（a）弹簧钢球定位式

（b）弹簧自动复位式

（c）弹簧钢球定位式图形符号

（d）弹簧自动复位式图形符号

图5-9 三位四通手动换向阀

2）机动换向阀

机动换向阀又称行程换向阀，它利用安装在运动部件上的挡块或凸块，推压阀芯端部滚轮使阀芯移动，从而使油路换向。常用的有二位二通（常闭和常通）、二位三通、二位四通和二位五通等多种。图5-10（a）所示为二位二通常闭式机动换向阀。在图示状态下，阀芯被弹簧顶向上端，油口P和A不通。当挡铁压下滚轮经推杆使阀芯移到下端时，油口P和A连通。图5-10（b）为其图形符号。

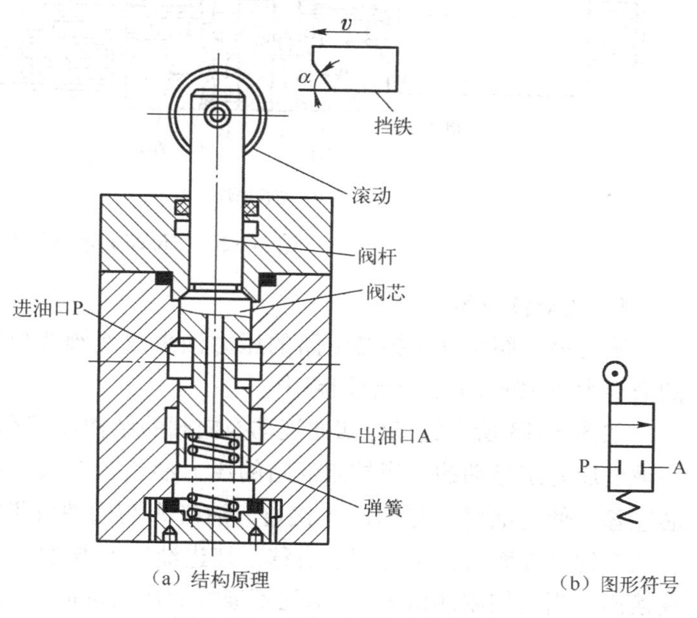

（a）结构原理

（b）图形符号

图5-10 二位二通机动换向阀

3）电磁换向阀

电磁换向阀简称电磁阀，利用电磁铁的通电吸合与断电释放而直接推动阀芯来控制液流方向。它是电气系统和液压系统之间的信号转换元件。它操纵方便、布局灵活，有利于提高自动化程度，因此应用最为广泛。由于电磁铁的吸力有限（120 N），因此电磁换向阀只适用于流量不太大的场合。

电磁换向阀由电磁铁和换向滑阀两部分组成。按使用电源不同，可分为交流和直流两种电磁换向阀。交流电压常用 220 V 或 380 V，直流电压常用 24 V。

如图 5-11 所示为二位三通电磁换向阀的结构原理和图形符号。这种阀的左端有一交流电磁铁，当电磁铁通电时，衔铁通过推杆将阀芯推向右端，进油口 P 与油口 B 接通，油口 A 被关闭。当电磁铁断电时，弹簧将阀芯推向左端，油口 B 被关闭，进油口 P 与油口 A 接通。

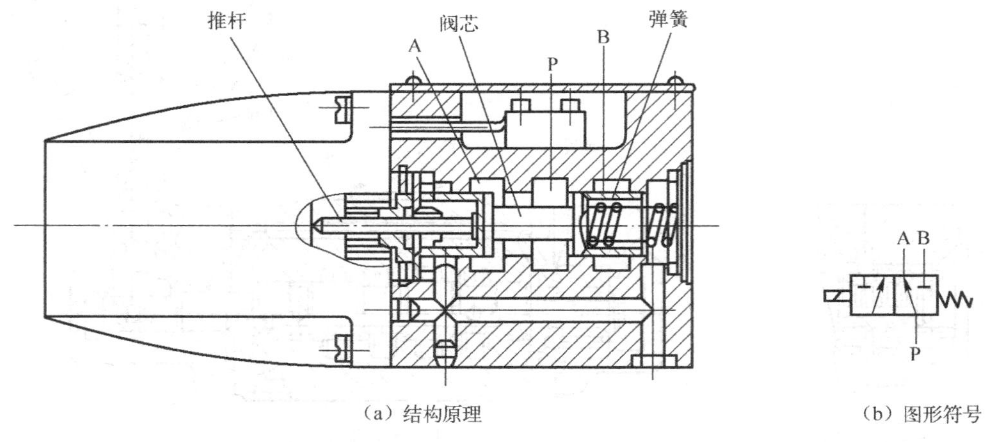

（a）结构原理　　（b）图形符号

图 5-11　二位三通交流电磁换向阀

如图 5-12 所示为三位四通电磁换向阀的结构原理和图形符号。阀的两端各有一个直流电磁铁和一个对中弹簧。当两边电磁铁都不通电时，阀芯在两边对中弹簧的作用下处于中位，P、T、A、B 口互不相通；当右边电磁铁通电时，推杆将阀芯推向左端，阀右位工作，其油口 P 与 B 通，A 与 T 通；当左边电磁铁通电时，阀芯移至右端，阀左位工作，油口 P 与 A 通，B 与 T 通。

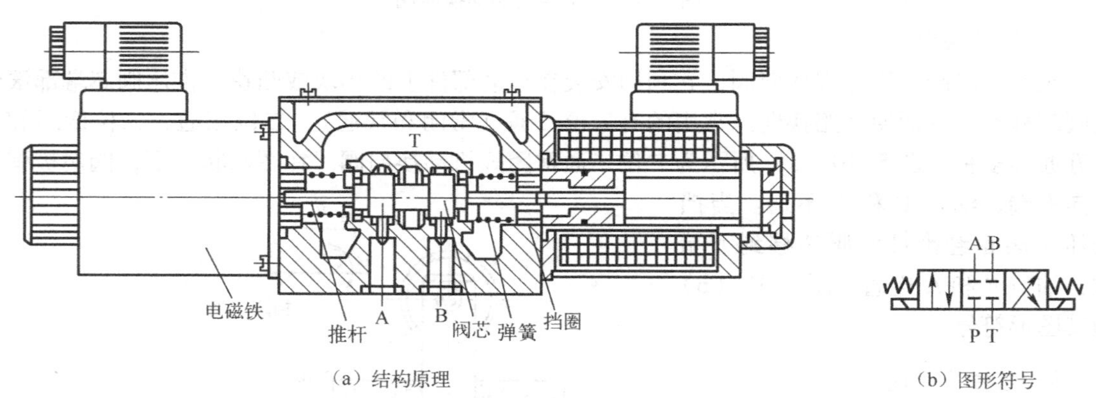

（a）结构原理　　（b）图形符号

图 5-12　三位四通直流电磁换向阀

4）*液动换向阀*

液动换向阀是利用控制油路的压力油来改变阀芯位置的换向阀，广泛应用于大流量（阀的通径大于 10mm）的控制回路中。

如图 5-13 所示为三位四通液动换向阀的结构原理和图形符号，阀芯是由其两端密封腔中油液的压差来移动的。当控制油路的压力油从阀右边控制油口 K_2进入右控制油腔时，推动阀芯左移，使进油口 P 与油口 B 接通，油口 A 与回油口 T 接通；当压力油从阀左边控制油口 K_1进入左控制油腔时，推动阀芯右移，使进油口 P 与油口 A 接通，油口 B 与回油口 T 接通，实现换向；当两控制油口 K_1和 K_2均不通控制压力油时，阀芯在两端弹簧作用下居中，恢复到中间位置。

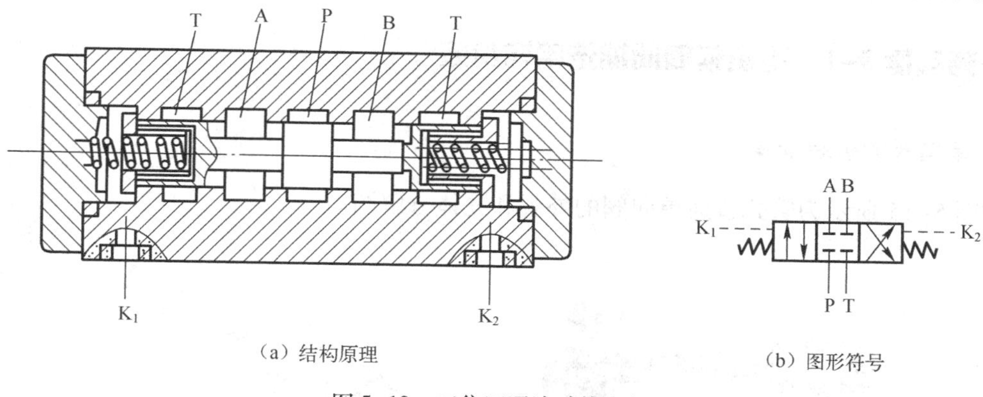

（a）结构原理　　（b）图形符号

图 5-13　三位四通液动换向阀

5. 方向控制阀的选用

方向控制阀实质上就是一种开关阀，所谓方向控制就是使油路通或断，或者使流量汇集与分流。常用方向控制阀实物如图 5-14 所示。

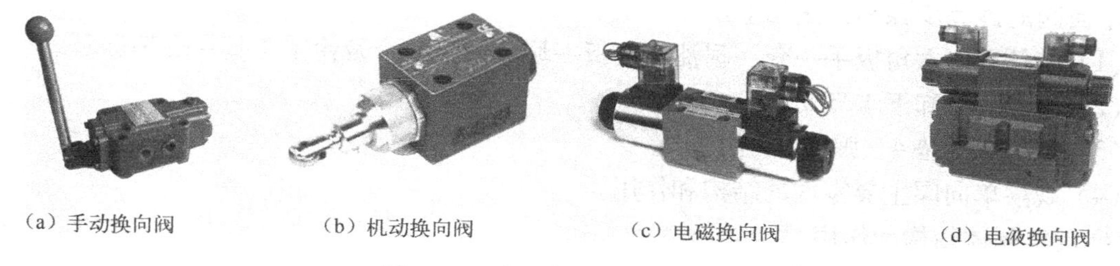

（a）手动换向阀　（b）机动换向阀　（c）电磁换向阀　（d）电液换向阀

图 5-14　常见方向控制阀实物图

根据液压系统的要求选用适合的方向控制阀，必须考虑到下列方面。

（1）额定压力。必须使所选方向控制阀的额定压力与液压系统工作压力相容，液压系统的最大压力应低于方向控制阀的额定压力。

（2）额定流量。额定流量要高于工作流量，流经方向控制阀的最大流量一般不应大于阀的额定流量。还要注意到由于单作用液压缸两边的面积差所造成的流量差异。有些公司将方向控制阀的通流能力用流量与压差的关系曲线表示。选用时要根据该曲线来确定是否满足液压系统的需要。

（3）滑阀机能。滑阀机能是指换向滑阀处于中位时的通路形式。不同滑阀机能的阀在换向时冲击力的大小不同，能够实现的功能也不同。

（4）操作方式。操作方式应根据设备功能需要，选择合适的操纵方式，例如，手动、机动（如凸轮、杠杆等）、电磁铁控制、液动、液压先导阀控制等。

（5）整体式与分片式。一些方向控制阀特别是多路阀，其阀体有整体式与分片式之分。叠加阀也是分片式。整体式的结构紧凑、质量小、压力损失较小。其缺点是不同机械的多路阀很难通用，整体式的阀体工艺复杂。分片式的多路阀可由几种单元阀体组合多种不同的多路阀，以适应各种机械的需要，其缺点是加大了体积和质量，各片之间要有密封。

（6）其他因素。除以上的因素外，还应考虑介质相容性，方向控制阀的响应时间、安装及连接方式、进出油口形式等。另外，产品的质量与价格，使用寿命、厂家的服务与信誉等也是方向控制阀选用时需要综合考虑的。

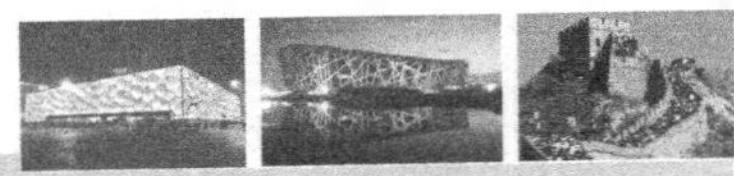

任务实施5-1　电磁换向阀的选用与拆装

1. 单向阀的拆装步骤

如图5-15所示为管式普通单向阀的外观和立体分解图。

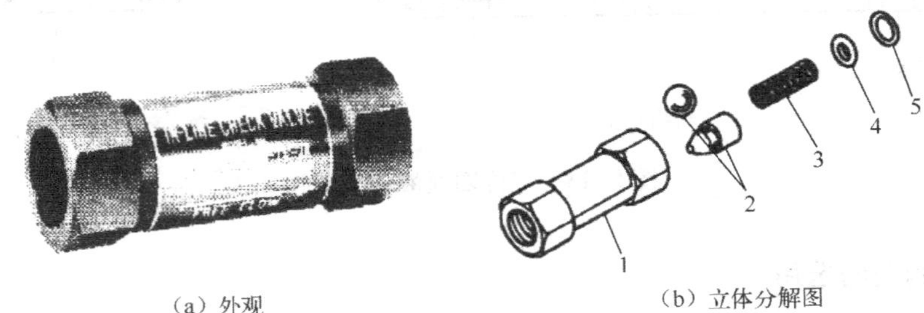

（a）外观　（b）立体分解图

图5-15　管式普通单向阀

单向阀的拆装步骤和方法如下。

（1）准备好内六角扳手一套、耐油橡胶板一块、油盘一个及钳工工具一套等器具。

（2）用卡环钳卸下卡环5。

（3）依次取下垫4、弹簧3、阀芯2。

（4）观察单向阀主要零件的结构和作用。

① 观察阀体结构和作用。

② 观察阀芯的结构和作用。

（5）按拆卸的相反顺序装配，即后拆的零件先装配，先拆的零件后装配。装配时应注意：

① 装配前应认真清洗各零件，并将配合零件表面涂润滑油；

② 检查各零件的油孔、油路是否畅通、是否有尘屑，若有则重新清洗。

（6）将阀外表面擦拭干净，整理工作台。

2. 换向阀的拆装步骤

如图5-16所示为三位四通电磁换向阀的立体分解图，我们以该阀为例说明换向阀的拆装步骤和方法。

（1）准备好内六角扳手一套、耐油橡胶板一块、油盘一个及钳工工具一套等器具。

（2）将换向阀两端的电磁铁拆下。

（3）轻轻取出弹簧、垫圈及阀芯等。如果阀芯被卡，可用铜棒轻轻敲击出来，禁止猛力敲打，损坏阀芯台肩。

（4）观察换向阀主要零件的结构和作用。

① 观察阀芯与阀体内腔的构造，并记录各自台肩与沉割槽数量。

② 观察阀芯的结构和作用。

③ 观察电磁铁的结构。

④ 如果是三位换向阀，判断中位机能的形式。

（5）按拆卸的相反顺序装配换向阀。

（6）将换向阀外表面擦拭干净，整理工作台。

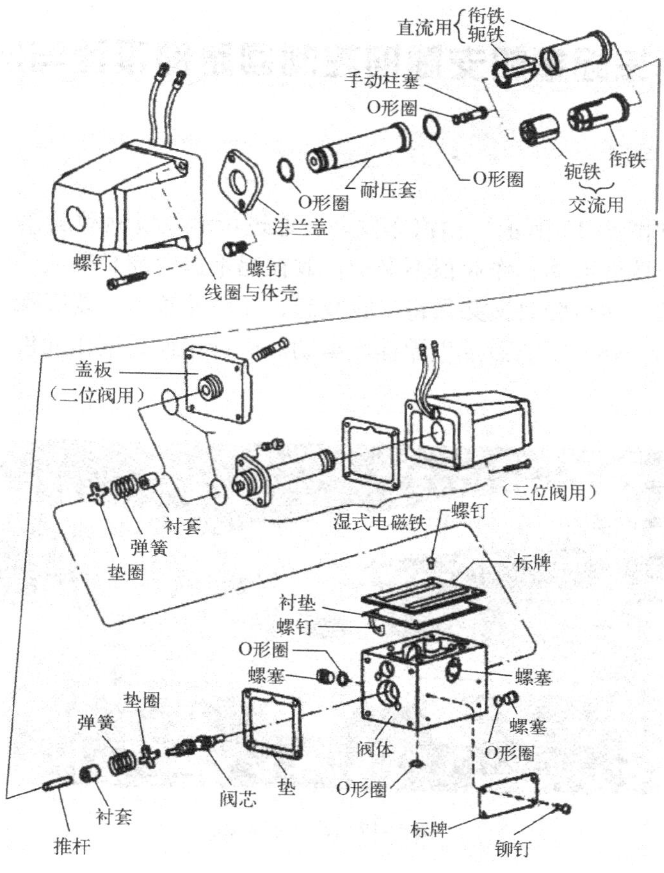

图5-16 三位四通电磁换向阀的立体分解图

3. 工作任务单

<table>
<tr><td>姓　名</td><td></td><td>班　级</td><td></td><td>组　别</td><td></td><td>日　期</td><td></td></tr>
<tr><td>工作任务</td><td colspan="7">电磁换向阀的选用与拆装</td></tr>
<tr><td>任务描述</td><td colspan="7">在教师的指导下，根据汽车助力转向机构的工作原理，查阅相关资料进行电磁换向阀的选型，完成换向阀的拆卸与组装。</td></tr>
<tr><td>任务要求</td><td colspan="7">1. 了解实训室或生产车间安全知识；
2. 根据汽车助力转向机构换向要求，能够进行方向控制阀的选用，形成清单；
3. 单向阀、换向阀拆装并记录；
4. 在工作台上合理布置各元器件，规范安装元器件</td></tr>
<tr><td>提交成果</td><td colspan="7">1. 单向阀、电磁换向阀选型清单；
2. 单向阀、电磁换向阀拆装流程</td></tr>
<tr><td rowspan="6">考核评价</td><td>序号</td><td colspan="2">考核内容</td><td>配分</td><td colspan="2">评分标准</td><td>得分</td></tr>
<tr><td>1</td><td colspan="2">安全意识</td><td>10</td><td colspan="2">遵守安全规章、制度</td><td></td></tr>
<tr><td>2</td><td colspan="2">工具的使用</td><td>10</td><td colspan="2">正确使用实验工具</td><td></td></tr>
<tr><td>3</td><td colspan="2">单向阀、换向阀的选型</td><td>20</td><td colspan="2">合理选用方向阀</td><td></td></tr>
<tr><td>4</td><td colspan="2">单向阀、换向阀的拆装</td><td>50</td><td colspan="2">拆装前后一致，过程有序</td><td></td></tr>
<tr><td>5</td><td colspan="2">团队协作</td><td>10</td><td colspan="2">与他人合作有效</td><td></td></tr>
<tr><td>指导教师</td><td colspan="3"></td><td colspan="3">总分</td><td></td></tr>
</table>

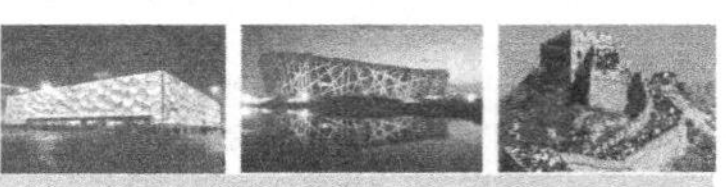

任务5-2　汽车起重机支腿的控制回路的设计与应用

任务引入

汽车起重机（如图5-17所示）由汽车发动机通过传动装置驱动工作，由于汽车轮胎的支撑能力有限，且为弹性变形体，作业很不安全，故在起重作业前必须放下前后支腿，使汽车轮胎架空，用支腿承重。在行驶时又必须将支腿收起，让轮胎着地。要确保支腿停放在任意位置并能可靠地锁定且不受外界影响而发生漂移或窜动。应选用何种液压元件、何种液压回路来实现这一功能呢？

图5-17　汽车起重机

任务分析

液压传动系统中执行机构的换向是依靠换向阀来控制的，而换向阀的阀芯和阀体间总是存在着间隙，这就造成了换向阀内部的泄漏。若要求执行机构在停止运动时不受外界的影响，仅依靠换向阀是不能保证的，这时就要利用液控单向阀来控制液压油的流动，从而可靠地控制执行元件能停在某处而不受外界影响。本项目要确保支腿停放在任意位置并能可靠地锁定且不受外界影响而发生漂移或窜动，从而需要采用液压锁紧回路实现控制，实际应用中常在每一个支腿液压缸的油路中设置一个由两个液控单向阀组成的双向液压锁来实现。

相关知识

方向控制回路是指在液压系统中，起控制执行元件的启动、停止及换向作用的液压基本回路。它包括换向回路和锁紧回路等。

5-2-1　换向回路的工作原理

换向回路用于控制液压系统中的液流方向，从而改变执行元件的运动方向。运动部件的换向，一般可采用各种换向阀来实现。在容积调速的闭式回路中，也可以利用双向变量泵控制油流的方向来实现液压缸（或液压马达）的换向。

1. 换向阀组成的换向回路

1）电磁换向阀组成的换向回路

依靠重力或弹簧返回的单作用液压缸，可以采用二位三通换向阀进行换向，如图 5-18 所示。双作用液压缸的换向，一般都可采用二位四通（或五通）及三位四通（或五通）换向阀来进行换向。

如图 5-19 所示为采用三位四通电磁换向阀的换向回路，当 YA1 通电、YA2 断电时，换向阀处于左位工作，液压缸左腔进油，液压缸右腔的油流回油箱，活塞向右移动；当 YA1 断电，YA2 通电时，换向阀处于右位工作，液压缸右腔进油，液压缸左腔的油流回油箱，活塞向左移动；当 YA1 和 YA2 都断电时，换向阀处于中位工作，活塞停止运动。

电磁换向阀组成的换向回路操作方便，易于实现自动化，但换向时间短，故换向冲击大，适用于小流量、平稳性要求不高的场合。

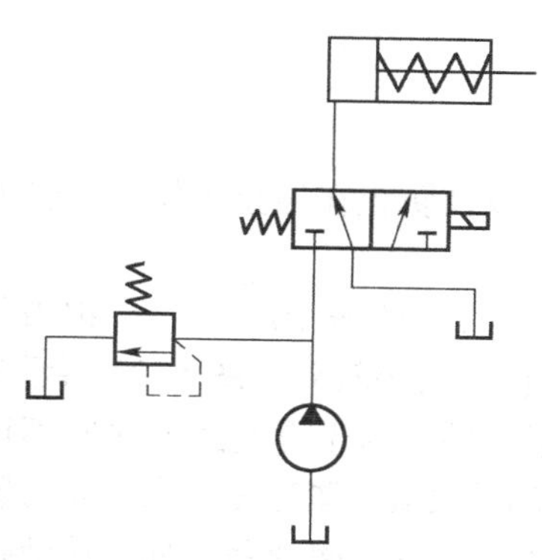

图 5-18　采用二位三通换向阀的换向回路

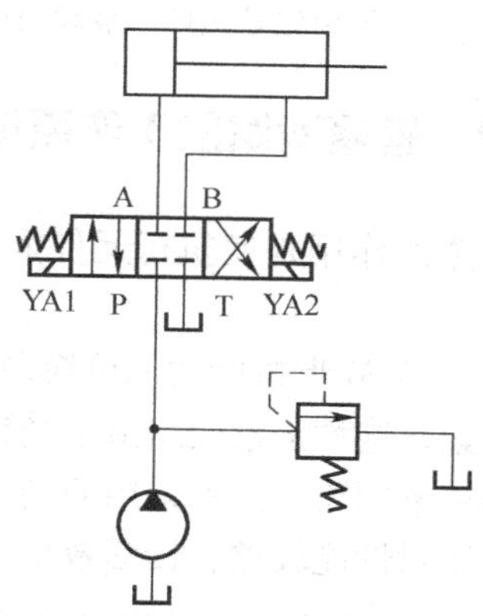

图 5-19　采用三位四通电磁换向阀的换向回路

2）液动换向阀组成的换向回路

如图 5-20 所示为手动转阀（先导阀）控制液动换向阀的换向回路。回路中用辅助泵 2 提供低压控制油，通过手动先导阀 3（三位四通转阀）来控制液动换向阀 4 的阀芯移动，实现主油路的换向。当手动先导阀 3 在右位时，控制油进入液动换向阀 4 的左端，右端的油液经转阀回油箱，使液动换向阀 4 左位接入气缸上腔，活塞下移。当手动先导阀 3 切换至左位时，即控制油使液动换向阀 4 换向，活塞向上退回。当手动先导阀 3 在中位时，液动换向阀 4 两端的控制油通油箱，在弹簧作用力的作用下，其阀芯回到中位，主泵 1 卸荷。这种换向回路，常用于大型油压机上。

在液动换向阀的换向回路或电液动换向阀的换向回路中，控制油液除了用辅助泵供给外，在一般的系统中也可以把控制油路直接接入主油路。但是，当主阀应用 M 形或 H 形中位机能时，必须在回路中设置背压阀，保证控制油液有一定的压力，以控制换向阀阀芯的移动。

在机床夹具、油压机和起重机等不需要自动换向的场合，常常采用手动换向阀来进行换向。

2. 双向变量泵换向回路

双向变量泵换向回路是利用双向变量泵直接改变输油方向，以实现液压缸和液压马达的换向，如图 5-21 所示。这种换向回路比普通换向阀换向平稳，多用于大功率的液压系统中，如龙门刨床、拉床等液压系统。

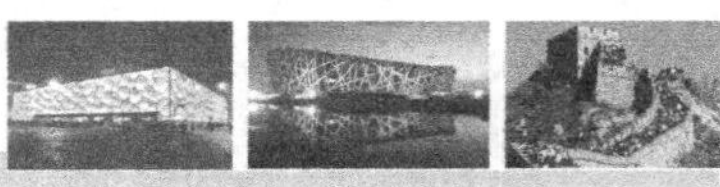

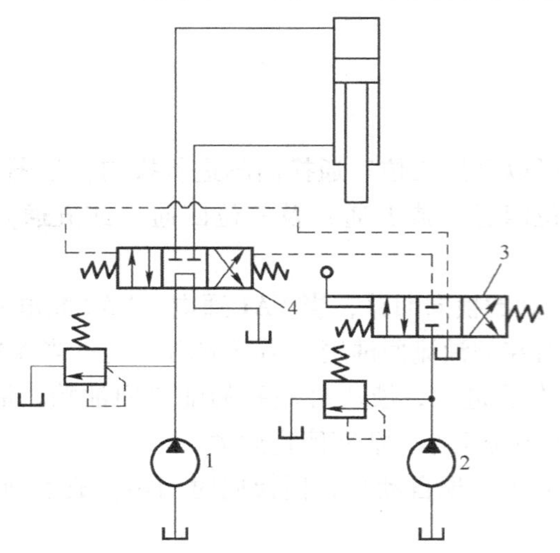

图 5-20　采用先导阀控制液动换向阀的换向回路

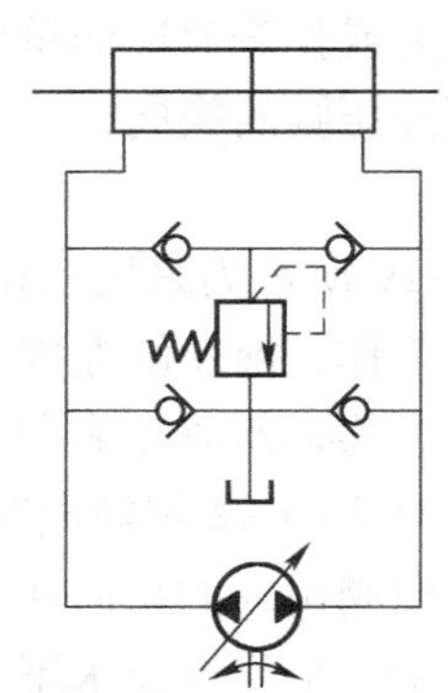

图 5-21　双向变量泵换向回路

5-2-2　锁紧回路的工作原理

锁紧回路的作用是使执行元件能在任意位置上停留，以及防止在停止工作时因受力而发生移动。

应用 O 形或 M 形机能的三位换向阀，当阀芯处于中位时，液压缸的进、出口都被封闭，可以将活塞锁紧，这种锁紧回路由于受到滑阀泄漏的影响，锁紧效果较差。图 5-22 所示为采用 O 形换向阀的锁紧回路。这种采用 O 形、M 形换向阀的锁紧回路，由于滑阀式换向阀不可避免地存在泄漏，密封性能较差，锁紧效果差，只适用于短时间的锁紧或锁紧程度要求不高的场合。

如图 5-23 所示是采用液控单向阀的锁紧回路。在液压缸的进、回油路中都串接液控单向阀（又称液压锁），活塞可以在行程的任何位置锁紧。其锁紧精度只受液压缸内少量的内泄漏影响，因此，锁紧精度较高。采用液控单向阀的锁紧回路，换向阀的中位机能应使液控单向阀的控制油

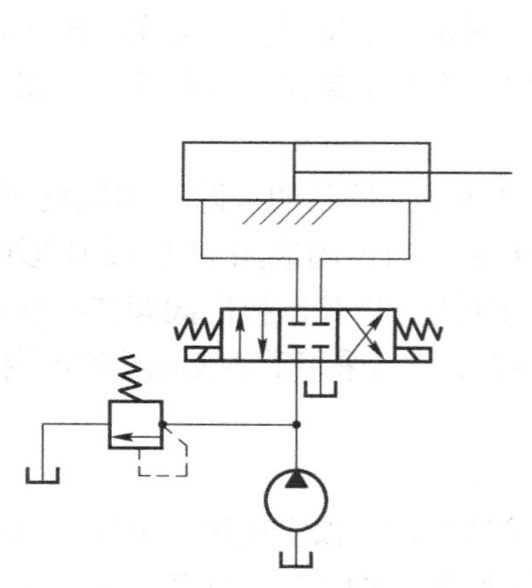

图 5-22　采用 O 形换向阀的锁紧回路

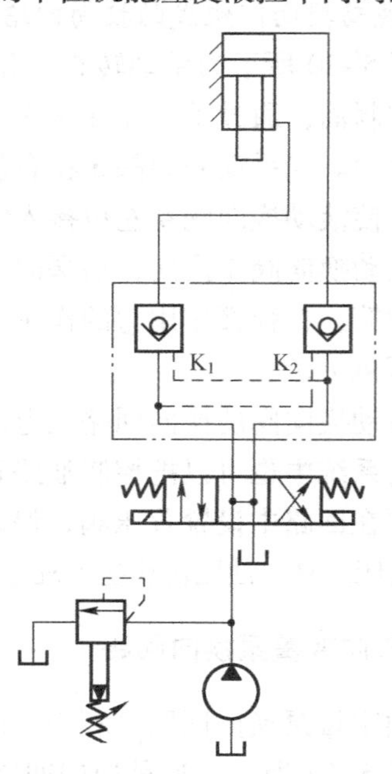

图 5-23　采用液控单向阀的锁紧回路

液卸压（换向阀采用H形或Y形机能），此时，液控单向阀便立即关闭，活塞停止运动。假如应用O形机能，在换向阀中位时，由于液控单向阀的控制腔压力油被封闭而不能使其立即关闭，直至由换向阀的内泄漏使控制腔卸压后，液控单向阀才能关闭，因而会影响其锁紧精度。

任务实施5–2 汽车起重机支腿的控制回路的设计

汽车起重机支腿的控制回路图可采用图5–23。在这种回路中要求液压缸的进、出油路中都串接液控单向阀，活塞可以在行程的任何位置锁紧，其锁紧精度只受液压缸内少量的内泄漏影响，因此，锁紧精度较高。当换向阀处于左位或右位工作时，液控单向阀控制口 K_1 或 K_2 通入压力油，缸的回油便可反向通过单向阀口，此时活塞可向上或向下移动；当换向阀处于中位工作时或液压泵停止供油时，因阀的中位机能为H形（或Y形），两个液控单向阀的控制油直接通油箱，故控制压力立即消失，液控单向阀不再反向导通，液压缸因两腔油液封闭便被锁紧。由于液控单向阀的密封性能很好，从而能使执行元件长期锁紧。

1. 操作步骤

（1）熟悉单向阀的类型，能看懂锁紧回路图。
（2）选择相应元器件，在实验台上组建回路并检查回路的功能是否正确。
（3）观察运行情况，对使用中遇到的问题进行分析和解决。
（4）完成实验经老师检查评估后，关闭油泵，拆下管线，将元件放回原来位置。

2. 工作任务单

<table>
<tr><td>姓　名</td><td></td><td>班　级</td><td colspan="2"></td><td>组　别</td><td></td><td>日　期</td><td></td></tr>
<tr><td colspan="2">工作任务</td><td colspan="7">汽车起重机支腿的控制回路的设计</td></tr>
<tr><td colspan="2">任务描述</td><td colspan="7">在液压实训室，根据汽车起重机支腿工作原理，选用合理的方向控制阀，设计汽车起重机支腿的控制回路，搭建回路并实现功能</td></tr>
<tr><td colspan="2">任务要求</td><td colspan="7">1. 正确使用相关工具；
2. 方向控制回路的连接、安装及运行；
3. 锁紧回路的油路分析</td></tr>
<tr><td colspan="2">提交成果</td><td colspan="7">1. 汽车起重机支腿的控制回路的设计；
2. 控制回路的油路分析报告</td></tr>
<tr><td colspan="2" rowspan="6">考核评价</td><td>序号</td><td colspan="2">考核内容</td><td>配分</td><td colspan="2">评分标准</td><td>得分</td></tr>
<tr><td>1</td><td colspan="2">安全文明操作</td><td>10</td><td colspan="2">遵守安全规章、制度，正确使用工具</td><td></td></tr>
<tr><td>2</td><td colspan="2">绘制液压系统回路图</td><td>20</td><td colspan="2">图形绘制正确，符号规范</td><td></td></tr>
<tr><td>3</td><td colspan="2">回路正确连接</td><td>30</td><td colspan="2">元器件连接有序正确，无明显泄露现象</td><td></td></tr>
<tr><td>4</td><td colspan="2">系统运行调试，进行油路分析</td><td>30</td><td colspan="2">系统运行平稳</td><td></td></tr>
<tr><td>5</td><td colspan="2">团队协作</td><td>10</td><td colspan="2">与他人合作有效</td><td></td></tr>
<tr><td colspan="2">指导教师</td><td colspan="3"></td><td colspan="3">总分</td><td></td></tr>
</table>

知识拓展7 电液换向阀的工作原理与控制方式

电液换向阀由电磁换向阀和液动换向阀组合而成。电磁换向阀为先导阀，它用来改变控制

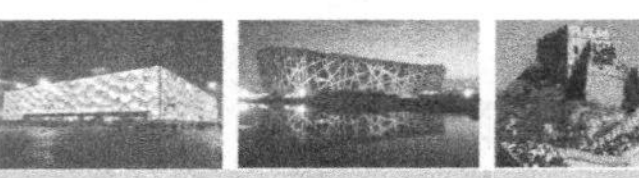

油路的方向；液动换向阀为主阀，它用来改变主油路的方向。这种阀的优点是用反应灵敏的小规格电磁阀方便地控制大流量的液动阀换向。

1. 电液换向阀的工作原理

如图5–24（a）所示为三位四通电液换向阀的结构原理。上面是电磁阀（先导阀），下面是液动阀（主阀）。其工作原理可用图形符号加以说明，如图5–24（b）所示。常态时，先导阀和主阀皆处于中位，主油路中A、B、P、T油口均不相通。当左电磁铁3通电时，电磁换向阀阀芯4处于右位，控制油P通过单向阀1到达液动换向阀阀芯8左腔；回油经节流阀7和电磁换向阀阀芯4流回油箱，此时主阀芯向右移动，主油路口P和A相通，B与T相通。同理，当先导阀电磁铁5通电、电磁铁3断电时，先导阀阀芯向左移，控制油压使主阀阀芯向左移动，主油路油口P与B相通、A与T相通，实现了油液换向。如5–24（c）所示为电液换向阀的简化图形符号。

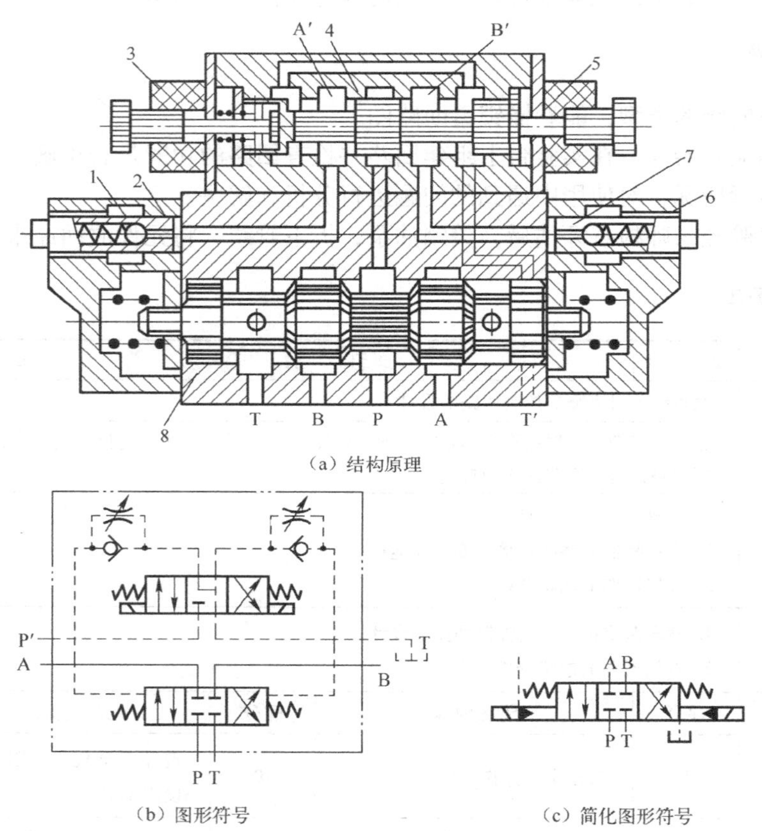

（a）结构原理

（b）图形符号

（c）简化图形符号

1、6—单向阀；2、7—节流阀；3、5—电磁铁；4—电磁阀阀芯；8—主阀阀芯

图5–24　三位四通电液换向阀

在电液换向阀中，主阀芯的移动速度可由单向节流阀来调节，这使系统中的执行元件能够得到平稳无冲击的换向。这里的单向节流阀是换向时间调节器，也称为阻尼调节器。它可叠放在先导阀与主阀之间。调节节流阀开口，即可调节主阀换向时间，从而消除执行元件的换向冲击。所以这种操纵形式的换向性能是比较好的，它适用于高压、大流量的场合。

在电液换向阀上还可以设置主阀芯行程调节机构，它可在主阀两端盖加限位螺钉来实现。这样主阀芯换位移动的行程和各阀口的开度即可改变，通过主阀的流量也随之变化，因而可对

执行元件起粗略的速度调节作用。

2. 电液换向阀的控制方式

电液换向阀与液动换向阀主要用于流量较大（超过60L/min）的场合，一般用于高压大流量的系统，其功能与电磁换向阀相同。

电液换向阀的先导油供油方式有内部供油和外部供油方式，简称为内控、外控方式。对应的先导油回油方式也有内泄和外泄两种。

（1）外部油控制方式。外部油控制方式是指供给先导电磁阀的油源是由另外一个控制油路系统供给的，或在同一个液压系统中，通过一个分支管路作为控制油路供给。前者可单独设置一台辅助液压泵作为控制油源使用；后者可通过减压阀等，从系统主油路中分出一支减压油路。由于电液换向阀阀芯换向的最小控制压力一般都设计得比较小，多数在1MPa以下，因此控制油压力不必太高，可选用低压液压泵。

（2）内部油控制方式。主油路系统的压力油进入电液换向阀进油路后，再分出一部分作为控制油，并通过阀体内部的孔道直接与上部先导阀的进油腔相沟通，特点是不需要辅助控制系统，省去控制油管，简化了整个系统的布置。

（3）控制油内部回油方式。控制油内部回油是指先导控制油通过内部通道与液动阀的主油路回油腔相通，并与主油路回油一起返回油箱。这种回油形式的特点是省略了控制油回油管路，使系统简化。

（4）控制油外部回油方式。控制油外部回油是指从电液换向阀两端控制腔排出的油，经过先导电磁阀的回油腔单独直接回油箱（螺纹连接或法兰连接型电液换向阀一般均采用这种方式），也可以通过下部液动阀上专门加工的回油孔接回油箱（板式连接型一般都采用这种方式）。控制油外部回油方式既可以使控制油直接接回油箱，也可以与背压不大于电磁先导阀允许背压的主油管路相连，一起接回油箱，使用较为灵活。

电液换向阀一般用于大流量液压系统中，但是当执行机构的换向平稳性要求较高时，可用电液换向阀代替普通电磁换向阀。电磁换向阀的换向时间很短，容易使液压执行元件突然启动或停止，影响了执行元件运动的平稳性。电液换向阀的主阀阀芯由小通径电磁换向阀驱动，其驱动油路的阻尼可以调节，这就使得主阀阀芯的动作速度在一定范围内可控，也就是说可以在一定程度上使电液换向阀的主阀阀芯以较慢的速度打开或关闭，以减小液压系统的冲击，提高系统换向的平稳性。

知识拓展8　方向阀的常见故障诊断与维修

（1）单向阀的常见故障诊断与维修方法见表5-4。

表5-4　单向阀的常见故障与维修方法

序号	故障现象	故障原因	维修方法
1	单向阀失灵	（1）阀体或阀芯变形、阀芯有毛刺、油液污染引起的单向阀卡死 （2）弹簧折断、漏装或弹簧刚度太大 （3）锥阀与阀座同轴度超差或密封表面有生锈麻点，从而形成接触不良和严重磨损等 （4）锥阀（或钢球）与阀座完全失去作用	（1）清洗、检修或更换阀体或阀芯，更换液压油 （2）更换或补装弹簧 （3）清洗、研磨阀芯和阀座 （4）研磨阀芯和阀座

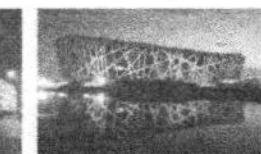

续表

序号	故障现象	故障原因	维修方法
2	液控单向阀反向时打不开	（1）控制压力过低 （2）泄油口堵塞或有背压 （3）控制活塞因毛刺或污物卡住 （4）液控单向阀选得不合适	（1）按规定压力调整 （2）检查外泄管路和控制油路 （3）清洗去毛刺 （4）选择合适的液控单向阀
3	泄漏	（1）油中有杂质，阀芯不能关死 （2）螺纹连接的结合部分没有拧紧或密封不严而引起外泄漏 （3）阀座锥面密封不严 （4）锥阀的锥面（或钢球）不圆或磨损 （5）加工、装配不良，阀芯或阀座拉毛甚至损坏	（1）清洗阀，更换液压油 （2）拧紧，加强密封 （3）检查、研磨锥面 （4）检查、研磨或更换阀芯 （5）检修或更换
4	噪声	（1）单向阀与其他元件产生共振 （2）单向阀的流量超过额定流量	（1）适当调节阀的工作压力或改变弹簧刚度 （2）更换大规格的单向阀或减少通过阀的流量

（2）换向阀的常见故障诊断与维修方法见表 5-5。

表 5-5　换向阀的常见故障与维修方法

序号	故障现象	故障原因	维修方法
1	阀芯不动或不到位	（1）电磁铁故障 ① 电压太低造成吸力不足，推不动阀芯 ② 电磁铁接线焊接不良，接触不好 ③ 漏磁引起吸力不足 ④ 因滑阀卡住交流电磁铁的铁芯吸不到底面而烧毁 ⑤ 湿式电磁铁使用前未先松开放气螺钉放气 （2）滑阀卡住 ① 阀体因安装螺钉的拧紧力过大或不均匀使阀芯卡住 ② 阀芯被碰伤，油液被污染 ③ 滑阀与阀体配合间隙过小，阀芯在阀孔中卡住不动作或动作不灵活 ④ 阀芯几何形状超差。阀芯与阀体装配不同心，产生轴向液压卡紧现象 （3）液动换向阀控制油路故障 ① 油液控制压力不够，滑阀不动，不能换向或换向不到位 ② 节流阀关闭或堵塞 ③ 滑阀两端泄油口没有接回油箱或泄油管堵塞 （4）电磁换向阀的推杆磨损后长度不够，使阀芯移动过小，引起换向不灵或不到位 （5）弹簧折断、漏装、太软，不能使滑阀恢复中位	（1）检修电磁铁 ① 提高电源电压 ② 检查并重新焊接 ③ 更换电磁铁 ④ 清除滑阀卡住故障，更换电磁铁 ⑤ 湿式电磁铁在使用前要松开放气螺钉放气 （2）检修滑阀 ① 检查，使拧紧力适当、均匀 ② 检查、修磨或重配阀芯，更换液压油 ③ 检查间隙情况，研磨或更换阀芯 ④ 检查、修正几何偏差和同心度，检查液压卡紧情况，修复 （3）检修液动换向阀控制油路 ① 提高控制油压，检查弹簧是否过硬，以便更换 ② 检查、清洗节流口 ③ 检查，并接通回油箱。清洗回油管，使之通畅 （4）检修，必要时更换推杆 （5）检查、更换或补装弹簧
2	换向冲击与噪声	（1）控制流量过大，滑阀移动速度太快，产生冲击声 （2）固定电磁铁的螺钉松动而产生振动 （3）电磁铁的铁芯接触面不平或接触不良 （4）滑阀时卡时动或局部摩擦力过大 （5）单向节流阀阀芯与阀孔配合间隙过大，单向阀弹簧漏装，阻尼失效，产生冲击声	（1）调小单向节流阀节流口，减慢滑阀移动速度 （2）紧固螺钉，并加防松垫圈 （3）清除异物，并修整电磁铁的铁芯 （4）研磨修整或更换滑阀 （5）检查、修整到合理间隙，补装弹簧

自我评价5

1. 填空题

(1) 根据用途和工作特点的不同，控制阀主要分为三大类：________、________、________。

(2) 方向控制阀用于控制液压系统中液流的________和________。

(3) 换向阀实现液压执行元件及其驱动机构的________、________或变换运动方向。

(4) 换向阀处于常态位置时，其各油口的________称为滑阀机能。常用的有________形、________形、________形和________形等。

(5) 单向阀的作用是使油液只能向________________流动。

(6) ________是利用阀芯和阀体的相对运动来变换油液流动的方向、接通或关闭油路。

(7) 方向控制回路是指在液压系统中，起控制执行元件的________、________及换向作用的液压基本回路；它包括________回路和________回路。

2. 选择题

(1) 对三位换向阀的中位机能，缸闭锁、泵不卸载的是（　　）；缸闭锁、泵卸载的是（　　）；缸浮动，泵卸载的是（　　）；缸浮动，泵不卸载的是（　　）；可实现液压缸差动回路的是（　　）。

A. O形　　B. H形　　C. Y形　　D. M形　　E. P形

(2) 液控单向阀的闭锁回路比用滑阀机能为中间封闭或PO连接的换向阀闭锁回路的锁紧效果好，其原因是（　　）。

A. 液控单向阀结构简单

B. 液控单向阀具有良好的密封性

C. 换向阀闭锁回路结构复杂

D. 液控单向阀闭锁回路锁紧时，液压泵可以卸荷

(3) 用于立式系统中的换向阀的中位机能为（　　）形。

A. C　　B. P　　C. Y　　D. M

(4) 液压方向控制阀中，除了单向阀外，还有（　　）。

A. 溢流阀　　B. 节流阀　　C. 换向阀　　D. 顺序阀

3. 判断题

(1) 单向阀作为背压阀使用时，应将其弹簧更换成软弹簧。(　　)

(2) 手动换向阀是用手动杆操纵阀芯换位的换向阀，分弹簧自动复位和弹簧钢珠定位两种。(　　)

(3) 电磁换向阀只适用于流量不太大的场合。(　　)

(4) 液控单向阀控制油口不通压力油时，其作用与单向阀相同。(　　)

(5) 三位五通阀有三个工作位置，五个油口。(　　)

(6) 三位换向阀的阀芯未受操纵时，其所处位置上各油口的连通方式就是它的滑阀机能。(　　)

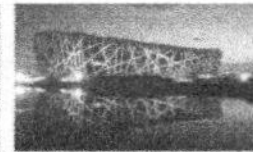

4. 问答题

(1) 换向阀在液压系统中起什么作用？通常有哪些类型？
(2) 什么是换向阀的“位”与“通”？
(3) 什么是换向阀的“滑阀机能”？
(4) 单向阀能否作为背压阀使用？

5. 绘出下列各阀的图形符号

(1) 单向阀。
(2) 二位二通常断型电磁换向阀。
(3) 三位四通弹簧复位 H 形电磁换向阀。

项目6

液压压力控制回路的设计与应用

学习目标

通过本项目的学习，应掌握压力控制阀的功用及分类，熟悉溢流阀的结构和性能，具备压力控制阀选用的能力，具有分析和调试压力控制回路的能力。其具体目标为：

(1) 掌握压力控制阀的功用和分类；

(2) 掌握溢流阀、减压阀和顺序阀的工作原理；

(3) 能根据系统功能要求合理选用压力控制阀；

(4) 能够正确、合理地调节系统压力；

(5) 能正确连接与安装调压回路，并分析系统压力。

任务 6-1　胶粘机压力控制阀的应用

任务引入

如图 6-1 所示为一台工业胶粘机的工作示意图。其功能是通过油缸伸出将图形或字母粘贴在塑料板上，根据材料的区别需要调整压紧力，当一个动作任务完成后要返回准备做下一个动作。这就需要液压系统能够提供不同的工作压力，同时为了保证系统安全，还必须保证系统过载时能有效地卸荷。那么在液压传动系统中是依靠什么元件来实现这一目的的？这些元件的结构是怎样的呢？这些元件又是如何工作的呢？

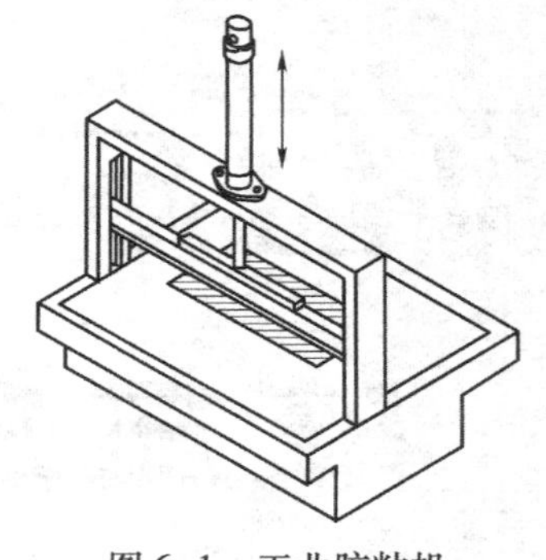

图 6-1　工业胶粘机

任务分析

稳定的工作压力是保证系统工作平稳的先决条件，同时，如果液压传动系统一旦过载，若无有效的卸荷措施，将会使液压传动系统中的液压泵处于过载状态，很容易发生损坏。液压传动系统必须能有效地控制系统压力，可以采用压力控制阀实现上述问题。压力控制阀是控制液压系统压力或利用压力的变化来实现某种动作的阀，简称压力阀。常用的压力阀有溢流阀、减压阀和顺序阀等。它们的共同特点是利用作用于阀芯上的油液压力和弹簧力相平衡的原理进行工作。其中溢流阀在系统中的主要作用就是稳压和卸荷，通过换向阀改变液压缸的活塞杆的运动方向，采用减压阀来获取不同的材料所需的压力。可通过二级减压回路来实现，也可通过多级调压回路使液压设备在不同的工作阶段获得不同的压力。

相关知识

6-1-1　溢流阀的工作原理与选用

1. 溢流阀的结构和工作原理

溢流阀按其结构原理可分为直动式溢流阀和先导式溢流阀两类。直动式溢流阀用于低压系统，先导式溢流阀用于中、高压系统。

1）直动式溢流阀

直动式溢流阀是依靠系统中的压力油直接作用在阀芯上与弹簧力相平衡，以控制阀芯的开闭动作，实物如图 6-2 所示。如图 6-3（a）所示为直动式溢流阀的结构原理图。来自进油口 P 的压力油经阀芯上的径向孔和阻尼孔 a 通入阀芯底部，阀芯的下端便受到压力为 p 的油液的作用，若作用面积为 A，则压力油作用于该面上的力为 pA。调压弹簧作用在阀芯上的预紧力为 F_S。当进油压力较小（$pA < F_S$）时，阀芯在弹簧力作用下往下移并关闭回油口，没有油液流回油箱。随着进油压力的升高，当 $pA = F_S$ 时，阀芯即将开启。当 $pA > F_S$ 时，弹簧被压缩，阀芯上移，油口 P 和 T 相通，溢流阀开始溢流。当溢流阀稳定工作时，若不考虑阀芯的自重、摩擦力和液动力的影响，则使液压泵出口处压力保持 $p = F_S/A$，由于 F_S 变化不大，故可认为溢流阀进口处的压力 p 基本保持恒定，这时溢流阀起定压溢流作用。旋转调压螺母可以改变弹簧的预压缩量，从而调节溢流阀的溢流压力。阻尼孔 a 的作用是增加液阻以减小滑阀（移动过快而引起）的震动。

图 6-2　直动式溢流阀实物图

直动式溢流阀结构简单，制造容易，成本低，但油液压力直接依靠弹簧平衡，所以压力稳定性较差，动作时有震动和噪声；此外，系统压力较高时，要求弹簧刚度大，不但手动调节困难，而且溢流阀口开度略有变化便引起较大的压力变化。直动式溢流阀的最大调定压力为 2.5 MPa。所以直动式溢流阀只用于低压液压系统中。如图 6-3（b）所示为直动式溢流阀的图形符号。

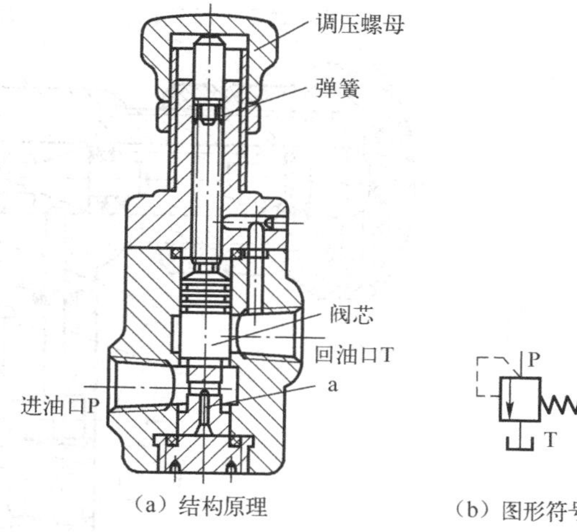

（a）结构原理　（b）图形符号

图 6-3　直动式溢流阀的结构原理图

2）先导式溢流阀

先导式溢流阀的剖面结构及实物图如图 6-4 所示，先导式溢流阀由先导阀和主阀两部分组成，其结构原理图如图 6-5（a）所示。先导阀实际上是一个小流量的直动式溢流阀，阀芯是锥阀，用来控制压力；主阀阀芯是滑阀，用来控制溢流流量。压力油经进油口 P、通道 a 进入主阀芯底部油腔 A，并经节流小孔 b 进入上部油腔，再经通道 c 进入先导阀右侧油腔，给锥阀芯以向左的作用力，调压弹簧给锥阀以向右的弹簧力。此时远程控制口 K 不接通。当系统压力 p 较低时，先导阀关闭，主阀芯两端压力相等，主阀芯在平衡弹簧的作用下处于最下端，主阀溢流口封闭，没有溢流。当系统压力 p 升高，主阀上腔的压力也随之升高，直至作用于锥阀上的液压力大于调压弹簧的调定压力时，先导阀开启，

（a）剖面结构

（b）实物图

图 6-4　先导式溢流阀剖面结构及实物图

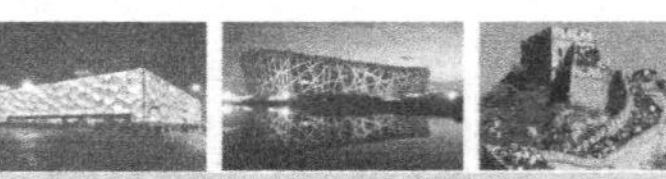

油液经通道e、回油口T流回油箱。由于阻尼孔b的作用，在主阀芯两端形成的一定压力差的作用下，当压力差超过主阀弹簧的作用力并克服主阀芯自重和摩擦力时，主阀芯向上移动，主阀溢流阀口开启，P和T接通实现溢流。旋转调压螺母可调节调压弹簧的预压缩量，从而调节系统压力。

在先导式溢流阀中，先导阀用于控制和调节溢流压力，主阀通过溢流口的开闭而稳定压力。主阀芯因两端均受油液压力作用，平衡弹簧只需很小的刚度，当溢流量变化而引起主阀平衡弹簧压缩量变化时，溢流阀所控制的压力变化也就较小，故先导式溢流阀的稳压性能优于直动式溢流阀。但先导式溢流阀必须在先导阀和主阀都动作后才能起控制压力的作用，因此它不如直动式溢流阀反应快。远程控制口K在一般情况下是不用的，若K口接远程调压阀就可以对主阀进行远程控制。但是，远程调压阀所能调节的最高压力不得超过溢流阀本身先导阀的调定压力。当远程控制口K通过二位二通阀接通油箱时，可使泵卸荷。如图6-5（b）所示为先导式溢流阀的图形符号。

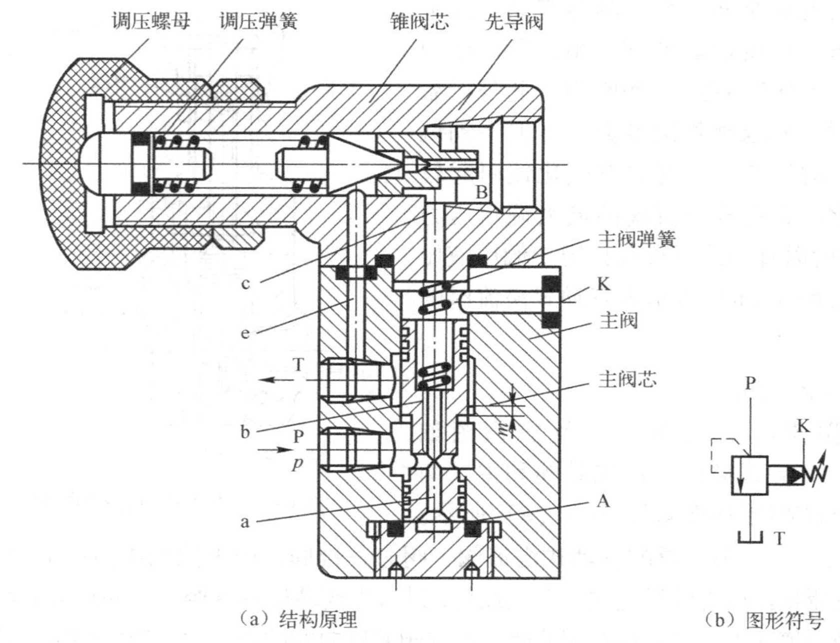

（a）结构原理　　（b）图形符号

图6-5　先导式溢流阀

2. 溢流阀的应用

根据溢流阀在液压系统中所起的作用，溢流阀可作为溢流、安全、卸荷远程调压和背压阀使用。

（1）作溢流阀用，如图6-6（a）所示。用定量泵供油的节流调速回路中，当泵的流量大于节流阀允许通过的流量时，溢流阀使多余的油液流回油箱，此时泵的出口压力保持恒定。

（2）作安全阀用，如图6-6（b）所示。由变量泵组成的液压系统中，用溢流阀限制系统的最高压力，防止系统过载。系统在正常工作状态下，溢流阀关闭；当系统过载时，溢流阀打开，使压力油经溢流阀流回油箱。此时溢流阀为安全阀。

（3）作卸荷阀用，如图6-6（c）所示。在溢流阀的遥控口串接一小流量的电磁阀，当电磁铁通电时，溢流阀的遥控口通油箱，此时液压泵处于卸荷状态，溢流阀此时作为卸荷阀使用。

(4) 作远程调压，如图6-6 (d) 所示。装在控制台上的远程调压阀2与先导式溢流阀1的外控口K连接，便能实现远程调压。远程调压阀2调定压力必须低于先导阀1的调定压力，远程调压阀才能起作用。

(5) 作背压阀用，如图6-6 (e) 所示的溢流阀接在回油路上，可对回油产生阻力，即形成背压，利用背压可提高执行元件的运动平稳性。

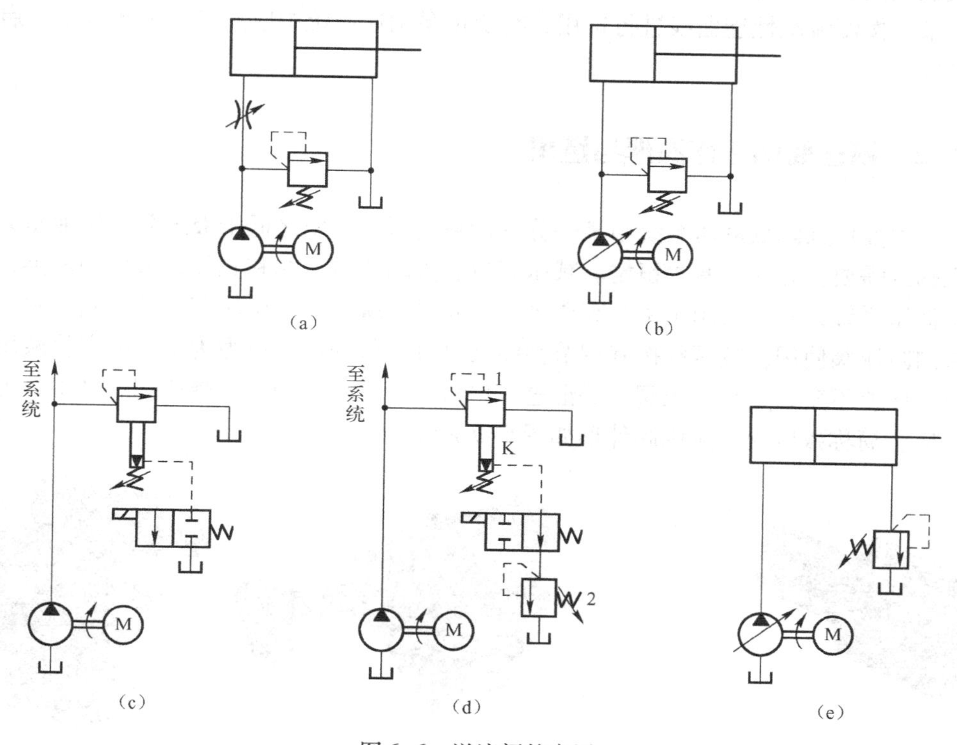

图6-6 溢流阀的应用

3. 溢流阀的选用

1) 性能要求

液压系统对溢流阀的性能有以下要求。

(1) 定压精度高。当流过溢流阀的流量发生变化时，系统中的压力变化要小，即静态压力超调要小。

(2) 灵敏度要高。如图6-6 (a) 所示，当液压缸突然停止运动时，溢流阀要迅速开大。否则，定量泵输出的油液将因不能及时排出而使系统压力突然升高，并超过溢流阀的调定压力，称动态压力超调，使系统中各元件及辅助受力增加，影响其寿命。溢流阀的灵敏度越高，则动态压力超调越小。

(3) 工作要平稳，且无震动和噪声。

(4) 当阀芯关闭时，密封要好，泄漏要小。

2) 选用因素

在选用溢流阀时，需要考虑以下几个因素。

(1) 溢流阀调定压力的选择。溢流阀的调定压力就是液压泵的供油压力，溢流阀的调定压力必须大于执行元件的工作压力和系统损失之和。

(2) 溢流阀的流量选择。溢流阀的流量应按液压泵的额定流量进行选择，即作为溢流阀和

卸荷阀使用时不能小于液压泵的额定流量，作为安全阀使用时可小于液压泵的额定流量。对于接入控制油路上的各类压力阀，由于通过的实际流量很小，可以按照该阀的最小额定流量规格选取。

(3) 根据系统性能要求选择溢流阀。低压系统可选用直动式溢流阀，而中、高压系统应选用先导式溢流阀。根据空间位置、管路布置等情况选用板式、管式或叠加式连接的溢流阀。根据系统要求，按溢流阀性能曲线进行选用，在定量泵调速系统中应选择压力超调小、启闭特性好的溢流阀。

6-1-2　减压阀的工作原理与选用

减压阀主要用来降低液压系统中某一分支油路的压力，使之低于液压泵的供油压力，以满足执行机构的需要，并保持基本恒定。减压阀也有直动式减压阀和先导式减压阀两类，一般直动式用于低压系统，先导式用于中、高压系统，先导式减压阀应用较多。减压阀也常与单向阀组合成单向减压阀使用。减压阀按其调节性能又可分为保证出口压力为定值的定值减压阀，保证进、出口压差不变的定差减压阀，保证进、出口压力成比例的定比减压阀。其中，定值减压阀应用最广，简称减压阀，减压阀外形如图6-7所示。

（a）剖面结构　　（b）实物图

图6-7　定值减压阀剖面结构及实物图

1. 减压阀的结构和工作原理

如图6-8（a）所示为先导式减压阀的结构原理，其结构与先导式溢流阀的结构相似，也是由先导阀和主阀两部分组成的。先导阀由调压螺母、调压弹簧、先导阀阀芯和阀座等组成。主阀由主阀芯、主阀体和阀盖等组成。

油压为p_1的压力油由主阀进油口流入，经减压阀阀口x后由出油口流出，其压力为p_2。

当出口压力p_2低于先导阀弹簧的调定压力时，先导阀关闭，主阀芯两端压力相等，在主阀弹簧力作用下处于最下端位置，x开度最大，不起减压作用。

当出口压力p_2高于先导阀弹簧的调定压力时，先导阀开启，此时P_2腔的部分压力油经孔e、c、b、先导阀口、孔a和卸油口L流回油箱。由于阻尼孔e的作用，主阀芯上腔的压力p_3将小于下腔的压力p_2，主阀芯便在此压力差作用下克服平衡弹簧的弹力上移，减压阀阀口减小，p_2下降，直到此压差与阀芯作用面积的乘积和主阀芯上的弹簧力相等时，主阀芯处于平衡状态。此时减压阀保持一定开度，出口压力p_2稳定在调压弹簧所调定的压力值上。

如果由于外来干扰使进口压力p_1升高，则出口压力p_2也升高，主阀芯向上移动，主阀开口减小，p_2又降低，在新的位置上取得平衡，而出口压力基本维持不变；反之亦然。这样，减压阀能利用出油口压力的反馈作用，自动控制阀口开度，保证出口压力基本上为弹簧调定压

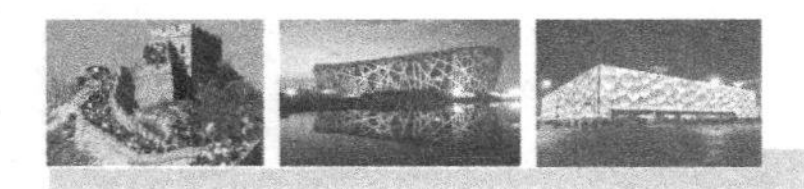

力，因此这种减压阀也称为定值减压阀。如图6–8（b）所示为直动式减压阀的图形符号，也是减压阀的一般符号，如图6–8（c）所示为先导式减压阀的图形符号。

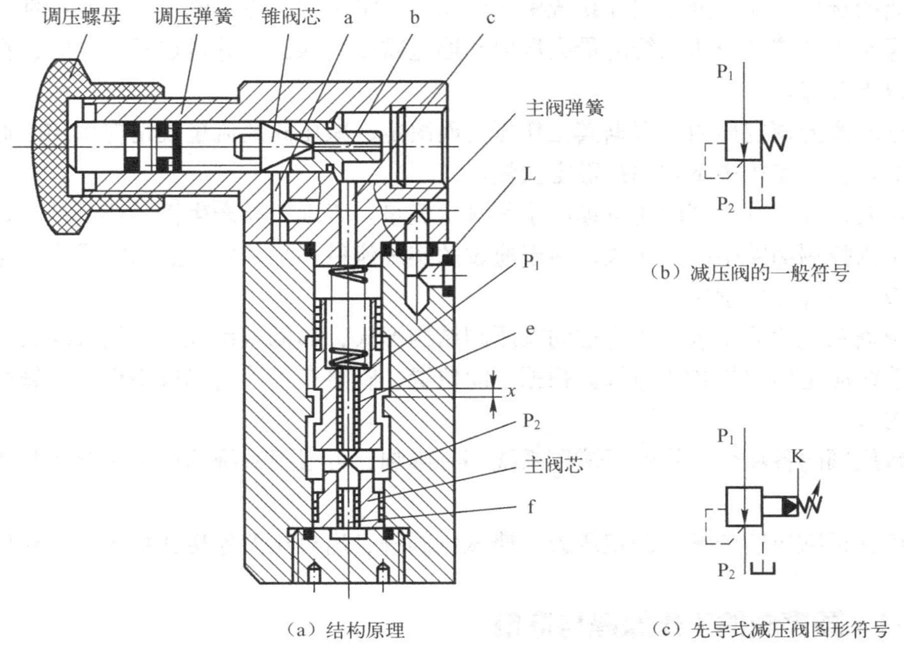

（a）结构原理　（b）减压阀的一般符号　（c）先导式减压阀图形符号

图6–8　先导式减压阀

将先导式减压阀和先导式溢流阀进行比较，其主要区别有以下几点。

（1）减压阀保持出口压力基本不变，而溢流阀保持进口处压力基本不变。

（2）在不工作时，减压阀进、出油口互通，而溢流阀进、出油口不通。

（3）为保证减压阀出口压力调定值恒定，它的先导阀弹簧腔需通过泄油口单独外接油箱；而溢流阀的出油口是通油箱的，所以它的先导阀弹簧腔和泄漏油可通过阀体上的通道和出油口相通，不必单独外接油箱。

2. 减压阀的应用

减压阀在夹紧油路、控制油路、润滑油路中应用较多。如图6–9所示是减压阀用于夹紧油路的原理图。

液压泵输出的压力油由溢流阀2调定压力以满足主油路系统的要求。在换向阀5处于图示位置时，液压泵1经减压阀3、单向阀4供给夹紧液压缸6压力油。夹紧工件所需夹紧力的大小，由减压阀3来调节。当工件夹紧后，换向阀换位，液压泵向主油路系统供油。单向阀的作用是当泵向主油路系统供油时，使夹紧缸的夹紧力不受液压系统中压力波动的影响。为使减压油路正常工作，减压阀最低调定压力应大于0.5 MPa，最高调定压力至少应比主油路系统的供油压力低0.5 MPa。

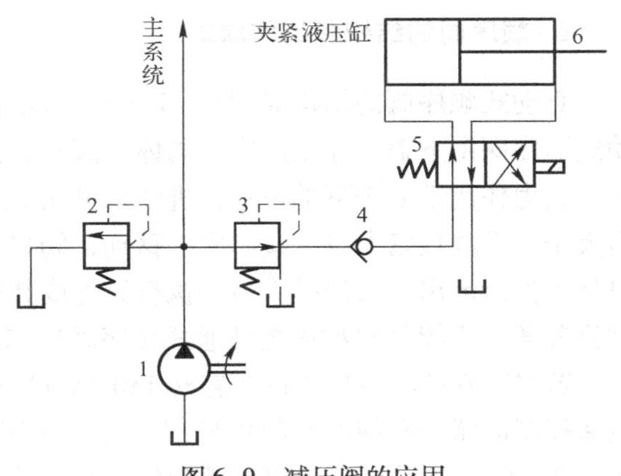

图6–9　减压阀的应用

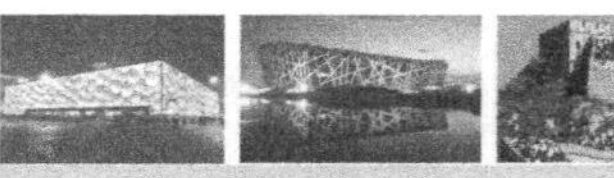

3. 减压阀的选用

减压阀的选用主要依据它们在系统中的作用、额定压力、最大流量、工作特性参数和使用寿命等。通常主要按照液压系统的最大压力和通过减压阀的流量进行选择。同时，在使用中还需要注意以下几点。

（1）减压阀的调定压力应根据其工作压力而决定，减压阀的流量规格应由实际通过该阀的最大流量决定，在使用中不宜超过额定流量。

（2）不要使通过减压阀的流量远小于其额定流量。否则，易产生振动或其他不稳定现象。

（3）接入控制油路中的减压阀，由于通过的实际流量很小，可按照该阀最小额定流量规格选用，使液压装置结构紧凑。

（4）根据系统性能要求选择合适的减压阀结构形式，如低压系统可选用直动式压力阀，而中、高压系统应选用先导式压力阀。根据空间位置、管路布置等情况选用板式、管式或叠加式连接的压力阀。

（5）减压阀的各项性能指标对液压系统都有影响，可根据系统的要求按照产品性能曲线选用减压阀。

（6）应保证减压阀的最低调定压力，使减压阀进、出口压差保持在0.3 ～ 1 MPa。

6-1-3　顺序阀的工作原理与选用

顺序阀利用系统压力变化来控制油路的通断，以实现各执行元件按先后顺序动作的压力阀。按控制压力的不同，顺序阀可分为内控式和外控式两种，前者用阀的进口处的油压力控制阀芯的开闭，后者用外来的控制压力油控制阀芯的开闭（即液控顺序阀）。按结构的不同，顺序阀又可分为直动式和先导式两种，前者一般用于低压系统，后者用于中、高压系统。各类型顺序阀的外形如图6-10所示。

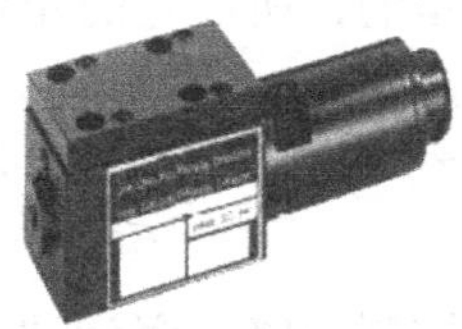

图6-10　顺序阀实物图

1. 顺序阀的结构和工作原理

直动式顺序阀的结构如图6-11（a）所示，其结构和工作原理都和直动式溢流阀相似。直动式顺序阀由下盖、控制活塞、阀体、阀芯、弹簧和上盖等组成。当进油口压力较低时，阀芯在弹簧力作用下处于下端位置，进油口 P_1 和出油口 P_2 不相通。当作用在阀芯下端的油液的压力大于弹簧的预紧力时，阀芯向上移动，阀口打开，进油口 P_1 和出油口 P_2 相通，油液便经阀口从出油口流出，从而操纵另一执行元件或其他元件动作。因顺序阀利用其进油口压力控制，称为普通顺序阀（也称内控外泄式顺序阀），其图形符号如图6-11（b）所示。

若将图6-11（a）中的下盖转180°或90°安装，切断原控油路，将外控口K的螺塞取下，接通控制油路，则阀的开闭由外部压力油控制，便可构成外控外泄式顺序阀，其图形符号如图6-11（c）所示。若再将上盖旋转180°安装，使泄油口处的小孔与阀体上的小孔连通，再

将泄油口 L 用螺塞封住，并使顺序阀的出油口与回油箱连通，这时顺序阀成为卸荷阀（也称外控内泄式顺序阀），其图形符号如图 6-11（d）所示。

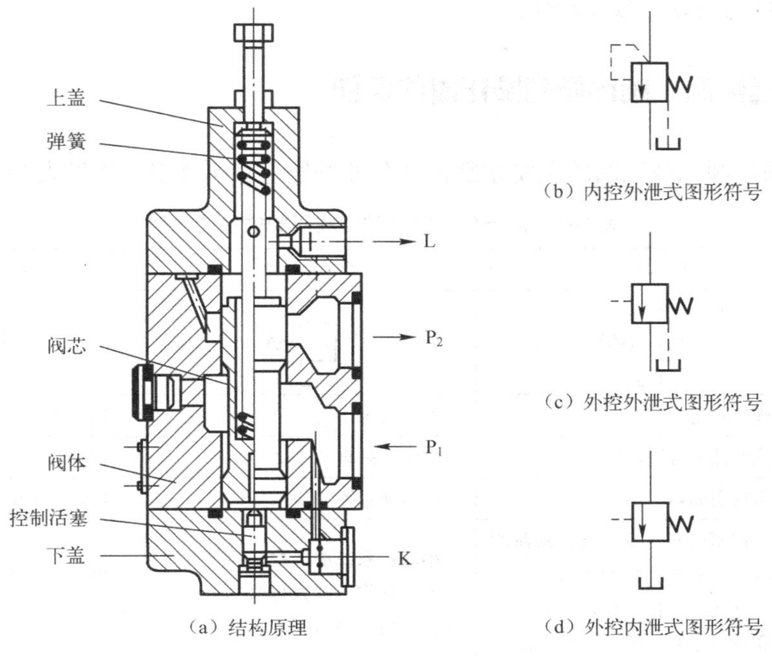

图 6-11　直动式顺序阀

2. 顺序阀的应用

如图 6-12 所示为机床夹具上用顺序阀实现工件先定位、后夹紧的顺序动作回路。当换向阀右位工作时，压力油首先进入定位缸下腔，完成定位动作以后，系统压力升高，达到顺序阀调定压力（为保证工作可靠，顺序阀的调定压力应比定位缸最高工作压力高 0.5 ～0.8 MPa）时，顺序阀打开，压力油经顺序阀进入夹紧缸的下腔，使活塞向上运动，实现液压夹紧。当换向阀左位工作时，压力油同时进入定位缸和夹紧缸上腔，拔出定位销，松开工件，夹紧缸通过单向阀回油。此外，顺序阀还用作卸荷阀、平衡阀和背压阀。

3. 顺序阀的选用

顺序阀的选用主要依据它们在系统中的作用、额定压力、最大流量、工作性能参数和使用寿命等。通常在顺序阀使用时要注意以下几点。

(1) 顺序阀的规格主要根据该阀的最高工作压力和最大流量来选取。

(2) 用于控制油路上的顺序阀，由于通过的实际流量很小，因此可按该阀的最小额定流量规格选取，使液压装置结构紧凑。

(3) 根据系统性能要求选择顺序阀的结构形式，如低压系统可选用直动式压力阀，而中、高压系统应选用先导式压力阀。根据空间位置、管路布置等情况选用板式、管式或叠加式连接的压力阀。

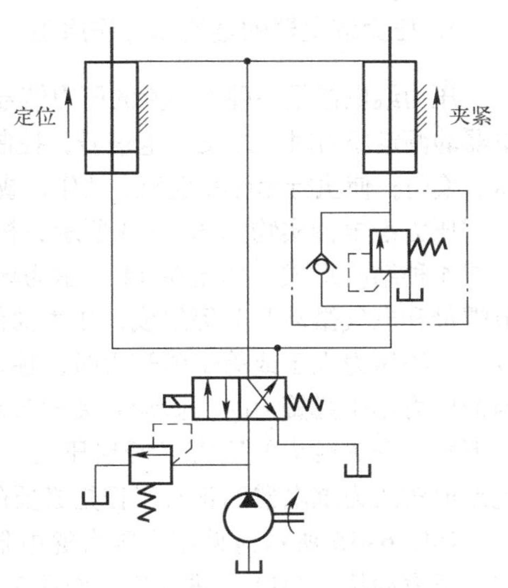

图 6-12　顺序阀的应用

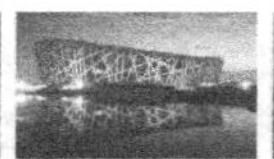

（4）根据液压系统的性能要求，可以按照顺序阀的性能曲线选用。

（5）顺序阀用在顺序动作回路中时，其调定压力应比先动作的执行元件的工作压力至少高0.5 MPa，以免压力波动导致无动作。

6-1-4　溢流阀、顺序阀和减压阀的区别

溢流阀、顺序阀和减压阀的主要差别在其图形符号上有所体现，详见表6-1。

表6-1　溢流阀、顺序阀和减压阀的性能比较

名　称	溢　流　阀	顺　序　阀	减　压　阀
图形符号			
阀口状态	阀口常闭	阀口常闭	阀口常开
控制油来源	控制油来自进油口	控制油来自进油口	控制油来自出油口
出口特点	出口通油箱	出口通系统	出口通系统
基本用法	可作调压阀、安全阀、卸荷阀用时，一般接在泵的出口处，与主油路并联。作背压阀用时，则串联在回路上，调定压力较低	串联在系统中，控制执行元件的顺序动作，多数与单向阀并联作为单向顺序阀用	串联在系统内，接在液压泵与分支油路之间
举例	作调压阀用时，油路常开，泵的压力取决于溢流阀的调整压力，多用于节流调速的定量系统中。 作安全阀用时，油路常闭，系统压力超过安全阀的调定值时，安全阀打开，多用于变量系统	可作顺序阀、平衡阀用，顺序阀的结构与溢流阀结构相似，经适当改装，两阀可互相代替。但顺序阀要求密封性较高，否则要产生误动作	起减压作用，使辅助油路获得比主油路低且较稳定的压力油，阀口是常开的

6-1-5　压力继电器的工作原理、性能参数及应用

1. 压力继电器的结构和工作原理

压力继电器是一种将油液的压力信号转换成电信号的电液控制元件，当油液压力达到压力继电器的调定压力时，即发出电信号，控制电磁铁、电磁离合器和继电器等元件动作，使油路卸压、换向；使执行元件实现顺序动作，或关闭电动机；使系统停止工作，起安全保护作用等。

压力继电器实物如图6-13所示，按其结构特点可分为柱塞式、膜片式、弹簧管式和波纹管式4种结构形式。如图6-14所示为单触点柱塞式压力继电器结构。这种继电器由柱塞、调节螺母和电气微动开关等组成，压力油作用在柱塞的下端，油压力直接与柱塞上端弹簧力相比较。当油压力大于或等于弹簧力时，柱塞向上移，压下微动开关触头，接通或断开电气线路。当油压力小于弹簧力时，微动开关触头复位。显然，柱塞上移将引起弹簧的压缩量增加，因此压下微动开关触头的压力（开启压力）与微动开关复位的压力（闭合压力）存在一个差值，此差值对压力继电器的正常工作是必要的，但不易过大。

如图6-15所示为膜片式压力继电器结构。这种压力继电器的控制油口K和液压系统相连。压力油从控制口K进入后，作用于橡胶膜片10上，当压力达到弹簧2的调定压力时，膜片10变形，推动柱塞9上升。此时，柱塞9的锥面推动两侧的钢球5和6沿水平孔道外移，

钢球又推动杠杆 12 绕铰轴 11 逆时针转动，压下微动开关 13 的触头，发出电信号。调节螺钉 1 可以改变弹簧 2 的预压缩量，从而改变发出电信号的调定压力。

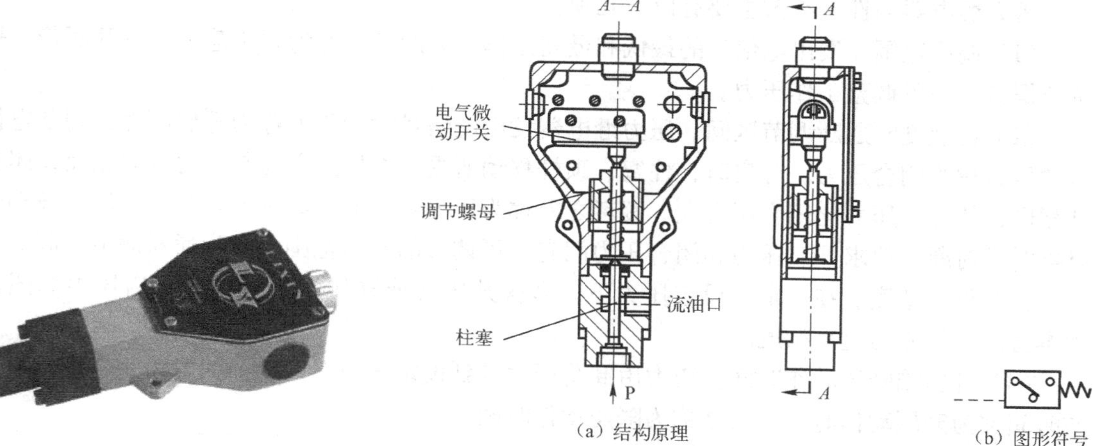

图 6-13　柱塞式压力继电器实物图

图 6-14　单触点柱塞式压力继电器结构

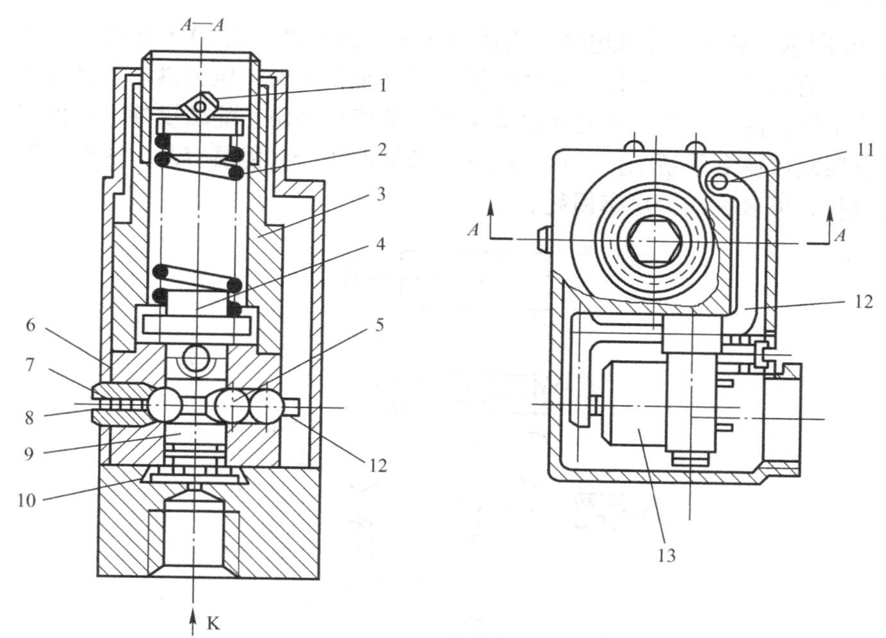

1—调节螺钉；2、7—弹簧；3—套；4—弹簧座；5、6—钢球；8—螺钉；9—柱塞；10—膜片；11—铰轴；12—杠杆；13—微动开关

图 6-15　膜片式压力继电器结构

当压力降低到某一数值后，弹簧 2 和 7 使柱塞 9 下移，钢球 5 和 6 进入柱塞 9 的锥面槽内，松开微动开关，随即断开电路。钢球 6 在弹簧 7 的作用下，可以对柱塞 9 产生一定的摩擦力。该力在柱塞向上运动时与液压力方向相反，在柱塞向下移动时与液压力方向相同。由于摩擦力的影响，松开微动开关的压力比压下微动开关的压力低。螺钉 8 用来调节弹簧 7 的作用力，从而调节微动开关压下和松开时的压力差值。

由于膜片式压力继电器的膜片位移很小，压力油容积变化小，所以反应快，重复精度高，一般误差在原调定压力的 0.5% ～ 1.5% 之间。缺点是易受压力波动的影响，在低压和真空时使用较好，而不宜用于高压系统。

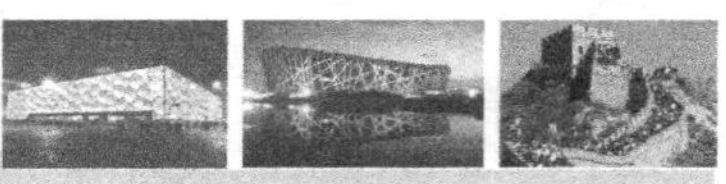

2. 压力继电器的性能参数

压力继电器的性能参数主要有以下几项。

(1) 调压范围。发出电信号的最低和最高工作压力的范围称为调压范围。打开面盖，拧动调节螺钉，即可调整工作压力。

(2) 灵敏度和通断调节区间。压力继电器发出电信号时的压力称为开启压力，切断电信号时的压力称为闭合压力。开启时，柱塞、顶杆移动所受的摩擦力方向与压力方向相反，闭合时则相同，故开启压力比闭合压力大。两者之差称为压力继电器的灵敏度。为避免压力波动时继电器时通时断，要求开启压力和闭合压力间有一可调节的差值范围，称为通断调节区间。

(3) 重复精度。在一定的设定压力下，多次升压（或降压）过程中，开启压力和闭合压力本身的差值称为重复精度。

(4) 升压或降压动作时间。压力由卸荷压力升到设定压力，微动开关触角闭合发出电信号的时间称为升压动作时间，反之称为降压动作时间。

3. 压力继电器的应用

如图6-16所示为利用压力继电器实现的保压—卸压回路，当1YA通电时，换向阀1左位工作，液压缸向前运动且压紧工件，进油路压力升高至调定值，压力继电器动作使3YA通电，换向阀2上位工作，使泵卸荷，单向阀自动关闭，液压缸则由蓄能器供油进行保压，缸压不足时，压力继电器复位使泵重新工作。保压时间的长短取决于蓄能器容量。这种回路可使夹紧工件持续时间较长，可显著减少功率损耗。

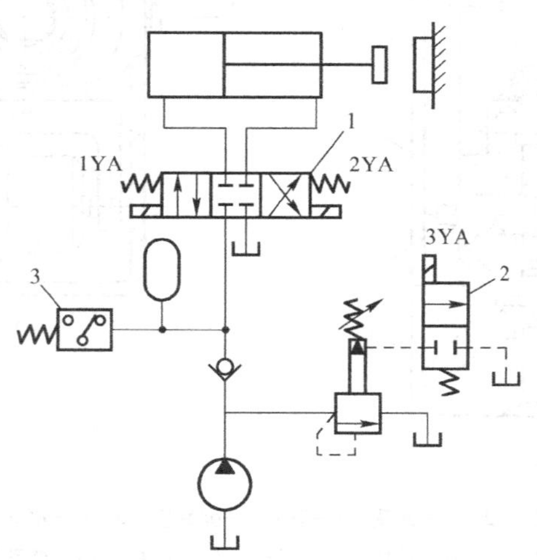

图6-16　用压力继电器实现的保压—卸压回路

任务实施6-1　先导式溢流阀的选型与拆装

1. 溢流阀的拆装步骤

如图6-17所示为先导式溢流阀立体分解图。

溢流阀的拆装步骤和方法如下。

(1) 准备好内六角扳手一套、耐油橡胶板一块、油盘一个及钳工工具一套等器具。

(2) 松开先导阀体与主阀体的连接螺钉1，取下先导阀体部分。

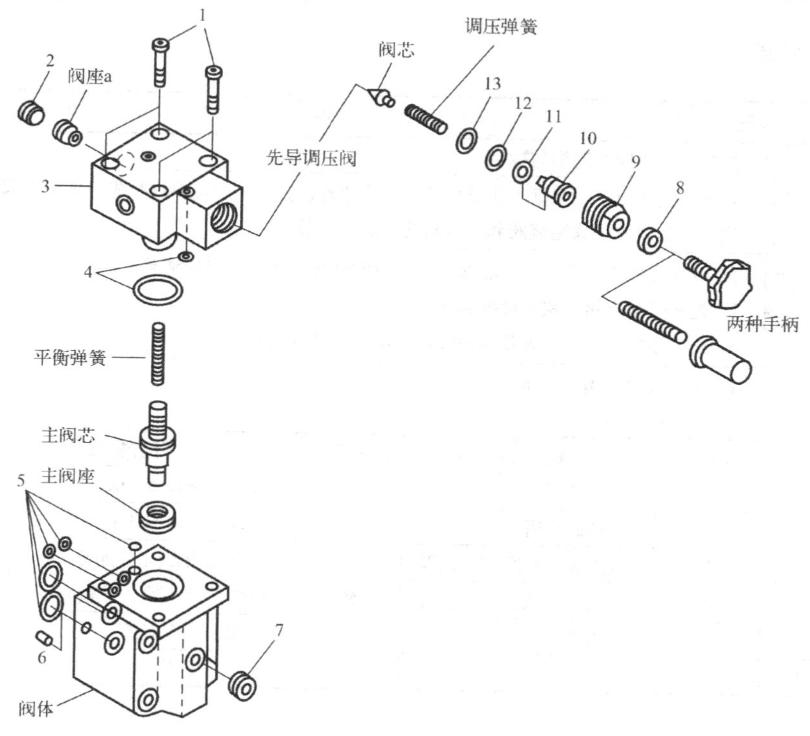

图6-17　先导式溢流阀立体分解图

1—连接螺钉；2、7—螺堵；3—先导调压阀；4、11、12、13—O形密封圈；5—紧固件；6—销；8—锁紧螺母；9—螺套；10—调节杆

(3) 从先导阀体部分松开锁紧螺母8及调整手轮。

(4) 从先导阀体部分取下螺套9、调节杆10、O形密封圈（11、12、13）、先导阀调压弹簧及先导阀芯等。

(5) 卸下螺堵2，取下先导阀阀座。

(6) 从主阀体中取出O形密封圈4、主阀弹簧、主阀芯、主阀座。如果阀芯发卡，可用铜棒轻轻敲击出来，禁止猛力敲打，以避免损坏阀芯台肩。

(7) 观察溢流阀主要零件的结构和作用。

① 观察先导阀阀体上开的远控口和安装先导阀阀芯用的中心圆孔。

② 观察先导阀阀芯与主阀芯的结构、主阀芯阻尼孔的大小，比较主阀芯与先导阀芯弹簧的刚度。

③ 观察先导阀调压弹簧和主阀弹簧，调压弹簧的刚度比主阀弹簧的大。

(8) 按拆卸的相反顺序装配，即后拆的零件先装配，先拆的零件后装配。装配时应注意：

① 装配前应认真清洗各零件，并将配合零件表面涂润滑油；

② 检查各零件的油孔、油路是否畅通、是否有尘屑，若有重新清洗；

③ 将调压弹簧装在先导阀阀芯的圆柱面上，然后一起推入先导阀阀体内；

④ 主阀芯装入主阀体后，应运动自如；

⑤ 先导阀阀体与主阀阀体的止口、平面应完全贴合后，才能用螺钉连接，螺钉要分两次拧紧，并按对角线顺序进行；

⑥ 装配中注意主阀芯的三个圆柱面与先导阀阀体、主阀阀体与主阀阀座孔配合的同心度。

(9) 将阀外表面擦拭干净，整理工作台。

2. 工作任务单

姓名		班级		组别		日期	
工作任务		先导式溢流阀的选型与拆装					
任务描述		在教师的指导下，根据工业胶粘机的工作原理，查阅相关资料进行先导式溢流阀和减压阀的选型，在实训室完成先导式溢流阀和减压阀的拆卸与组装					
任务要求		1. 根据胶粘机工作要求，能够进行压力控制阀的选用，形成清单； 2. 先导式溢流阀、减压阀拆装并记录； 3. 在工作台上合理布置各元器件，规范拆卸和安装元器件					
提交成果		1. 先导式溢流阀、减压阀选型清单； 2. 压力控制阀拆装流程					
考核评价		序号	考核内容	配分	评分标准		得分
		1	安全意识	10	遵守安全规章、制度		
		2	工具的使用	10	正确使用实验工具		
		3	溢流阀、减压阀的选型	20	合理选用方向控制阀		
		4	溢流阀、减压阀的拆装	50	拆装前后一致，过程有序		
		5	团队协作	10	与他人合作有效		
指导教师				总分			

任务6-2　液压钻床液压回路的设计与应用

任务引入

如图6-18所示为液压钻床的外形与工作示意图，钻头的进给和工件的夹紧都是由液压系统来控制的。由于加工的工件不同，加工时所需的夹紧力也不同，所以工作时液压缸A的夹紧力必须能够固定在不同的压力值，同时为了保证安全，液压缸B必须在液压缸A的夹紧力达到规定值时才能推动钻头进给。要达到这一要求，系统应采用什么样的液压元件来控制这些动作呢？它们需要组建何种回路才能实现工作呢？

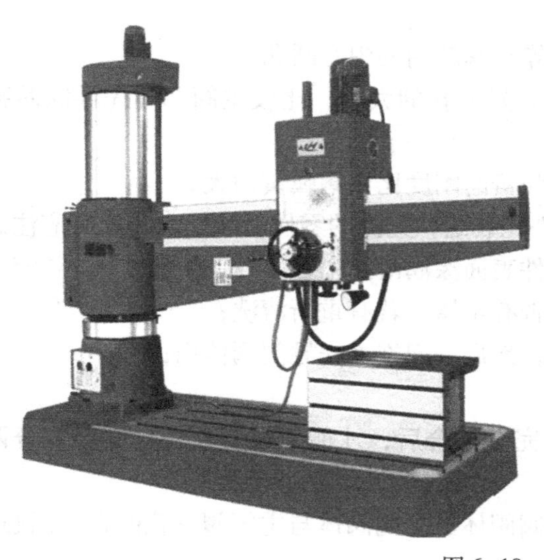

图6-18　液压钻床

任务分析

通过对上述任务的分析可以知道，要控制液压缸A的夹紧力，就要求输入端的液压油压力能够随输出端的压力降低而自动减小，实现这一功能的液压元件就是减压阀。此外，系统还要求液压缸B必须在液压缸A的夹紧力达到规定值时才能动作，即动作前需要通过检测液压缸A的压力，把液压缸A的压力作为控制液压缸B动作的信号，这在液压系统中可以使用顺序阀通过压力信号来接通和断开液压回路，从而达到控制执行元件动作的目的。为实现这一要求，需设计压力控制回路。

相关知识

液压系统的工作压力取决于负载的大小。执行元件所受到的总负载，即总阻力包括工作负载、执行元件由于自重和机械摩擦所产生的摩擦阻力，以及油液在管路中流动时所产生的沿程阻力和局部阻力等。为使系统保持一定的工作压力，或在一定的压力范围内工作，或能在几种不同压力下工作，就需要调整和控制整个系统的压力。

压力控制回路是用压力阀来控制和调节液压系统主油路或某一支路的压力，以满足执行元件所需的力或力矩的要求。利用压力控制回路可实现对系统进行调压（稳压）、减压、增压、卸荷、保压与平衡等各种控制。

6-2-1　调压回路的工作原理

为使系统的压力与负载相适应并保持稳定，或为了安全而限定系统的最高压力，都会用到调压回路，下面介绍三种调压回路。

1. 单级调压回路

如图6-19所示，通过液压泵1和溢流阀2的并联连接，即可组成单级调压回路。通过调节溢流阀的压力，可以改变泵的输出压力。当溢流阀的调定压力确定后，液压泵就在溢流阀的调定压力下工作。从而实现对液压系统进行调压和稳压控制。如果将液压泵1改换为变量泵，这时溢流阀将作为安全阀来使用，液压泵的工作压力低于溢流阀的调定压力，这时溢流阀不工作，当系统出现故障，液压泵的工作压力上升时，一旦压力达到溢流阀的调定压力，溢流阀将开启，并将液压泵的工作压力限制在溢流阀的调定压力下，使液压系统不致因压力过载而受到破坏，从而保护了液压系统。

2. 双向调压回路

执行元件的正反行程需不同的供油压力时，可采用双向调压回路，如图6-20所示。当换向阀在左位工作时，活塞杆伸出，泵出口由溢流阀1调定为较高压力，缸右腔油液通过换向阀回到油箱，溢流阀2此时不起作用。当换向阀在右位工作时，缸做空行程返回，泵出口由溢流阀2调定为较低压力，溢流阀1不起作用。缸退到终点后，泵在低压力下回油，功率损耗小。

3. 多级调压回路

有些液压设备的液压系统需要在不同的工作阶段获得不同的压力。

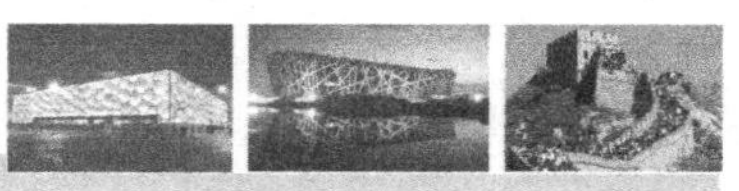

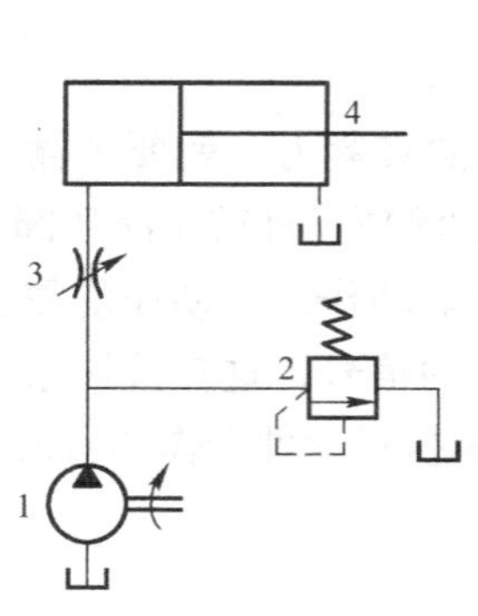

图 6-19　单级调压回路

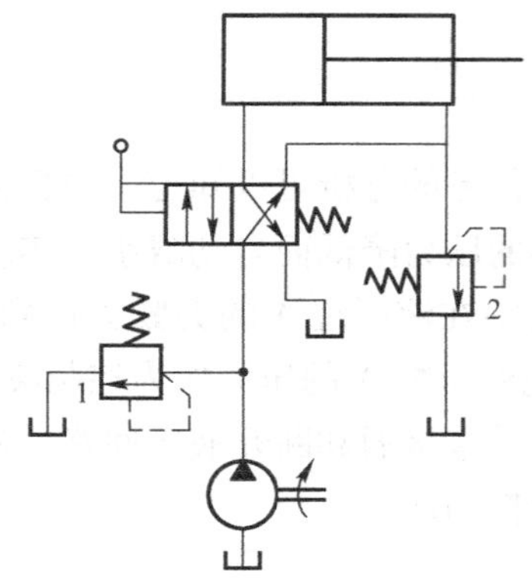

图 6-20　双向调压回路

如图 6-21（a）所示为二级调压回路，该回路可实现两种不同的系统压力控制。在图示状态，泵出口压力由溢流阀 1 调定为较高压力；当二位二通换向阀通电后，则由远程调压阀 2 调定为较低压力。调压阀 2 的调定压力必须小于溢流阀 1 的调定压力，否则不能实现二级调压。

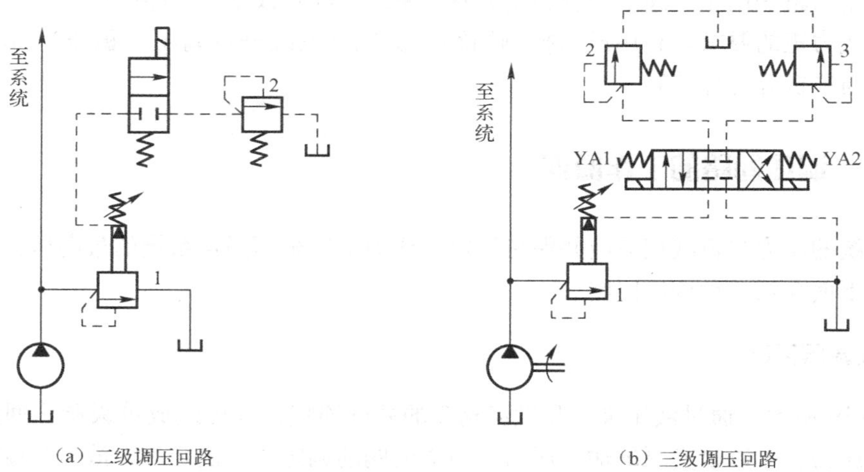

（a）二级调压回路　（b）三级调压回路

图 6-21　多级调压回路

如图 6-21（b）所示为三级调压回路，三级压力分别由溢流阀 1、2、3 调定，当电磁铁 YA1、YA2 失电时，系统压力由主溢流阀 1 调定。当 YA1 得电时，系统压力由溢流阀 2 调定。当 YA2 得电时，系统压力由溢流阀 3 调定。在这种调压回路中，溢流阀 2 和溢流阀 3 的调定压力要低于主溢流阀 1 的调定压力。

6-2-2　卸荷回路与保压回路的工作原理

1. 卸荷回路

在液压系统工作中，有时执行元件短时间停止工作，不需要液压系统传递能量，或者执行元件在某段工作时间内保持一定的力，而运动速度极慢，甚至停止运动，在这种情况下，不需要液压泵输出油液，或只需要很小流量的液压油，于是液压泵输出的压力油全部或绝大部分从溢流阀流回油箱，造成能量的无谓消耗，引起油液发热，使油液加快变质，而且还影响液压系

统的性能及泵的寿命。为此常采用卸荷回路解决上述问题。

卸荷回路的功能为在液压泵驱动电动机不进行频繁启动和关闭的情况下，使液压泵在功率输出接近于零的情况下运转，以减少功率损耗，降低系统发热，延长泵和电动机的寿命。因为液压泵的输出功率为其流量和压力的乘积，当两者任一个近似为零时，功率损耗即近似为零。故液压泵卸荷有流量卸荷和压力卸荷两种，前者主要是使用变量泵，使变量泵仅补偿泄漏而以最小流量运转，此方法比较简单，但泵处在高压状态下运行，磨损比较严重；压力卸荷的方法是使泵在接近零压力下运转。常见的压力卸荷回路有以下几种。

1）换向阀卸荷回路

（1）用三位换向阀中位机能的卸荷回路。用 M、H 和 K 形中位机能的三位换向阀处于中位时，使泵与油箱连通，实现卸荷，如图 6-22 所示为采用 M 形中位机能的卸荷回路。卸荷方法比较简单，但压力较高、流量较大时，容易产生冲击，故适用于低压、小流量液压系统。

（2）用二位二通阀的卸荷回路。如图 6-23 所示为二位二通阀的卸荷回路，采用此方法时卸荷回路必须使二位二通换向阀的流量与泵的额定输出流量相匹配。这种方法的卸荷效果较好，易于实现自动控制，一般适用于液压泵的流量小于 63L/min 的场合。

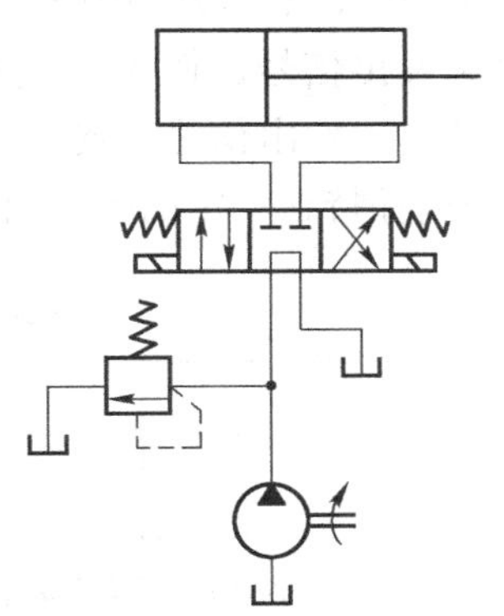

图 6-22　用 M 形中位机能的卸荷回路

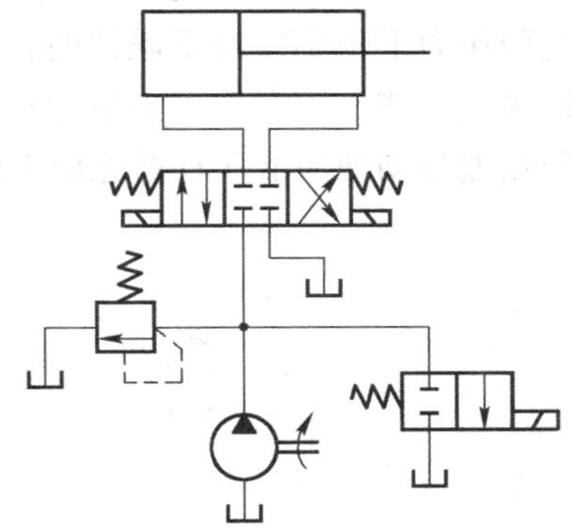

图 6-23　用二位二通阀的卸荷回路

2）用先导式溢流阀的远程控制口卸荷

图 6-24 中使先导式溢流阀的远程控制口直接与二位二通电磁阀相连，便构成一种用先导式溢流阀的卸荷回路，这种卸荷回路的卸荷压力小，切换时冲击也小。

2. 保压回路

在液压系统中，液压缸在工作循环的某一阶段，若需要保持一定的工作压力，就应采用保压回路。在保压阶段，液压缸没有运动，最简单的办法是用一个密封性能好的单向阀来保压。但是，阀类元件的泄漏使得这种回路的保压时间不能维持太久。常用的保压回路有以下几种。

1）用液压泵的保压回路

如图 6-25 所示的回路，系统压力较低，低压大排量泵供油，系统压力升高到卸荷阀的调定压力时，低压大排量泵卸荷，高压小排量泵供油保压，溢流阀调节压力。

2）用蓄能器的保压回路

图 6-26 所示为多缸系统中的保压回路。这种回路当主油路压力降低时，单向阀 3 关闭，支路由蓄能器保压补偿泄漏，压力继电器 5 的作用是当支路压力达到预定值时发出信号，使主油路开始动作。

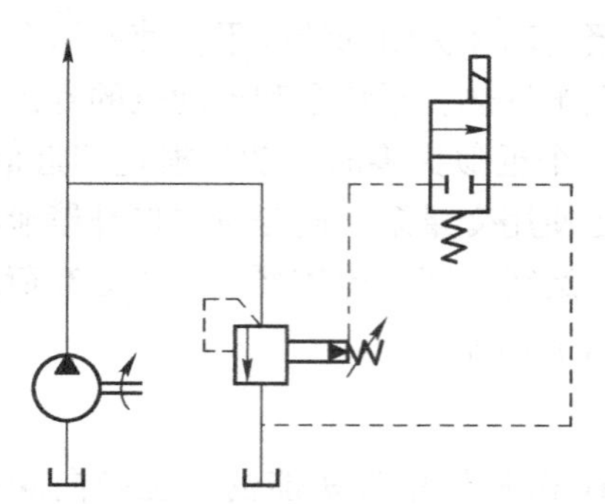

图 6-24　用先导式溢流阀的远程控制口卸荷回路

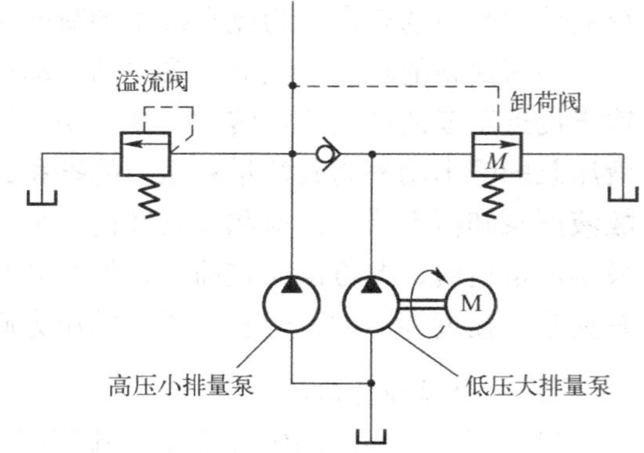

图 6-25　用液压泵的保压回路

3）自动补油保压回路

如图 6-27 所示为采用液控单向阀和电接触式压力表的自动补油式保压回路，其工作原理为：当 YA1 得电，换向阀右位接入回路，液压缸上腔压力上升至电接触式压力表的上限值时，上触点接电，使电磁铁 YA1 失电，换向阀处于中位，液压泵卸荷，液压缸由液控单向阀保压。当液压缸上腔压力下降到预定下限值时，电接触式压力表又发出信号，使 YA1 得电，液压泵再次向系统供油，使压力上升。当压力达到上限值时，上触点又发出信号，使 YA1 失电。因此，这一回路能自动地使液压缸补充压力油，使其压力能长期保持在一定的范围内。

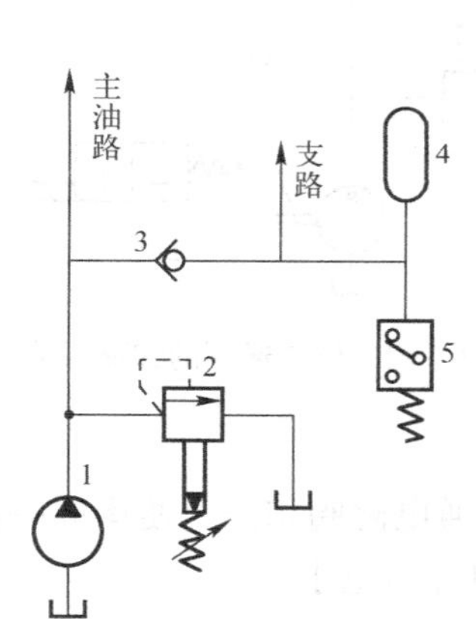

图 6-26　用蓄能器的保压回路

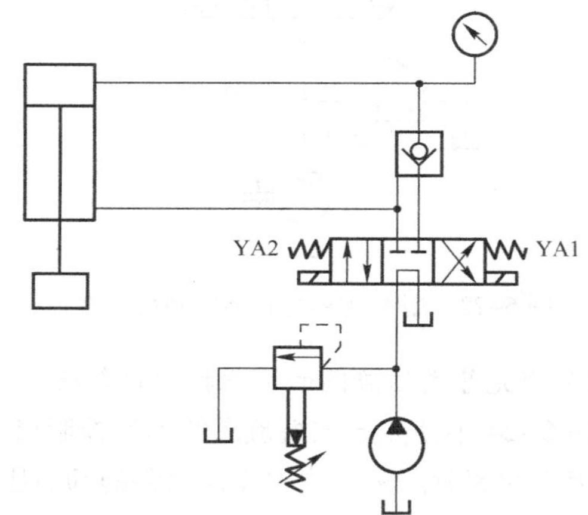

图 6-27　自动补油式保压回路

6-2-3　增压回路与减压回路的工作原理

1. 增压回路

增压回路可以提高系统中某一支路的工作压力，以满足局部工作机构的需要。采用了增压回路，系统的整体工作压力仍能较低，这样可以降低能源消耗。增压回路中提高压力的主要元件是增压缸或增压器。

1）单作用增压缸的增压回路

如图 6-28（a）所示为用增压缸的单作用增压回路。当系统在图示位置工作时，系统的供油压力 p_1 进入增压缸的大活塞腔，此时在小活塞腔即可得到所需的较高压力 p_2。

当二位四通电磁换向阀右位接入系统时，增压缸返回，辅助油箱中的油液经单向阀补入小活塞腔。因而该回路只能间歇增压，所以称之为单作用增压回路。

2）双作用增压缸的增压回路

如图6-28（b）所示为采用双作用增压缸的增压回路，能连续输出高压油，在图示位置工作时，液压泵输出的压力油经换向阀5和单向阀1进入增压缸左端大、小活塞腔，右端大活塞腔的回油通油箱，右端小活塞腔增压后的高压油经单向阀4输出，此时单向阀2、3被关闭。当增压缸活塞移到右端时，换向阀得电换向，增压缸活塞向左移动。同理，左端小活塞腔输出的高压油经单向阀3输出，这样，增压缸的活塞不断往复运动，两端便交替输出高压油，从而实现连续增压。

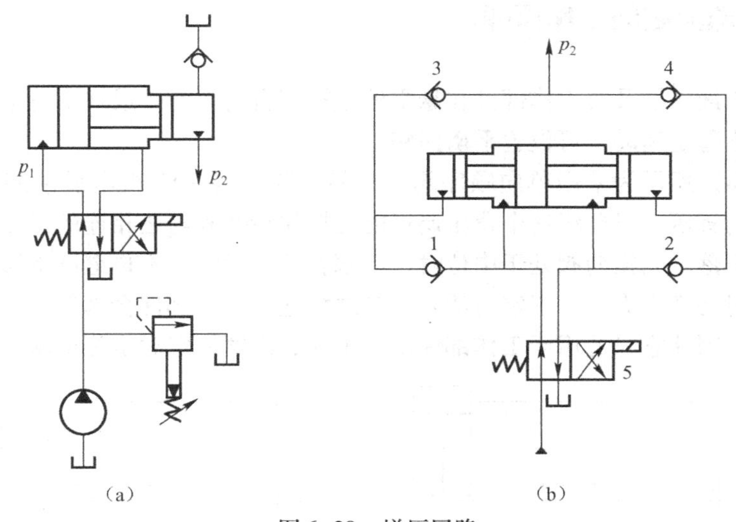

图6-28　增压回路

2. 减压回路

当泵的输出压力是高压而局部回路或支路要求低压时，可以采用减压回路，如机床液压系统中的定位、夹紧、分度回路，以及液压元件的控制油路等，它们往往要求比主油路的压力要低。

1）单向减压阀回路

如图6-29（a）所示，回路中单向阀的作用是当主油路压力降低到小于减压阀调定压力时，防止油液倒流，起短时保压作用。

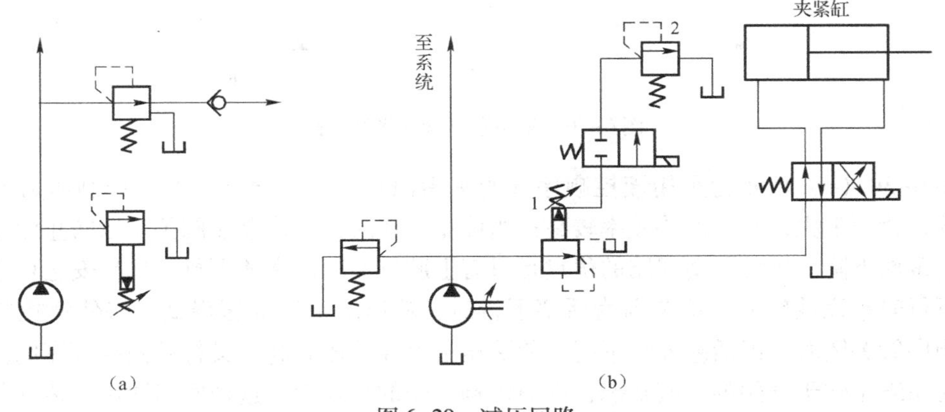

图6-29　减压回路

2）二级减压回路

如图6-29（b）所示是由减压阀和远程调压阀组成的二级减压回路。在图示工作状态下，夹紧压力由阀1调定；当二通阀通电后，夹紧压力则由远程调压阀2决定，故此回路为二级减压回路。若系统只需一级减压，可取消二通阀与调压阀2，堵塞阀1的外控口。若取消二通阀，调压阀2用直动式比例溢流阀取代，根据输入信号的变化，便可获得无级或多级的稳定低压。

为了使减压回路工作可靠，减压阀的最低调定压力应不小于0.5 MPa，最高调定压力至少应比系统压力小0.5 MPa。当减压回路中的执行元件需要调速时，调速元件应放在减压阀的后面，以避免减压阀泄漏（指由减压阀泄油口流回油箱的油液）对执行元件的速度产生影响。

6-2-4　平衡回路的工作原理

为了防止立式液压缸及其工作部件在悬空停止期间自行下滑，或在下行运动中由于自重而造成失控超速的不稳定运动，可设置平衡回路。

如图6-30（a）所示为采用单向顺序阀的平衡回路。当YA1得电后活塞下行时，回油路上就存在着一定的背压；只要将这个背压调得能支撑住活塞和与之相连的工作部件的自重，活塞就可以平稳地下落。当换向阀处于中位时，活塞就停止运动，不再继续下移。这种回路当活塞向下快速运动时功率损失大，锁定时活塞和与之相连的工作部件会因单向顺序阀和换向阀的泄漏而缓慢下落，因此它只适用于工作部件质量不大、活塞锁定时定位要求不高的场合。

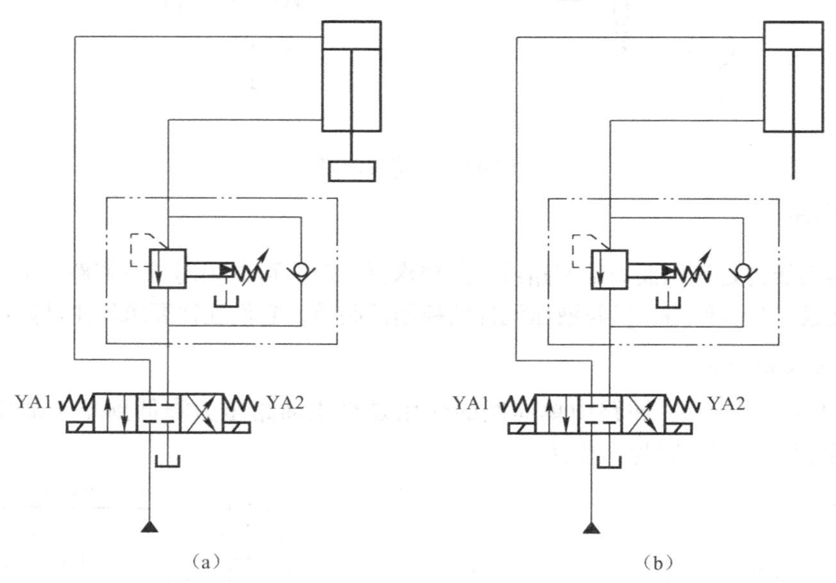

图6-30　采用顺序阀的平衡回路

如图6-30（b）所示为采用液控顺序阀的平衡回路。当活塞下行时，控制压力油打开液控顺序阀，背压消失，因而回路效率较高；当停止工作时，液控顺序阀关闭以防止活塞和工作部件因自重而下降。这种平衡回路的优点是只有上腔进油时活塞才下行，比较安全可靠；缺点是活塞下行时平稳性较差。这是因为活塞下行时，液压缸上腔油压降低，将使液控顺序阀关闭。当顺序阀关闭时，因活塞停止下行，使液压缸上腔油压升高，又打开液控顺序阀。因此液控顺序阀始终工作于开闭的过渡状态，因而影响工作的平稳性。这种回路适用于运动部件质量不是很大、停留时间较短的液压系统中。

任务实施6-2 液压钻床液压回路的设计

在完成该任务之前，我们先分析一下图6-31中的顺序动作回路。

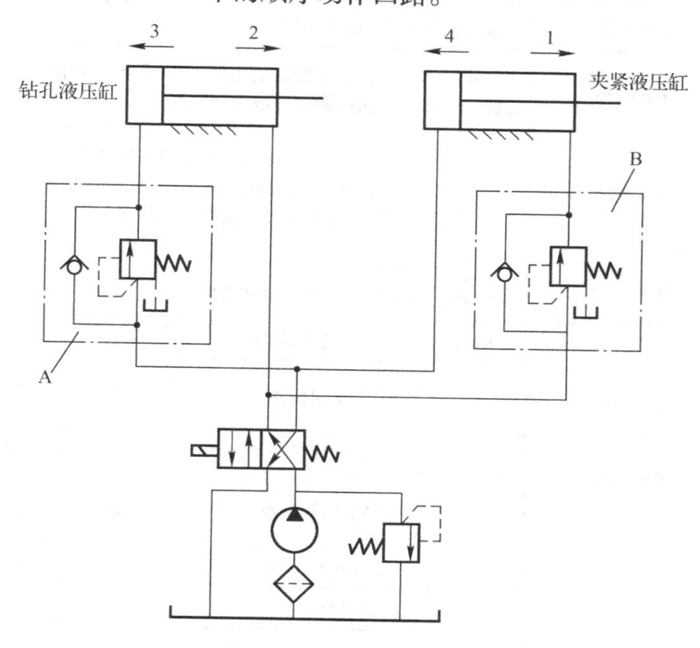

图6-31 顺序动作回路

阀A和阀B是单向顺序阀。夹紧液压缸与钻孔液压缸依1→2→3→4的顺序动作。动作开始时二位四通换向阀电磁铁得电，使其左位接入系统，压力油只能进入夹紧液压缸的左腔，回油经阀B中的单向阀回油箱，实现动作1。活塞右行到达终点后，夹紧工件，系统压力升高，打开阀A中的顺序阀，压力油进入钻孔液压缸左腔，回油经换向阀回油箱，实现动作2。钻孔完毕以后，电磁铁断电，电磁换向阀换向，使回路处于图示状态，压力油先进入钻孔液压缸右腔，回油经阀A中的单向阀及电磁换向阀回油箱，实现动作3，钻头退回。左行到达终点后，油压升高，打开阀B中的顺序阀，压力油进入夹紧液压缸右腔，回油经换向阀回油箱，实现动作4，至此完成一个工作循环。该回路的可靠性在很大程度上取决于顺序阀的性能和压力调定值。为了严格保证动作顺序，应使顺序阀的调定压力大于（0.8～1.0）MPa。否则顺序阀可能在压力波动下先行打开，使钻孔液压缸产生先动现象（也就是工件未夹紧就钻孔），影响工作的可靠性。此回路适用于液压缸数目不多、阻力变化不大的场合。

针对任务引入中提出的要求，可以利用减压阀来控制夹紧缸的夹紧力，用顺序阀来控制夹紧缸和钻孔缸的动作顺序，那么不难看出，只要在图6-31（图示位置）基础上，在夹紧缸的回油路上连接减压阀就可以组成液压钻床的液压回路系统。

1. 操作步骤

在液压实验台上完成液压钻床的液压回路的连接，要求如下：

(1) 能看懂液压回路图，并能正确选用元器件；

(2) 安装元器件时要规范，各元器件在工作台上合理布置；

(3) 用油管正确连接元器件的各油口；

(4) 检查各油口连接情况后，启动液压泵，观察压力表显示系统压力值；

(5) 调节减压阀调压手柄，观察压力表显示值变化情况；

(6) 调节顺序阀调压手柄，观察执行元件运动顺序；

(7) 完成实验，经老师检查评估后，关闭油泵，拆下管线，将元件放回原来的位置。

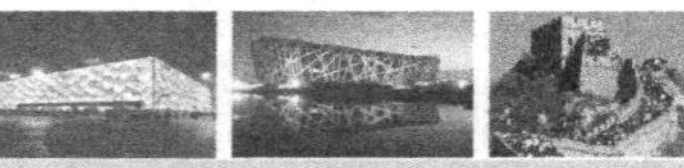

2. 工作任务单

姓名		班级		组别		日期	
工作任务	液压钻床液压回路的设计						
任务描述	在液压实训室，根据液压钻床的工作原理，选用合理的压力控制阀，设计液压钻床的控制回路，安装、连接好回路并调试完成系统功能						
任务要求	1. 正确使用相关工具，分析设计出液压回路图； 2. 正确连接元器件，调试运行液压系统，完成系统功能； 3. 调节减压阀，观察压力变化和工作状况						
提交成果	1. 液压钻床的液压回路图； 2. 液压钻床控制回路的调试分析报告						
考核评价	序号	考核内容		配分	评分标准		得分
	1	安全文明操作		10	遵守安全规章、制度，正确使用工具		
	2	绘制液压系统回路图		20	图形绘制正确，符号规范		
	3	回路正确连接		30	元器件连接有序正确，无明显泄露现象		
	4	系统运行调试		30	系统运行平稳		
	5	团队协作		10	与他人合作有效		
指导教师				总分			

知识拓展 9 压力阀的常见故障诊断与维修

（1）溢流阀的常见故障诊断与维修方法见表 6-2。

表 6-2 溢流阀的常见故障诊断与维修方法

序号	故障现象	故障原因	维修方法
1	调压时，压力升得很慢，甚至一点也调不上去	（1）主阀阀芯上有毛刺，或阀芯与阀体孔配合间隙内卡有污物 （2）主阀阀芯与阀座接触处纵向拉伤有划痕，接触线处磨损有凹坑 （3）先导阀锥阀与阀座接触处纵向拉伤有划痕，接触线处磨损有凹坑 （4）先导阀锥阀与阀座接触处粘有污物	（1）修磨阀芯 （2）清洗与换油，修磨阀芯 （3）清洗与换油，修磨阀芯 （4）清洗与换油
2	调压时，压力虽然可上升，但升不到公称压力	（1）液压泵故障 （2）油温过高，内部泄漏量大 （3）调压弹簧折断或错装 （4）主阀阀芯与主阀阀体孔的配合过松，拉伤出现沟槽，或使用后磨损 （5）主阀阀芯卡死 （6）污物颗粒部分堵塞主阀阀芯阻尼孔、旁通孔和先导阀阀座阻尼孔 （7）先导针阀与阀座之间能磨合但不能很好的密合	（1）检修或更换液压泵 （2）加强冷却，消除泄漏 （3）更换调压弹簧 （4）更换主阀阀芯 （5）去毛刺，清洗 （6）用 ϕ1 mm 钢丝穿通阻尼孔 （7）研磨先导针阀与阀座配合

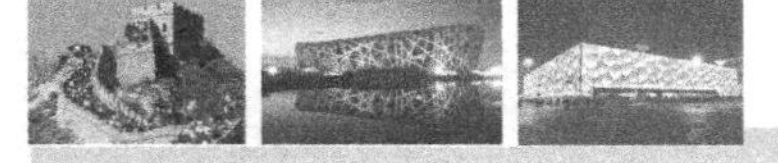

续表

序号	故障现象	故障原因	维修方法
3	压力波动大	(1) 系统中进了空气 (2) 液压油不清洁，阻尼孔不通畅 (3) 弹簧弯曲或弹簧刚度太低 (4) 锥阀与锥阀座接触不良或磨损 (5) 主阀阀芯表面拉伤或弯曲	(1) 排净系统中的空气 (2) 更换液压油，穿通并清洗阻尼孔 (3) 更换弹簧 (4) 更换锥阀 (5) 修磨或更换阀芯
4	调压时，压力调不下来	(1) 错装成刚性太大调压弹簧 (2) 调节杆外径太大或因毛刺污物卡住阀盖孔，不能随松开的调压手柄而后退，所调压力下不来或调压失效 (3) 先导阀阀座阻尼孔被封死，压力调不下来，调压失效 (4) 因调节杆密封沟槽太浅，O形圈外径又太粗，卡住调节杆不能随松开的调压螺钉移动	(1) 更换弹簧 (2) 检查调节杆外径尺寸 (3) 用 ϕ1 mm 钢丝穿通阻尼孔 (4) 更换合适的O形圈
5	振动与噪声大，伴有冲击	(1) 系统中进了空气 (2) 进、出油口接反 (3) 调压弹簧折断 (4) 先导阀阀座阻尼孔被封死 (5) 滑阀上阻尼孔堵塞 (6) 主阀弹簧太软、变形	(1) 排净系统中的空气 (2) 纠正进、出油口位置 (3) 更换调压弹簧 (4) 用 ϕ1 mm 钢丝穿通阻尼孔 (5) 疏通滑阀上阻尼孔 (6) 更换主阀弹簧

(2) 顺序阀的常见故障诊断与维修方法见表6-3。

表6-3　顺序阀的常见故障诊断与维修方法

序号	故障现象	故障原因	维修方法
1	出油口总有油流出，不能使执行元件实现顺序动作	(1) 上下阀盖装错，外控与内控混淆 (2) 单向顺序阀的单向阀卡死在打开位置 (3) 主阀阀芯与主阀阀体孔的配合太过紧，主阀阀芯卡死在打开位置，顺序阀变为直通阀 (4) 外控顺序阀的控制油道被污物堵塞，或控制活塞被污物、毛刺卡死 (5) 主阀阀芯被污物、毛刺卡死在打开位置，顺序阀变为直通阀	(1) 纠正上下阀盖安装方向 (2) 清洗单向阀阀芯 (3) 研磨主阀阀芯与主阀阀体孔，使阀芯运动灵活 (4) 清洗疏通控制油道，清洗控制活塞 (5) 拆开主阀清洗并去毛刺，使阀芯运动灵活
2	出油口无油流出，不能使执行元件实现顺序动作	(1) 液压系统压力没有建立起来 (2) 上下阀盖装错，外控与内控混淆 (3) 主阀阀芯被污物、毛刺卡死在关闭位置，顺序阀变为直通阀 (4) 主阀阀芯与主阀阀体孔的配合太过紧，主阀阀芯卡死在关闭位置，顺序阀变为直通阀 (5) 液控顺序阀控制压力太小	(1) 检修液压系统 (2) 纠正上下阀盖安装方向 (3) 拆开主阀清洗并去毛刺，使阀芯运动灵活 (4) 研磨主阀阀芯与主阀阀体孔，使阀芯运动灵活 (5) 调整控制压力至合理值
3	调定压力值不稳定，不能使执行元件实现顺序动作，或顺序动作错乱现象	(1) 污物颗粒部分堵塞主阀阀芯阻尼孔 (2) 控制活塞外径与阀盖孔配合太松，导致控制油的泄漏油作用到主阀阀芯上，出现顺序阀调定压力值不稳定，不能使执行元件顺序动作，或顺序动作错乱现象	(1) 用 ϕ1 mm 钢丝穿通阻尼孔，并清洗阻尼孔 (2) 更换控制活塞

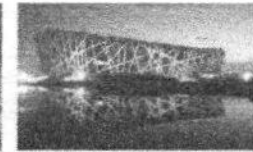

（3）减压阀的常见故障诊断与维修方法见表 6-4。

表 6-4 减压阀的常见故障诊断与维修方法

序号	故障现象	故障原因	维修方法
1	减压阀出口压力几乎等于进口压力，不起减压作用	（1）主阀阀芯阻尼孔、先导阀阀座阻尼孔被污物颗粒部分堵塞，失去自动调节能力 （2）主阀阀芯上或阀体孔沉割槽棱边有毛刺、污物卡住，或因主阀阀芯与主阀阀体孔的配合太过紧，或主阀阀芯、阀孔形状公差超标，产生液压卡紧，将主阀卡死在最大开度位置 （3）管式或法兰式减压阀很容易将阀盖装错方向，使阀盖与阀体之间的外泄口堵死，无法排油，造成困油，使主阀顶在最大开度而不减压 （4）板式减压阀泄油通道堵住未通回油箱 （5）管式减压阀泄油通道出厂时是堵住的，使用时泄油孔的油塞未拧出	（1）用 ϕ1 mm 钢丝或用压缩空气疏通阻尼孔，并清洗阻尼孔 （2）去毛刺、清洗、修复阀孔和阀芯，保证阀孔和阀芯之间的间隙合理，配前可适当研磨阀孔，再配阀芯 （3）应按正确方向安装阀盖 （4）疏通泄油通道 （5）使用时泄油孔的油塞拧出
2	出口压力不稳定，有时还有噪声	（1）系统中进空气 （2）弹簧变形 （3）减压阀在超过额定流量下使用时，往往会出现主阀振荡现象，使减压阀出口压力不稳定，此时出油口压力出现“升压—降压—再升压—再降压”的循环	（1）排净系统空气 （2）更换弹簧 （3）更换型号合适的减压阀
3	出口压力很低，即使拧紧调压手轮，压力也升不起来	（1）减压阀进、出油口接反了 （2）进油口压力太低 （3）先导阀阀芯与阀座配合之间因污物滞留、有严重划伤、阀座配合孔失圆、有缺口，造成先导阀阀芯与阀座之间不密合 （4）漏装了先导阀阀芯 （5）先导阀弹簧装成软弹簧 （6）主阀阀芯阻尼孔被污物颗粒堵塞	（1）纠正接管错误 （2）查明原因排除 （3）研磨先导阀阀芯与阀座配合面，使先导阀阀芯与阀座之间密合 （4）补装先导阀阀芯 （5）更换合适的弹簧 （6）用 ϕ1 mm 钢丝或用压缩空气疏通阻尼孔，并清洗阻尼孔
4	调压失灵	（1）调节杆上 O 形圈外径过大 （2）调节杆上装 O 形圈的沟槽过浅	（1）更换合适的 O 形圈 （2）更换合适的调节杆
5	外漏	（1）调节杆上 O 形圈外径过小 （2）调节杆上装 O 形圈的沟槽过深	（1）更换合适的 O 形圈 （2）更换合适的调节杆

（4）压力继电器的常见故障诊断与维修方法见表 6-5。

表 6-5 压力继电器的常见故障诊断与维修方法

序号	故障现象	故障原因	维修方法
1	动作不灵敏	（1）弹簧永久变形 （2）滑阀在阀孔中移动不灵活 （3）薄膜片在阀孔中移动不灵活 （4）钢球不正圆 （5）行程开关不发信号	（1）更换弹簧 （2）清洗或研磨滑阀 （3）更换薄膜片 （4）更换钢球 （5）检修或更换行程开关

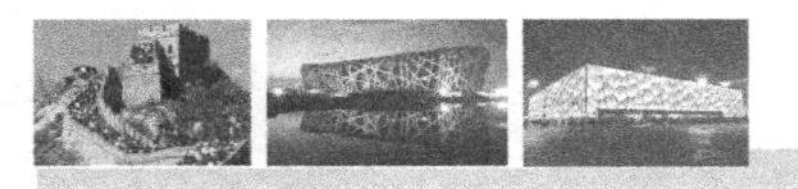

续表

序号	故障现象	故障原因	维修方法
2	不发信号与误发信号	（1）压力继电器安装位置错误，如回油路节流调速回路中压力继电器装在回油路上 （2）返回区间调节太小 （3）系统压力未上升或下降到压力继电器的设定压力 （4）压力继电器的泄油管路不畅通 （5）微动开关不灵敏，复位性能差 （6）微动开关定位没装牢或未压紧 （7）微动开关的触头与杠杆之间的空行程过大或过小时，易发误动作信号 （8）薄膜式压力继电器的橡胶隔膜破裂 （9）柱塞卡死	（1）回油路节流调速回路中压力继电器只能装在进油路上 （2）正确调节返回区间 （3）检查系统压力不上升或下降的原因，予以排除 （4）疏通压力继电器的泄油管路 （5）更换微动开关 （6）装牢微动开关定位 （7）正确调整微动开关的触头与杠杆之间的空行程 （8）更换橡胶隔膜 （9）使柱塞运动灵活

自我评价6

1. 填空题

（1）在液压系统中，控制________或利用压力的变化来实现某种动作的阀称为压力控制阀。按用途不同，可分________、________、________和压力继电器等。

（2）根据溢流阀在液压系统中所起的作用，溢流阀可作________、________、________和背压阀使用。

（3）先导式溢流阀由______和______两部分组成，前者控制______，后者控制______。

（4）减压阀主要用来________液压系统中某一分支油路的压力，使之低于液压泵的供油压力，以满足执行机构的需要，并保持基本恒定。减压阀也有________式减压阀和________式减压阀两类，________式减压阀应用较多。

（5）减压阀在________油路、________油路、润滑油路中应用较多。

（6）________阀是利用系统压力变化来控制油路的通断，以实现各执行元件按先后顺序动作的压力阀。

（7）压力继电器是一种将油液的________信号转换成________信号的电液控制元件。

2. 判断题

（1）溢流阀通常接在液压泵出口的油路上，它的进口压力即系统压力。（　　）

（2）溢流阀用于系统的限压保护、防止过载的场合，在系统正常工作时，该阀处于常闭状态。（　　）

（3）压力控制阀的基本特点是利用油液压力和弹簧力相平衡的原理来进行工作的。（　　）

（4）液压传动系统中常用的压力控制阀是单向阀。（　　）

（5）溢流阀在系统中用于安全阀调定的压力比用于调压阀调定的压力大。（　　）

（6）减压阀的主要作用是使阀的出口压力低于进口压力且保证进口压力稳定。（　　）

（7）在应用远程调压阀的远程调压回路中，只有在溢流阀的调定压力高于远程调压阀的调

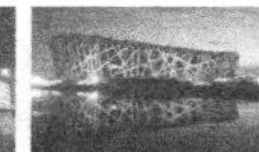

定压力时，远程调压阀才能起调压作用。（　　）

3. 选择题

（1）溢流阀的作用是配合液压泵等溢出系统中多余的油液，使系统保持一定的（　　）。

A. 压力　　B. 流量　　C. 流向　　D. 清洁度

（2）要降低液压系统中某一部分的压力时，一般系统中要配置（　　）。

A. 溢流阀　　B. 减压阀　　C. 节流阀　　D. 单向阀

（3）卸荷回路（　　）。

A. 可节省动力消耗，减少系统发热，延长液压泵寿命

B. 可使液压系统获得较低的工作压力

C. 不能用换向阀实现卸荷

D. 只能用滑阀机能为中间开启型的换向阀

（4）在常态下，溢流阀（　　）、减压阀（　　）、顺序阀（　　）。

A. 常开　　B. 常闭

（5）压力控制回路包括（　　）。

A. 卸荷回路　　B. 锁紧回路　　C. 制动回路

（6）将先导式溢流阀的远程控制口接回油箱，将会发生（　　）问题。

A. 没有溢流量　　B. 进口压力为无穷大

C. 进口压力随负载增加而增加　　D. 进口压力调不上去

（7）液压系统中的执行机构在短时间停止运行，可采用（　　）以达到节省动力损耗、减少液压系统发热、延长泵的使用寿命的目的。

A. 调压回路　　B. 减压回路　　C. 卸荷回路　　D. 增压回路

（8）液压传动系统中常用的压力控制阀是（　　）。

A. 换向阀　　B. 溢流阀　　C. 液控单向阀

（9）一级或多级调压回路的核心控制元件是（　　）。

A. 溢流阀　　B. 减压阀　　C. 压力继电器　　D. 顺序阀

（10）当减压阀出口压力小于调定值时，（　　）起减压和稳压作用。

A. 仍能　　B. 不能　　C. 不一定能　　D. 不减压但稳压

4. 计算与问答题

（1）比较溢流阀、减压阀、顺序阀的异同点。

（2）如图6-32所示溢流阀的调定压力为4 MPa，若阀芯阻尼孔造成的损失不计，试判断下列情况下压力表的读数各为多少？

① YA断电，负载为无限大时；

② YA断电，负载压力为2 MPa时；

③ YA通电，负载压力为2 MPa时。

（3）如图6-33所示回路中，溢流阀的调定压力为5.0 MPa，减压阀的调定压力为2.5 MPa，试计算下列各压力值并说明减压阀阀口处于什么状态。

① 当泵压力等于溢流阀调定压力时，夹紧缸使工件夹紧后，A、C点的压力各为多少？

② 当泵压力由于工作缸快进压力降到1.5 MPa时（工件原先处于夹紧状态），A、B、C点的压力是多少？

③ 夹紧缸在夹紧工件前做空载运动时，A、B、C 三点的压力各为多少？

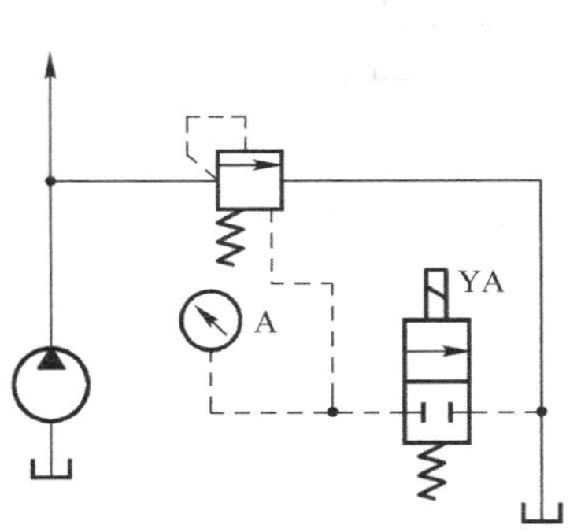

图6-32 题4（2）图

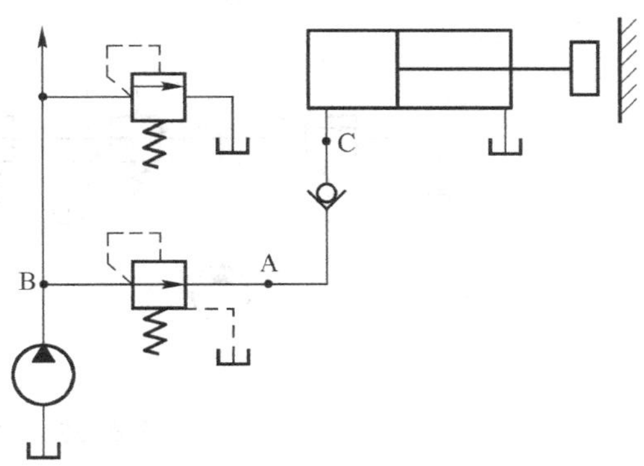

图6-33 题4（3）图

（4）如图6-34所示的液压系统，两液压缸的有效面积 $A_1 = A_2 = 100\ \text{cm}^2$，缸Ⅰ负载 $F = 35\ 000\ \text{N}$，缸Ⅱ运动时负载为零。不计摩擦阻力、惯性力和管路损失，溢流阀、顺序阀和减压阀的调定压力分别为 4 MPa、3 MPa 和 2 MPa。求在下列三种情况下，A、B 和 C 处的压力。

① 液压泵启动后，两换向阀处于中位；

② YA1 通电，液压缸Ⅰ活塞移动时及活塞运动到终点时；

③ YA1 断电，YA2 通电，液压缸Ⅱ活塞运动时及活塞碰到固定挡块时。

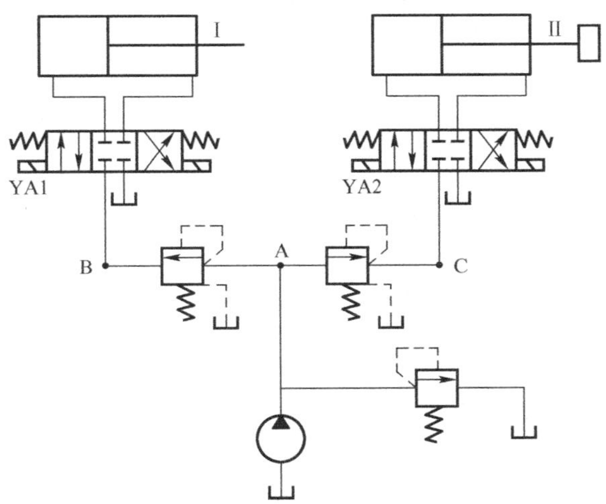

图6-34 题4（4）图

（5）如图6-35所示，两个减压阀串联，已知减压阀的调定压力分别为：$p_{J1} = 35 \times 10^5\ \text{Pa}$，$p_{J2} = 20 \times 10^5\ \text{Pa}$，溢流阀的调定压力为 $p_y = 45 \times 10^5\ \text{Pa}$；活塞运动时，负载力为 $F = 1200\ \text{N}$，活塞面积为 $A = 15\ \text{cm}^2$，减压阀全开时的局部损失及管路损失不计。试确定：活塞在运动时和到达终端位置时，A、B、C 各点压力为多少？

（6）如图6-36所示，已知两液压缸的活塞面积相同，液压缸无杆腔面积 $A_1 = 20 \times 10^{-4}\ \text{m}^2$，但负载分别为 $F_1 = 8000\ \text{N}$，$F_2 = 4000\ \text{N}$，如果溢流阀的调定压力为 4.5 MPa，试分析减压阀调定压力分别为 1 MPa、2 MPa、4 MPa 时，两液压缸的动作情况。

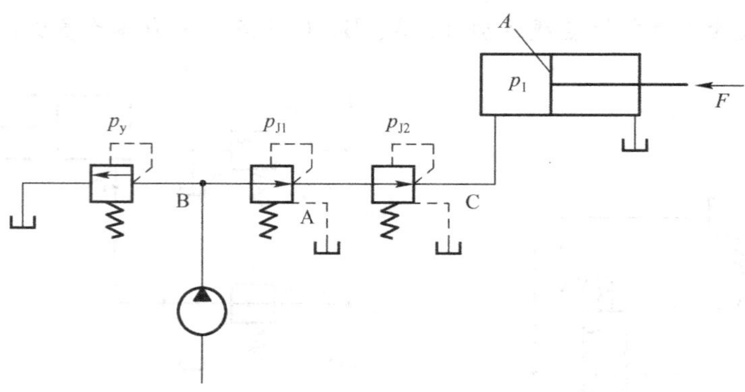

图6-35　题4（5）图

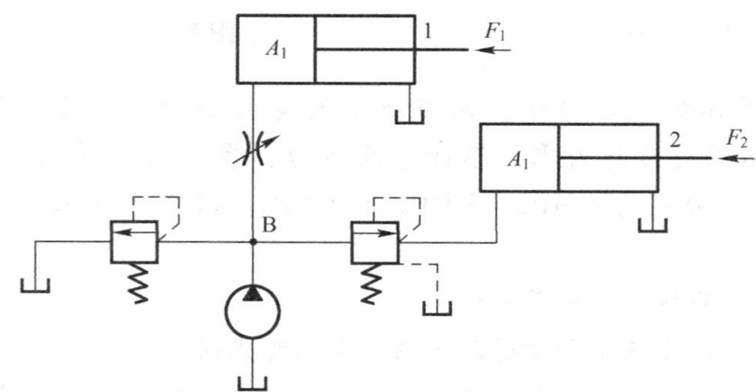

图6-36　题4（6）图

项目7 液压速度控制回路的设计与应用

学习目标

通过本项目的学习，应掌握流量控制阀的功用及分类，熟悉流量控制阀的工作原理和图形符号，具备流量控制阀选用的能力，具有分析和调试速度控制回路的能力。其具体目标为：

(1) 掌握流量控制阀的功用和分类；

(2) 熟悉节流口的结构形式和流量特性；

(3) 掌握节流阀和调速阀的工作原理；

(4) 能根据系统功能要求合理选用压力控制阀；

(5) 掌握速度控制回路的功用、工作原理；

(6) 能正确连接与安装速度控制回路及进行系统速度的调节。

任务7-1　液压吊流量控制阀的应用

任务引入

如图7-1所示为液压吊示意图。液压吊在工作时，起重吊臂的伸出与返回是由液压缸驱动的。根据工作要求，液压吊运行时，吊臂的速度必须能够调节。试设计控制吊臂速度的液压回路。那么在液压传动系统中依靠什么元件来实现速度的调节？这些元件的结构是怎样的呢？这些元件又是如何工作的呢？

图7-1　液压吊

任务分析

在该任务中，液压吊的液压传动系统必须能够有效地调节液压臂的速度。前面已经学过液压传动中有关压力和流量的知识，也知道了在液压传动系统中，改变系统中的流量才能改变执行元件（液压缸）的速度。

因此，只要改变进入液压缸的流量即可控制吊臂的运行速度。在液压传动系统中用来调节流量的元件是流量控制阀，常用的流量控制阀是节流阀。需要用节流阀来设计控制吊臂速度的液压回路。本任务的要求是按规范拆装节流阀和调速阀，弄清节流阀和调速阀的结构和工作原理，掌握节流阀和调速阀的拆装方法。

相关知识

7-1-1　流量控制阀的特性

流量控制阀是通过改变阀口通流面积来调节阀口流量，从而控制执行元件运动速度的液压控制阀。常用的流量阀有节流阀和调速阀两种。

液压传动系统对流量控制阀的主要要求如下：

（1）较大的流量调节范围，并具有稳定的最小流量；

（2）阀前后的压力差和油温发生变化时，通过阀的流量变化要小，以保证负载运动的稳定；

（3）液流通过全开口阀时，压力损失要小；

（4）流量控制阀调节方便，阀口关闭时阀的泄漏量要小。

1. 节流口的流量特性公式

油液流经小孔、狭缝或毛细管时，会产生较大的液阻，通流面积越小，油液受到的液阻越大，通过阀口的流量就越小。所以，改变节流口的通流面积，使液阻发生变化，就可以调节流量的大小。大量实验证明，节流口的流量特性可以用下式表示：

$$q = KA_{\mathrm{T}}\Delta p^{m} \tag{7-1}$$

式中，q 为通过节流口的流量；A_T 为节流口的通流面积；Δp 为节流口前后的压力差；K 为流量系数，随节流口的形式和油液的黏度而变化；m 为节流口开状指数，一般在 0.5 ～ 1 之间，节流路程短时取小值，节流路程长时取大值。

2. 影响节流小孔流量稳定性的因素

在液压系统中，当节流口通流面积 A_T 调定好后，要求通过节流口的流量 q 稳定不变，以使执行元件速度稳定，但实际上有很多因素影响着节流口的流量稳定性。

1）负载变化

随外部负载的变化，节流口前后的压力差 Δp 将发生变化，流量 q 也随之变化而不稳定。m 越大，Δp 变化对流量的影响越大，薄壁小孔 m 值最小，因此节流口常采用薄壁小孔。

2）温度变化

压力损失的能量通常转换为热能，油液的发热会使油液黏度发生变化，导致流量系数 K 变化，从而使流量发生变化。显然，节流孔越长，则影响越大；而薄壁孔的长度短，对温度的变化最不敏感。

3）节流口的堵塞

节流口可能因油液中的杂质或由于油液氧化后析出的胶质、沥青等胶状物质会堵塞节流口或聚积在节流口上，聚积物有时又会被高速液流冲掉，使节流口面积时常变化而影响流量稳定性。通流面积越大，节流通道越短和水力直径越大，越不容易堵塞，流量稳定性也就越好。流量控制阀有一个保证正常工作的最小流量限制值，称为最小稳定流量。

3. 节流口的结构形式

如图 7-2 所示为常用的几种节流口结构形式。其中图（a）所示为针阀式节流口。针阀芯做轴向移动时，改变环形通流截面积的大小，从而调节了流量。图（b）所示为偏心式节流口。在阀芯上开有一个截面为三角形（或矩形）的偏心槽，当转动阀芯时，就可以调节通流截面积大小而调节流量，其阀芯受到径向不平衡力作用。这两种形式的节流口结构简单，制造容易，但节流口容易堵塞，流量不稳定，适用于性能要求不高的场合。图（c）所示为轴向三角槽式节流口。在阀芯端部开有一个或两个斜的三角沟槽，轴向移动阀芯时，就可以改变三角槽通流面积的大小，从而调节流量。图（d）所示为轴向缝隙式节流口。阀芯上开有狭缝，油液可以通过狭缝流入阀芯内孔，然后由左侧孔流出，转动阀芯就可以改变缝隙的通流截面积。图（e）所示为轴向缝隙式节流口。在套筒上开有轴向缝隙，轴向移动阀芯即可改变缝隙的通流面积大小，以调节流量。这三种节流口的性能较好，尤其是轴向缝隙式节流口，其节流通道厚度可薄到 0.07 ～ 0.09 mm，可以得到较小的稳定流量。

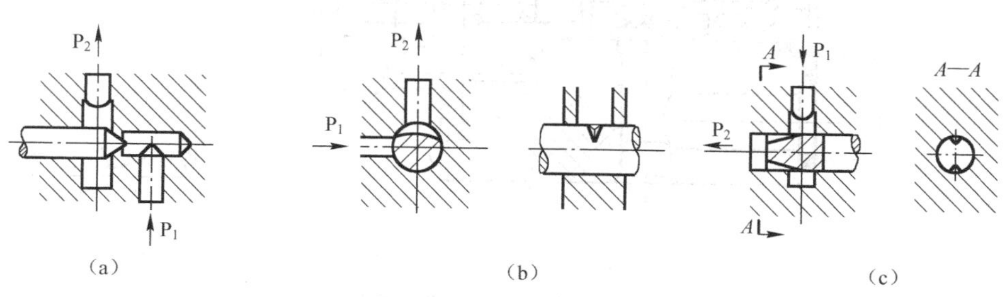

图 7-2　节流口的形式

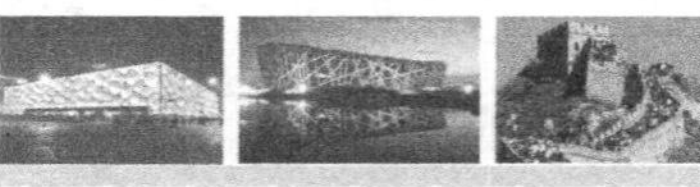

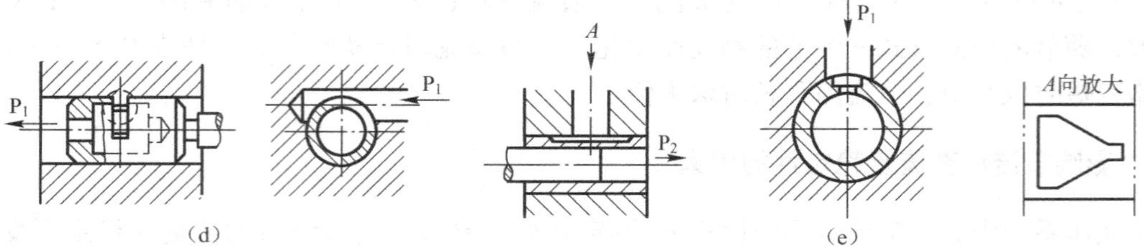

图 7-2　节流口的形式（续）

7-1-2　节流阀的结构及特点

节流阀是通过改变通流截面积大小或节流长度以控制液流流量的阀。节流阀可以在较大范围内通过改变液流阻力来调节流量，进而改变进入液压缸的流量，实现对液压缸运动速度的调节。

按照节流阀功用的不同，可分为普通节流阀、单向节流阀、溢流节流阀、节流截止阀等多种。普通节流阀和单向节流阀最为常用。

1. 普通节流阀

如图 7-3 所示为节流阀实物图，图 7-4 所示为普通节流阀的结构原理和图形符号，这种阀的节流口为轴向三角槽式。打开节流阀时，压力油从进油口 P_1 流入，经孔 a、阀芯左端的轴向三角槽、孔 b 和出油口 P_2 流出。阀芯在弹簧力的作用下始终紧贴在推杆的端部。旋转手轮，可使推杆沿轴向移动，改变节流口的通流截面积，从而调节油液通过阀的流量。

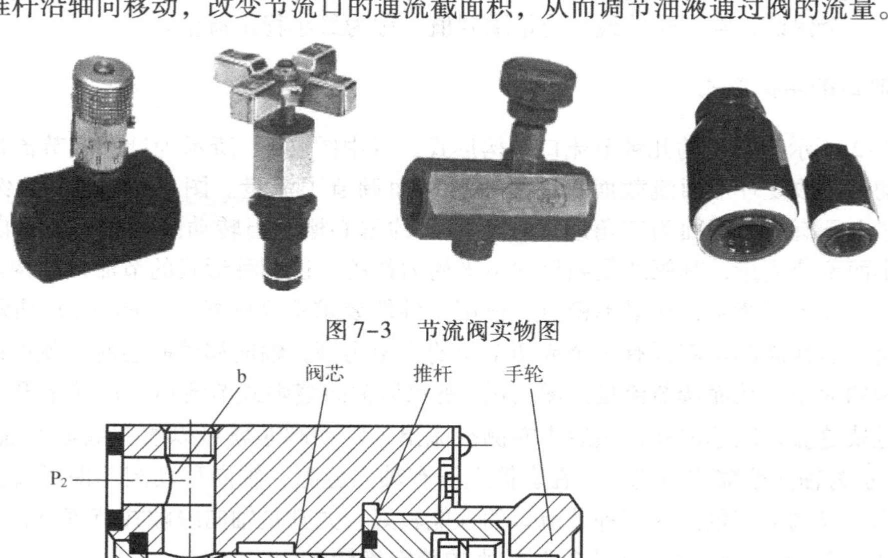

图 7-3　节流阀实物图

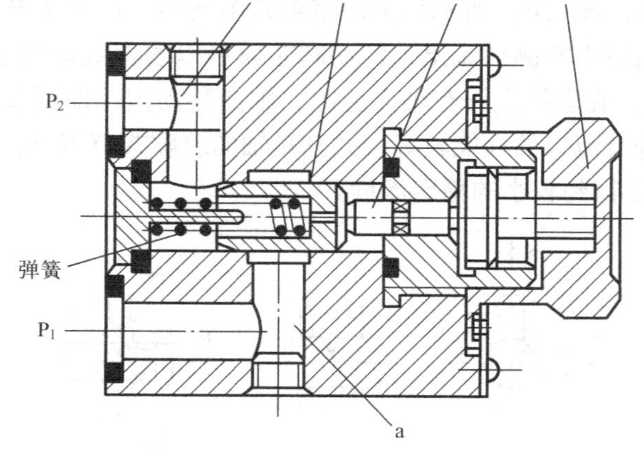

（a）结构原理

（b）图形符号

图 7-4　普通节流阀

节流阀的结构简单、体积小、使用方便、成本低，但负载和温度的变化对流量稳定性的影响较大，因此只适用于负载和温度变化不大或速度稳定性要求不高的液压系统。

2. 单向节流阀

图7-5所示为单向节流阀实物图，MK型单向节流阀的结构原理和图形符号如图7-6所示。该阀是管式连接的单向节流阀，其节流口采用轴向三角槽式结构。旋转调节螺母3可改变节流口通流面积的大小，以调节流量。正向流动时起节流阀作用；反向流动时起单向阀作用，这时由于有部分油液可在环形缝隙中流动，可以清除节流口上的沉积物。在阀体2左端有刻度槽，调节螺母3上有刻度，用以标示调节流量的大小。

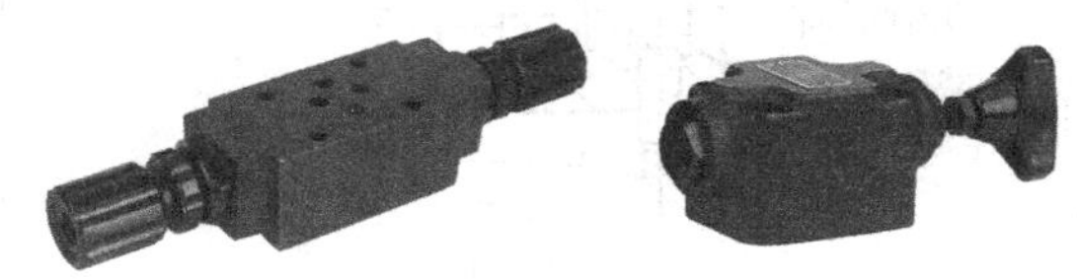

图7-5　单向节流阀实物图

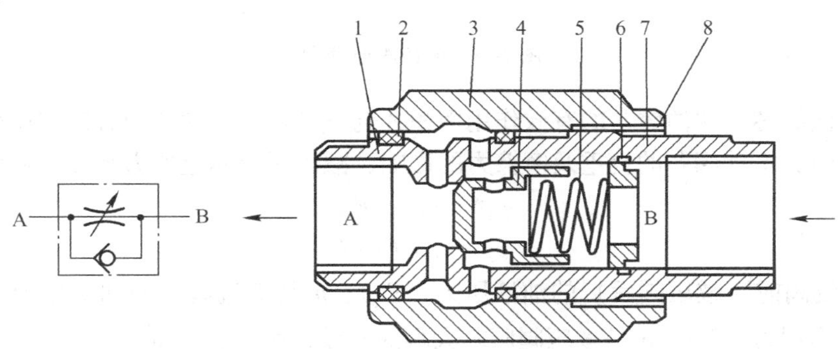

1—O形圈；2—阀体；3—调节螺母；4—单向阀；5—弹簧；6，7—卡环；8—弹簧座

图7-6　单向节流阀结构原理图

7-1-3　调速阀的工作原理

调速阀是由定差减压阀和节流阀串联组合而成的。用定差减压阀来保证可调节流阀前后的压力差不受负载变化的影响，从而使通过节流阀的流量保持稳定。

1. 调速阀的工作原理

如图7-7所示为调速阀实物图，其工作原理如图7-8所示。压力油液p_1经节流减压后以压力p_2进入节流阀，然后以压力p_3进入液压缸左腔，推动活塞以速度v向右运动。节流阀前后的压力差$\Delta p = p_2 - p_3$。减压阀阀芯上端的油腔b经通道a与节流阀出油口相通，其油液压力为p_3；其肩部油腔c和下端油腔d经通道f和e与节流阀进油口（减压阀出油口）相通，其油液压力为p_2，当作用于液压缸的负载F增大时，压力p_3也增大，作用于减压阀阀芯上端的油液压力也随之增大，使阀芯下移，减压阀进油口处的开口加大，压力降减小，因而使减压阀出口（节流阀进口）处压力p_2增大，结果保持了节流阀前后的压力差$\Delta p = p_2 - p_3$基本不变。当负载F减小时，压力p_3减小，减压阀阀芯上端油腔的压力减小，阀芯在油腔c和d中压力油（压力为p_2）的作用下上移，使减压阀进油口处开口减小，压力降增大，因而使p_2随之减小，结果仍保持节流阀前后压力差$\Delta p = p_2 - p_3$基本不变。

图7-7　调速阀实物图

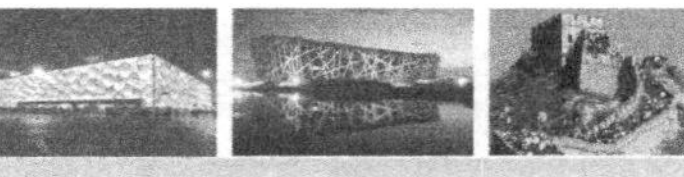

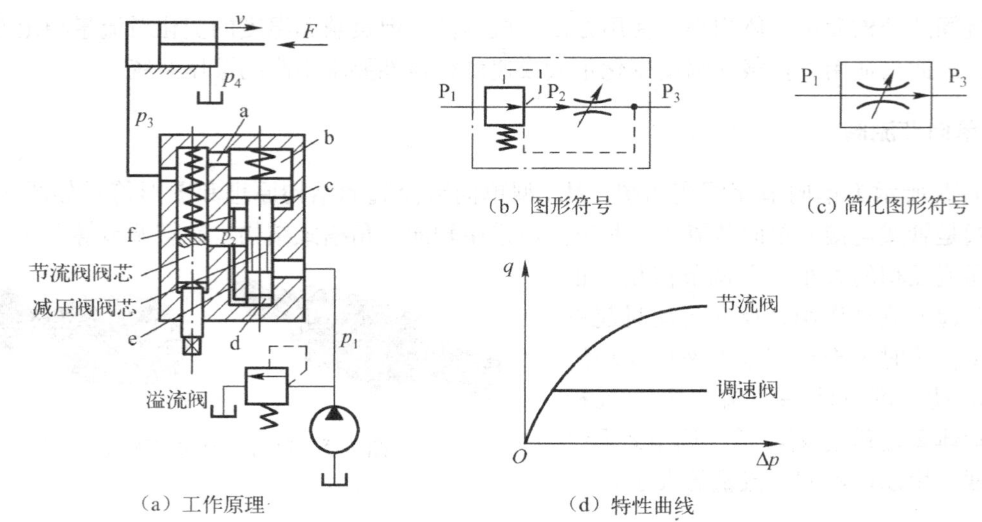

图 7-8　调速阀原理图

因为减压阀阀芯上端油腔 b 的有效作用面积 A 与下端油腔 c 和 d 的有效作用面积相等，所以在稳定工作时，不计阀芯的自重及摩擦力的影响，减压阀阀芯上的力平衡方程为：

$$p_2A = p_3A + F_{簧}$$

或

$$p_2 - p_3 = F_{簧}/A \tag{7-2}$$

式中，p_2是节流阀前（减压阀后）的油液压力（Pa）；p_3是节流阀后的油液压力（Pa）；$F_{簧}$是减压阀弹簧的作用力（N）；A 是减压阀阀芯大端的有效作用面积（m^2）。

因为减压阀阀芯弹簧很软（刚度很低），当阀芯上下移动时其弹簧作用力 $F_{簧}$变化不大，所以节流阀前后的压力差 $\Delta p = p_2 - p_3$ 基本不变，为一个常量，也就是说当负载变化时，通过调速阀的油液流量基本不变，液压系统执行元件的运动速度保持稳定。

2. 调速阀的流量特性和最小压力差

图 7-8（d）所示为调速阀与节流阀的特性曲线，它表示了两种阀的流量 q 随阀进、出油口两端压力差 Δp 的变化规律。节流阀的流量随压力差变化较大，而调速阀在压力差大于一定值后，流量基本维持恒定。当调速阀压力差很小时，减压阀阀芯被弹簧推至最下端，减压阀阀口全开，减压阀不起作用，这时调速阀的特性就和节流阀相同。所以调速阀正常工作时，至少应保证有 0.4 ～ 0.5 MPa 以上的压力差。

7-1-4　流量控制阀的选用与注意事项

1. 流量控制阀的选用原则

根据液压系统的要求选定流量控制阀的类型之后，可按以下几方面对流量控制阀进行选择。

（1）额定压力。系统工作压力的变化必须在流量阀的额定压力之内。

（2）最大流量。能满足在一个工作循环中所有的流量范围，通过流量控制阀的流量应小于该阀的额定流量。

（3）流量控制形式。是要求用节流阀还是要求用调速阀，是否有单向流动控制要求等。

（4）流量调节范围。应满足系统要求的最大流量及最小流量，流量控制阀的流量调节范围应大于系统要求的流量范围。特别注意，在选择节流阀和调速阀时，所选阀的最小稳定流量应满足执行机构的最低稳定速度的要求。

（5）流量控制精度。流量阀能否满足被控制的流量精度。特别要注意在小流量时控制精度是否满足要求。

（6）是否需要压力补偿和温度补偿。根据液压系统工作条件及流量的控制精度要求决定是否选择带压力补偿和温度补偿的流量控制阀。

（7）安装及连接方式，安装空间与尺寸。

2. 流量控制阀的使用注意事项

（1）启动时的冲击。当调速阀的出口堵住时，其节流阀两端压力相等，减压阀阀芯在弹簧力的作用下移至最下端，阀开口最大。因此当调速阀出口迅速打开时，其出油口与油路接通瞬时，出口压力突然减小。而减压阀阀口来不及关小，不起控制压差的作用，将导致通过调速阀的瞬时流量增加，出现液压缸前冲现象。

（2）最小稳定压差。由节流阀与调速阀的流量特性曲线可知，当调速阀前后压差大于最小值 Δp_{min} 时，其流量稳定不变，即特性曲线为一水平直线。当其压差小于 Δp_{min} 时，减压阀不起作用，故其特性曲线与节流阀特性曲线重合，此时调速阀相当于节流阀。因此调速阀在使用中需要使其两端压差大于 Δp_{min}，使调速阀工作在水平直线段。调速阀的最小压差为 0.5 ～ 1 MPa。

（3）流量稳定性。流量控制阀在接近最小稳定流量下工作时，建议在调速阀的进口侧设置管路过滤器，以免流量控制阀阻塞而影响流量的稳定性。

任务实施 7-1　节流阀和调速阀的选型与拆装

液压吊工作时，把不同质量的物件吊放在指定位置，吊臂需要在上升和下降时都可以控制速度，为此这里用一个双作用液压缸来完成载荷的升降运行。在液压传动系统中用来调节流量的元件是流量控制阀，常用的流量控制阀是节流阀和调速阀。由于带动吊臂在运行中活塞杆的冲出速度过大，所以可以采用节流阀或调速阀来调速，同时将流量阀安放在回油路上作为背压阀，提高运动平稳性。

1. 节流阀的拆装步骤

节流阀的立体分解图如图 7-9 所示。节流阀的拆装步骤如下。

（1）准备好内六角扳手一套、耐油橡胶板一块、油盘一个及钳工工具一套等器具。

（2）松开刻度手轮 3 上的锁紧螺钉 2、4，取下手轮 3。

（3）卸下刻度盘 8，取下节流阀 5 及密封圈 6、7、9。

（4）卸下螺塞 13，取下密封圈 14、弹簧 15、单向阀阀芯 16。

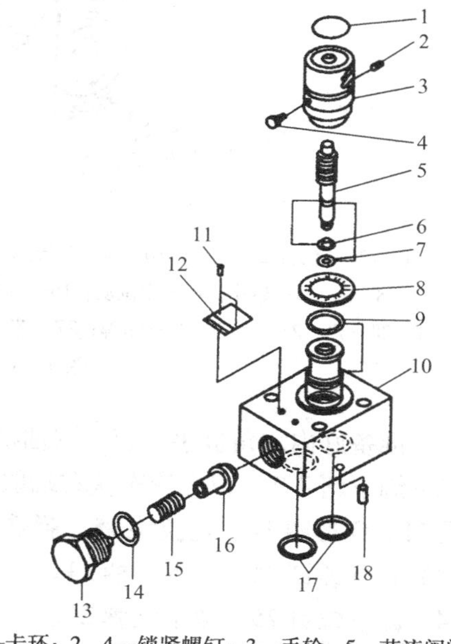

1—卡环；2、4—锁紧螺钉；3—手轮；5—节流阀阀芯；6、7、9—密封圈；8—刻度盘；10—阀体；11—螺钉；12—铭牌；13—螺塞；14、17—密封圈；15—弹簧；16—单向阀阀芯；18—销

图 7-9　普通节流阀的立体分解图

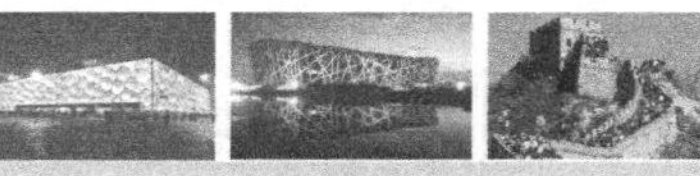

（5）观察节流阀主要零件的结构和作用。

① 观察阀芯的结构和作用。

② 观察阀体的结构和作用。观察阀芯的结构和阀体上的油口尺寸。

（6）按拆卸的相反顺序装配，即后拆的零件先装配，先拆的零件后装配。装配时，若有零件弄脏，应该用煤油清洗干净后方可装配。装配阀芯时，可在其台肩上涂抹液压油，以防止阀芯卡住。装配时严禁遗漏零件。

（7）将节流阀外表面擦拭干净，整理工作台。

2. 调速阀的拆装步骤

如图7-10所示为调速阀的立体分解图，下面以这种阀为例说明调速阀的拆装步骤和方法。

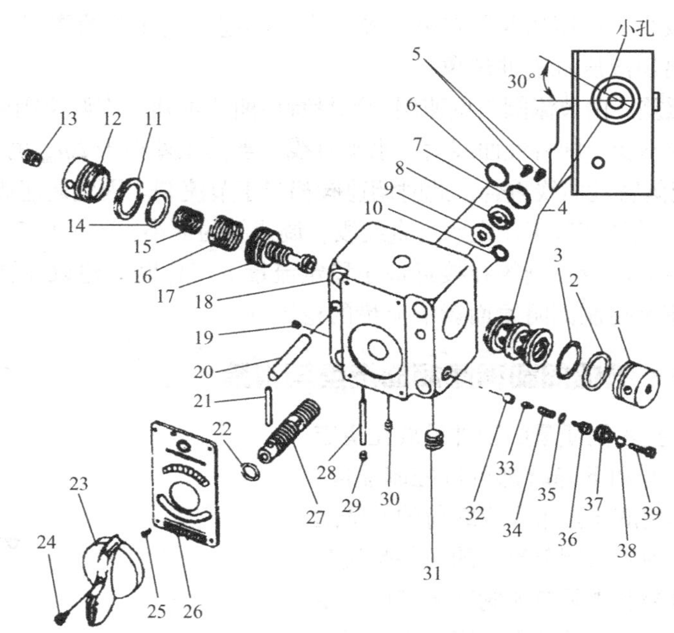

1、12—堵头；2、6、7、10、14—O形圈；3、11—密封挡圈；4—阀套；5、13、24、25、39—螺钉；8、9、22—垫片；15—定位块；16—弹簧；17—减压阀阀芯；18—阀体；19、29、30—紧固件；20、21、28—销；23—手柄；26—铭牌；27—节流阀阀芯；31—螺堵；38、37、36、35、34、33、32—单向阀组件

图7-10　调速阀的立体分解图

（1）准备好内六角扳手一套、耐油橡胶板一块、油盘一个及钳工工具一套等器具。

（2）卸下堵头1、12，依次从右端取下O形圈2、密封挡圈3、阀套4；依次从左端取下密封挡圈11、O形圈14、定位块15、弹簧16、压力补偿阀阀芯17。

（3）卸下螺钉24，取下手柄23。

（4）卸下螺钉25，取下铭牌26。

（5）卸下节流阀阀芯27。

（6）卸下O形圈6、7，垫8、9，O形圈10。

（7）卸下螺钉39，取下38、37、36、35、34、33、32等单向阀组件。

（8）观察调速阀主要零件的结构和作用。

① 观察节流阀阀芯的结构和作用。

② 观察减压阀阀芯的结构和作用。

③ 观察单向阀阀芯的结构和作用。

④ 观察阀体的结构和作用。

(9) 按拆卸的相反顺序装配，即后拆的零件先装配，先拆的零件后装配。装配时，若有零件弄脏，应该用煤油清洗干净后方可装配。装配阀芯时，可在其台肩上涂抹液压油，以防止阀芯卡住。装配时严禁遗漏零件。

(10) 将调速阀外表面擦拭干净，整理工作台。

3. 工作任务单

姓名		班级		组别		日期	
工作任务	节流阀和调速阀的选型与拆装						
任务描述	在教师的指导下，根据液压吊的工作原理，查阅相关资料进行节流阀和调速阀的选型，在实训室完成节流阀和调速阀的拆卸与组装						
任务要求	1. 根据液压吊速度工作要求，能够进行流量控制阀的选用，形成清单； 2. 节流阀和调速阀拆装并记录； 3. 在工作台上合理布置各元器件，规范工具使用与存放						
提交成果	1. 节流阀和调速阀选型清单； 2. 流量控制阀拆装流程						
考核评价	序号	考核内容	配分	评分标准	得分		
	1	安全意识	10	遵守安全规章、制度			
	2	工具的使用	10	正确使用实验工具			
	3	节流阀和调速阀的选型	30	合理选用流量控制阀			
	4	节流阀和调速阀的拆装	40	拆装前后一致，过程有序			
	5	团队协作	10	与他人合作有效			
指导教师			总分				

任务 7-2　注塑机启闭模速度控制回路的设计与应用

任务引入

如图 7-11 所示为注塑机。注塑机的工作过程是将颗粒状的塑料加热熔化为液状，用注射装置快速高压注入模腔，再保压冷却成型。其工作过程就包括闭模、注射、保压、启模和顶出等过程。要求快速实现启模和合模动作，且具有可调节的合模和开模速度，还要能够实现注射等工作，这就存在快慢速回路换接问题，如何保证快慢速换接平稳？该如何选择速度控制元件呢？这些元件又是通过什么方式来控制液压缸的速度的？

图 7-11　注塑机

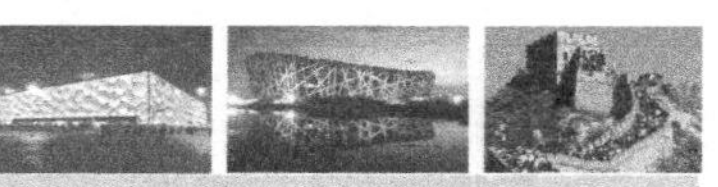

任务分析

前面已经学过用节流阀来调节速度，但节流阀的进、出油口压力随负载变化而变化，影响节流阀流量的均匀性，使执行机构的运行速度不稳定。分析该任务不难看出，在注塑机的液压系统中采用节流阀来进行调速是不能满足要求的。那么所采用的调速阀，应使节流阀进、出油口压力差保持不变，执行机构的运行速度就可以相应地得到稳定。要实现快速运动，可采用双泵供油的快速运动回路，这样功率利用合理，效率高，并且速度换接平稳。

相关知识

速度控制回路的功能是使执行元件获得能满足工作需求的运动速度。它包括调速回路、快速运动回路、速度换接回路等。

7-2-1 调速回路的工作特点与选用

调速回路的功能是调节执行元件的运动速度。根据执行元件运动速度表达式可知：液压马达的转速 $n_M = q/V$，液压缸的运动速度 $v = q/A$。对于液压缸（A 一定）和定量马达（V 一定），改变速度的方法只有改变输入或输出流量。对于变量马达，既可通过改变流量又可通过改变自身排量来调节速度。因此，液压系统的调速方法可分为节流调速、容积调速和容积节流调速三种形式。

1. 节流调速回路

节流调速回路是用定量泵供油，通过调节流量阀的通流截面积大小来改变进入执行元件的流量，从而实现运动速度的调节。根据流量阀在回路中的位置不同，可分为进油路节流调速回路、回油路节流调速回路和旁油路节流调速回路三种。

1）进油路节流调速回路

在执行机构的进油路上串接一个流量阀即构成进油路节流调速回路。如图 7-12（a）所示为采用节流阀的进油路节流调速回路。泵的供油压力由溢流阀调定，调节节流阀的开口，改变进入液压缸的流量，即可调节缸的速度。泵多余的流量经溢流阀回到油箱，故无溢流阀时则不能调速。

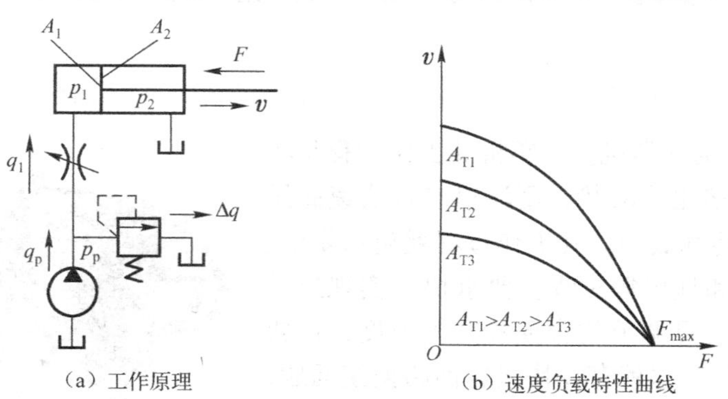

图 7-12 进油路节流调速回路

（1）速度负载特性。缸在稳定工作时，活塞受力平衡方程式为：

$$p_1A_1 = F + p_2A_2$$

式中，p_1、p_2分别为缸的进油腔和回油腔压力，由于回油腔通油箱，p_2可视为零；F、A_1、A_2分别为缸的负载、无杆腔有效面积和有杆腔有效面积。有：

$$p_1 = \frac{F}{A_1}$$

节流阀两端的压力差为：

$$\Delta p = p_p - p_1 = p_p - \frac{F}{A_1}$$

经节流阀进入液压缸的流量为：

$$q_1 = KA\Delta p^m = KA\left(p_p - \frac{F}{A_1}\right)^m$$

故液压缸的速度为：

$$v = \frac{q_1}{A_1} = \frac{KA}{A_1}\left(p_p - \frac{F}{A_1}\right)^m \tag{7-3}$$

式（7-3）为本回路的速度负载特性方程。由该式可见，液压缸速度 v 与节流阀通流面积 A 成正比，调节 A 可实现无级调速，这种回路的调速范围较大。当 A 调定后，速度随负载的增大而减小，故这种调速回路的速度负载特性较“软”。

若按式（7-3）选用不同的 A 值作 $v-F$ 坐标曲线图，可得一组曲线，即为本回路的速度负载特性曲线，如图7-12（b）所示。速度负载特性曲线表明速度随负载变化的规律，曲线越陡，说明负载变化对速度的影响越大，即速度刚性越低。当节流阀通流面积 A 不变时，轻载区域比重载区域的速度刚性高；在相同负载下工作时，节流阀通流面积小要比大时的速度刚性高，即速度低时比高时的速度刚性高。

（2）特点。在工作过程中液压泵的输出流量和供油压力不变。而选择液压泵的流量必须按执行元件的最高速度和负载情况下所需压力考虑，因此泵输出功率较大。但液压缸的速度和负载常常是变化的。当系统以低速轻载工作时，有效功率很小，相当大的功率损失消耗在节流损失和溢流损失，功率损失转换为热能，使油温升高。

由于节流阀安装在执行元件的进油路上，回油路无背压，负载消失，工作部件会产生前冲现象，也不能承受负值负载。这种回路多用于轻载、低速、负载变化不大和对速度稳定性要求不高的小功率液压系统。例如，车床、镗床、钻床、组合机床等机床的进给运动和辅助运动。

2）回油路节流调速回路

在执行元件的回油路上串接一个流量阀，即可构成回油路节流调速回路。如图7-13所示为采用节流阀的回油路节流调速回路。通过节流阀调节液压缸的回油流量，就能控制进入液压缸的流量，实现调速。

重复式（7-3）的推导步骤，采用同样的分析方法可以得到与进油路节流调速回路相似的速度负载特性。只是此时背压 $p_2 \neq 0$，且节流阀两端压差 $\Delta p = p_2$，而缸的工作压力 p_1 等于液压泵的压力 p_p。

回油路节流调速回路的速度负载特性方程为：

$$v = \frac{q_2}{A_2} = \frac{KA}{A_2}\left(\frac{p_1 A_1 - F}{A_2}\right)^m \tag{7-4}$$

虽然进油路和回油路节流调速的速度负载特性公式形式相似，功率特性相同，但它们在以下几方面的性能有明显差别。

（1）承受负值负载的能力。所谓负值负载就是作用力的方向与执行元件的运动方向相同的

负载。回油路节流调速的节流阀在液压缸的回油腔能形成一定的背压，能承受一定的负值负载；对于进油路节流调速回路，要使其能承受负值负载就必须在执行元件的回油路上加上背压阀。这必然会导致增加功率消耗，增大油液发热量。

（2）运动平稳性。回油路节流调速回路由于回油路上存在背压，可以有效地防止空气从回油路吸入，因而低速运动时不易爬行；高速运动时不易发生颤震，即运动平稳性好。进油路节流调速回路在不加背压阀时不具备这种特点。

（3）油液发热对回路的影响。进油路节流调速回路中，通过节流阀产生的节流功率损失转变为热量，一部分由元件散发出去，另一部分使油液温度升高，直接进入液压缸，会使缸的内外泄漏增加，速度稳定性不好。而回油路节流调速回路油液经节流阀温升后，直接回到油箱，经冷却后再流入系统，对系统泄漏影响较小。

（4）停车后的启动性能。回油路节流调速回路中若停车时间较长，液压缸回到油箱的油液会泄漏，重新启动时背压不能立即建立，会引起瞬间工作机构的前冲现象；对于进油路节流调速，只要在开车时关小节流阀即可避免启动冲击。

综上所述，进油路、回油路节流调速回路的结构简单，价格低廉，但效率较低，只适合用在负载变化不大，低速、小功率场合，如某些机床的进给系统中。在实际应用中普遍采用进油路节流调速回路，并在回油路上加一个背压阀以提高运动平稳性。

3）*旁油路节流调速回路*

将流量阀安放在和执行元件并联的旁油路上，即构成旁油路节流调速回路。如图 7-14 所示为采用节流阀的旁油路节流调速回路。节流阀调节液压泵溢出到油箱的流量，从而控制进入缸的流量。调节节流阀开口，即实现调速。由于溢流已由节流阀承担，故溢流阀用作安全阀，常态时关闭，过载时打开，其调定压力为回路最大工作压力的 1.1 ～ 1.2 倍。故液压泵的供油压力 p_p 不再恒定，它与缸的工作压力相等，取决于负载。

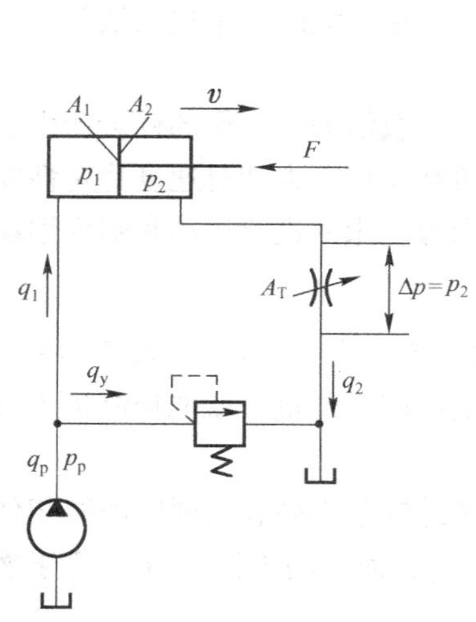

图 7-13　回油路节流调速回路

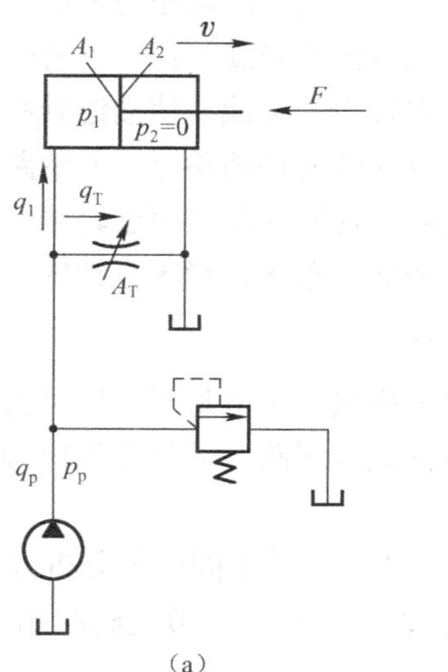

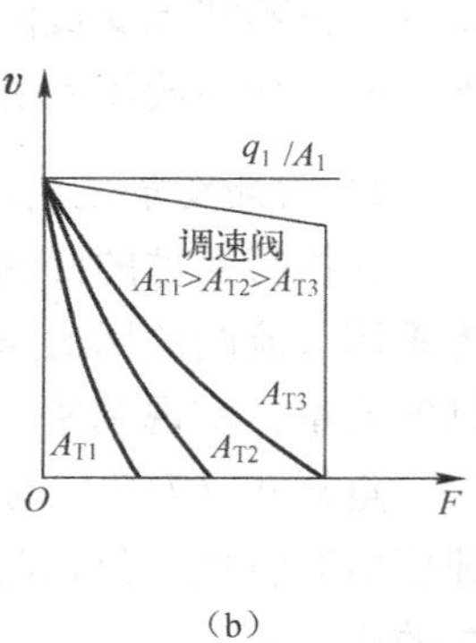

图 7-14　旁油路节流调速回路

考虑到泵的工作压力随负载变化，泵的输出流量应计入泵的泄漏量随压力的变化，采用与前述相同的分析方法可得速度表达式为：

$$v=\frac{q_1}{A_1}=\frac{q_{pt}-\Delta q_p-\Delta q}{A_1}=\frac{q_{pt}-k_1\left(\frac{F}{A_1}\right)-KA_T\left(\frac{F}{A_1}\right)^m}{A_1}$$

式中，q_{pt}是泵的理论流量；k_1是泵的泄漏系数，其余符号意义同前。

旁油路节流调速回路只有节流损失，而无溢流损失，因而功率损失比前两种调速回路小，效率高。这种调速回路一般用于功率较大且对速度稳定性要求不高的场合。

4）采用调速阀的节流调速回路

使用节流阀的节流调速回路，速度受负载变化的影响比较大，即速度负载特性比较软，变载荷下的运动平稳性比较差。为了克服这个缺点，回路中的节流阀可用调速阀来代替。由于调速阀本身能在负载变化的条件下保证节流阀进出油口间的压差基本不变，因而使用调速阀后，节流调速回路的速度负载特性将得到改善。

采用调速阀的节流调速回路虽然解决了速度稳定性问题，但由于调速阀中包含了减压阀和节流阀的损失，并且同样存在着溢流损失，故此回路的功率损失比节流阀调速回路还要大些。

2. 容积调速回路

容积调速回路是通过改变回路中液压泵或液压马达的排量来实现调速的。其主要优点是功率损失小（没有溢流损失和节流损失）且其工作压力随负载变化，所以效率高、油的温度低，但低速稳定性较差，因此适用于高速、大功率系统。

按油路循环方式不同，容积调速回路有开式回路和闭式回路两种。开式回路中泵从油箱吸油，执行机构的回油直接回到油箱，油箱容积大，油液能得到较充分冷却，但空气和杂质易进入回路，如图7-15（a）所示。在闭式回路中，液压泵出口与执行元件进口相连，执行元件出口接液压泵的进口，油液在液压泵和执行元件之间循环，不经过油箱，如图7-15（b）所示。闭式回路的结构紧凑，只需要很小的补油箱，但冷却条件差。为了补偿工作中油液的泄漏，一般需增设补油泵，补油泵的流量为主泵流量的10%～15%。

根据液压泵和液压马达（或液压缸）的组合不同，容积调速回路可分为如下三种形式。

（1）变量泵－液压缸（或定量液压马达）组成的容积调速回路，如图7-15（a），(b)所示。

（2）定量泵－变量液压马达组成的容积调速回路，如图7-15（c）所示。

（3）变量泵－变量液压马达组成的容积调速回路，如图7-15（d）所示。

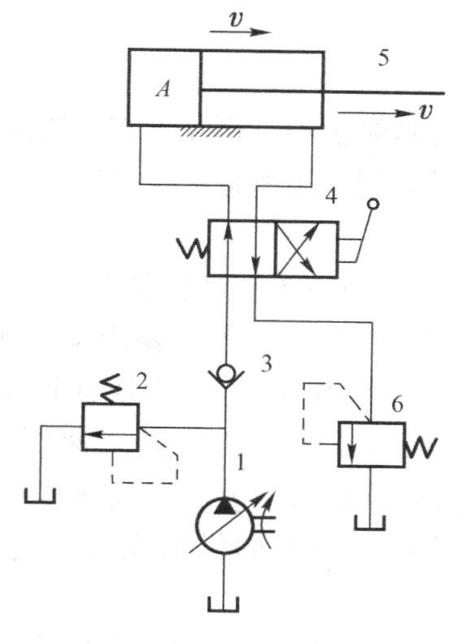

（a）变量泵－液压缸式

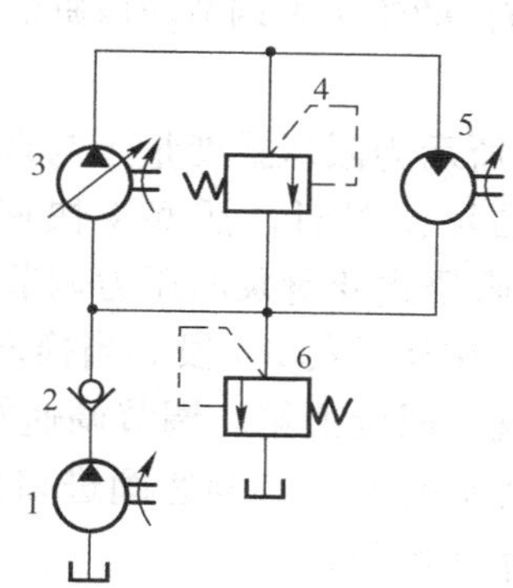

（b）变量泵－定量液压马达式

图7-15　容积调速回路

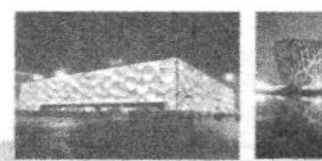

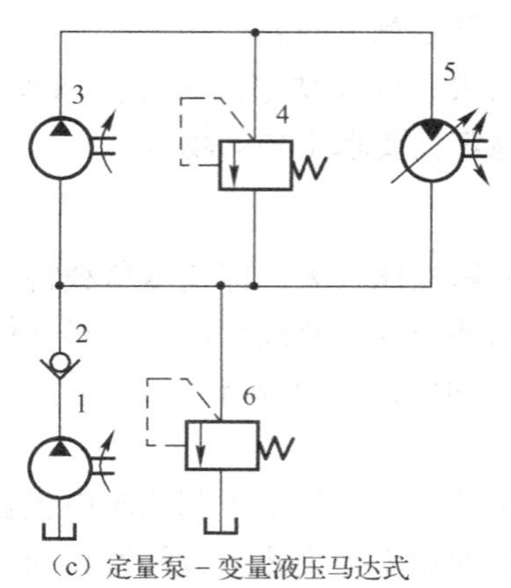

（c）定量泵－变量液压马达式

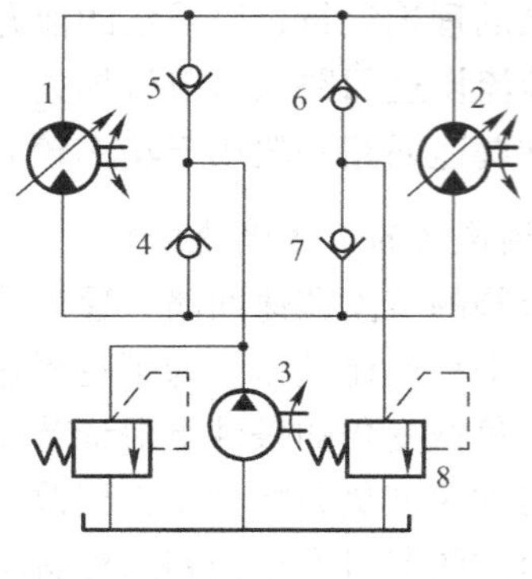

（d）变量泵－变量液压马达式

图7-15　容积调速回路（续）

表7-1简述了三种容积调速回路的主要特点。

表7-1　容积调速回路的主要特点

种　类	变量泵－定量液压马达（或液压缸）	定量泵－变量液压马达	变量泵－变量液压马达
主要特点	（1）马达转速 n_M（或液压缸速度 v）随变量泵排量 V_p 的增大而加快，且调速范围较大； （2）液压马达（液压缸）输出的转矩（推力）一定，属恒转矩（推力）调速； （3）马达的输出功率 P_M 随马达转速的改变呈线性变化； （4）功率损失小，系统效率高； （5）油液泄漏对速度刚性影响大； （6）价格较贵，适合于大功率的场合	（1）马达转速 n_M 随排量 V_M 的增大而减慢，且调速范围较小； （2）液压马达的转矩 T_M 随转速 n_M 的增大而减小； （3）马达的最大输出功率不变，属恒功率调速； （4）功率损失小，系统效率高； （5）油液泄漏对速度刚性影响大； （6）价格较贵，适合于大功率的场合	（1）第一阶段，保持马达排量 V_M 为最大且不变化，由变量泵排量 V_p 调节 n_M，采用恒转矩调速；第二阶段，保持 V_p 为最大且不变化，由 V_M 调节 n_M，采用恒功率调速； （2）调速范围大； （3）扩大了 T_M 和 P_M 特性的可选择性，适合于大功率且调速范围大的场合

3. 容积节流调速回路

容积节流调速回路的工作原理是采用压力补偿型变量泵供油，用流量控制阀调定进入液压缸或由液压缸流出的流量来调节液压缸的运动速度，并使变量泵的输油量自动地与液压缸所需的流量相适应。

如图7-16所示为限压式变量泵与调速阀等组成的容积节流调速回路的工作原理和调速特性曲线。在图示位置时，活塞4快速向右运动，泵1按快速运动要求调节其输出流量 q_{max}，同时调节限压式变量泵的压力调节螺钉，使泵的限定压力 p_c 大于快速运动所需压力，如图7-16（b）中所示的 AB 段。当换向阀3通电，泵输出的压力油经调速阀2进入缸4，其回油经背压阀5回到油箱。调节调速阀2的流量 q_1 就可调节活塞的运动速度 v，由于 $q_1 < q_B$，压力油迫使泵的出口与调速阀进口之间的油压升高，即泵的供油压力升高，泵的流量便自动减小到 $q_B \approx q_1$ 为止。

这种调速回路的运动稳定性、速度负载特性、承载能力和调速范围，均与采用调速阀的节流调速回路相同。如图7-16（b）所示为其调速特性曲线，由图可知，此回路只有节流损失而无溢流损失。

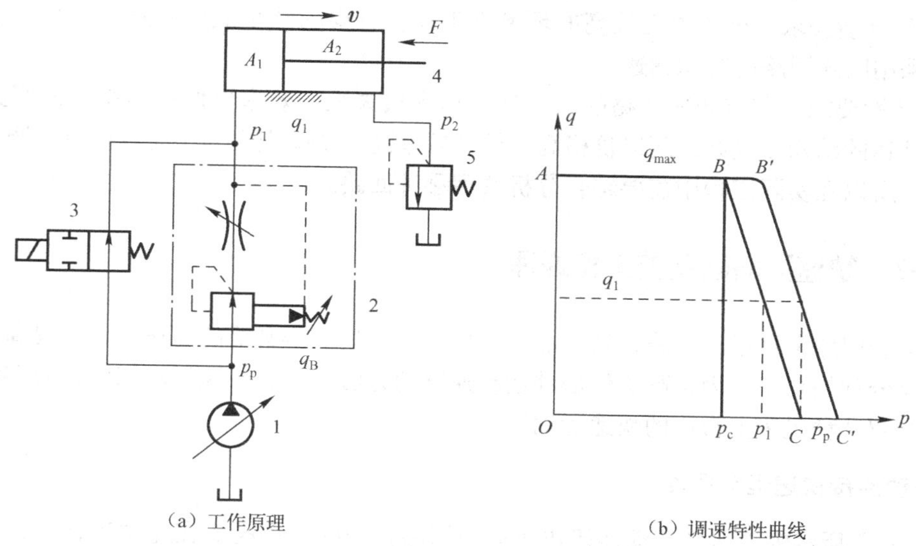

（a）工作原理　　（b）调速特性曲线

图 7–16　容积节流调速回路

从以上分析可知，容积节流调速回路无溢流损失，效率较高，调速范围大，速度刚性好。一般用于空载时需快速、承载时要稳定的中小功率的液压系统。

4. 调速回路的比较和选用

（1）调速回路的性能比较，如表 7–2 所示。

表 7–2　调速回路的性能比较

主要性能 \ 回路类别		节流调速回路				容积调速回路	容积节流调速回路	
		用节流阀		用调速阀				
		进、回油路	旁路	进、回油路	旁路		限压式	稳流式
机械特性	速度稳定性	较差	差	好		较好	好	
	承载能力	较好	较差	好		较好	好	
调速范围		较大	小	较大		大	较大	
功率特性	效率	低	较高	低	较高	最高	较高	高
	发热	大	较小	大	较小	最小	较小	小
适用范围		小功率、轻载的中、低压系统				大功率、重载、高速的中、高压系统	中、小功率的中压系统	

（2）调速回路的选用主要考虑以下三个问题。

① 执行机构的负载性质、运动速度、速度稳定性等要求。负载小，且工作过程中负载变化也小的系统可采用节流阀节流调速；在工作过程中负载变化较大且要求低速稳定性好的系统，宜采用调速阀的节流调速或容积节流调速；对负载变化大、运动速度高、油的温升要求小的系统，宜采用容积调速回路。

一般来说，功率在 3 kW 以下的液压系统宜采用节流调速回路；功率在 3 ～ 5 kW 的液压系统宜采用容积节流调速回路；功率在 5 kW 以上的宜采用容积调速回路。

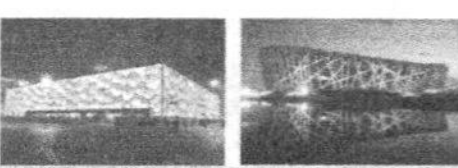

② 工作环境要求。处于温度较高的环境下工作，且要求整个液压装置体积小、重量轻的情况，宜采用闭式回路的容积调速。

③ 经济性要求。节流调速回路的成本低，功率损失大，效率也低；容积调速回路因变量泵、变量马达的结构较复杂，所以价格高，但其效率高、功率损失小；而容积节流调速则介于两者之间。所以在实际工程中需要综合分析选用哪种回路。

7-2-2 快速运动回路的工作原理

快速运动回路又称增速回路，其功能在于使执行元件获得必要的高速度，以提高系统的工作效率或充分利用功率。因提高工作部件运动速度的方法不同，快速运动回路将有多种构成方案。以下介绍几种机床上常用的快速运动回路。

1. 差动连接快速运动回路

如图 7-17 所示为液压缸差动连接快速运动回路。当阀 1 和阀 3 在左位工作时，液压缸形成差动连接，实现快速运动。当阀 3 在右位工作时，差动连接即被切断，液压缸回油经过调速阀，实现工进。阀 1 切换至右位工作时，缸快速退回。

这种回路的结构简单，价格低廉，应用普遍，但液压缸的速度加快有限，有时仍不能满足快速运动的要求，常常要求和其他方法（如限压式变量泵）联合使用。但必须要注意此回路的换向阀和油管通道应按差动时的较大流量选择，否则会产生较大的压力损失，使液压泵的部分油从溢流阀流回油箱，速度减慢，甚至不起差动作用。

2. 双泵供油的快速运动回路

如图 7-18 所示为双泵供油的快速运动回路。这种回路由低压大流量泵 1 和高压小流量泵 2 组成的双联泵作为动力源，顺序阀 3 和溢流阀 5 分别设定双泵供油和小流量泵 2 单独供油时系统的最高工作压力。当换向阀 6 处于图示位置的空行程时，由于外负载很小，使系统压力低于顺序阀 3 的调定压力时，两个泵同时向系统供油，液压缸无杆腔的油经阀 6 回到油箱，活塞快速向右运动；当换向阀 6 的电磁铁通电处于右位工作时，液压缸无杆腔的油经阀 6 必须经节流阀 7 回油箱，当系统压力达到或超过顺序阀 3 的调定压力时，大流量泵 1 通过阀 3 卸荷，单向阀 4 自动关闭，只有小流量泵 2 单独向系统供油，活塞慢速向右运动，小流量泵 2 的最高工作压力由溢流阀 5 调定。这里应注意，顺序阀 3 的调定压力至少应比溢流阀 5 的调定压力低10%～20%。大流量泵 1 的卸荷减少了动力消耗，回油路效率较高。

这种回路功率利用合理，效率较高，缺点是回路较复杂，成本较高，常用在执行元件快进和工进速度相差较大的组合机床、注塑机等设备的液压系统中。

3. 采用蓄能器的快速运动回路

如图 7-19 所示为采用蓄能器的快速运动回路。其工作原理为当换向阀 5 处于中位时，液压缸停止运动，蓄能器 4 充液储能，充好后，阀 2 打开，泵卸荷；阀 5 左位或右位工作时，液压缸快速运动，泵和蓄能器同时供油。增加蓄能器的目的是可以应用流量较小的液压泵。

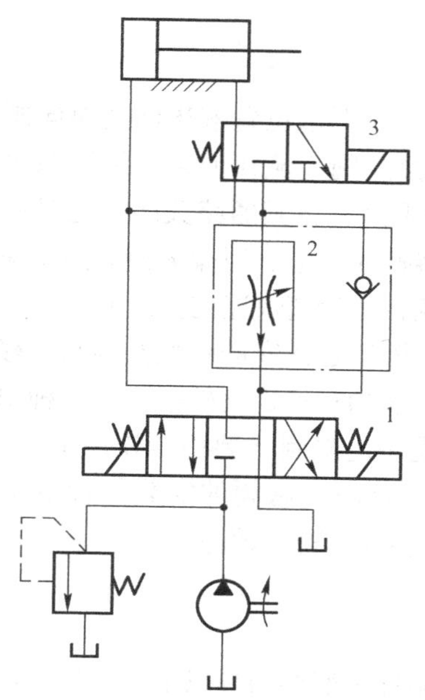

图 7-17　液压缸差动连接快速运动回路

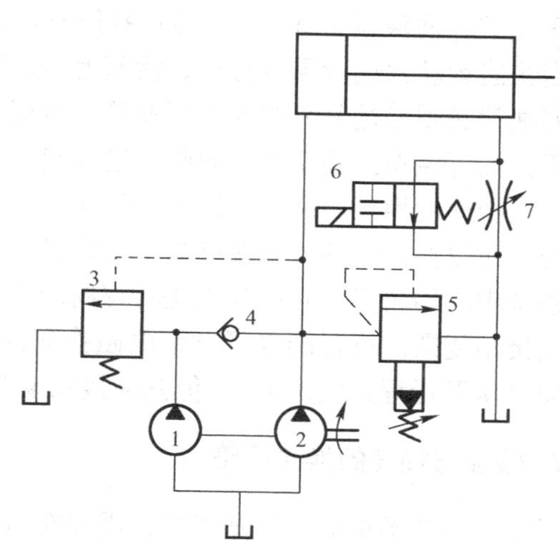

图 7-18　双泵供油的快速运动回路

4. 采用增速缸的快速运动回路

如图 7-20 所示为采用增速缸的快速运动回路。这种回路不需要增大泵的流量，就可获得很大的速度，常用于液压机的液压系统中。

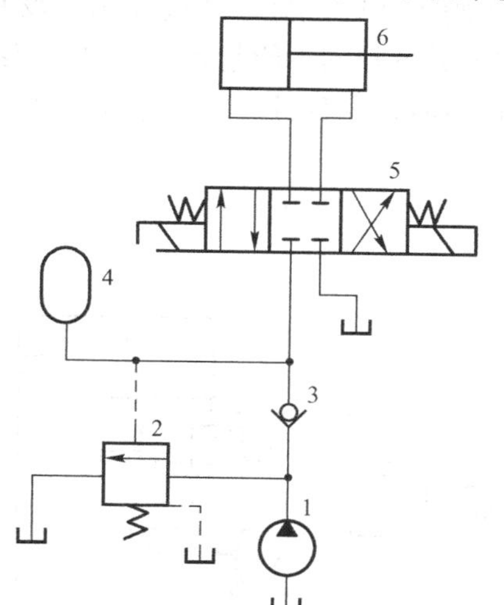

图 7-19　采用蓄能器的快速运动回路

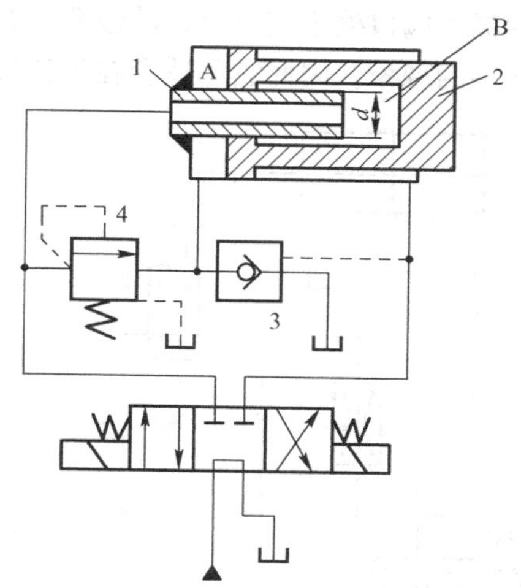

图 7-20　采用增速缸的快速运动回路

7-2-3　速度换接回路的工作原理

设备的工作部件在自动循环工作过程中，需要进行速度转换。例如，机床的二次进给工作循环为快进→第一次工进→第二次工进→快退，就存在着由快速转换为慢速、由第一慢速转换为第二慢速的速度换接等要求。实现这些功能的回路应该具有较高的速度换接平稳性。常用的速度换接回路有快速与慢速的换接回路、慢速与慢速的换接回路两种。

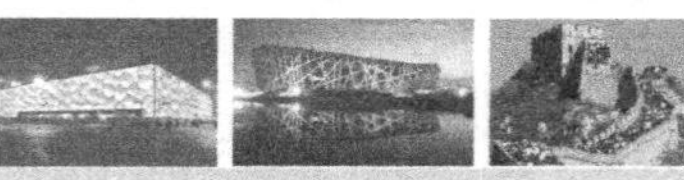

1. 快速与慢速的换接回路

如图 7–21 所示为用行程阀的快速与慢速换接回路。在图示位置液压油经换向阀 2 进入液压缸 3 左腔，而液压缸 3 右腔的回油可经行程阀 4 和换向阀 2 流回油箱，使活塞快速向右运动。当快速运动到达所需位置时，活塞上挡块压下行程阀 4，将其通路关闭，这时液压缸 3 右腔的回油就必须经过节流阀 6 流回油箱，活塞的运动转换为工进。当操纵换向阀 2 使活塞换向后，压力油可经换向阀 2 和单向阀 5 进入液压缸 3 右腔，使活塞快速向左退回。

在这种速度换接回路中，因为行程阀的通油路是由液压缸活塞的行程控制阀芯移动而逐渐关闭的，所以换接时的位置精度高，冲击量小，运动速度的转换也比较平稳。这种回路在机床液压系统中应用较多。它的缺点是行程阀的安装位置受一定限制（要由挡铁压下），所以有时管路连接稍复杂。行程阀也可以用电磁换向阀来代替，这时电磁阀的安装位置不受限制（挡铁只需要压下行程开关即可），但其换接精度及速度转换的平稳性较差。

2. 慢速与慢速的换接回路

对于某些自动机床、注塑机等，需要在自动工作循环中变换两种以上的工作进给速度，这时需要采用两种（或多种）工作进给速度的换接回路。

如图 7–22 所示是两个调速阀并联以实现两种工作进给速度换接的回路。主换向阀 1 在左位或右位工作时，缸做快进或快退运动。当主换向阀 1 在左位工作时，使阀 2 通电，根据阀 3 不同的工作位置，进油需经调速阀 A 或 B 才能进入缸内，可实现第一次工进和第二次工进速度的换接。两个调速阀的节流口可以单独调节，两种速度互不影响，即第一种工作进给速度和第二种工作进给速度互相没有什么限制。但一个调速阀工作时，另一个调速阀中没有油液通过，它的减压阀口处于完全打开的位置，在速度换接开始的瞬间不能起减压作用，容易出现部件突然前冲的现象。因此它不适合在工作过程中的速度换接，只可用在速度预选的场合。

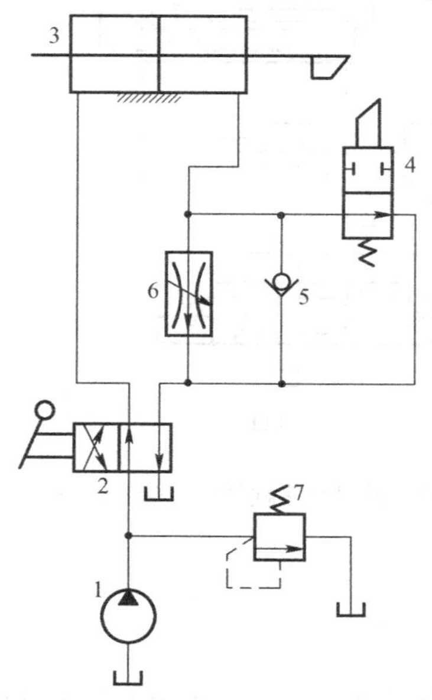

图 7–21　用行程阀的速度换接回路

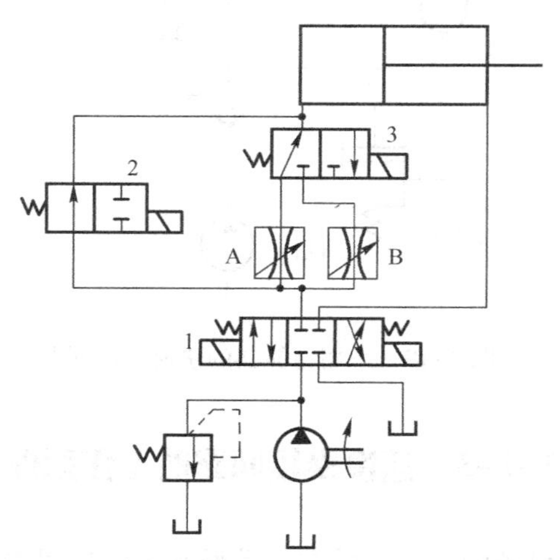

图 7–22　两个调速阀并联的速度换接回路

如图 7–23 所示为两个调速阀串联的速度换接回路。当阀 1 左位工作且阀 2 断开、阀 3 接通时，油液经调速阀 A 流入液压缸左腔，实现第一次工进；当 YA3 得电时，阀 3 断开，使油

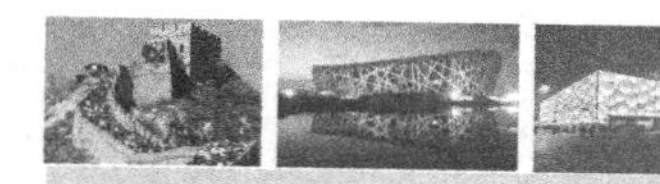

液经调速阀 A 后又经调速阀 B 才能进入液压缸左腔，从而实现第二次工进。但阀 B 的开口需调得比阀 A 小，即二次工进速度必须比一次工进速度低；此外，二次工进时油液经过两个调速阀，能量损失较大。

任务实施 7-2　注塑机启闭模速度控制回路的设计

注塑机启闭模速度控制可以利用调速阀来实现，具体的液压回路如图 7-24 所示。利用低压大流量泵和高压小流量泵并联的方法为系统供油。在图 7-24 中，1 为低压大流量泵，用以实现快速运动；2 为高压小流量泵，用以实现工作进给运动。

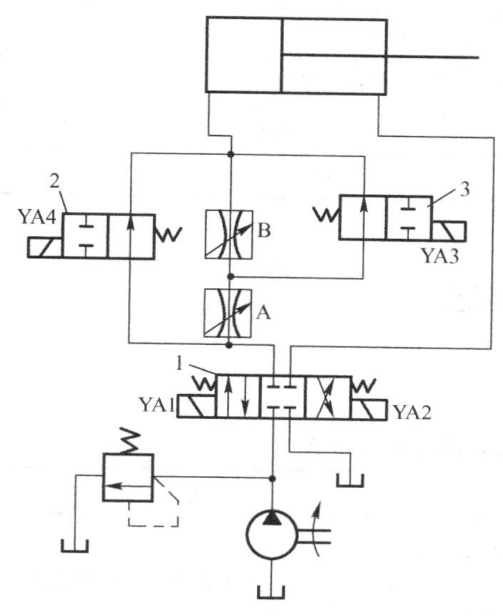

图 7-23　两个调速阀串联的速度换接回路

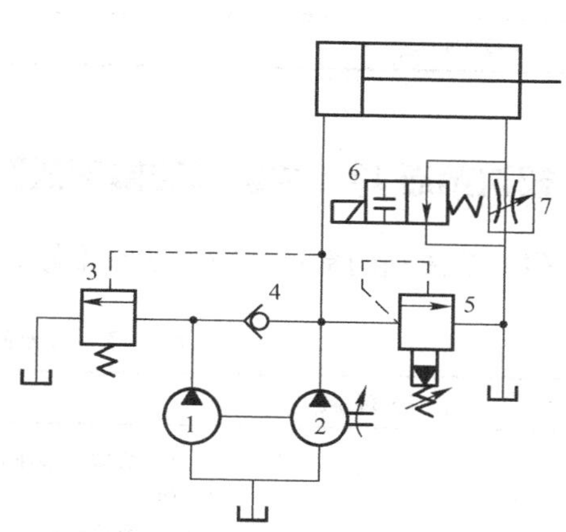

图 7-24　注塑机启闭模速度控制回路

1. 操作步骤

在液压实验台上完成注塑机启闭模速度控制回路的连接，要求如下：

(1) 根据项目要求，设计注塑机启闭模速度控制回路；

(2) 按照液压回路图，选用液压元件并组装回路；

(3) 检查各油口连接情况后，启动液压泵，观察回路动作是否符合要求；

(4) 调节调速阀调速手柄，观察执行元件的运动速度变化情况；

(5) 先卸压，再关油泵，拆下管路，整理好所有元件，归位。

2. 工作任务单

姓名		班级		组别		日期	
工作任务	注塑机启闭模速度控制回路的设计						
任务描述	在液压实训室，根据注塑机启闭模速度控制的原理，选用合理的流量控制阀，设计注塑机启闭模速度控制回路，安装、连接好回路并调试完成系统功能						
任务要求	1. 正确使用相关工具，分析设计出液压回路图； 2. 正确连接元器件，调试运行液压系统，完成系统功能； 3. 调节调速阀，观察速度变化和工作状况						

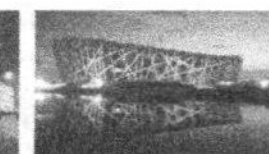

续表

<table>
<tr><td>姓名</td><td></td><td>班级</td><td></td><td>组别</td><td></td><td>日期</td><td></td></tr>
<tr><td>提交成果</td><td colspan="7">1. 注塑机启闭模速度控制回路图；
2. 注塑机启闭模速度控制回路的调试分析报告</td></tr>
<tr><td rowspan="6">考核评价</td><td>序号</td><td>考核内容</td><td>配分</td><td colspan="3">评分标准</td><td>得分</td></tr>
<tr><td>1</td><td>安全文明操作</td><td>10</td><td colspan="3">遵守安全规章、制度，正确使用工具</td><td></td></tr>
<tr><td>2</td><td>绘制液压系统回路图</td><td>20</td><td colspan="3">图形绘制正确，符号规范</td><td></td></tr>
<tr><td>3</td><td>回路正确连接</td><td>30</td><td colspan="3">元器件连接有序正确，无明显泄漏现象</td><td></td></tr>
<tr><td>4</td><td>系统运行调试</td><td>30</td><td colspan="3">系统运行平稳</td><td></td></tr>
<tr><td>5</td><td>团队协作</td><td>10</td><td colspan="3">与他人合作有效</td><td></td></tr>
<tr><td>指导教师</td><td colspan="2"></td><td colspan="4">总分</td><td></td></tr>
</table>

知识拓展 10　流量阀的常见故障诊断与维修

（1）节流阀的常见故障诊断与维修方法见表 7-3。

表 7-3　节流阀的常见故障诊断与维修方法

序号	故障现象	故障原因	维修方法
1	流量调节作用失灵	（1）节流口或阻尼小孔被严重堵塞，滑阀被卡住 （2）节流阀阀芯因污物、毛刺等卡住 （3）阀芯复位弹簧断裂或漏装 （4）在带单向阀装置的节流阀中，单向阀密封不良 （5）节流滑阀与阀体孔配合间隙过小而造成阀芯卡死 （6）节流滑阀与阀体孔配合间隙过大而造成泄漏	（1）拆洗滑阀，更换液压油，使滑阀运动灵活 （2）拆洗滑阀，更换液压油，使滑阀运动灵活 （3）更换或补装弹簧 （4）研磨阀座 （5）研磨阀孔 （6）检查磨损、密封情况，修换阀芯
2	流量虽然可调，但调好的流量不稳定，从而使执行元件的速度不稳定	（1）油中杂质黏附在节流口边上，通油截面减小，流量减少 （2）油温升高，油液的黏度降低 （3）调节手柄锁紧螺钉松动 （4）节流阀因系统负荷有变化而使流量变化 （5）阻尼孔堵塞，系统中有空气 （6）密封损坏 （7）阀芯与阀体孔配合间隙过大而造成泄漏	（1）拆洗有关零件，更换液压油 （2）加强散热 （3）锁紧调节手柄锁紧螺钉 （4）改用调速阀 （5）排空气，畅通阻尼孔 （6）更换密封圈 （7）检查磨损、密封情况，更换阀芯
3	外泄漏、内泄漏大	（1）外泄漏主要发生在调节手柄部位、工艺螺堵、阀安装面等处，主要原因是 O 形密封圈永久变形、破损及漏装等 （2）内泄漏的原因主要是节流阀阀芯与阀体孔配合间隙过大或使用过程中的严重磨损及阀芯与阀孔拉有沟槽，还有油温过高等	（1）更换 O 形密封圈 （2）保证阀芯与阀孔的公差，保证节流阀阀芯与阀体孔配合间隙，如果有严重磨损及阀芯与阀孔拉有沟槽，则可用电刷镀或重新加工阀芯进行研磨

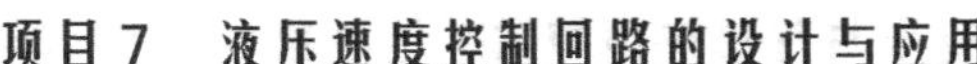

（2）调速阀的常见故障诊断与维修方法见表7-4。

表7-4 调速阀的常见故障诊断与维修方法

序号	故障现象	故障原因	维修方法
1	流量调节作用失灵	（1）节流口或阻尼小孔被严重堵塞，滑阀被卡住 （2）节流阀阀芯因污物、毛刺等卡住 （3）阀芯复位弹簧断裂或漏装 （4）节流滑阀与阀体孔配合间隙过大而造成泄漏 （5）调速阀进出口接反了 （6）定差减压阀阀芯卡死在全闭或小开度位置 （7）调速阀进口与出口压力差太小	（1）拆洗滑阀，更换液压油，使滑阀运动灵活 （2）拆洗滑阀，更换液压油，使滑阀运动灵活 （3）更换或补装弹簧 （4）检查磨损、密封情况，修换阀芯 （5）纠正进出口接法 （6）拆洗和去毛刺，使减压阀阀芯能灵活移动 （7）按说明书调节压力
2	调速阀输出的流量不稳定，从而使执行元件的速度不稳定	（1）定压差减压阀阀芯被污物卡住，动作不灵敏，失去压力补偿作用 （2）定压差减压阀阀芯与阀套配合间隙过小或大小不同心 （3）定压差减压阀阀芯上的阻尼孔堵塞 （4）节流滑阀与阀体孔配合间隙过大而造成泄漏 （5）漏装了减压阀的弹簧，或弹簧折断、装错 （6）在带单向阀装置的调速阀中，单向阀阀芯与阀座接触处有污物卡住或拉有沟槽不密合，存在泄漏	（1）拆洗定压差减压阀阀芯 （2）研磨定压差减压阀阀芯 （3）畅通定压差减压阀阀芯上的阻尼孔 （4）检查磨损、密封情况，修换阀芯 （5）补装或更换减压阀的弹簧 （6）研磨单向阀阀芯与阀座，使之密合，必要时予以更换
3	最小稳定流量不稳定，执行元件低速运动速度不稳定，出现爬行抖动现象	（1）油温高且温度变化大 （2）温度补偿杆弯曲或补偿作用失效 （3）节流阀阀芯因污物造成时堵时通 （4）节流滑阀与阀体孔配合间隙过大而造成泄漏 （5）在带单向阀装置的调速阀中，单向阀阀芯与阀座接触处有污物卡住或拉有沟槽不密合，存在泄漏	（1）加强散热，控制油温 （2）更换温度补偿杆 （3）拆洗滑阀，更换液压油，使滑阀运动灵活 （4）检查磨损、密封情况，修换阀芯 （5）研磨单向阀阀芯与阀座，使之密合，必要时予以更换

自我评价7

1. 填空题

（1）流量控制阀是通过改变阀口通流面积来调节阀口流量，从而控制执行元件运动________的液压控制阀。常用的流量阀有________阀和________阀两种。

（2）速度控制回路是研究液压系统的速度________和________问题，常用的速度控制回路有调速回路、________回路、________回路等。

（3）节流阀的结构简单，体积小，使用方便，成本低。但负载和温度的变化对流量稳定性

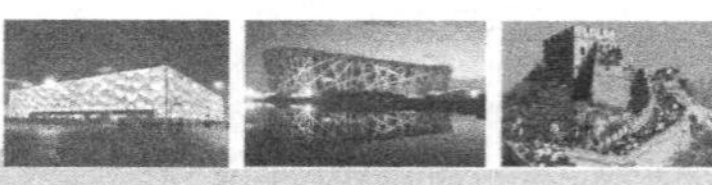

的影响较________，因此只适用于负载和温度变化不大或速度稳定性要求________的液压系统。

(4) 调速阀是由定差减压阀和节流阀________组合而成的。用定差减压阀来保证可调节流阀前后的压力差不受负载变化的影响，从而使通过节流阀的________保持稳定。

(5) 速度控制回路的功能是使执行元件获得能满足工作需求的运动________。它包括________回路、________回路、速度换接回路等。

(6) 节流调速回路是用________泵供油，通过调节流量阀的通流截面积大小来改变进入执行元件的________，从而实现运动速度的调节。

(7) 容积调速回路是通过改变回路中液压泵或液压马达的________来实现调速的。

2. 判断题

(1) 使用可调节流阀进行调速时，执行元件的运动速度不受负载变化的影响。(　　)

(2) 节流阀是最基本的流量控制阀。(　　)

(3) 流量控制阀的基本特点都是利用油液压力和弹簧力相平衡的原理来进行工作的。(　　)

(4) 进油路节流调速回路比回油路节流调速回路的运动平稳性好。(　　)

(5) 进油路节流调速回路和回油路节流调速回路损失的功率都较大，效率都较低。(　　)

3. 选择题

(1) 在液压系统中，可用于液压执行元件速度控制的阀是（　　）。

A. 顺序阀　　B. 节流阀　　C. 溢流阀　　D. 换向阀

(2) 调速阀是（　　），单向阀是（　　），减压阀是（　　）。

A. 方向控制阀　　B. 压力控制阀　　C. 流量控制阀

(3) 系统功率不大，负载变化较小，采用的调速回路为（　　）。

A. 进油路节流　　B. 旁油路节流　　C. 回油路节流　　D. A 或 C

(4) 回油路节流调速回路（　　）。

A. 调速特性与进油路节流调速回路不同

B. 经节流阀而发热的油液不容易散热

C. 广泛应用于功率不大、负载变化较大或运动平衡性要求较高的液压系统

D. 串联背压阀可提高运动的平稳性

(5) 容积节流复合调速回路（　　）。

A. 主要由定量泵和调速阀组成　　B. 工作稳定、效率较高

C. 运动平稳性比节流调速回路差　　D. 在较低速度下工作时运动不够稳定

(6) 调速阀是组合阀，其组成是（　　）。

A. 可调节流阀与单向阀串联　　B. 定差减压阀与可调节流阀并联

C. 定差减压阀与可调节流阀串联　　D. 可调节流阀与单向阀并联

(7) 流量控制阀是通过改变阀口（　　）来调节阀的流量的。

A. 形状　　B. 压力　　C. 通流面积　　D. 压力差

4. 问答题

(1) 液压传动系统中实现流量控制的方式有哪几种？采用的关键元件是什么？

(2) 调速阀为什么能够使执行机构的运动速度稳定？

(3) 试选择下列问题的答案。

① 在进油路节流调速回路中，当外负载变化时，液压泵的工作压力（变化，不变化）。

② 在回油路节流调速回路中，当外负载变化时，液压泵的工作压力（变化，不变化）。

③ 在旁油路节流调速回路中，当外负载变化时，液压泵的工作压力（变化，不变化）。

④ 在容积调速回路中，当外负载变化时，液压泵的工作压力（变化，不变化）。

⑤ 在采用限压式变量泵与调速阀的容积节流调速回路中，当外负载变化时，液压泵的工作压力（变化，不变化）。

(4) 试说明图7-25所示平衡回路是怎样工作的。回路中的节流阀能否省去？为什么？

(5) 说明图7-26所示的回路名称及工作原理。

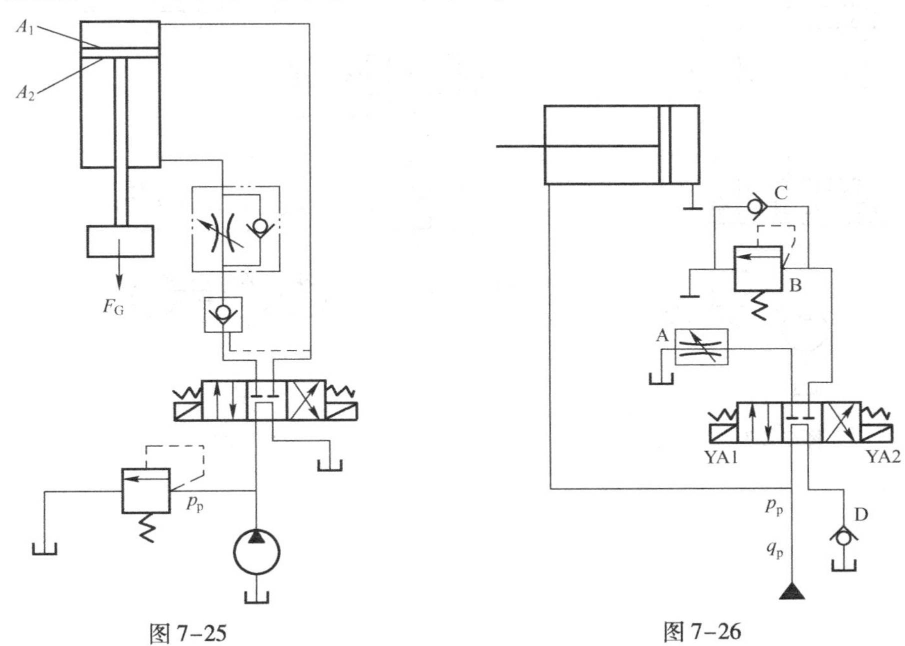

图7-25　　图7-26

5. 计算题

(1) 如图7-27所示的回油路节流调速回路，已知液压泵的供油流量 $q_p = 25\ \text{L/min}$，负载 $F = 40\ 000\ \text{N}$，溢流阀的调定压力 $p_y = 5.4\ \text{MPa}$，液压缸无杆腔面积 $A_1 = 80 \times 10^{-4}\ \text{m}^2$ 时，有杆腔面积 $A_2 = 40 \times 10^{-4}\ \text{m}^2$，液压缸工进速度 $v = 0.18\ \text{m/min}$，不考虑管路损失和液压缸的摩擦损失，试计算：

① 液压缸工进时液压系统的效率。

② 当负载 $F = 0$ 时，回油腔的压力。

(2) 在图7-27中，将节流阀改为调速阀，已知 $q_p = 25\ \text{L/min}$，$A_1 = 100 \times 10^{-4}\ \text{m}^2$ 时，$A_2 = 50 \times 10^{-4}\ \text{m}^2$，$F$ 由零增至30 000 N时活塞向右移动的速度基本无变化，$v = 0.2\ \text{m/min}$。若调速阀要求的最小压差 $\Delta p_{min} = 0.5\ \text{MPa}$，试计算：

① 不计调压偏差时溢流阀调定压力 p_y 是多少？泵的工作压力是多少？

② 液压缸可能达到的最高工作压力是多少？

③ 回路的最高效率为多少？

(3) 如图7-28所示，由复合泵驱动液压系统，活塞快速前进时负荷 $F = 0$，慢速前进时负

荷 $F=20\,000$ N，活塞有效面积 $A=40\times10^{-4}\,\mathrm{m}^2$，左边溢流阀及右边卸荷阀调定压力分别是 7 MPa 与 3 MPa。大排量泵流量 $q_{大}=20$ L/min，小排量泵流量 $q_{小}=5$ L/min，摩擦阻力、管路损失、惯性力忽略不计，试计算：

① 活塞快速前进时，复合泵的出口压力是多少？进入液压缸的流量是多少？活塞的前进速度是多少？

② 活塞慢速前进时，大排量泵的出口压力是多少？复合泵的出口压力是多少？如果欲改变活塞的前进速度，应调整哪个元件？

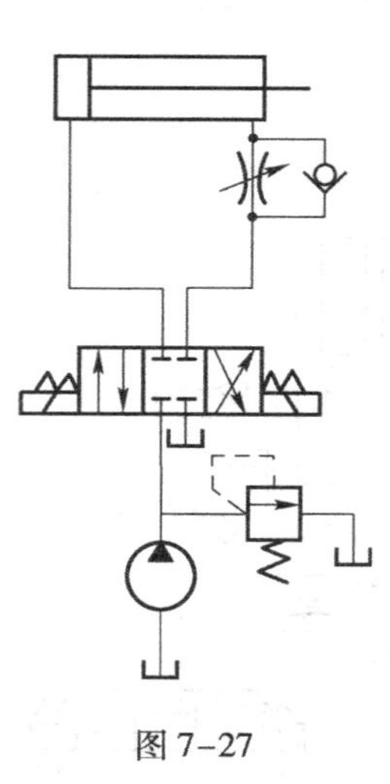

图 7-27

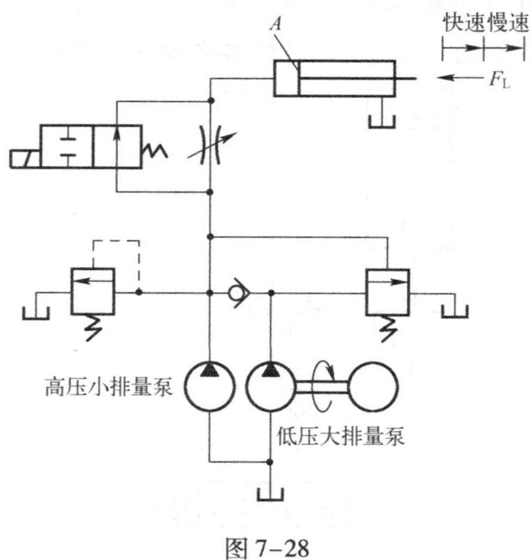

图 7-28

项目8 新型液压阀的应用与多缸运动控制回路设计

学习目标

通过本项目的学习，应掌握各种新型阀的结构原理及功用，掌握多缸工作控制回路的类型，具备根据工作条件选用液压控制阀的能力，具有分析和调试多缸运动控制回路的能力。其具体目标为：

(1) 熟悉新型液压控制元件的分类，理解其结构原理及应用；

(2) 通过职能符号识别叠加阀、插装阀、比例阀和伺服阀，掌握各种新型阀的结构原理及功用；

(3) 掌握多缸运动控制回路的工作原理和控制方式；

(4) 能根据系统功能要求合理选用液压控制阀；

(5) 能正确连接、安装与调试多缸工作控制回路。

任务8-1 机械手伸缩运动中伺服阀的选用

任务引入

在自动化机械或生产线中，机械手常用来夹紧、传输工件（或刀具）、转位和装卸，能操纵工具完成加工、装配、测量、切割、喷涂及焊接等作业，能在高温、高压、多粉尘、危险、易燃、易爆和放射性等恶劣环境中代替人的手工作业。

一般液压机械手应包括四个伺服系统，它们分别控制机械手的伸缩、回转、升降和手腕的动作。在这种系统中，执行元件能以一定的精度自动地按照输入信号的变化规律而运动。那么机械手手臂伸缩运动靠什么液压阀来控制呢？如何选用这类控制阀？

任务分析

电液伺服阀是电液联合控制的多级伺服元件，它能将微弱的电气输入信号放大成大功率的液压能量输出。机械手手臂伸缩运动控制阀选用电液伺服阀，系统原理图如图8-1所示。它主要由电液伺服阀1、液压缸2、活塞杆带动的机械手手臂3、齿轮齿条机构4、电位器5、步进电动机6和放大器7等元件组成。当电位器的触头处在中位时，触头上没有电压输出。当它偏离这个位置时，就会输出相应的电压。电位器触头产生的微弱电压，需经放大器放大后才能对电液伺服阀进行控制。电位器触头由步进电动机带动旋转，步进电动机的角位移和角速度由数控装置发出的脉冲数和脉冲频率控制。齿条固定在机械手手臂上，电位器固定在齿轮上，所以当手臂带动齿轮转动时，电位器同齿轮一起转动，形成负反馈。

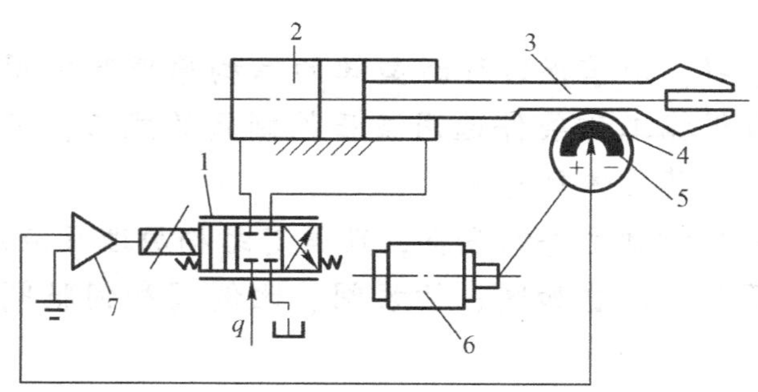

1—电液伺服阀；2—液压缸；3—机械手手臂；4—齿轮齿条机构；5—电位器；6—步进电动机；7—放大器

图8-1 机械手手臂伸缩电液伺服系统原理图

机械手伸缩系统的工作原理：当发出一定数量的脉冲，使步进电动机带动电位器5的动触头转过一定的角度 θ_i（假定为顺时针转动），这时动触头偏离电位器中位，产生微弱电压 u_1，经放大器7放大成 u_2 后输入电液伺服阀1的控制线圈，使伺服阀产生一定的开口量。这时压力油以流量 q 流经阀的开口进入液压缸的左腔，推动活塞连同机械手手臂一起向右移动，行程为 x_v；液压缸右腔的回油经电液伺服阀流回油箱。由于电位器的齿轮和机械手手臂上的齿条相啮合，手臂向右移动时，电位器跟着做顺时针方向转动。当电位器的中位和触头重合时，动触头输出电压为零，电液伺服阀失去信号，阀口关闭，手臂停止移动。手臂移动的行程取决于脉冲数量，速度取决于脉冲频率。当数控装置发出反向脉冲时，步进电动机逆时针方向转动，手臂缩回。

相关知识

液压控制阀按连接方式可分为管式连接、板式及叠加式连接、插装式连接；按控制方式可分为电液比例阀、伺服阀和数字控制阀。

8-1-1　插装阀的工作原理及应用

插装阀又称为插装式锥阀，是一种较新型的液压元件，它的特点是通流能力大，密封性能好，动作灵敏，结构简单，因而主要用于流量较大的系统或对密封性能要求较高的液压系统。

由于插装式元件已标准化，将几个插装式元件组合起来便可组成复合阀，它和普通液压阀相比较，具有下述优点。

（1）通流能力大，特别适用于大流量的场合，它的最大通径可达200 ～ 250 mm，通过的流量可达10 000 L/min。

（2）阀芯动作灵敏，抗堵塞能力强。

（3）密封性好，泄漏少，油液流经阀口的压力损失小。

（4）结构简单，易于实现标准化。

1. 插装阀的结构和工作原理

如图8-2所示为插装阀的外形图、结构原理及图形符号。这种阀由控制盖板、阀套、弹簧、阀芯和阀体等组成。由于这种阀的插装单元在回路中主要起通、断作用，故又称二通插装阀。二通插装阀的工作原理相当于一个液控单向阀。图中A和B为主油路仅有的两个工作油口，C为控制油口（与先导阀相接）。当C口接回油箱时，如果阀芯受到的向上的液压力大于弹簧力，阀芯开启，A与B相通，当A处油压力大于B处油压力时，压力油从A口流向B口；反之压力油则从B口流向A口。当C口有压力油作用时，且C口的油压力大于A和B口的油压力，则阀芯在上、下端压力差和弹簧的作用下关闭油口A和B，这样，锥阀就起到逻辑元件的“非”门的作用，所以插装式锥阀又称为逻辑阀。

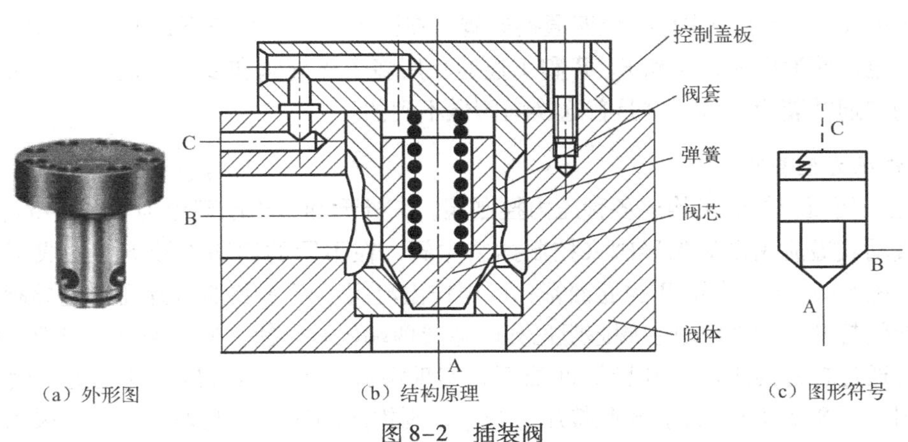

（a）外形图　（b）结构原理　（c）图形符号

图8-2　插装阀

插装阀与各种先导阀组合，便可组成方向控制阀、压力控制阀和流量控制阀。并且同一阀体内可装入若干个不同机能的锥阀组件，加相应盖板和控制元件组成所需要的液压回路，可使液压阀的结构很紧凑。

2. 插装阀的应用

1）用作方向控制阀

如图8-3所示为二通插装阀用作单向阀。将C腔与A或B腔连通，即成为单向阀，连接方法不同其导通方式也不同。如图8-3（a）所示，设A、B两腔的压力分别为p_A和p_B，当$p_A > p_B$时，锥阀关闭，A和B不通；当$p_A < p_B$，且p_B达到一定数值（开启压力）时，便打开锥阀使油液从B流向A。图8-3（b）所示便构成油液从A流向B的单向阀。如果在控制盖板上接一个二位三通液动阀来变换C腔的压力，即成为液控单向阀，如图8-3（c）所示。

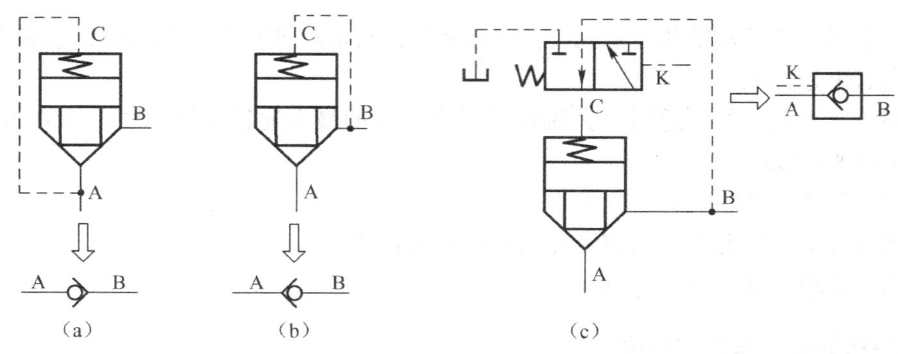

图8-3　二通插装阀用作单向阀

如图8-4（a）所示为用作二位二通换向阀，用一个二位三通电磁阀来转换C腔压力，就成为一个二位二通阀。当二位三通电磁阀断电时，液流A不能流向B。当电磁阀通电时，锥阀开启，A腔和B腔相通。

如图8-4（b）所示为用作二位三通换向阀，将两个锥阀单元再加上一个电磁先导阀就组成一个三通阀，用一个二位四通阀来转换两个锥阀的控制腔中的压力。在图示的电磁阀断电状态，左面的锥阀打开，右面的锥阀关闭，即A通T，P与A不通；电磁阀通电时，P通A，A与T不通。

如图8-4（c）所示为用作二位四通换向阀，在图示的工作状态下，A和T、P和B连通；当二位四通电磁阀通电时，A和P、B和T连通。用多个先导阀和多个主阀相配，可构成复杂位通组合的二通插装换向阀，这是普通换向阀做不到的。

2）用作压力控制阀

对C腔采用压力控制可构成各种压力控制阀，其外形和结构原理分别如图8-5（a），（b）所示。用直动式溢流阀作为先导阀来控制插装主阀，在不同的油路连接下便构成不同的压力阀。例如，图8-5（c）表示B腔通油箱，可用作溢流阀。当A腔油压升高到先导阀调定的压力时，先导阀打开，油液流过主阀芯阻尼孔时造成两端压差，使主阀芯克服弹簧阻力开启，A腔压力油便通过打开的阀口经B腔流回油箱，实现溢流稳压。当二位二通阀通电时便可作为卸荷阀使用。图8-5（d）表示B腔接压力油路，则构成顺序阀。此外，若主阀采用油口常开的圆锥阀芯，则可构成二通插装减压阀；若以比例溢流阀作为先导阀，代替图中直动式溢流

阀，则可构成二通插装电液比例溢流阀。

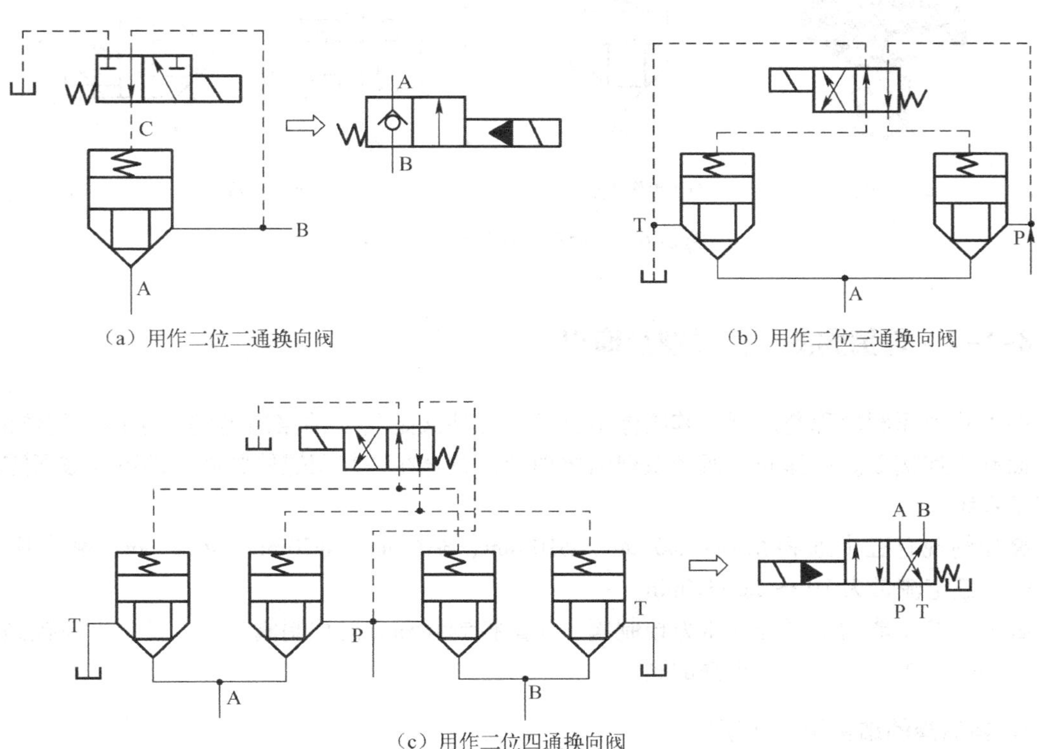

（a）用作二位二通换向阀

（b）用作二位三通换向阀

（c）用作二位四通换向阀

图 8-4 二通插装阀用作换向阀

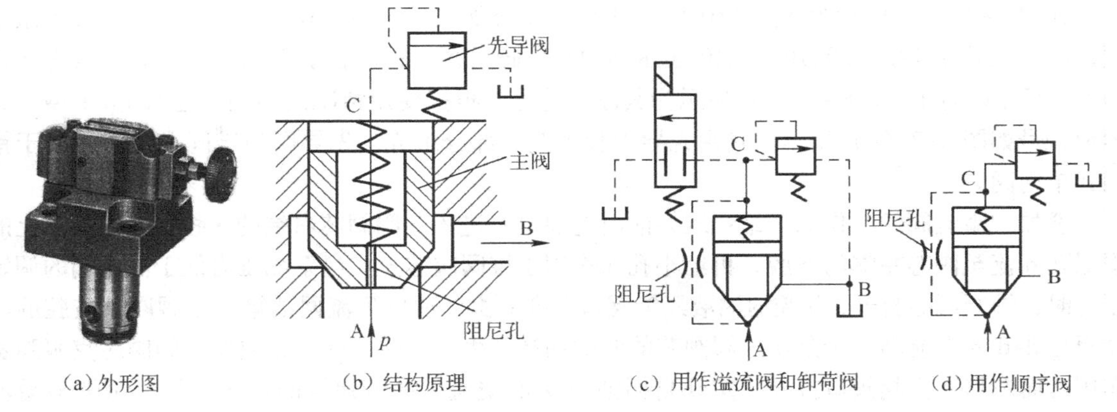

（a）外形图

（b）结构原理

（c）用作溢流阀和卸荷阀

（d）用作顺序阀

图 8-5 二通插装阀用作压力控制阀

3）用作流量控制阀

若用机械或电气的方式限制锥阀阀芯的行程，以改变阀口的通流面积的大小，则锥阀可起流量控制阀的作用，其外形如图 8-6（a）所示。图 8-6（b）表示二通插装阀用作流量控制的节流阀；图 8-6（c）所示为在节流阀前串接一个减压阀，减压阀阀芯两端分别与节流阀进出油口相通，利用减压阀的压力补偿功能来保证节流阀两端的压差不随负载的变化而变化，这样就成为一个调速阀。

(a) 外形图

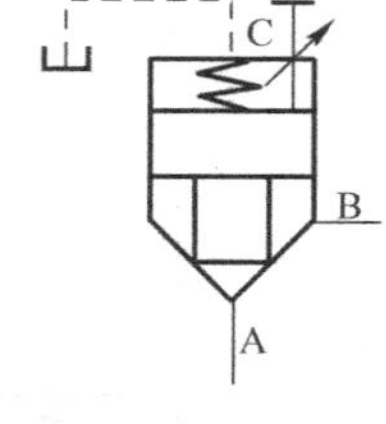

(b) 用作节流阀

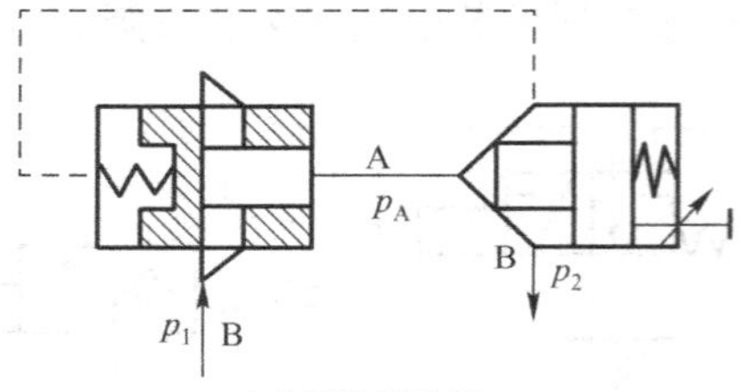

(c) 用作调速阀

图 8-6　二通插装阀用作流量控制阀

8-1-2　叠加阀的工作原理及应用

叠加式液压阀简称叠加阀，其阀体本身既是元件又是具有油路通道的连接体，阀体的上、下两面制成连接面。选择同一通径系列的叠加阀，叠合在一起用螺栓紧固，即可组成所需的液压传动系统。

叠加阀现有五个通径系列：ϕ6 mm、ϕ10 mm、ϕ16 mm、ϕ20mm、ϕ32 mm，额定压力为 20 MPa，额定流量为 10 ～ 200 L/min。

叠加阀按功能的不同分为压力控制阀、流量控制阀和方向控制阀三类，其中方向控制阀仅有单向阀类，主换向阀不属于叠加阀。

1. 叠加阀的结构及工作原理

叠加阀的工作原理与一般液压阀相同，只是具体结构有所不同。现以溢流阀为例，说明其结构和工作原理。

如图 8-7（a）所示为 Y_1 - F10D - P/T 先导型叠加式溢流阀，其型号意义是：Y 表示溢流阀；F 表示压力等级（20 MPa）；10 表示 ϕ10 mm 通径系列；D 表示叠加阀；P/T 表示进油口为 P，回油口为 T。图 8-7（b）所示为其图形符号。根据使用情况的不同，还有 P_1/T 型，其图形符号如图 8-7（c）所示。它由先导阀和主阀两部分组成，先导阀为锥阀，主阀相当于锥阀式单向阀。

叠加式溢流阀的工作原理是：压力油由进油口 P 进入主阀阀芯右端的 e 腔，并经阀芯上的阻尼孔 d 流至阀芯左端的 b 腔，再经小孔 a 作用于锥阀阀芯上。当系统压力低于溢流阀的调定压力时，锥阀阀芯打开，b 腔的油液经锥阀口及孔 c 由回油口 T 流回油箱，主阀阀芯右腔的油经阻尼孔 d 向左流动，于是使主阀阀芯的两端油液产生压力差，此压力差使主阀阀芯克服弹簧作用力而左移，主阀阀口打开，实现自回油口 T 的溢流。调节弹簧的预压缩量便可调节溢流阀的调定压力，即溢流压力。

2. 叠加阀系统的组装

叠加阀自成体系，每一种通径系列的叠加阀，其主油路通道和螺钉孔的大小、位置、数量都与相应通径的板式换向阀相同。因此，将同一通径系列的叠加阀互相叠加，可直接连接而组成集成化液压系统。

如图 8-8 所示为叠加式液压阀的外观和组装示意图。最下面的是基座板，基座板上有进油孔、回油孔和通向液压执行元件的油孔，基座板上面第一个元件一般是压力表开关，然后依次向上叠加各压力控制阀和流量控制阀，最上层为换向阀，用螺栓将它们紧固成一个叠加阀

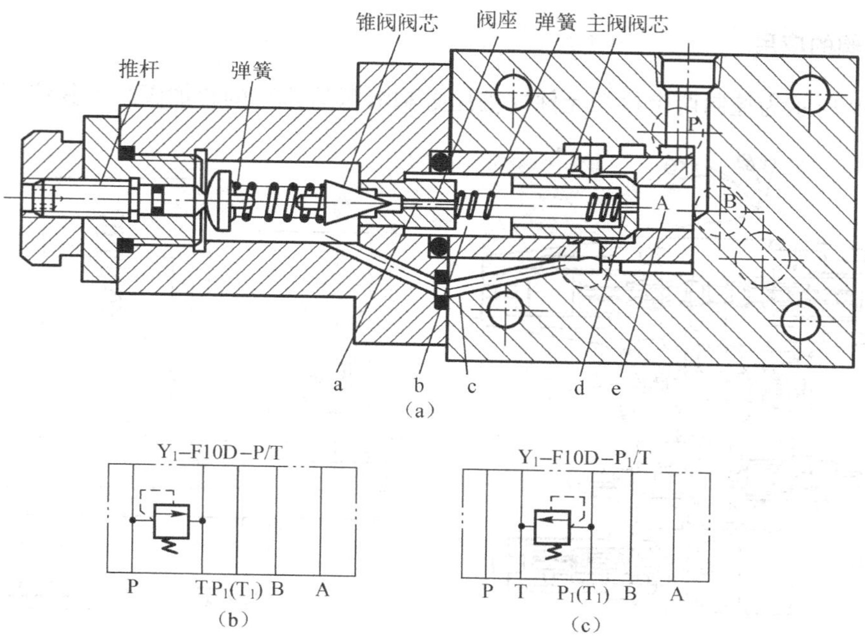

图 8-7　叠加式溢流阀

组。一般一个叠加阀组控制一个执行元件。如果液压系统有几个需要集中控制的液压元件，则用多联基座板，并排在上面组成相应的几个叠加阀组。元件之间可实现无管连接，不仅省掉大量的管件，减少压力损失、泄漏和产生震动的环节，而且使外观整齐，便于维护和保养。

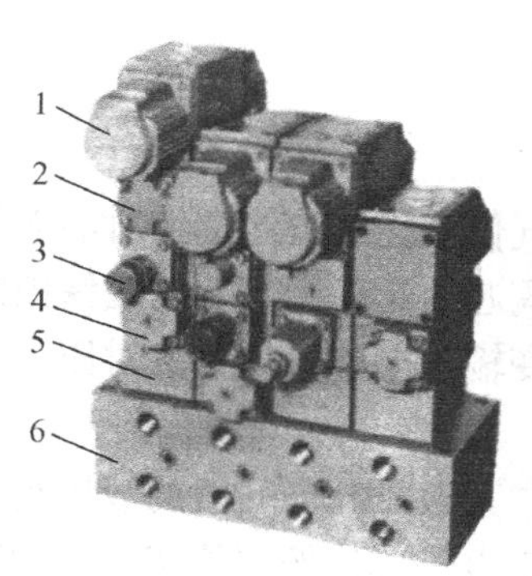

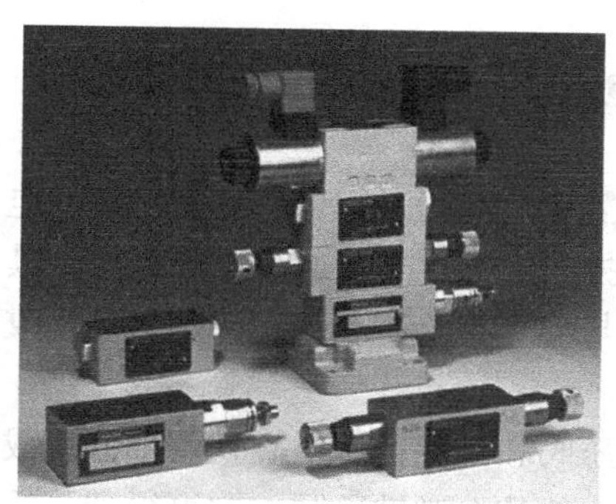

1—换向阀；2、3、4、5—叠加阀；6—基座板

图 8-8　叠加式液压阀的外观和组装示意图

3. 叠加式液压系统的特点

(1) 结构紧凑，体积小，质量轻，安装及装配周期短。

(2) 便于通过增减叠加阀实现液压系统的变化，系统重新组装方便迅速。

(3) 元件之间无管连接，消除了因管件、油路、管接头等连接引起的泄漏、震动和噪声。

(4) 系统配置灵活，外观整齐，使用安全可靠，维护和保养容易。

(5) 标准化、通用化、集约化程度高。

4. 叠加阀的应用

如图 8-9 所示为控制两个执行元件（液压缸和液压马达）的叠加阀组及其液压回路图。

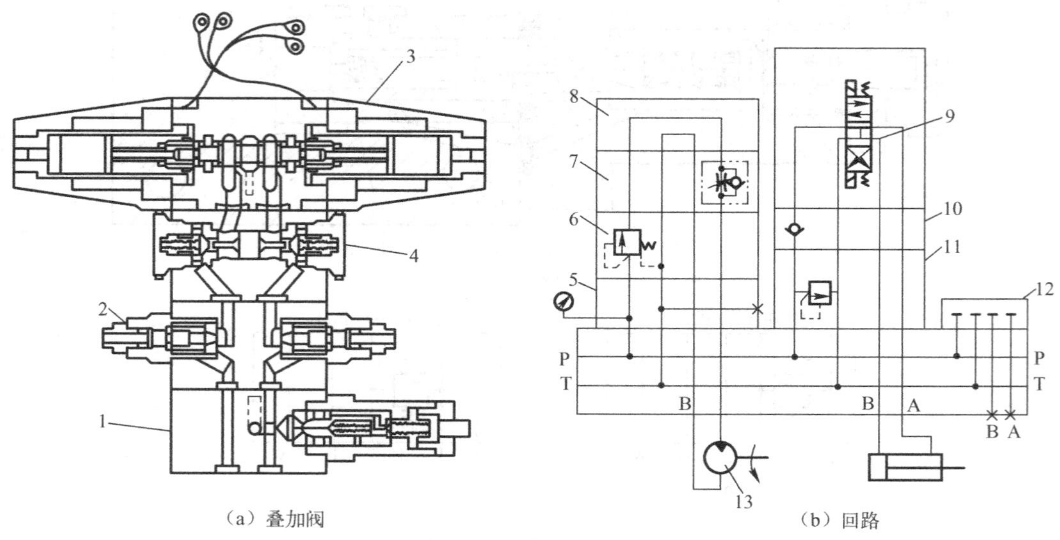

（a）叠加阀　　（b）回路

1—叠加式溢流阀；2—叠加式流量阀；3—电磁换向阀；4—叠加式单向阀；5—压力表安装板；6—顺序阀；7—单向进油节流阀；8—顶板；9—换向阀；10—单向阀；11—溢流阀；12—备用回路盲板；13—液压马达

图 8-9　控制两个执行元件的叠加阀组及其液压回路

8-1-3　电液比例阀的工作原理及应用

电液比例阀简称比例阀，它是一种按输入的电气信号连续按比例地对油液的压力、流量或方向进行远距离控制的阀。与普通液压阀相比，其阀芯的运动用比例电磁铁控制，使输出的压力、流量等参数与输入的电流成正比，所以可用改变输入电信号的方法对压力、流量和方向进行连续控制。

比例阀由液压阀和直流比例电磁铁两部分组成，其液压阀与一般的液压阀差别不大，而直流比例电磁铁与一般的电磁铁不同，它可得到与给定电流成比例的位移输出和吸力输出。根据用途和工作特点的不同，比例阀可分为比例压力阀、比例流量阀和比例方向阀三大类，实物图如图 8-10 所示。

（a）比例溢流阀

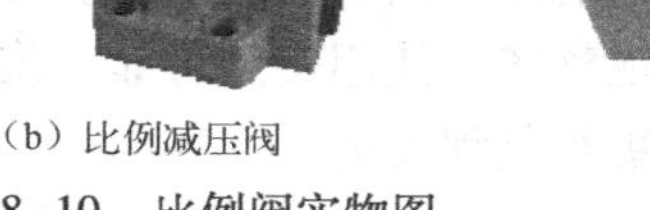

（b）比例减压阀

（c）比例换向阀

图 8-10　比例阀实物图

电液比例阀是一种性能介于普通控制阀和电液伺服阀之间的新阀种。它既可以根据输入电信号的大小连续成比例地对油液的压力、流量、方向实现远距离、计算机控制，又在制造成本、抗污染等方面优于电液伺服阀。

1. 比例电磁铁

比例电磁铁是电液比例控制阀的重要组成部分，其作用是将比例控制放大器输出的电信号转换成与之成比例的力或位移。

比例电磁铁是一种直流电磁铁，它与普通换向阀所用的电磁铁不同。普通电磁换向阀所使用的电磁铁只要求有吸合和断开两个位置，并且为了增加吸力，在吸合时磁路中几乎没有气隙。而比例电磁铁则要求吸力（或位移）与输入电流成比例，并在衔铁的全部工作位置上，磁路中保持一定的气隙。常用的比例电磁铁是耐高压比例电磁铁，其结构原理如图8-11所示。

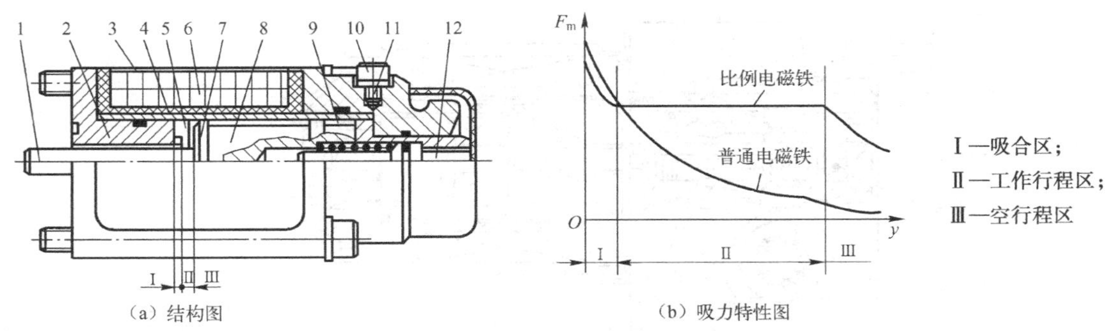

1—推杆；2—端盖（下轭铁）；3—外壳；4—隔磁环；5—工作气隙；6—线圈；7—支承环；8—衔铁；9—非工作气隙；10—放气螺钉；11—导套；12—调零螺钉

图8-11　耐高压比例电磁铁的结构与特性

2. 比例阀的结构及工作原理

1）比例压力阀

比例压力阀按用途不同，有比例溢流阀、比例减压阀和比例顺序阀之分；按照控制功率的大小不同，分为直动式与先导式。比例压力阀是在普通压力控制阀的基础上，使用比例电磁铁来代替传统的调压螺钉，主体部分与传统压力阀的工作原理相同，结构基本相似。

如图8-12所示为直动式比例溢流阀的结构原理和图形符号。比例电磁铁通电后产生吸力经推杆和传力弹簧作用在锥阀芯上，当锥阀芯左端的液压力大于电磁吸力时，锥阀芯被顶开溢流。当比例电磁铁连续地改变控制电流的大小时，即可连续按比例地控制锥阀的开启压力。这种直动式比例溢流阀可应用于小流量场合，它更多是用作先导阀与其他压力阀组成先导式溢流阀、先导式减压阀和先导式顺序阀。

2）比例流量阀

在普通流量阀的基础上，利用电－机械比例转换器对节流阀口进行控制，即成为比例流量阀。比例流量阀分比例节流阀和比例调速阀两大类。

如图8-13所示为比例调速阀的结构原理图。当比例电磁铁通电时，比例电磁铁的输出力作用在节流阀芯上，与弹簧力、液动力、摩擦力相平衡，对一定的控制电流对应一定的节流开度。通过改变输入电流的大小，即可改变通过调速阀的流量。若输入的电流是连续地或按一定程序变化，则比例调速阀所控制的流量也按比例或按一定程序变化。

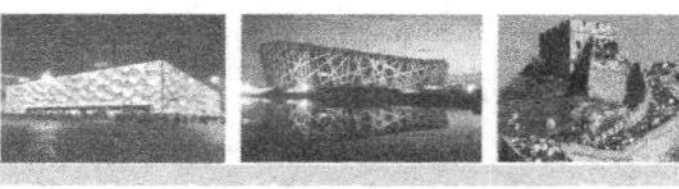

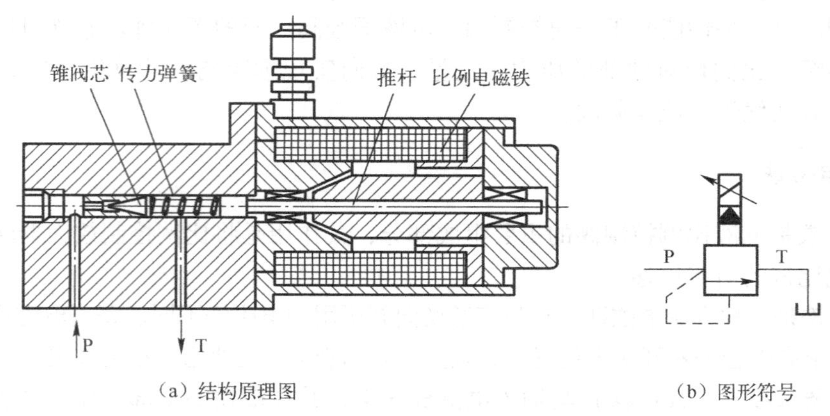

（a）结构原理图　　（b）图形符号

图 8-12　比例溢流阀

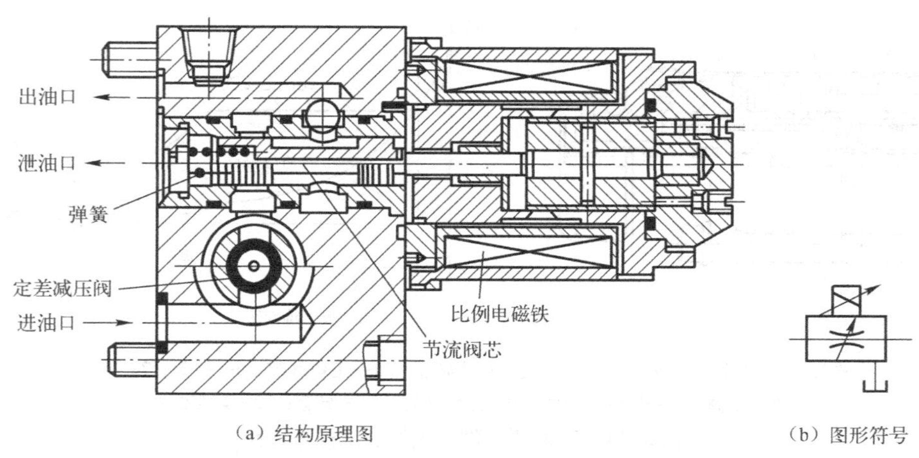

（a）结构原理图　　（b）图形符号

图 8-13　比例调速阀

3）比例方向流量阀

比例方向流量阀不仅用来改变液流方向，而且同时可以控制流量的大小。这种阀又分为比例方向节流阀和比例方向调速阀两类。下面主要介绍比例方向节流阀。

如图 8-14 所示为先导式比例方向节流阀的结构原理图，它用双向比例减压阀作为先导阀，而用液动双向比例节流阀作为主阀。利用双向比例减压阀出口压力来控制液动双向比例节流阀的正反开口量，进而控制系统的油液方向和流量。

当比例电磁铁 2 得到电流信号 I_1，其电磁吸力 F_1 使减压阀 4 的阀芯右移，从 P 口进入的油液经右边阀口减压后，经流道 5、反馈孔 6 作用在减压阀 4 的阀芯的右端，与比例电磁铁 2 的电磁力相平衡。控制压力 p_c 的大小与供油压力 p_s 无关，仅与比例电磁铁的电磁吸力 F_1 成比例，即与电流 I_1 成比例。减压后的油液经过流道 5。同理，当比例电磁铁 7 得到电流信号 I_2 时，减压阀的阀芯 4 左移，得到与电流 I_2 成比例的控制压力。

当先导阀输出的控制压力 p_c 经阻尼螺钉 9 构成的阻尼孔缓冲后，作用在主阀芯 8 的右端面时，液压力克服左端弹簧力使主阀芯 8 左移（左端弹簧腔通回油），连通主油口 P、B 和 A、T。随着弹簧力与液压力平衡，主阀芯 8 停止运动而处于某一平衡位置。此时，各油口的节流开口长度取决于控制压力 p_c，即取决于输入电流 I_1 的大小。如果节流口前后压差不变，则比例方向节流阀的输出流量与其输入电流 I_1 成比例。当比例电磁铁 7 输入电流 I_2 时，主阀芯 8 右移，油路反向，接通 P、A 和 B、T。输出的流量与输入电流 I_2 成比例。

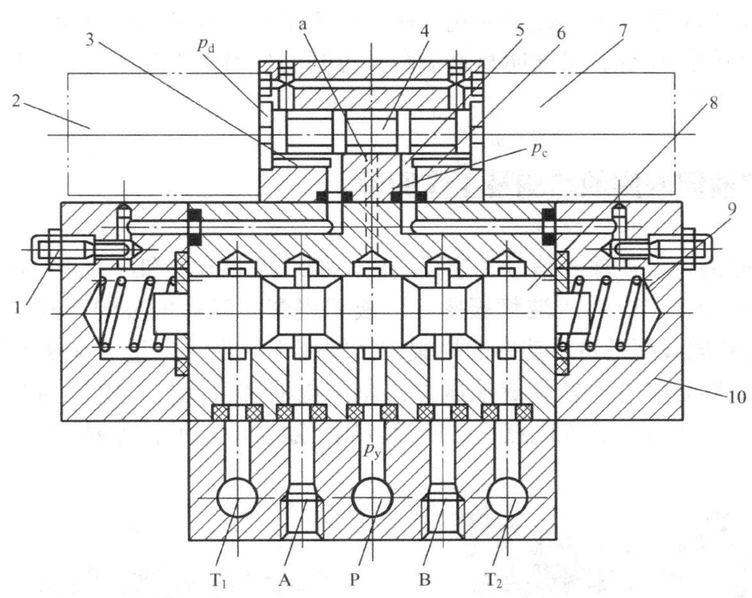

1、9—阻尼螺钉；2、7—比例电磁铁；3，6—反馈孔；4—双向比例减压阀；5—流道；8—主阀芯；10—液动换向阀

图8-14　比例方向节流阀的结构原理图

改变比例电磁铁2、7的输入电流，不仅可以改变比例方向节流阀的液流方向，而且可以控制各油口的输出流量。

3. 比例阀的应用

如图8-15（a）所示为利用比例溢流阀调压的多级调压回路，由比例溢流阀和电子放大器等构成。改变输入电流 I，即可控制系统获得多级工作压力。它相比于用普通溢流阀的多级调压回路所用的液压元件数量少，回路简单，且能对系统压力进行连续控制。

如图8-15（b）所示为采用比例调速阀的调速回路。改变比例调速阀的输入电流即可使液压缸获得所需要的运动速度。比例调速阀可在多级调速回路中代替多个调速阀，也可用于远距离速度控制。比例调速阀主要用于多工位加工机床、注塑机、抛砂机等液压系统的多速控制。

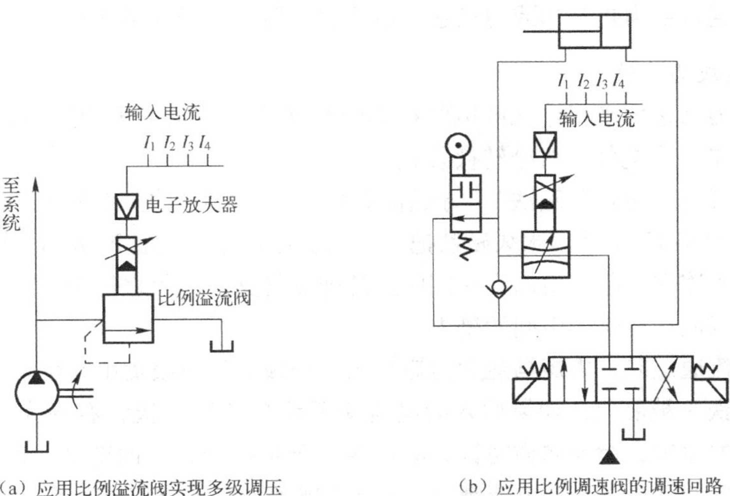

（a）应用比例溢流阀实现多级调压　　（b）应用比例调速阀的调速回路

图8-15　比例阀的应用

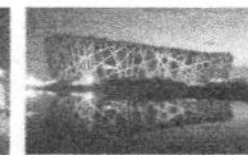

总之，采用比例阀能使液压系统简化，所用的液压元件数量大为减少，既能提高液压系统的性能参数及控制的适应性，又能明显地提高其控制的自动化程度，它是一种很有发展前途的液压控制元件。

8-1-4　电液伺服阀的结构及工作原理

液压伺服阀是通过改变输入信号，连续、成比例地控制流量和压力进行液压控制的。根据输入信号的方式不同，可分为机液伺服阀、电液伺服阀和气液伺服阀，液压伺服阀实物图如图8-16所示。机液伺服阀是将小功率的机械动作转变为液压输出量（流量或压力）的机液转换元件。电液伺服阀是将电量转变成液压输出量的电液转换元件，电液伺服阀具有动态响应快、控制精度高、使用寿命长等优点，已广泛应用于航空、航天、舰船、化工等领域的电液伺服控制系统中。

（a）喷嘴挡板伺服阀

（b）三级电液伺服阀

图8-16　液压伺服阀实物图

1. 电液伺服阀的结构

电液伺服阀是电液联合控制的多级伺服元件，它能将微弱的电气输入信号放大成大功率的液压能量输出。电液伺服阀具有控制精度高和放大倍数大等优点，在液压控制系统中得到广泛的应用。

电液伺服阀通常由力矩马达或力马达、液压放大器、反馈和平衡机构三部分组成。

1）*力矩马达或力马达*

力矩马达或力马达用来将输入的电气控制信号转换为转角（力矩马达）或直线位移（力马达）输出，它是一个电气－机械转换装置。

力矩马达主要由一对永久磁铁1、导磁体2和4、衔铁3、线圈5和内部悬置挡板7的弹簧管6等组成，如图8-17所示。永久磁铁把上下两块导磁体磁化成N极和S极，形成一个固定磁场。衔铁和挡板连在一起，由固定在阀座上的弹簧管支撑，使之位于上下导磁铁中间。挡板下端为一球头，嵌放在滑阀的中间凹槽内。

当线圈无电流通过时，力矩马达无力矩输出，挡板处于两喷嘴中间位置。当输入信号电流通过线圈时，衔铁3被磁化，如果通入的电流使衔铁左端为N极，右端为S极，则根据同性相斥、异性相吸的原理，衔铁向逆时针方向偏转。于是弹簧管弯曲变形，产生相应的反力矩，致使衔铁转过θ角便停止下来。电流越大，θ角就越大，两者成正比关系。这样力矩马达就把输入的电信号转换为力矩输出。

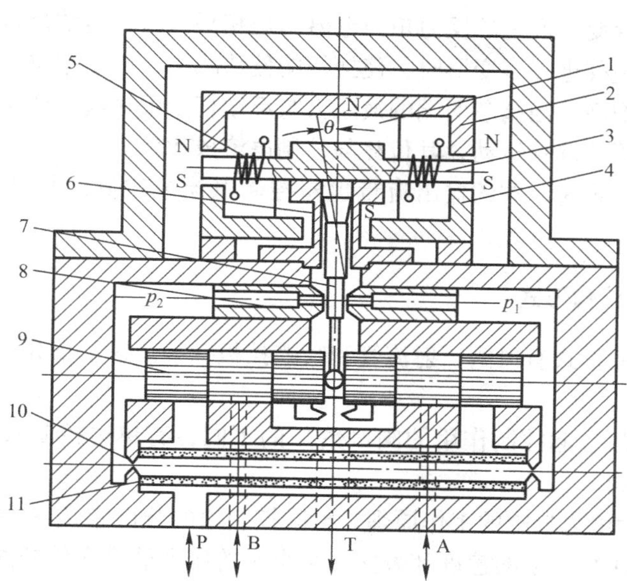

1—永久磁铁；2、4—导磁体；3—衔铁；5—线圈；6—弹簧管；7—挡板；8—喷嘴；9—滑阀；10—固定节流孔；11—滤油器

图 8-17 电液伺服阀的工作原理

2）液压放大器

力矩马达产生的力矩很小，无法操纵滑阀的启闭以产生足够的液压功率，所以要在液压放大器中进行两级放大，即前置放大和功率放大。

前置放大级是一个双喷嘴挡板阀，它主要由挡板 7、喷嘴 8、固定节流孔 10 和滤油器 11 组成。挡板下端的小球嵌放在滑阀 9 的中间凹槽内，构成反馈杆。压力油经滤油器和两个固定节流孔流到滑阀左、右两端油腔及两个喷嘴腔，由喷嘴喷出，经滑阀 9 的中部油腔流回油箱。当力矩马达无输出信号时，挡板不动，左右两腔压力相等，滑阀 9 也不动。若力矩马达有信号输出，即挡板偏转，使两喷嘴与挡板之间的间隙不等，造成滑阀两端的压力不等，便推动阀芯移动。

3）反馈和平衡机构

反馈和平衡机构也称为功率放大级，由滑阀 9 和挡板下部的反馈弹簧片组成。当前置放大级有压差信号输出时，滑阀阀芯移动，传递动力的液压主油路即被接通。因为滑阀位移后的开度是正比于力矩马达输入电流的，所以阀的输出流量也和输入电流成正比。输入电流反向时，输出流量也反向。

2. 电液伺服阀的工作原理

如图 8-17 所示为喷嘴挡板式电液伺服阀的工作原理。

（1）无控制电流时，衔铁由弹簧管支承在上、下导磁体的中间位置，挡板也处于两个喷嘴的中间位置，滑阀阀芯在反馈杆小球的约束下处于中位，阀无液压输出。

（2）当有差动控制电流输入时，在衔铁上产生逆时针方向的电磁力矩，使衔铁挡板组件绕弹簧转动中心顺时针方向偏转，弹簧管和反馈杆产生变形，挡板偏离中位。这时，喷嘴挡板阀右间隙减小而左间隙增大，引起滑阀左腔控制压力增大，右腔控制压力减小，推动滑阀阀芯左移。同时带动反馈杆端部小球左移，使反馈杆进一步变形。

当反馈杆和弹簧管变形产生的反力矩与电磁力矩相平衡时，衔铁挡板组件便处于一个平衡位置。在反馈杆端部左移进一步变形时，使挡板的偏移减小，趋于中位。这使左腔控制压力又降低，右腔控制压力增高，当阀芯两端的液压力与反馈杆变形对阀芯产生的反作用力以及滑芯的液动力相平衡时，阀芯停止运动，其位移与控制电流成比例。

(3) 在负载压差一定时，阀的输出流量也与控制电流成比例，所以这是一种流量控制伺服阀。

3. 液压放大器的结构形式

液压放大器常用的形式有滑阀、射流管和喷嘴挡板三种。这里仅介绍滑阀式液压放大器的结构形式。

根据滑阀控制边数（起控制作用的阀口数）的不同，有单边控制式、双边控制式和四边控制式三种类型的滑阀。

如图 8-18 所示为单边滑阀的工作原理。滑阀控制边的开口量 X_s 控制着液压缸右腔的压力和流量，从而控制液压缸运动的速度和方向。来自泵的压力油进入单杆液压缸的有杆腔，通过活塞上小孔 a 进入无杆腔，压力由 p_s 降为 p_1，再通过滑阀唯一的节流边流回油箱。在液压缸不受外负载作用的条件下，$p_1A_1=p_sA_2$。当阀芯根据输入信号往左移动时，开口量 X_s 增大，无杆腔压力 p_1 减小，于是 $p_1A_1<p_sA_2$，缸体向左移动。因为缸体和阀体刚性连接成一个整体，故阀体左移又使 X_s 减小（负反馈），直至平衡。

如图 8-19 所示为双边滑阀的工作原理。压力油一路直接进入液压缸有杆腔，另一路经滑阀左控制边的开口 X_{s1} 和液压缸无杆腔相通，并经滑阀右控制边 X_{s2} 流回油箱。当滑阀向左移动时，X_{s1} 减小，X_{s2} 增大，液压缸无杆腔压力 p_1 减小，两腔受力不平衡，缸体向左移动。反之缸体向右移动。双边滑阀比单边滑阀的调节灵敏度高，工作精度高。

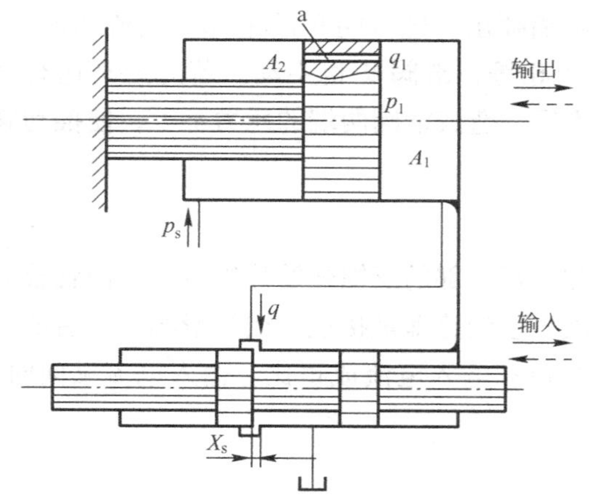

图 8-18 单边滑阀的工作原理

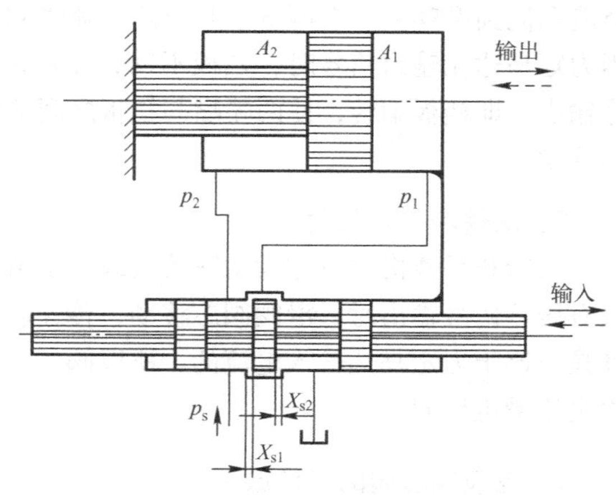

图 8-19 双边滑阀的工作原理

如图 8-20 所示为四边滑阀的工作原理。滑阀有四个控制边，开口 X_{s1}、X_{s2} 分别控制进入液压缸两腔的压力油，开口 X_{s3}、X_{s4} 分别控制液压缸两腔的回油。当滑阀向左移动时，液压缸左腔的进油口 X_{s1} 减小，回油口 X_{s3} 增大，使 p_1 迅速减小；与此同时，液压缸右腔的进油口 X_{s2} 增大，回油口 X_{s4} 减小，使 p_2 迅速增大，这样就使活塞迅速左移。与双边滑阀相比，四边滑阀能同时控制液压缸两腔的压力和流量，故调节灵敏度更高，工作精度也更高。

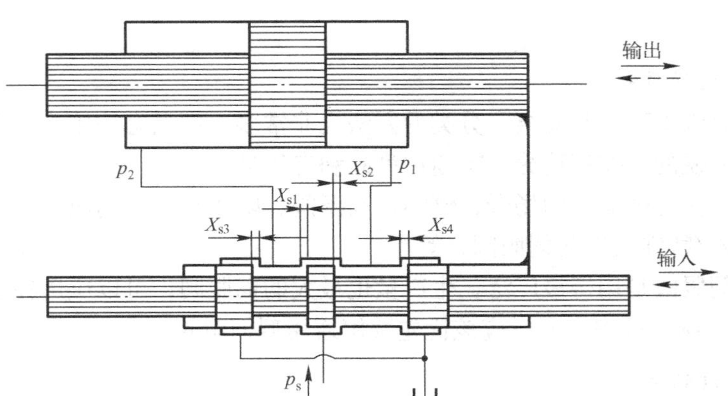

图 8-20　四边滑阀的工作原理

单边、双边和四边滑阀的控制作用是相同的，均能起到换向和节流作用。控制边数越多，控制质量越好，但其结构工艺性也越差。在通常情况下，四边滑阀多用于精度要求较高的系统；单边、双边滑阀用于一般精度系统。

根据滑阀阀芯在中位时阀口的预开口量不同，滑阀又分为负开口（$X_s<0$）、零开口（$X_s=0$）和正开口（$X_s>0$）三种形式，如图 8-21 所示。具有零开口的滑阀，其工作精度最高；负开口有较大的不灵敏区，较少采用；具有正开口的滑阀，工作精度较负开口高，但功率损耗大，稳定性也较差。

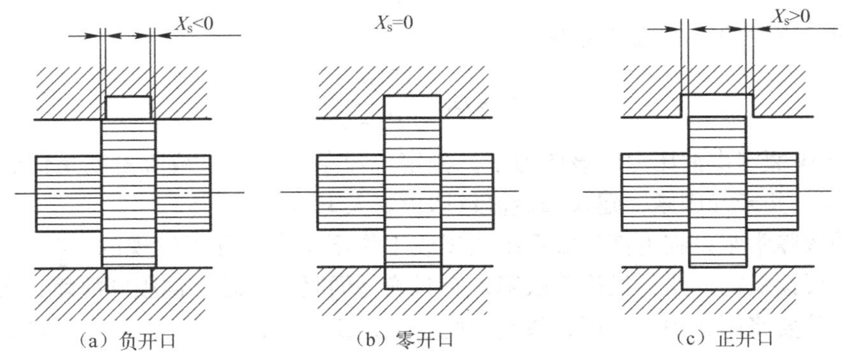

（a）负开口　（b）零开口　（c）正开口

图 8-21　滑阀的三种开口形式

任务实施 8-1　电液伺服阀的选用

1. 液压伺服阀的选用原则与方法

电液伺服阀是电气－液压伺服系统中关键的精密控制元件，价格昂贵，所以选择、应用伺服阀时要谨慎。在伺服阀选择中常常考虑的因素有：阀的工作性能、规格；工作可靠、性能稳定、一定的抗污染能力；价格合理；工作液、油源；电气性能和放大器；安装结构、外形尺寸，等等。

1）按控制精度等要求选用伺服阀

系统控制精度要求比较低时，还有开环控制系统、动态性能不高的场合，都可以选用工业伺服阀甚至比例阀。只有要求比较高的控制系统才选用高性能的电液伺服阀，当然它的价格也

比较高。

2）按用途选用伺服阀

电液伺服阀有许多种类和规格，分类的方法也非常多，而只有按用途分类的方法对我们选用伺服阀是比较方便的。按用途分，有通用型阀和专用型阀。

专用型阀使用在特殊应用的场合，例如，高温阀、防爆阀、高响应阀、特殊增益阀、特殊结构阀、特殊输入/特殊反馈的伺服阀，等等。

通用型流量伺服阀是用得最广泛，生产量也最大的伺服阀，可以应用在位置、速度、加速度（力）等各种控制系统中，所以应该优先选用通用型伺服阀。

3）伺服阀规格的选择

（1）首先估计所需的作用力的大小，再来决定油缸的作用面积：满足以最大速度推拉负载的力 F_G。如果系统还可能有不确定的力，那么最好将 F_G 放大 20% ～ 40%。油缸作用面积 A 如下：

$$A = \frac{1.2F_G}{P_s}$$

其中，P_s 为供油压力。

（2）确定负载流量 Q_L，负载运动的最大速度为 V_L：

$$Q_L = AV_L$$

同时可知负载压力 P_L：

$$P_L = \frac{F_G}{A}$$

（3）确定所需伺服阀的流量规格：

$$Q_N = Q_L\sqrt{\frac{P_N}{P_S - P_L}}$$

P_N 为伺服阀额定供油压力，该压力下，额定电流条件下的空载流量就是伺服阀的额定流量 Q_N。为补偿一些未知因素，建议额定流量选择要大 10%。

伺服阀的故障常常是在电液伺服系统调试或工作不正常情况下发现的。有时是系统问题，包括放大器、反馈机构、执行机构等故障，有时确是伺服阀问题。伺服阀故障，有的可自己排除，但许多故障要将阀送到生产厂，放到实验台上返修调试，自己不要轻易拆阀，否则很容易损坏伺服阀零部件。

2. 工作任务单

姓名		班级		组别		日期	
任务名称	机械手伸缩运动中伺服阀的选用						
工作任务	电液伺服阀的选用						
任务描述	在液压实训室完成伺服阀的选型和系统组装						
任务要求	1. 正确进行伺服阀的选型； 2. 正确使用相关工具； 3. 正确清洗管路，更换或清洗滤器； 4. 实训结束后对使用工具进行整理并放回原处						
提交成果	伺服阀选型与管路维护报告						

续表

	序号	考核内容	配分	评分标准	得分
考核评价	1	安全意识	20	遵守安全规章、制度	
	2	工具的正确使用	10	选择合适工具，正确使用工具	
	3	伺服阀的选型	40	伺服阀选用合理	
	4	液压油路的清洗	20	管路清洗方法合理	
	5	团队协作	10	与他人合作有效	
指导教师			总分		

任务8-2　自动装配机控制回路的设计与应用

任务引入

如图8-22所示为一种工业自动化装配机。油缸A、B分别将两个工件压入基础工件的孔中，工件压入的速度还要求可调。首先油缸A将第一个工件压入，当压力达到或超过20bar时油缸B才将另一个工件压入。油缸B先缩回，然后油缸A缩回。油缸缩回的条件为：油缸A压力达到30bar时油缸A必须缩回。设计一个模拟上述设备的液压回路，要求采用压力顺序阀控制油缸的工作顺序。

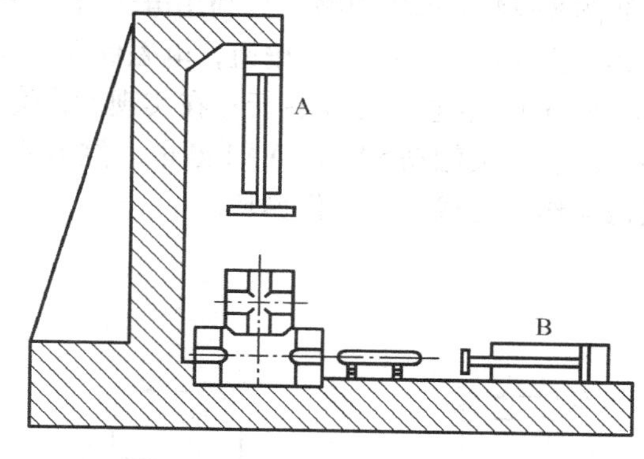

图8-22　自动装配机

任务分析

要使工件压入的速度可以调节，可采用节流阀或调速阀来调节速度。根据任务分析可知，在工件的装配过程中，要使A缸先向下运动将第一个工件压入，当压力达到某一值时，使液压缸B向左运动将另一个工件压入；完成后当压力达到一定值时，B缸先缩回，然后油缸A缩回。要求采用顺序阀控制两缸运动顺序，完成上述工作。

相关知识

在液压系统中，一个油源往往驱动多个液压缸。按照系统要求，这些缸或顺序动作，或同步动作，多缸之间要求能避免在压力和流量上的相互干扰。

8-2-1　顺序动作回路的工作原理

在多缸液压系统中，各执行元件严格按预定顺序运动的回路称为顺序运动回路。例如，组合机床回转工作台的抬起和转位；定位夹紧机构的先定位、后夹紧、再加工等。

顺序动作回路按其控制方式不同，分为压力控制、行程控制和时间控制三类，其中前两类用得较多。

1. 行程控制的顺序动作回路

行程控制的顺序动作回路利用工作部件到达一定位置时，发出信号来控制液压缸的先后动作顺序，它可以利用行程开关、行程阀或顺序缸来实现。

1）用行程阀控制

在如图8-23所示的状态下，A、B二缸的活塞皆在左位。当手动换向阀C在左位工作时，缸A右行，实现动作①。在挡块压下行程阀D后，缸B右行，实现动作②。手动换向阀复位后，缸A先复位，实现动作③。随后挡块后移，阀D复位，缸B退回，实现动作④。至此，顺序动作全部完成。

这种回路工作可靠，动作顺序的换接平稳，但行程阀需布置在缸附近，要改变动作顺序较困难。且管路长，压力损失大，不易安装，主要用于专用机械的液压系统中。

2）用行程开关控制

如图8-24所示的回路，是利用电气行程开关发信号来控制电磁阀先后换向的顺序动作回路。其动作顺序是：按启动按钮，电磁铁YA1通电，缸A右行完成动作①后，又触动行程开关ST1使YA2通电，缸B右行；在实现动作②后，又触动ST2使YA1断电，缸A返回；在实现动作③后，又触动ST3使YA2断电，缸B返回，实现动作④。最后触动ST4使泵卸荷或引起其他动作，完成一个工作循环。

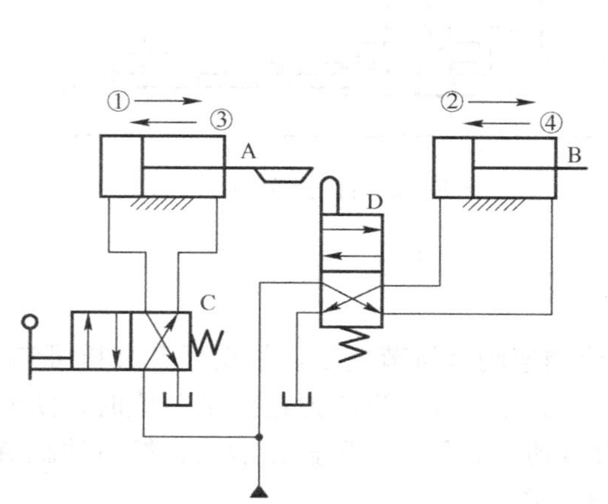

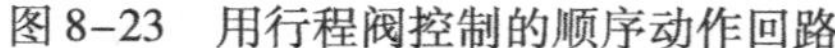
图8-23　用行程阀控制的顺序动作回路

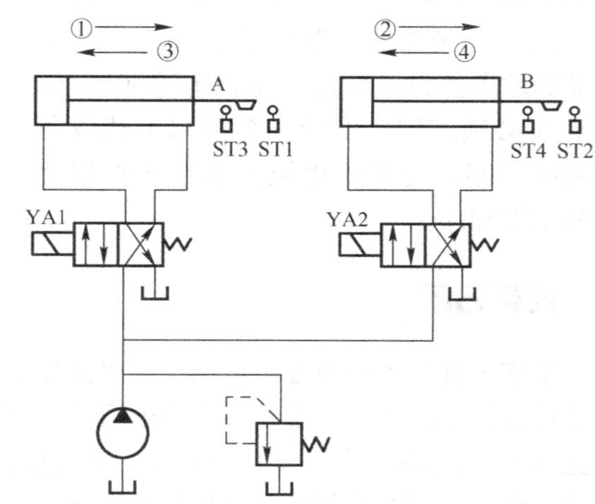

图8-24　用行程开关控制的顺序动作回路

这种回路的优点是控制灵活方便，只需改变电气线路即可改变动作顺序，调整行程大小和改变动作顺序均比较方便，液压系统简单，易实现自动控制。但顺序转换时有冲击，位置精度与工作部件的速度和质量有关，而可靠性则由电气元件的质量决定，可利用电气互锁使动作顺序可靠执行，故应用较为广泛。

2. 压力控制的顺序动作回路

压力控制就是利用油路本身的压力变化来控制液压缸的先后动作顺序，它主要利用压力继电器或顺序阀来控制顺序动作。

1）用压力继电器控制

如图8-25所示为用压力继电器控制的顺序动作回路。当电磁铁YA1通电后，压力油进入A缸的左腔，推动活塞按①方向右移。碰上止挡块后，系统压力升高，安装在A缸进油腔附近的压力继电器发出信号，使电磁铁YA2通电，于是压力油又进入B缸的左腔，推动活塞按②方向右移。回路中的节流阀以及和它并联的二通电磁阀是用来改变B缸运动速度的。为了防止压力继电器乱发信号，其压力调整值一方面应比A缸动作时的最大压力高0.3～0.5 MPa，另一方面又要比溢流阀的调定压力低0.3～0.5 MPa。

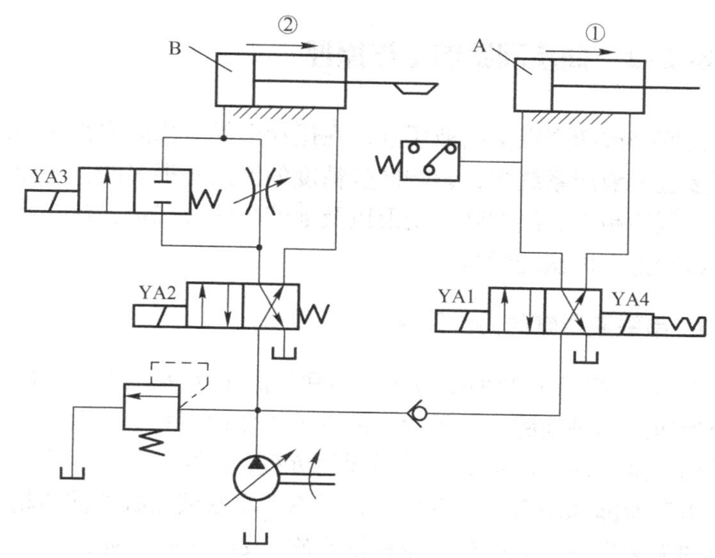

图8-25　用压力继电器控制的顺序动作回路

2）用顺序阀控制

如图8-26所示是用两个单向顺序阀的压力控制顺序动作回路。其中单向顺序阀D控制两液压缸前进时的先后顺序，单向顺序阀C控制两液压缸后退时的先后顺序。当电磁换向阀YA1通电时，压力油进入液压缸A的左腔，右腔经阀C中的单向阀回油，此时由于压力较低，顺序阀D关闭，缸A的活塞先动。当液压缸A的活塞运动至终点时，油压升高，达到单向顺序阀D的调定压力时，顺序阀开启，压力油进入液压缸B的左腔，右腔直接回油，缸B的活塞向右移动。当液压缸B的活塞右移达到终点，电磁换向阀YA1断电后，YA2通电，此时压力油进入液压缸B的右腔，左腔经阀D中的单向阀回油，使缸B的活塞向左返回，到达终点时，压力油升高打开顺序阀C再使液压缸A的活塞返回。

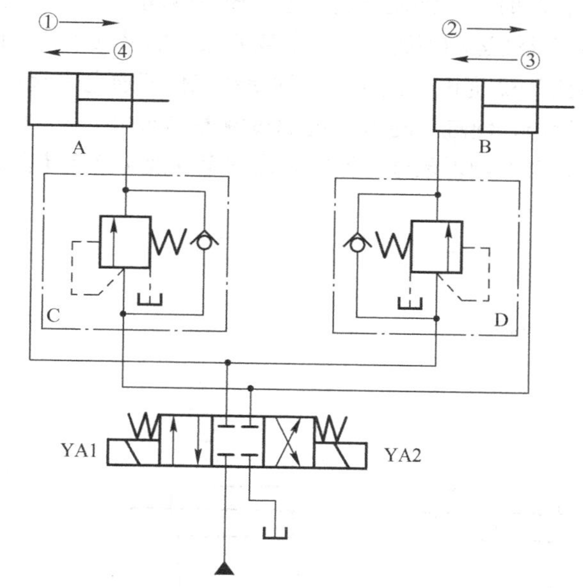

图8-26　用顺序阀控制的顺序动作回路

这种顺序动作回路的可靠性，在很大程度上取决于顺序阀的性能及其压力调定值。顺序阀的调定压力应比先动作的液压缸的工作压力高0.8～1.0 MPa，以免在系统压力波动时发生误动作。由此可见，这种回路适用于液压缸数目不多、负载变化不大的场合。其优点是动作灵敏，安装连接比较方便；缺点是可靠性不高，位置精度低。

8-2-2　同步回路的工作原理

使两个或两个以上的液压缸，在运动中保持相同位移或相同速度的回路称为同步回路。在一泵多缸的液压系统中，影响同步精度的因素是很多的，例如，液压缸的外负载、泄漏、摩擦阻力、制造精度、结构弹性变形以及油液中的含气量，都会使运动不同步。同步回路要尽量克服或减少这些因素的影响。

1. 串联液压缸的同步回路

如图 8-27 所示为两个液压缸串联的同步回路。第一个液压缸回油腔排出的油液被送入第二个液压缸的进油腔。如果两缸的有效工作面积相等，两活塞必然有相同的位移，从而实现同步运动。这种回路两缸能承受不同的负载，但泵的供油压力要大于两缸工作压力之和。

由于泄漏和制造误差等因素，影响了串联液压缸的同步精度，当活塞往复多次后，会产生严重的失调现象，为此要采取补偿措施。如图 8-28 所示是两个单作用缸串联，并带有补偿装置的同步回路。为了达到同步运动，缸 1 有杆腔 A 的有效面积应与缸 2 无杆腔 B 的有效面积相等。而补偿措施使同步误差在每一次下行运动中都可消除。例如，阀 6 在右位工作时，液压缸下降，若液压缸 1 的活塞先运动到底，它就触动电气行程开关 ST1 发出信号，使电磁铁 YA1 通电，此时压力油便经过二位三通电磁阀 3、液控单向阀 5，向液压缸 2 的 B 腔补油，推动缸 2 的活塞继续运动到底，误差即被消除。如果液压缸 2 的活塞先运动到底，触动行程开关 ST2，使电磁铁 YA2 通电，此时压力油便经二位三通电磁阀 4 进入液控单向阀的控制油口，液控单向阀 5 反向导通，使缸 1 的 A 腔能通过液控单向阀 5 和二位三通电磁阀 3 回油，使缸 1 的活塞继续运动到底，对失调现象进行补偿。这种串联液压缸同步回路只适用于负载较小的液压系统。

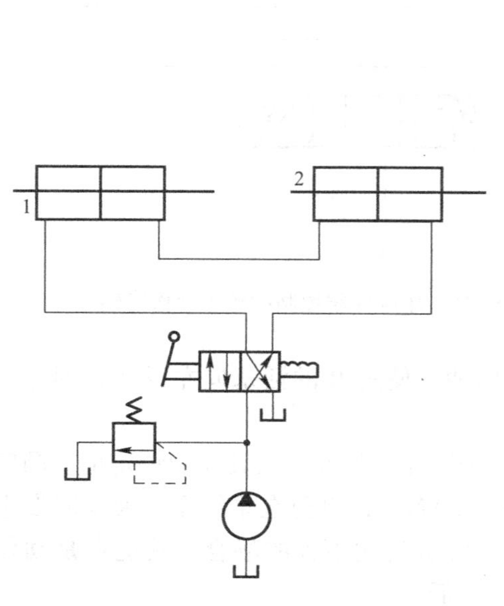

图 8-27　串联液压缸的同步回路

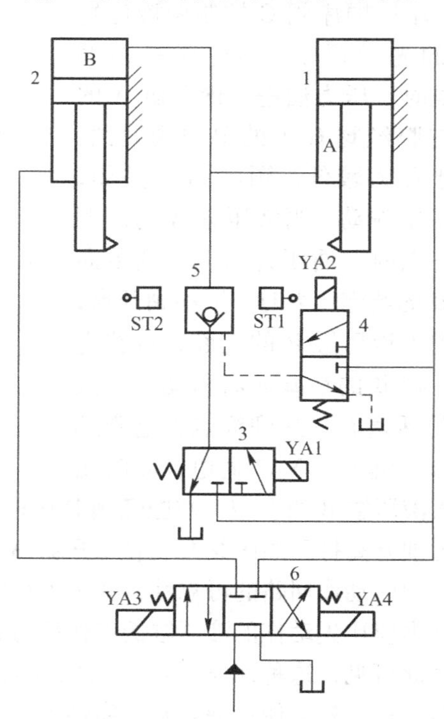

图 8-28　采用补偿措施的串联液压缸同步回路

2. 流量控制式同步回路

1）用调速阀控制

如图8–29所示，用两个调速阀分别串接在两个液压缸的回油路（或进油路）上，再并联起来，用于调节两缸活塞的运动速度。当两缸有效面积相等时，则调节流量为大小相同；若两缸面积不等时，则改变调速阀的流量也能达到同步运动。

用调速阀控制的同步回路，结构简单，并且可以调速，但因为两个调速阀的性能不可能完全一致，同时还受到载荷变化和泄漏的影响，同步精度较低，一般在5%～7%。

2）用电液比例调速阀控制

如图8–30所示，为用比例调速阀实现同步运动的回路。回路中使用了一个普通调速阀1和一个比例调速阀2，它们各装在由多个单向阀组成的桥式整流油路中，并分别控制着液压缸3和4的运动。当两个活塞出现位置误差时，检测装置就会发出信号，调节比例调速阀的开度，修正误差，使缸4的活塞跟上缸3活塞的运动而实现同步。

这种回路的同步精度较高，位置精度可达0.5 mm，已能满足大多数工作部件所要求的同步精度。比例阀的性能虽然比不上伺服阀，但成本费用较低，系统对环境的适应性强，因此，用它来实现同步控制被认为是一个新的发展方向。

3. 液压缸机械连接的同步回路

这种同步回路是用刚性梁、齿轮齿条等机械装置将两个（或若干个）液压缸（或液压马达）的活塞杆（或输出轴）连接在一起实现同步运动的，如图8–31（a），（b）所示。这种同步方法比较简单、经济，但由于连接的机械装置的制造和安装误差，不易得到很高的同步精度。特别对于用刚性梁连接的同步回路，如图8–31（a）所示，若两个（或若干个）液压缸上的负载差别较大，有可能发生卡死现象。因此，这种回路适用于两液压缸的负载差别不大的场合。

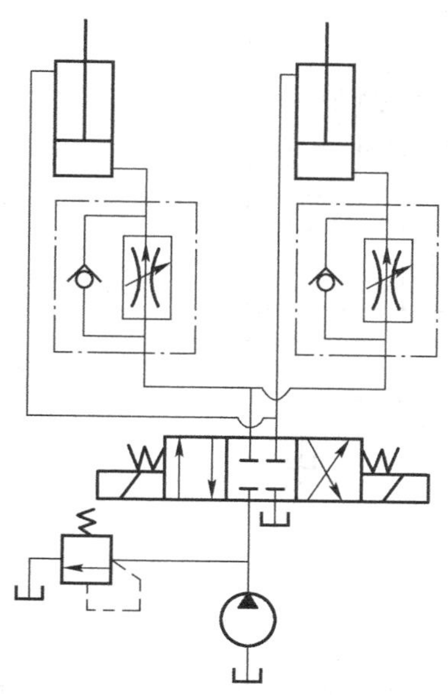

图8–29　调速阀控制的同步回路

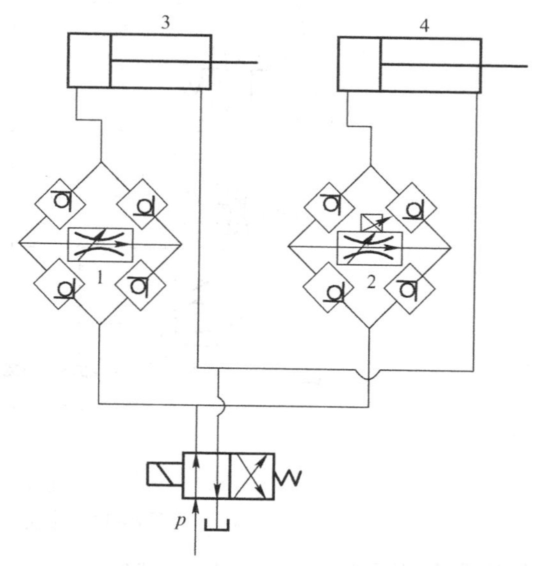

图8–30　电液比例调速阀控制的同步回路

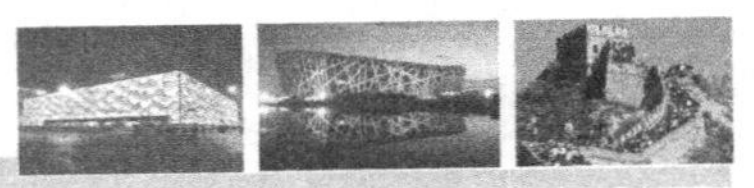

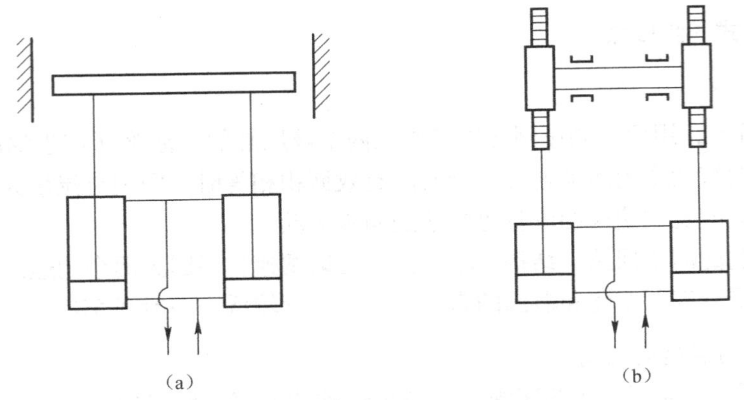

图8-31　液压缸机械连接的同步回路

8-2-3　互不干扰回路的工作原理

在一泵多缸的液压系统中，往往由于其中一个液压缸快速运动时吞进大量油液，造成整个系统的压力下降，影响其他液压缸工作进给的稳定性。因此，对于工作进给稳定性要求较高的多缸液压系统，必须采用互不干扰回路。

在图8-32所示的回路中，各液压缸分别要完成快进、工作进给和快速退回的自动循环。回路采用双泵的供油系统，泵1为高压小流量泵，供给各缸工作进给所需的压力油；泵2为低压大流量泵，为各缸快进或快退时输送低压油，彼此无牵连，也就互不干扰。

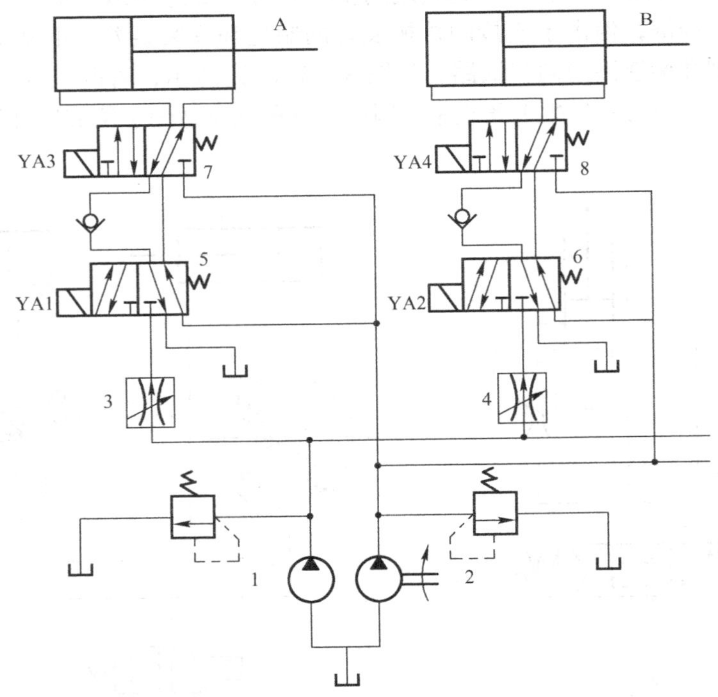

图8-32　多缸互不干扰回路

在图示状态下各缸原位停止。当电磁铁YA3、YA4通电时，阀7、阀8左位工作，两缸都由大流量泵2供油做差动快进，小流量泵1供油在阀5、阀6处被堵截。设缸A先完成快进，由行程开关使电磁铁YA1通电，YA3断电，此时大流量泵2对缸A的进油路被切断，而小流

量泵1的进油路打开，缸A由调速阀3调速做工进，缸B仍做快进，互不影响。当各缸都转为工进后，它们全由小流量泵1供油。此后若缸A又率先完成工进，行程开关应使阀5和阀7的电磁铁都通电，缸A即由大流量泵2供油快退。当各电磁铁皆断电时，各缸皆停止运动，并被锁定于所在位置上。

8-2-4 其他基本回路的工作原理

1. 液压马达串并联回路

行走机械常使用液压马达来驱动车轮，依据行驶条件要有不同的转速：在平地行驶时为高速，上坡时需要有较大扭矩输出，转速降低，因此可采用两个液压马达以串联或并联方式达到上述目的。

如图8-33所示，将两个液压马达的输出轴连接在一起，当电磁铁YA2通电，电磁铁YA3断电，两液压马达并联，液压马达的输出扭矩大、转速较低；当电磁铁YA3、YA2都通电，两液压马达串联，液压马达扭矩低，但转速较高。

2. 液压马达制动回路

欲使液压马达停止运转，只要切断其供油即可，但由于液压马达本身的转动惯性及其驱动负荷所造成的惯性都会使液压马达在停止供油后继续再转动一会，因此，液压马达会像泵一般地起到吸入作用，故必须设法避免马达把空气吸入液压系统中。为使液压马达迅速停转，需要采用制动回路。常用的方法有液压制动和机械制动。

1）液压制动回路

如图8-34（a）所示，利用一个中位O形换向阀来控制液压马达的正转、反转和停止。只要将换向阀移到中间位置，马达即停止运转，但由于惯性的原因，马达出口到换向阀之间的背压增大，有可能将回油管路或阀件破坏，故必须装一个刹车溢流阀，如图8-34（b）所示，因此当出口处压力增加到刹车溢流阀所调定的压力时，阀就被打开，马达也被刹车。

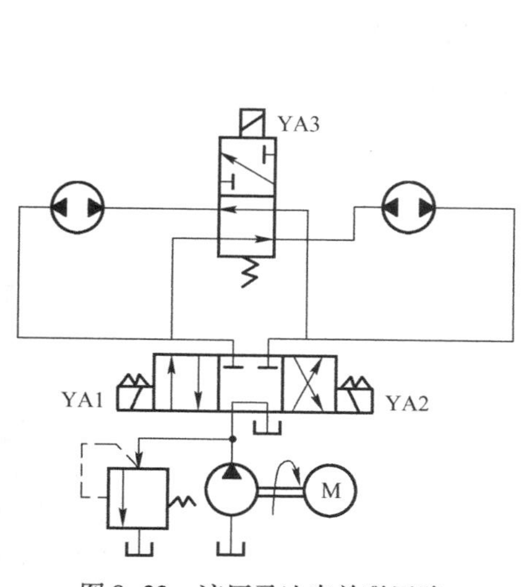

图8-33 液压马达串并联回路

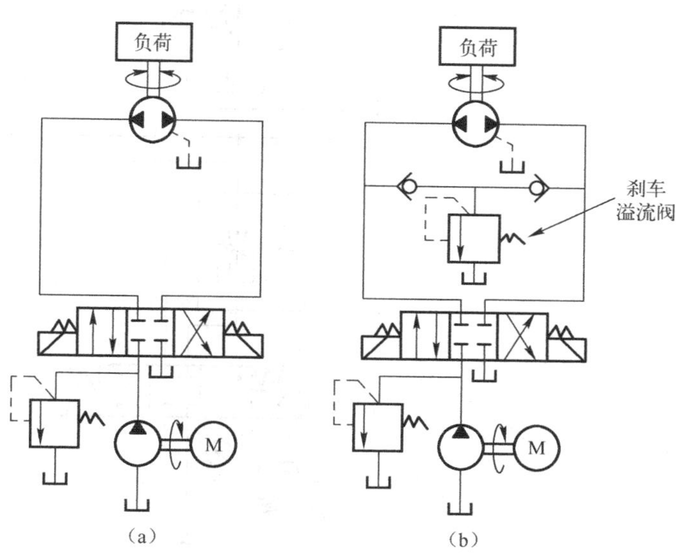

图8-34 液压制动回路

2）机械制动回路

如图 8-35 所示为机械制动的液压马达回路。当三位电磁阀的左位或右位起作用时，泵 1 的压力油进入液压马达 7 的左腔或右腔，同时制动液压缸 5 中的活塞在压力油的作用下缩回，使制动块 6 松开液压马达，于是液压马达便正常旋转。当阀 3 处于如图所示的中位时，泵卸荷，制动液压缸的活塞在弹簧力的作用下，促使缸内油液经单向节流阀 4 排回油箱，制动块 6 压下，液压马达迅速制动。

在图 8-35 中，单向节流阀 4 的作用是控制制动块 6 的松开时间，使松闸较慢，以避免液压马达启动时的冲击。这种制动回路常应用于起重运输机械的液压系统。

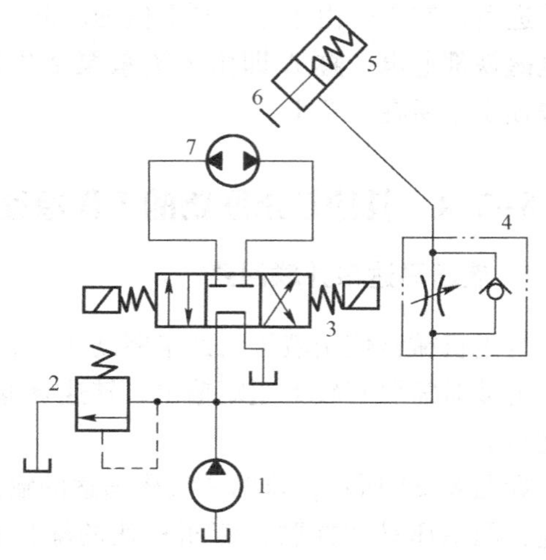

图 8-35　机械制动回路

任务实施 8-2　自动装配机控制回路的设计

前面已经学习了有关顺序阀和压力控制回路的知识，下面就利用顺序阀来设计自动化装配机的液压回路，如图 8-36 所示。采用两个单向顺序阀的压力控制顺序动作回路。其中单向顺序阀 D 控制两液压缸前进（压入工件）时的先后顺序，单向顺序阀 C 控制两液压缸缩回时的先后顺序，单向调速阀可以使工件压入的速度可调。

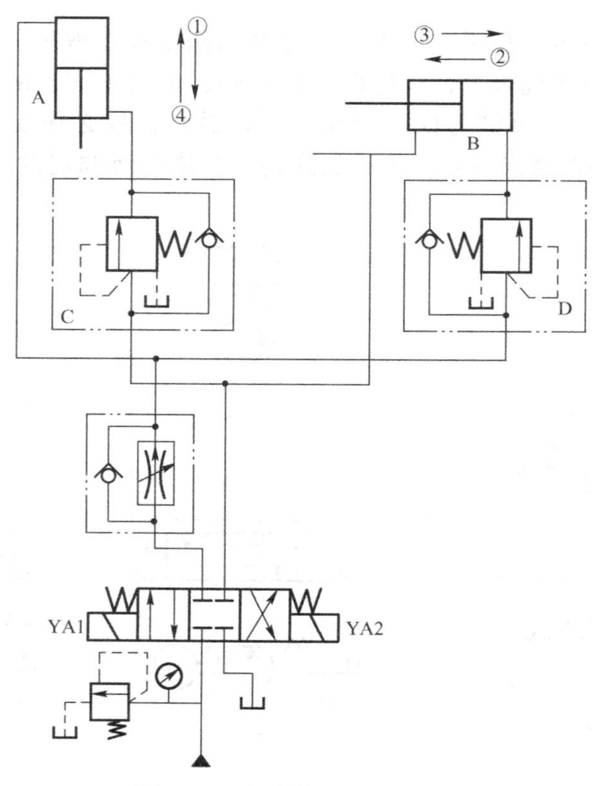

图 8-36　自动装配机控制回路

1. 操作步骤

（1）根据项目要求分析双缸顺序控制回路。
（2）选择相应元器件，在实验台上组建回路并检查回路的功能是否正确。
（3）观察运行情况，对使用中遇到的问题进行分析和解决。
（4）先卸压，再关油泵，拆下管路，整理好所有元件，归位。

2. 工作任务单

<table>
<tr><td>姓名</td><td></td><td>班级</td><td></td><td>组别</td><td></td><td>日期</td><td></td></tr>
<tr><td colspan="2">工作任务</td><td colspan="6">自动装配机控制回路的设计</td></tr>
<tr><td colspan="2">任务描述</td><td colspan="6">在液压实训室，根据自动装配机工作原理，选用合理的控制阀，设计自动装配机控制回路，安装、连接好回路并调试完成系统功能</td></tr>
<tr><td colspan="2">任务要求</td><td colspan="6">1. 正确使用相关工具，分析设计出液压回路图；
2. 正确连接元器件，调试运行液压系统，完成相关功能；
3. 调节调速阀和顺序阀，观察速度变化和工作状况</td></tr>
<tr><td colspan="2">提交成果</td><td colspan="6">1. 自动装配机液压回路设计图；
2. 自动装配机控制回路的调试报告</td></tr>
<tr><td colspan="2" rowspan="6">考核评价</td><td>序号</td><td>考核内容</td><td>配分</td><td colspan="2">评分标准</td><td>得分</td></tr>
<tr><td>1</td><td>安全文明操作</td><td>10</td><td colspan="2">遵守安全规章、制度正确使用工具</td><td></td></tr>
<tr><td>2</td><td>绘制液压系统回路图</td><td>20</td><td colspan="2">图形绘制正确，符号规范</td><td></td></tr>
<tr><td>3</td><td>回路正确连接</td><td>30</td><td colspan="2">元器件连接有序正确，无明显泄露现象</td><td></td></tr>
<tr><td>4</td><td>系统运行调试</td><td>30</td><td colspan="2">系统运行平稳</td><td></td></tr>
<tr><td>5</td><td>团队协作</td><td>10</td><td colspan="2">与他人合作有效</td><td></td></tr>
<tr><td colspan="2">指导教师</td><td colspan="3"></td><td colspan="2">总分</td><td></td></tr>
</table>

知识拓展11 电液数字阀的工作原理

用计算机的数字信息直接控制的液压阀，称为电液数字阀，简称数字阀。数字阀可直接与计算机接口，不需要数模转换器。这种阀具有结构简单、工艺性好、制造成本低廉，输出量准确、重复精度高、抗干扰能力强、工作稳定可靠、对油液清洁度的要求比比例阀低等特点。由于它将计算机与液压技术紧密结合，因而其应用前景十分广阔。用数字量进行控制的方法很多，目前常用的是增量控制法和脉宽调制（PWM）控制法两种。相应地按控制方式，可将数字阀分为增量式数字阀和脉宽调制式数字阀两类。

1. 增量式数字阀

增量式数字阀由步进电动机（作为电－机械转换器）来驱动液压阀芯工作。步进电动机直接用数字量控制，它每得到一个脉冲信号，便沿着控制信号给定的方向转动一个固定的步距角。显然，步进电动机的转角与输入脉冲数成正比，而转速将随输入的脉冲频率而变化。当输入脉冲反向时，步进电动机就反向转动。步进电动机在脉冲数字信号的基础上，使每个采样周期的步数在前一采样周期基础上增加或减少一些步数，而达到需要的幅值。这就是所谓的增量

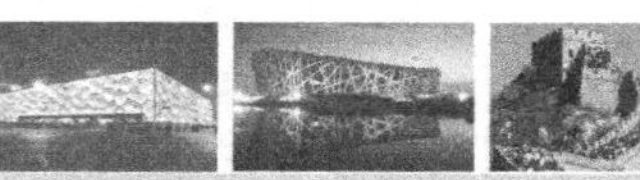

控制方式。由于步进电动机采用这种控制方式工作，所以它所控制的阀称为增量式数字阀。按用途不同，增量式数字阀分为数字流量阀、数字压力阀和数字方向流量阀。

图8-37所示为直控式（由步进电动机直接控制）数字节流阀。图中，步进电动机4按计算机的指令而转动，通过滚珠丝杠5变为轴向位移，使节流阀芯6移动，控制阀口的开度，实现流量调节。阀套1上有两个通流孔口，左边一个为全周向开口，右边为非全周向开口。节流阀芯6和阀套1构成两个阀口。节流阀芯6移动时，先打开右边的节流阀口8，由于是非全周向开口，故流量较小，继续移动时，则打开左边全周向开口的节流阀口7，流量增大。这种阀的控制流量可达3600 L/min。

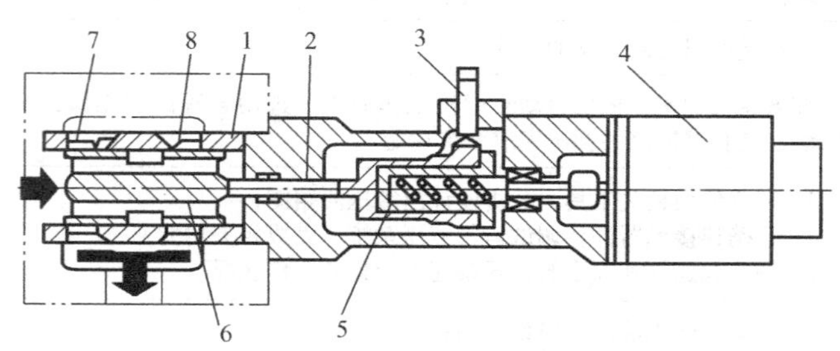

1—阀套；2—连杆；3—零位移传感器；4—步进电动机；5—滚珠丝杠；6—节流阀阀芯；7，8—节流阀口

图8-37　直控式数字节流阀

压力油沿轴向流入，通过节流阀口从与轴线垂直的方向流出，会产生压力损失，在这种情况下，阀开启时所引起的液动力可抵消一部分向右的液压力，并使结构紧凑。阀套1、连杆2和节流阀芯6的相对热膨胀，可起温度补偿作用，减少温度变化引起的流量不稳定。零位移传感器3的作用是：在每个控制周期结束时，阀芯由零位移传感器检测，回到零位，使每个工作周期都从零位开始，保证阀的重复精度。

将普通压力阀的手动调整机构改用步进电动机控制，即可构成数字压力阀。用凸轮、螺纹等机构将步进电动机的角位移变成直线位移，使调压弹簧压缩，从而控制压力。

图8-38为增量式数字阀控制系统组成及工作原理框图。计算机发出需要的控制脉冲序列，经驱动电源放大后使步进电动机工作。步进电动机的转角通过凸轮或螺纹等机械式转换器转换成直线运动，控制液压阀阀口开度，从而得到与输入脉冲数成比例的压力和流量值。

增量式数字阀的突出优点是重复精度和控制精度高，但响应速度较慢。在要求快速响应的高精度系统中不宜使用增量式数字阀，应使用模拟量控制方式的液压阀类。

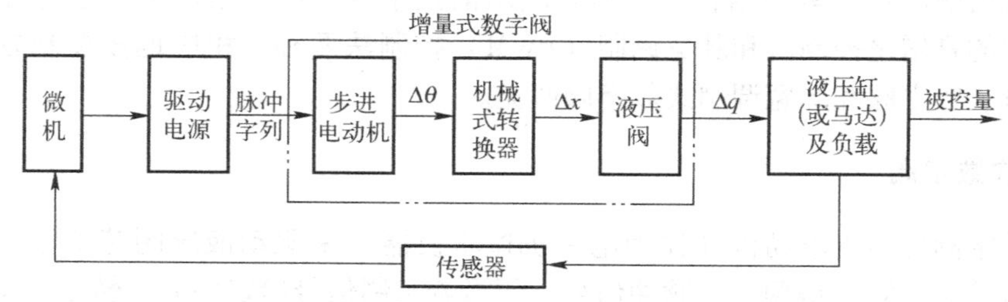

图8-38　增量式数字阀控制系统原理框图

2. 脉宽调制式数字阀

脉宽调制式数字阀也称为快速开关式数字阀。这种阀也可以直接用计算机控制。由于计算机是按二进制工作的，最普通的信号可量化为两个量级的信号，即“开”和“关”。控制这种阀的开与关以及开和关的时间长度（脉宽），即可达到控制液流的方向、流量或压力的目的。由于这种阀的阀芯多为锥阀、球阀或喷嘴挡板阀，均可快速切换，而且只有开和关两个位置，故称为快速开关型数字阀，简称快速开关阀。

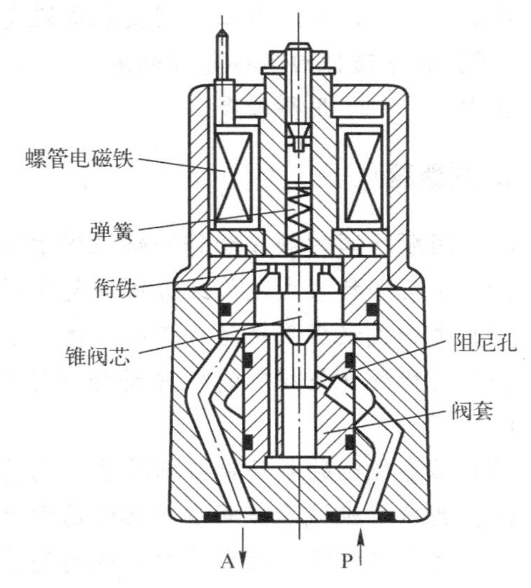

图 8-39　二位二通电磁锥阀式快速开关型数字阀

如图 8-39 所示为一种二位二通锥阀型快速开关式数字阀。当螺管电磁铁有脉冲电信号通过时，电磁吸力使衔铁带动锥阀开启。压力油从 P 口经阀体流入 A 口。为防止开启时锥阀因稳态液动力波动而关闭和影响电磁力，阀套上有一阻尼孔，用以补偿液动力。断电时，弹簧使锥阀关闭。

自我评价 8

1. 填空题

(1) 电液比例阀简称________，它是一种按输入的电气信号连续按比例地对油液的压力、流量或方向进行远距离控制的阀。与普通液压阀相比，其阀芯的运动用________控制，使输出的压力、流量等参数与输入的电流成________，所以可用改变输入电信号的方法对压力、流量、方向进行连续控制。

(2) 比例控制阀可分为比例________阀、比例________阀和比例方向阀三大类。

(3) 采用比例阀能使液压系统________，所用液压元件数大大减少，既能提高液压系统的性能参数及控制的适应性，又能明显地提高其控制的自动化程度，它是一种很有发展前途的液压控制元件。

(4) ________阀又称为插装式锥阀，是一种较新型的液压元件，它的特点是通流能力________，密封性能好，动作灵敏，结构简单，因而主要用于流量________的系统或对密封性能要求较高的系统。

(5) 叠加式液压阀简称________，其阀体本身既是元件又是具有油路通道的连接体，阀体的上、下两面制成连接面。选择同一通径系列的________，叠合在一起用螺栓紧固，即可组成所需的液压传动系统。

(6) 叠加阀按功能的不同分为________控制阀、________控制阀和方向控制阀三类，其中方向控制阀仅有单向阀类，主换向阀不属于叠加阀。

(7) 叠加阀的工作原理与一般液压阀相同，只是________有所不同。

(8) 行程控制顺序动作回路是利用工作部件到达一定位置时，发出信号来控制液压缸的先后动作顺序，它可以利用________、________阀或顺序缸来实现。

(9) 液压系统中，一个油源往往驱动多个液压缸。按照系统要求，这些缸或________动

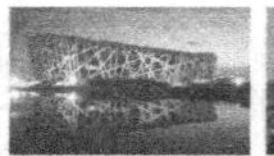

作，或________动作，多缸之间要求能避免在压力和流量上的相互干扰。

(10) 顺序动作回路按其控制方式不同，分为________控制、________控制和时间控制三类，其中________用得较多。

2. 判断题

(1) 用顺序阀的顺序动作回路适用于缸很多的液压系统。(　　)

(2) 用几个插装式元件组合成的复合阀特别适用于小流量的场合。(　　)

(3) 叠加式液压系统结构紧凑、体积小、质量轻，安装及装配周期短。(　　)

(4) 用行程开关控制的顺序动作回路顺序转换时有冲击，可靠性则由电气元件的质量决定。(　　)

(5) 压力控制的顺序动作回路主要利用压力继电器或顺序阀来控制顺序动作。(　　)

(6) 液压缸机械连接同步回路适用于两液压缸负载差别不大的场合。(　　)

(7) 对于工作进给稳定性要求较高的多缸液压系统，不必采用互不干扰回路。(　　)

(8) 凡液压系统中有顺序动作回路，则必定有顺序阀。(　　)

3. 选择题

(1) 比例控制阀可按不同的方式进行分类，按控制功能的不同可分为比例（　　）。

A. 单向阀、节流阀、顺序阀　　B. 压力阀、流量阀、方向阀

C. 减压阀、节流阀、换向阀　　D. 溢流阀、节流阀、换向阀

(2) 比例电磁阀是通过改变（　　）的大小来控制液压阀阀芯的位置，从而实现对液压系统的连续控制。

A. 压力　　B. 流量

C. 方向　　D. 电流或电压

(3) 电－液比例方向阀是常用的比例阀，它能够调节液压油的（　　）。

A. 压力和流量　　B. 压力和方向

C. 流量和方向　　D. 压力、流量和方向

(4) 使用比例阀的液压系统与普通液压系统比较，其液压油（　　）。

A. 完全一样　　B. 污染度要求高

C. 污染度要求低　　D. 黏度要求高

(5) 液压系统中使用比例液压阀后，不能实现的是（　　）。

A. 节约能源　　B. 简化系统

C. 节约系统成本　　D. 提高控制精度

4. 问答题

(1) 何谓比例阀？比例阀有哪些功能？

(2) 何谓插装阀？插装阀有哪些功能？

(3) 何谓叠加阀？叠加阀有何特点？

(4) 电液伺服阀由哪几部分组成？各部分的作用是什么？

（5）图8-40为用插装阀组成的两组方向控制阀，试分析其功能相当于什么换向阀，并用标准的职能符号画出。

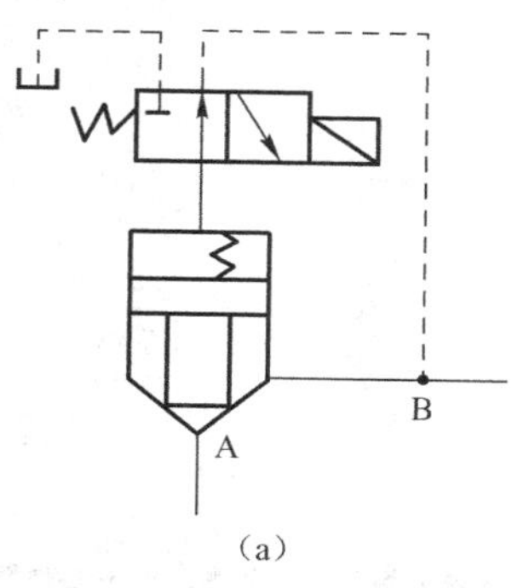

（a）

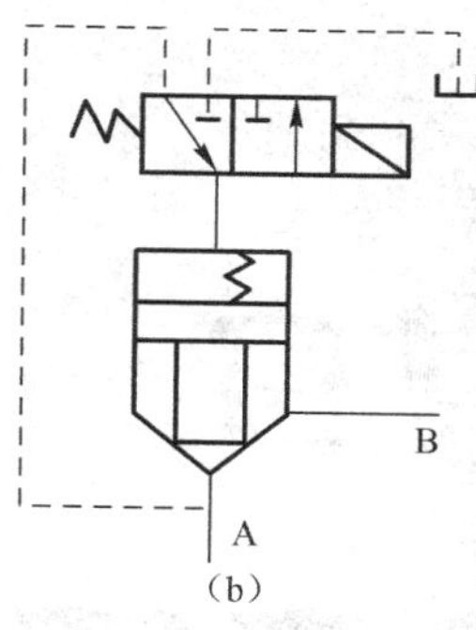

（b）

图8-40 题4（5）图

项目9 液压系统的分析与组建

学习目标

通过本项目的学习，应掌握各液压元件的功能、作用，形成应用基本回路分析、解决问题的能力和组建简单液压系统的能力，同时能进行液压系统的安装调试与故障的初步诊断。其具体目标为：

(1) 认识液压系统原理图，掌握分析液压系统的步骤和方法；

(2) 熟悉液压元件的作用及各种基本回路的构成，能进行简单液压系统的分析与组建；

(3) 了解液压系统的安装、调试和维护。

任务9-1 数控车床卡盘液压站的组建

任务引入

如图9-1所示为数控车床卡盘的外形图，数控车床卡盘就是利用一个液压工作站提供工作动力，连接回转油缸完成伸缩动作，从而控制液压卡盘的夹紧与松开，电路进行系统连接，实现系统控制和人工控制两种方式并用。元件的精选配合同心度的安装，保证卡盘夹持精度。那么液压工作站由哪些部分组成，又是如何进行工作的？

任务分析

液压泵站是独立的液压装置，一般由油箱、电动机、油泵及一些液压辅件组成，它按主机要求提供动力，并控制油流的方向、压力和流量，它适用于主机与液压装置可分离的各种液压机械上。分析上述任务，需要选择合适的电动机、油泵及相应的液压辅件，如油箱、过滤器等，以达到稳定的工作动力。

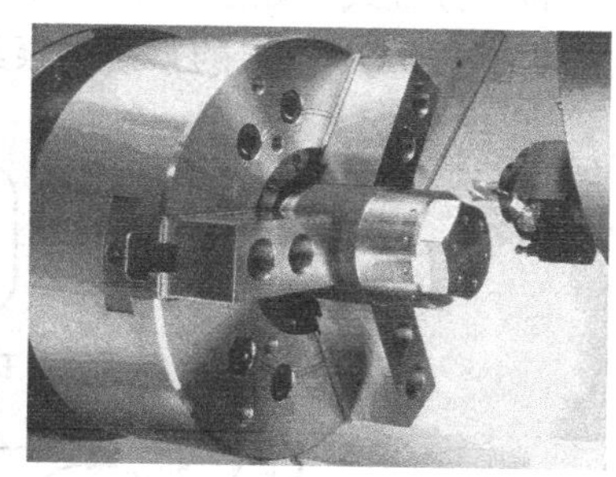

图9-1 数控车床卡盘

相关知识

9-1-1 液压站的分类及主要技术参数

液压站又称液压泵站，是独立的液压装置，它由泵装置、集成块或阀组合、油箱、电气盒组合而成。其按驱动装置要求的流向、压力和流量供油，适用于驱动装置与液压站分离的各种机械上，只要将液压站与驱动装置（油缸或马达）用油管相连，液压系统即可实现各种规定的动作和工作循环。如图9-2所示为某液压站的外观图。

图9-2 液压站的外观图

1. 液压站的组成及功用

（1）泵装置：装有电动机和油泵，它是液压站的动力源，将机械能转化为液压油的动力能。

（2）集成块：由液压阀及通道体组合而成。它对液压油实行方向、压力、流量调节。

（3）阀组合：板式阀装在立板上，板后管连接，与集成块功能相同。

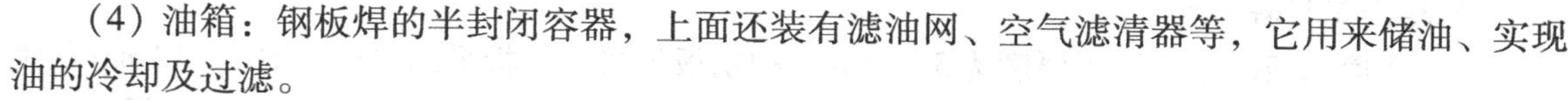

（4）油箱：钢板焊的半封闭容器，上面还装有滤油网、空气滤清器等，它用来储油、实现油的冷却及过滤。

（5）电气控制箱：分两种形式，一种设置外接引线的端子板，另一种配置了全套控制电器。

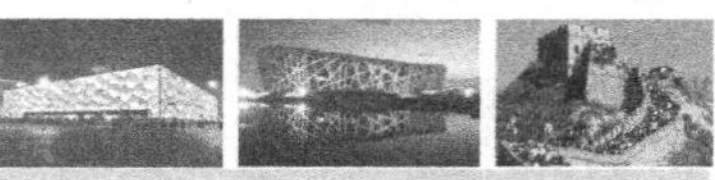

2. 液压站的分类

液压站的结构形式主要以泵装置的结构形式、安装位置及冷却方式来区分。

1）按泵装置的结构形式、安装位置分类

液压泵站上泵组的布置方式分成上置式和非上置式。泵组置于油箱上的上置式液压泵站中，采用立式电动机并将液压泵置于油箱之内时，称为立式，如图 9-3（a）所示。立式液压泵站主要用于定量泵系统。泵装置卧式安装在油箱盖板上时称为卧式，如图 9-3（b）所示。卧式液压泵站主要用于变量泵系统，以便于流量调节。非上置式液压泵站中，泵组与油箱并列布置的为旁置式，如图 9-3（c）所示，旁置式可装备备用泵，主要用于油箱容量大于 250L，电机功率 7.5kW 以上的系统。泵组置于油箱下面时为下置式，如图 9-3（d）所示。

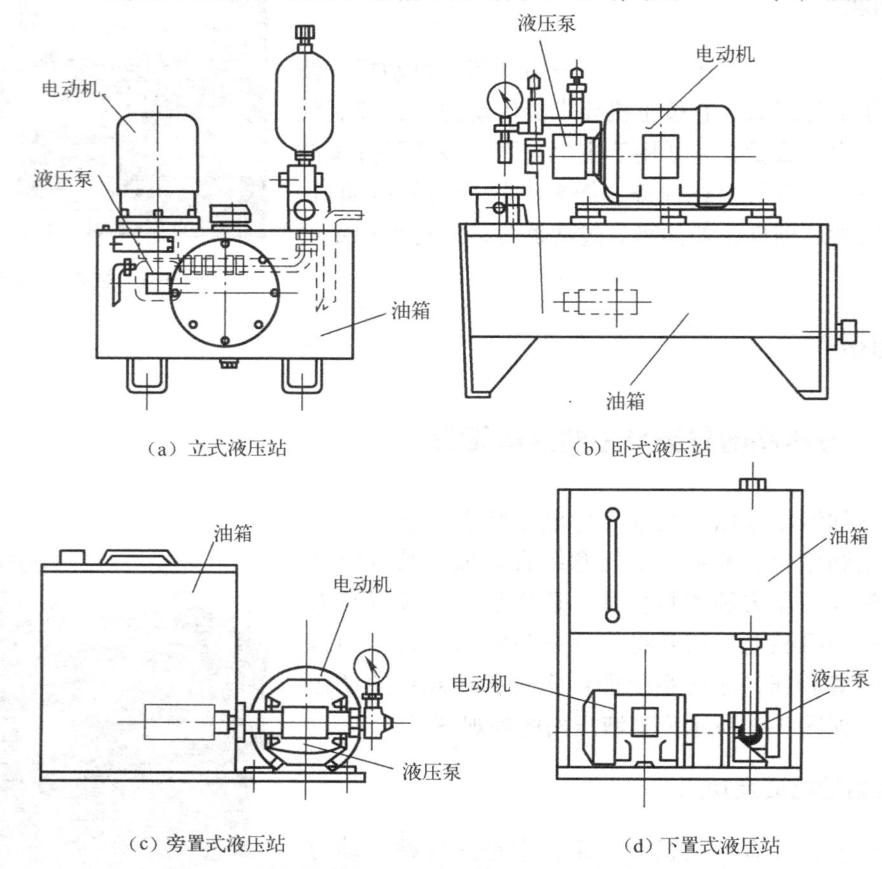

（a）立式液压站　（b）卧式液压站　（c）旁置式液压站　（d）下置式液压站

图 9-3　液压站按泵装置的结构形式、安装位置的分类

2）按站的冷却方式分类

（1）自然冷却。靠油箱本身与空气热交换冷却，一般用于油箱容量小于 250 L 的系统。

（2）强制冷却。采取冷却器进行强制冷却，一般用于油箱容量大于 250 L 的系统。

3）按油箱材料分类

（1）普通钢板。箱体采用厚度为 5 ～ 6 mm 的钢板焊接，面板采用厚度为 10 ～ 12 mm 的钢板，若开孔过多可适当加厚或增加加强筋。普通钢板油箱内部防锈处理较难实现，铁锈进入油循环系统会造成很多故障，但其成本低廉，现仍广泛使用。

（2）不锈钢板。箱体选用 304 不锈钢板，厚度为 2 ～ 3 mm；面板采用 304 不锈钢板，厚

度为 3 ～ 5 mm，承重部位增加加强筋。其特点是油箱内部不用处理，无铁锈，但制造成本较高，因此受到一定的限制。

3. 液压站的主要参数

液压站以油箱的有效贮油量度及电动机功率为主要技术参数。油箱容量共有 18 种规格（单位：L）：25、40、63、100、160、250、400、630、800、1000、1250、1600、2000、2500、3200 、4000、5000、6000。

液压站可以根据设备要求及使用条件进行灵活配置。

（1）按设备要求可以配置集成块，也可不带集成块。

（2）可以根据系统需要调整液压系统工作压力和配备相应电动机。

（3）根据设备要求和液压系统需要设置冷却器、加热器和蓄能器。

（4）可在液压站上设置电气控制装置，也可不带电气控制装置。

9-1-2　液压系统辅助元件

液压系统中的辅助装置，如蓄能器、滤油器、油箱、管路和管接头等，对系统的动态性能、工作稳定性、工作寿命、噪声和温升等都有直接影响，必须给予重视。其中油箱需根据系统要求自行设计，其他辅助装置则做成标准件，供设计时选用。

1. 蓄能器

蓄能器是液压系统中的储能元件，它储存多余的液压油液，并在需要时释放出来供给系统。

1）蓄能器的类型与结构

蓄能器有重力式、弹簧式和充气式三类。常用的是充气式蓄能器，它又可分为活塞式、气囊式和隔膜式三种。在此主要介绍活塞式及气囊式两种蓄能器。

（1）活塞式蓄能器。如图 9-4（a）所示为活塞式蓄能器。它是利用在缸筒 2 中浮动的活塞 1 把缸中的液压油和气体隔开。这种蓄能器的活塞上装有密封圈，活塞的凹部面向气体，以增加气体室的容积。这种蓄能器的结构简单，易安装，维修方便；但活塞的密封问题不能完全解决，有压气体容易漏入液压系统中，而且由于活塞的惯性和密封件的摩擦力，使活塞动作不够灵敏；最高工作压力为 17 MPa，总容量为 1 ～ 39 L，温度适用范围为 -4 ～ +80℃。

（2）气囊式蓄能器。如图 9-4（b）所示为 NXQ 型皮囊折合式蓄能器。它由壳体 1、皮囊 2、充气阀 3、限位阀 4 等组成，工作压力为 3.5 ～ 35 MPa，容量范围为 0.6 ～ 200 L，温度适用范围为-10 ～ +65℃。工作前，从充气阀向皮囊内充进一定压力的气体，然后将充气阀关闭，使气体封闭在皮囊内，要储存的油液，从壳体底部限位阀处引入到皮囊外腔，使皮囊受压缩而储存液压能。其优点是惯性小，反应灵敏，且结构小、重量轻，一次充气后能长时间地保存气体，充气也较方便，故在液压系统中得到广泛的应用。

如图 9-4（c）所示为充气式蓄能器的图形符号。

2）蓄能器的功能

（1）作辅助动力源。当液压系统工作循环中所需的流量变化较大时，可采用一个蓄能器与一个较小流量（整个工作循环的平均流量）的泵，在短期大流量时，由蓄能器与泵同时

供油；所需流量较小时，泵将多余的油液充入蓄能器，这样可节省能源，降低温升。另一方面，在有些特殊的场合，例如，停电或驱动液压泵的原动力发生故障时，蓄能器可作为应急能源短期使用。

（2）保压和补充泄漏。当液压系统要求较长时间内保压时，可采用蓄能器补充其泄漏，使系统压力保持在一定范围内。

（3）缓和冲击，吸收压力脉动。当阀门突然关闭或换向时，系统中产生的冲击压力可由安装在产生冲击处的蓄能器来吸收，使液压冲击的峰值降低。若将蓄能器安装在液压泵的出口处，可降低液压泵压力脉动的峰值。

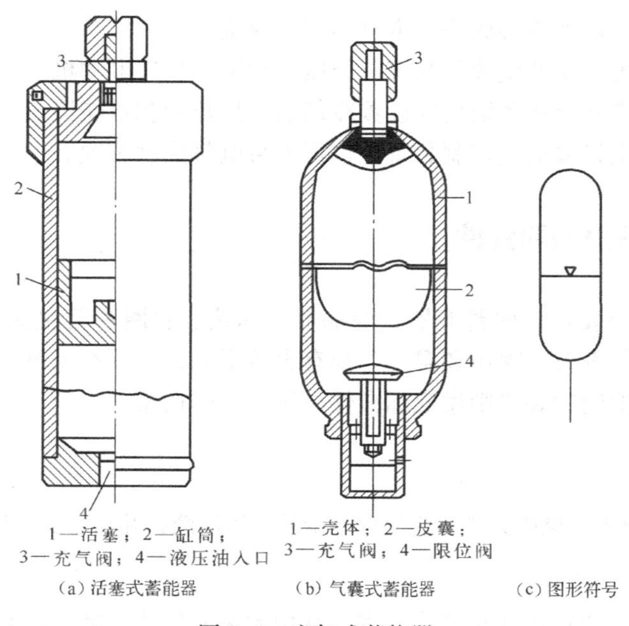

（a）活塞式蓄能器　（b）气囊式蓄能器　（c）图形符号

图 9–4　充气式蓄能器

3）蓄能器的安装

蓄能器在液压系统中的安装位置随其功能要求而定，主要应注意以下几点。

（1）气囊式蓄能器应垂直安装，油口向下。

（2）用于吸收液压冲击和压力脉动的蓄能器应尽可能安装在震动源附近。

（3）装在管路上的蓄能器须用支板或支架固定。

（4）蓄能器与液压泵之间应安装单向阀，防止液压泵停止工作时，由于蓄能器储存的液压油倒流而使泵反转；蓄能器与管路之间也应安装截止阀，供充气和检修之用。

2. 滤油器

1）滤油器的功能和类型

滤油器的功能是过滤混在液压油液中的杂质，降低进入系统中油液的污染度，保证系统正常地工作。

滤油器按其滤芯材料的过滤机制来分，有表面型滤油器、深度型滤油器和吸附型滤油器三种。

（1）表面型滤油器。整个过滤作用是由一个几何面来实现的。滤下的污染杂质被截留在滤芯元件靠油液上游的一面。在这里，滤芯材料具有均匀的标定小孔，可以滤除比小孔尺寸大的杂质。由于污染杂质积聚在滤芯表面上，因此它很容易被阻塞住。编网式滤芯、线隙式滤芯属于这种类型。

（2）深度型滤油器。这种滤芯材料为多孔可透性材料，内部具有曲折迂回的通道。大于表面孔径的杂质直接被截留在外表面，较小的污染杂质进入滤材内部，撞到通道壁上，由于吸附作用而被滤除。滤材内部曲折的通道也有利于污染杂质的沉积。纸芯、毛毡、烧结金属、陶瓷和各种纤维制品等属于这种类型。

（3）吸附型滤油器。这种滤芯材料把油液中的有关杂质吸附在其表面上，磁芯即属于此类。常见的滤油器式样及其特点如表9-1所示。

表9-1 常见的滤油器及其特点

类型	名称及结构简图	特点说明
表面型	编网式滤油器	1. 过滤精度与铜丝网层数及网孔大小有关。在压力管路上常用100目、150目和200目（每英寸长度上的孔数）的铜丝网，在液压泵吸油管路上常采用20～40目铜丝网； 2. 压力损失不超过0.004 MPa； 3. 结构简单，通流能力大，清洗方便，但过滤精度低
表面型	线隙式滤油器	1. 滤芯由绕在芯架上的一层金属线组成，依靠线间微小间隙来挡住油液中杂质的通过； 2. 压力损失约为0.03～0.06 MPa； 3. 结构简单，通流能力大，过滤精度高，但滤芯材料强度低，不易清洗； 4. 用于低压管道中，当用在液压泵吸油管上时，它的流量规格宜选得比泵大
深度型	纸芯式滤油器 A-A A A	1. 结构与线隙式相同，但滤芯为平纹或波纹的酚醛树脂或木浆微孔滤纸制成的纸芯。为了增大过滤面积，纸芯常制成折叠形； 2. 压力损失约为0.01～0.04 MPa； 3. 过滤精度高，但堵塞后无法清洗，必须更换纸芯； 4. 通常用于精过滤

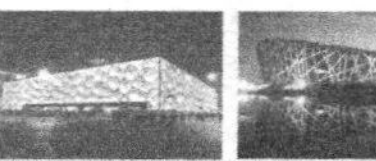
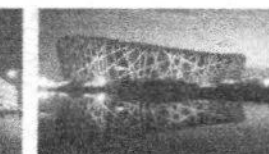

续表

类型	名称及结构简图	特点说明
深度型	烧结金属式滤油器	1. 滤芯由金属粉末烧结而成，利用金属颗粒间的微孔来挡住油液中杂质的通过。改变金属粉末的颗粒大小，就可以制出不同过滤精度的滤芯； 2. 压力损失约为0.03～0.2 MPa； 3. 过滤精度高，滤芯能承受高压，但金属颗粒易脱落，堵塞后不易清洗； 4. 适用于精过滤

2）滤油器的选用

滤油器按其过滤精度（滤去杂质的颗粒大小）的不同，有粗过滤器、普通过滤器、精密过滤器和特精过滤器四种，它们分别能滤去大于100μm、10～100μm、5～10μm和1～5μm大小的杂质。

选用滤油器时，要考虑下列几点：

（1）过滤精度应满足预定要求。

（2）能在较长时间内保持足够的通流能力。

（3）滤芯具有足够的强度，不因液压的作用而损坏。

（4）滤芯抗腐蚀性能好，能在规定的温度下持久地工作。

（5）滤芯清洗或更换简便。

因此，滤油器应根据液压系统的技术要求，按过滤精度、通流能力、工作压力、油液黏度和工作温度等条件选定其型号。

3）滤油器的安装

滤油器在液压系统中的安装位置通常有以下几种。

（1）安装在泵的吸油口处。在泵的吸油路上一般都安装有表面型滤油器，目的是滤去较大的杂质微粒以保护液压泵，此外滤油器的过滤能力应为泵流量的两倍以上，压力损失小于0.02 MPa。

（2）安装在泵的出口油路上。此处安装滤油器的目的是用来滤除可能侵入阀类等元件的污染物。其过滤精度应为10～15μm，且能承受油路上的工作压力和冲击压力，压力降应小于0.35 MPa。同时应安装安全阀以防滤油器堵塞。

（3）安装在系统的回油路上。这种安装起间接过滤作用。一般与过滤器并联安装一个背压阀，当过滤器堵塞达到一定压力值时，背压阀打开。

（4）安装在系统分支油路上。根据液压系统的工作特性和要求，可将过滤器安装在系统的某些分支油路上。

（5）单独过滤系统。大型液压系统可专设一台液压泵和滤油器组成独立过滤回路。

液压系统中除了整个系统所需的滤油器外，还常常在一些重要元件（如伺服阀、精密节

流阀等）的前面单独安装一个专用的精滤油器来确保它们的正常工作。

3. 油箱

1）油箱的功能

油箱的功能主要是储存油液，此外还起着散发油液中热量（在周围环境温度较低的情况下则是保持油液中热量）、释放出混在油液中的气体、沉淀油液中污物等作用。

2）油箱的结构

液压系统中的油箱有整体式和分离式两种。整体式油箱利用主机的内腔作为油箱，这种油箱结构紧凑，各处漏油易于回收，但增加了设计和制造的复杂性，维修不便，散热条件不好，且会使主机产生热变形。分离式油箱单独设置，与主机分开，减少了油箱发热和液压震动源对主机工作精度的影响，因此得到了普遍的采用，特别是在精密机械上。

油箱的典型结构如图 9-5 所示。由图可见，油箱内部用隔板 7、9 将吸油管 1 与回油管 4 隔开。顶部、侧部和底部分别装有滤油网 2、液位计 6 和排放污油的放油阀 8。安装液压泵及其驱动电动机的安装板（上盖）5 则固定在油箱顶面上。

此外，近年来又出现了充气式的闭式油箱，它不同于开式油箱之处，在于整个油箱是封闭的，顶部有一个充气管，可送入 0.05 ～ 0.07 MPa 过滤纯净的压缩空气。空气或者直接与油液接触，或者被输入到蓄能器式的皮囊内不与油液接触。这种油箱的优点是改善了液压泵的吸油条件，但它要求系统中的回油管、泄油管承受背压。油箱本身还须配置安全阀、电接点压力表等元件以稳定充气压力，因此它只在特殊场合下使用。

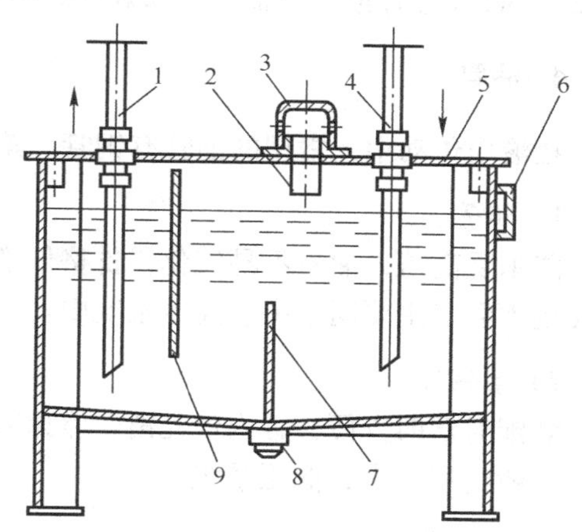

1—吸油管；2—滤油网；3—注油器盖；4—回油管；5—上盖；6—液位计；7、9—隔板；8—放油阀

图 9-5　油箱

3）设计油箱注意事项

（1）油箱的有效容积（油面高度为油箱高度 80% 时的容积）应根据液压系统发热、散热平衡的原则来计算，这项计算在系统负载较大、长期连续工作时是必不可少的。但对于一般情况来说，油箱的有效容积可以按液压泵的额定流量 q（L/min）估计出来。

（2）吸油管和回油管应尽量相距远些，两管之间要用隔板隔开，以增加油液循环距离，使油液有足够的时间分离气泡，沉淀杂质，消散热量。隔板高度最好为箱内油面高度的 3/4。吸油管入口处要装粗滤油器。精滤油器与回油管管端在油面最低时仍应没在油中，防止吸油时卷吸空气或回油冲入油箱时搅动油面而混入气泡。回油管管端宜斜切 45°，以增大出油口截面积，减小出口处油流速度，此外，应使回油管斜切口面对箱壁，以利于油液散热。当回油管排回的油量很大时，宜使它的出口处高出油面，向一个带孔或不带孔的斜槽（倾角为 5° ～ 15°）排油，使油流散开，一方面减小流速，另一方面排走油液中的空气。要减小回油流速、减少它的冲击搅拌作用，也可以采取让它通过扩散室的办法来达到。泄油管管端也可斜切并面对箱壁，但不可没入油中。

管端与箱底、箱壁间的距离均应大于管径的 3 倍。粗滤油器距箱底应大于 20 mm。

（3）为了防止油液污染，油箱上各盖板、管口处都要妥善密封。注油器上要加滤油网。防

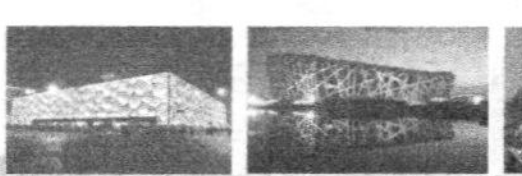

止油箱出现负压而设置的通气孔上须装空气滤清器。空气滤清器的容量至少应为液压泵额定流量的2倍。油箱内回油集中部分及清污口附近宜装设一些磁性块，以去除油液中的铁屑和带磁性颗粒。

（4）为了易于散热和便于对油箱进行搬移及维护保养，按GB 3766—83规定，箱底离地至少应在150 mm以上。箱底应适当倾斜，在最低部位处设置堵塞或放油阀，以便排放污油。按照GB 3766—83规定，箱体上注油口的近旁必须设置液位计。滤油器的安装位置应便于装拆。箱内各处应便于清洗。

（5）油箱中若要安装热交换器，必须考虑好它的安装位置，以及测温、控制等措施。

（6）分离式油箱一般用2.5～4 mm钢板焊成。箱壁愈薄，散热愈快。有资料建议100 L以下容量的油箱箱壁厚度取1.5 mm，100 L以上、400 L以下的取3 mm，400 L以上的取6 mm，箱底厚度大于箱壁，箱盖厚度应为箱壁的4倍。大尺寸油箱要加焊角板、筋条，以增加刚性。当液压泵及其驱动电动机和其他液压件都要安装在油箱上时，油箱上盖要相应地加厚。

（7）油箱内壁应涂上耐油防锈的涂料。外壁若涂上一层极薄的黑漆（厚度不超过0.025 mm），会有很好的辐射冷却效果。铸造的油箱内壁一般只进行喷砂处理，不涂漆。

4. 油管

在液压传动中，常用的油管有钢管、紫铜管、尼龙管、耐油塑料管和橡胶软管等。

1）钢管

能承受高压，油液不易氧化，价格低廉，但装配时弯曲较困难。常用的有10号、16号冷拔无缝钢管，主要用于中、高压系统中。

2）紫铜管

装配时弯曲方便，且内壁光滑，摩擦阻力小，但易使油液氧化，耐压力较低，抗震动能力差，一般适用于中、低压系统中。

3）尼龙管

弯曲方便，价格低廉，但寿命较短，可在中、低压系统中部分替代紫铜管。

4）橡胶软管

由耐油橡胶夹以1～3层钢丝编织网或钢丝绕层做成。其特点是装配方便，能减轻液压系统的冲击，吸收震动，但制造困难，价格较贵，寿命短，一般用于有相对运动部件间的连接。

5）耐油塑料管

价格便宜，装配方便，但耐压力低，一般用于泄漏油管。

5. 管接头

管接头用于油管与油管、油管与液压元件间的连接。管接头的种类很多，如图9-6所示为几种常用的管接头结构。

如图9-6（a）所示为扩口式薄壁管接头，适用于铜管或薄壁钢管的连接，也可用来连接尼龙管和塑料管，在一般的压力不高的机床液压系统中，应用较为普遍。

如图9-6（b）所示为焊接式钢管接头，用来连接管壁较厚的钢管，用在压力较高的液压系统中。

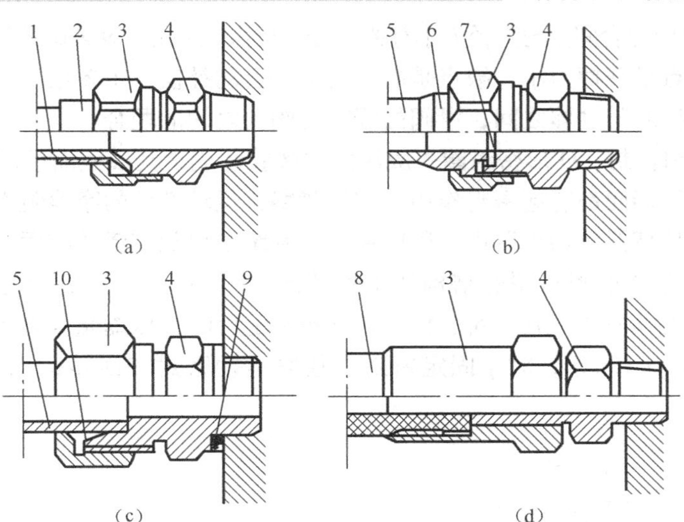

1—扩口薄管；2—管套；3—螺母；4—接头体；5—钢管；6—接管；7—密封垫；8—橡胶胶管；9—组合密封垫；10—夹套

图9-6　管接头

如图9-6（c）所示为夹套式管接头，当旋紧管接头的螺母时，利用夹套两端的锥面使夹套产生弹性变形来夹紧油管。这种管接头装拆方便，适用于高压系统的钢管连接，但制造工艺要求高，对油管要求严格。

如图9-6（d）所示为高压软管接头，多用于中、低压系统的橡胶软管的连接。

6. 密封装置

密封是解决液压系统泄漏问题最重要、最有效的手段。液压系统如果密封不良，可能出现不允许的外泄漏，外漏的油液将会污染环境；还可能使空气进入吸油腔，影响液压泵的工作性能和液压执行元件运动的平稳性（爬行）；泄漏严重时，系统容积效率降低，甚至工作压力达不到要求值。若密封过度，虽可防止泄漏，但会造成密封部分的剧烈磨损，缩短密封件的使用寿命，增大液压元件内的运动摩擦阻力，降低系统的机械效率。因此，合理地选用和设计密封装置在液压系统的设计中十分重要。

1）对密封装置的要求

（1）在工作压力和一定的温度范围内，应具有良好的密封性能，并随着压力的增加能自动提高密封性能。

（2）密封装置和运动部件之间的摩擦力要小，摩擦系数要稳定。

（3）抗腐蚀能力强，不易老化，工作寿命长，耐磨性好，磨损后在一定程度上能自动补偿。

（4）结构简单，使用和维护方便，价格低廉。

2）密封装置的类型和特点

密封按其工作原理来分，可分为非接触式密封和接触式密封。前者主要指间隙密封，后者指密封件密封。

（1）间隙密封。间隙密封是依靠相对运动部件配合面之间的微小间隙来进行密封的，常用于柱塞、活塞或阀的圆柱配合副中。一般在阀芯的外表面开有几条等距离的均压槽，它的主要作用是使径向压力分布均匀，减少液压卡紧力，同时使阀芯在孔中的对中性好，以减小间隙的方法来减少泄漏。同时槽所形成的阻力，对减少泄漏也有一定的作用。均压槽一般宽为0.3 ～ 0.5 mm，深为

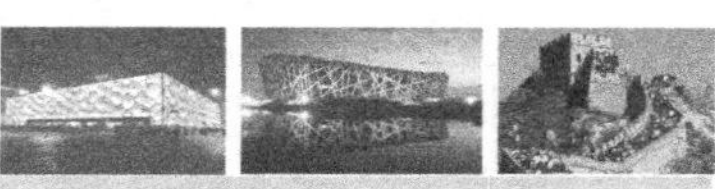

0.5 ～1.0 mm。圆柱面配合间隙与直径大小有关，对于阀芯与阀孔一般取 0.005 ～ 0.017 mm。

这种密封的优点是摩擦力小，缺点是磨损后不能自动补偿，主要用于直径较小的圆柱面之间，如液压泵内的柱塞与缸体之间，滑阀的阀芯与阀孔之间的配合。

（2）O 形密封圈密封。O 形密封圈一般用耐油橡胶制成，其横截面呈圆形，它具有良好的密封性能，内外侧和端面都能起密封作用，结构紧凑，运动部件的摩擦阻力小，制造容易，装拆方便，成本低，且高低压均可以用，所以在液压系统中得到广泛的应用。

如图 9-7 所示为 O 形密封圈的结构和工作情况。图 9-7（a）所示为其外形圈；图 9-7（b）所示为装入密封沟槽的情况，δ_1、δ_2为 O 形圈装配后的预压缩量，通常用压缩率 w 表示，即 $w=[(d_0-h)/d_0]\times100\%$，对于固定密封、往复运动密封和回转运动密封，$w$ 应分别达

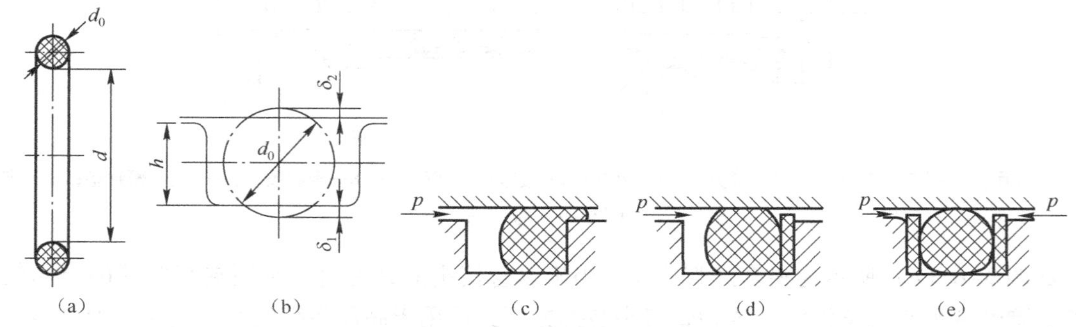

图 9-7　O 形密封圈的结构和工作情况

到 15% ～ 20%、10% ～ 20% 和 5% ～ 10%，才能取得满意的密封效果。当油液工作压力超过 10 MPa 时，O 形圈在往复运动中容易被油液压力挤入间隙而提早损坏，如图 9-7（c）所示。为此要在它的侧面安放 1.2 ～ 1.5 mm 厚的聚四氟乙烯挡圈，单向受力时在受力侧的对面安放一个挡圈，如图 9-7（d）所示；双向受力时则在两侧各放一个挡圈，如图 9-7（e）所示。

O 形密封圈的安装沟槽，除矩形外，也有 V 形、燕尾形、半圆形和三角形等，在实际应用中可查阅有关手册及国家标准。

（3）唇形密封圈密封。唇形密封圈根据截面的形状可分为 Y 形、V 形、U 形和 L 形等，其工作原理如图 9-8 所示。液压力将密封圈的两唇边 h_1 压向形成间隙的两个零件的表面。这种密封作用的特点是能随着工作压力的变化自动调整密封性能，压力越高则唇边被压得越紧，密封性越好；当压力降低时唇边压紧程度也随之降低，从而减少摩擦阻力和功率消耗，除此之外，还能自动补偿唇边的磨损，保持密封性能不降低。

目前，液压缸中普遍使用如图 9-9 所示的小 Y 形密封圈，作为活塞和活塞杆的密封。其中如图 9-9（a）所示为轴用密封圈，如图 9-9（b）所示为孔用密封圈。这种小 Y 形密封圈的特点是断面宽度和高度的比值大，增加了底部的支撑宽度，可以避免摩擦力造成的密封圈的翻转和扭曲。

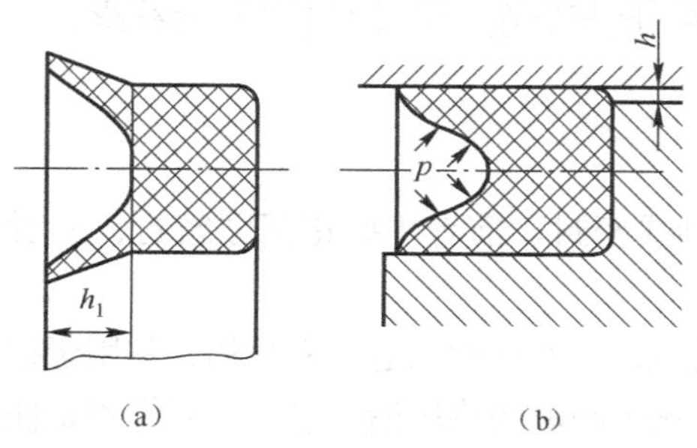

图 9-8　唇形密封圈的工作原理

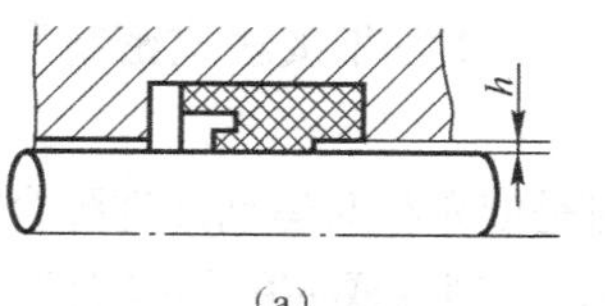

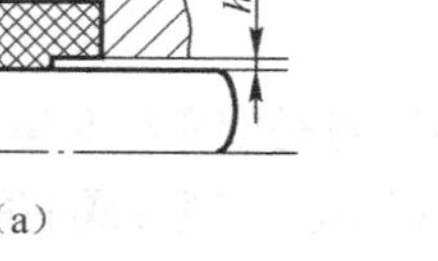

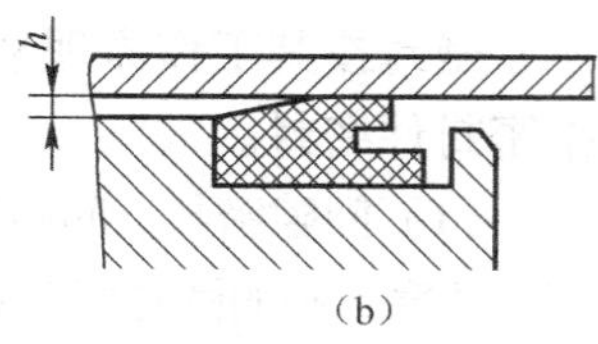

图 9-9　小 Y 形密封圈

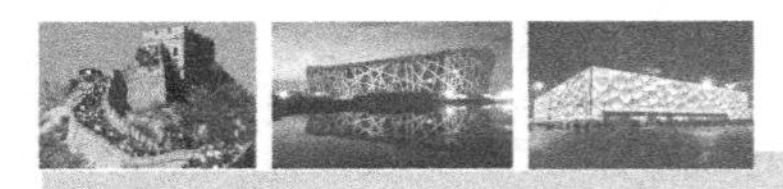

在高压和超高压情况下（压力大于25 MPa）V形密封圈也有应用，V形密封圈的形状如图9-10所示。它由多层涂胶织物压制而成，通常由压环、密封环和支撑环三个圈叠在一起使用，此时已能保证良好的密封性，当压力更高时，可以增加中间密封环的数量。这种密封圈在安装时要预压紧，所以摩擦阻力较大。

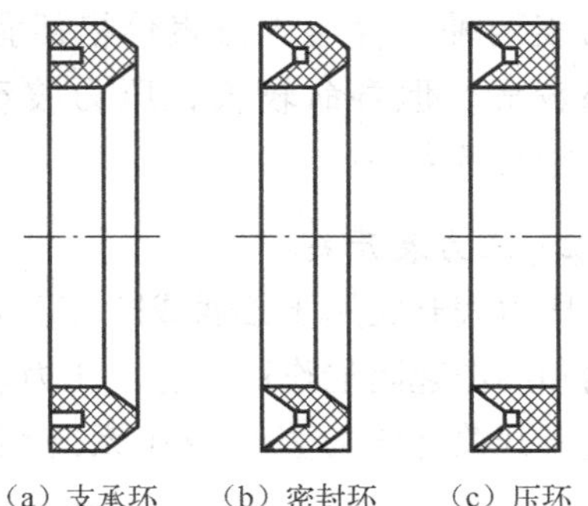

图9-10　V形密封圈

唇形密封圈安装时应使其唇边开口面对压力油，使两唇张开，分别贴紧在机件的表面上。

(4) 组合式密封装置。随着液压技术的应用日益广泛，系统对密封的要求越来越高，普通的密封圈单独使用已不能很好地满足密封性能要求，特别是使用寿命和可靠性方面的要求，因此，研究和开发了由包括密封圈在内的两个以上元件组成的组合式密封装置。

如图9-11（a）所示为O形密封圈与截面为矩形的聚四氟乙烯塑料滑环组成的组合密封装置。其中，滑环紧贴密封面，O形圈为滑环提供弹性预压力，在介质压力等于零时构成密封。由于密封间隙靠滑环，而不是O形圈，因此摩擦阻力小而且稳定，可以用于40 MPa的高压；往复运动密封时，速度可达15 m/s；往复摆动与螺旋运动密封时，速度可达5 m/s。矩形滑环组合密封的缺点是抗侧倾能力稍差，在高低压交变的场合下工作容易漏油。图9-11（b）所示为由支撑环和O形圈组成的轴用组合密封，由于支撑环与被密封件之间为线密封，其工作原理类似唇边密封。支撑环采用一种经特别处理的化合物，具有极佳的耐磨性、低摩擦和保形性，不存在橡胶密封低速时易产生的“爬行”现象。工作压力可达80 MPa。

组合式密封装置由于充分发挥了橡胶密封圈和滑环（支撑环）的长处，因此不仅工作可靠，摩擦力低而稳定，而且使用寿命比普通橡胶密封提高近百倍，在工程上的应用日益广泛。

(5) 回转轴的密封装置。回转轴的密封装置类型很多，如图9-12所示是一种耐油橡胶制成的回转轴用密封圈，它的内部有直角形圆环铁骨架支撑，密封圈的内边围着一条螺旋弹簧，把内边收紧在轴上来进行密封。这种密封圈主要用作液压泵、液压马达和回转式液压缸的伸出轴的密封，以防止油液漏到壳体外部，它的工作压力一般不超过0.1 MPa，最大允许线速度为4～8 m/s，必须在有润滑情况下工作。

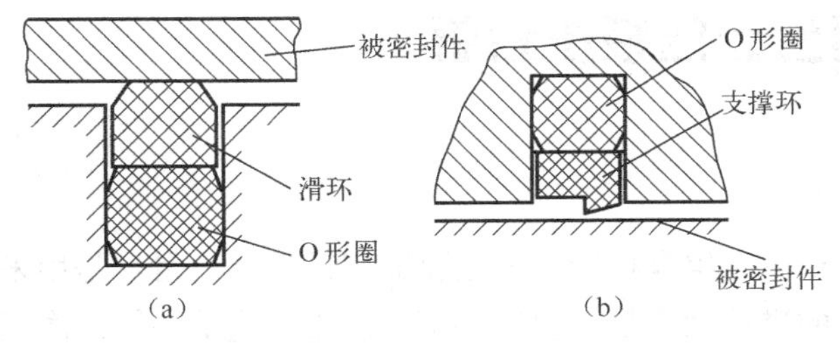

图9-11　组合式密封装置

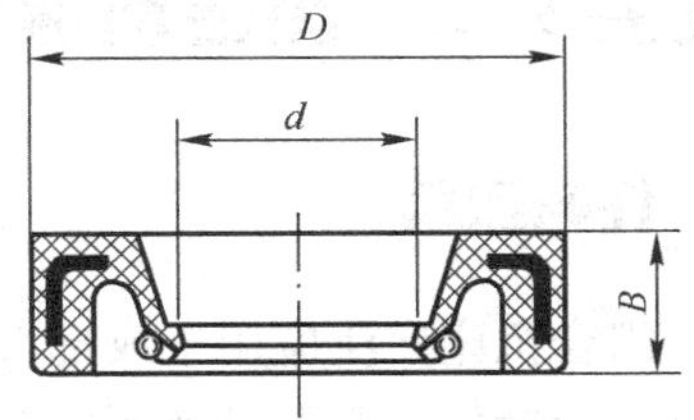

图9-12　回转轴用密封圈

6. 压力表和压力表开关

1) 压力表的功用

压力表用于观察液压系统中各工作点（如液压泵出口、减压阀之后等）的压力，以便工作人员把系统的压力调整到要求的工作压力。按照是否防震分为普通压力表和防震压力表两种。普通压力表价格便宜，但使用寿命较短，一般用在低压系统；防震压力表价格较贵，但寿命较长，压力波动的影响较小，读数较精确，但价格较贵，广泛应用于各种液压系统中。

2）*压力表开关*

压力表开关用于接通或断开压力表与测量点油路的通道，开关中过油通道很小，对压力的波动和冲击起阻尼作用，防止压力表指针的剧烈摆动，防止损坏。在设备正常工作时，应利用压力表开关将压力表与液压系统切除，防止其精度和寿命由于在使用中的压力波动而造成影响。

任务实施 9-1　数控车床卡盘液压站液压元件的选用

工作任务单

<table>
<tr><td>姓名</td><td></td><td>班级</td><td></td><td>组别</td><td></td><td>日期</td><td></td></tr>
<tr><td colspan="2">工作任务</td><td colspan="6">数控车床卡盘液压站液压元件的选用</td></tr>
<tr><td colspan="2">任务描述</td><td colspan="6">根据数控车床卡盘对液压系统的要求和液压原理图，确定使用的液压元件的规格型号</td></tr>
<tr><td colspan="2">任务要求</td><td colspan="6">1. 分析数控车床卡盘对液压系统的要求；
2. 依据液压原理图，查阅相关设计手册，确定使用液压泵、液压阀、油箱、过滤器、液压管道等规格型号；
3. 制作液压元件选用清单</td></tr>
<tr><td colspan="2">提交成果</td><td colspan="6">液压元件选用清单</td></tr>
<tr><td colspan="2" rowspan="5">考核评价</td><td>序号</td><td colspan="2">考核内容</td><td>配分</td><td>评分标准</td><td>得分</td></tr>
<tr><td>1</td><td colspan="2">安全意识</td><td>20</td><td>遵守安全规章、制度</td><td></td></tr>
<tr><td>2</td><td colspan="2">液压元件选用清单</td><td>50</td><td>液压元件选用清单符合液压系统要求</td><td></td></tr>
<tr><td>3</td><td colspan="2">设计手册的正确使用</td><td>20</td><td>能正确使用相关液压设计手册</td><td></td></tr>
<tr><td>4</td><td colspan="2">团队协作</td><td>10</td><td>与他人合作有效</td><td></td></tr>
<tr><td colspan="2">指导教师</td><td colspan="3"></td><td colspan="2">总分</td><td></td></tr>
</table>

任务 9-2　组合机床动力滑台液压系统分析

任务引入

组合机床广泛应用于成批大数量的生产中，组合机床上的主要通用部件动力滑台是用来实现进给运动的。它要求液压传动系统完成的进给动作是：快进→第一次工作进给→第二次工作进给→止挡块停留→快退→原位停止，同时还要求系统工作稳定、效率高。那么液压动力滑台的液压系统是如何工作的呢？

任务分析

要达到动力滑台工作时的性能要求，就必须将各液压元件有机地组合，形成完整有效的液压控制回路。在动力滑台中，进给运动其实是由液压缸带动主轴头从而完成整个进给运动的。

因此，组合机床液压回路的核心问题是如何来控制液压缸的动作。

相关知识

9-2-1　液压系统的分析方法

由若干液压元件（能源装置、控制元件、执行元件等）组成，与管路组合起来，并能完成一定动作的整体或能完成一定动作的各个液压基本回路的组合，简称为液压系统。

液压系统图表示了系统内所有液压元件及其连接、控制情况，它表示了执行元件所实现动作的工作原理。图中，各液压元件及它们之间的连接或控制方式，均按规定的职能符号或结构式符号画出。

1）分析步骤

一般对液压回路的解读和系统分析有如下五个步骤。

(1) 解读液压设备对液压系统的动作要求。

(2) 逐步浏览整个系统，了解系统（回路）由哪些元件组成，再以各个执行元件为中心，将系统分成若干个子系统。

(3) 对每一个执行元件及其有关联的阀件等组成的子系统进行分析，并了解此子系统包含哪些基本回路。然后再根据此执行元件的动作要求，参照电磁线圈的动作顺序表读懂此子系统。

(4) 根据液压设备中各执行元件间互锁、同步、防干扰等要求，分析各子系统之间的关系，并进一步读懂系统中是如何实现这些要求的。

(5) 全面读懂整个系统后，最后归纳总结整个系统有哪些特点。

2）其他因素

另外，对液压系统图进行分析，还要考虑以下几方面问题。

(1) 液压基本回路的确定是否符合主机的动作要求。

(2) 各主油路之间、主油路与控制油路之间有无矛盾和干涉现象。

(3) 液压元件的替代、更换和合并是否合理、可行。

(4) 液压系统性能的改进方法。

9-2-2　组合机床动力滑台液压系统的工作原理

组合机床是由一些通用和专用零部件组合而成的专用机床，广泛应用于大批量的生产中。组合机床上的主要通用部件——动力滑台是用来实现进给运动的，只要配以不同用途的主轴头，即可实现钻、扩、铰、镗、铣、刮端面、倒角及攻螺纹等加工和工件的转位、定位、加紧、输送等工作。

液压动力滑台是利用液压缸将泵站所提供的液压能转变成滑台运动所需的机械能。它对液压系统性能的主要要求是速度换接平稳，进给速度稳定，功率利用合理，效率高，发热少。现以 YT4543 型液压动滑台为例分析组合机床动力滑台液压系统的工作原理和特点。

1. YT4543 型动力滑台液压系统的工作原理

如图 9-13 所示，液压动力滑台的工作循环为快进→第一次工作进给→第二次工作进给→

止挡块停留→快退→原位停止。该液压动力滑台的性能参数为：进给速度6.6～600 mm/min，最大进给力45 kN。本系统采用限压式变量泵供油、电液换向阀换向、液压缸差动连接来实现快进。用行程阀实现快进与工进的转换，用二位二通电磁换向阀进行两个工进速度之间的转换。为了保证进给的尺寸精度，用止挡块停留来限位。

1）快进

按下启动按钮，电磁铁1YA得电，电液换向阀6的先导阀阀芯向右移动从而引起主阀芯向右移，使其左位接入系统，形成差动连接，其主油路如下。

进油路：泵1→单向阀2→换向阀6左位→行程阀11下位→液压缸左腔；

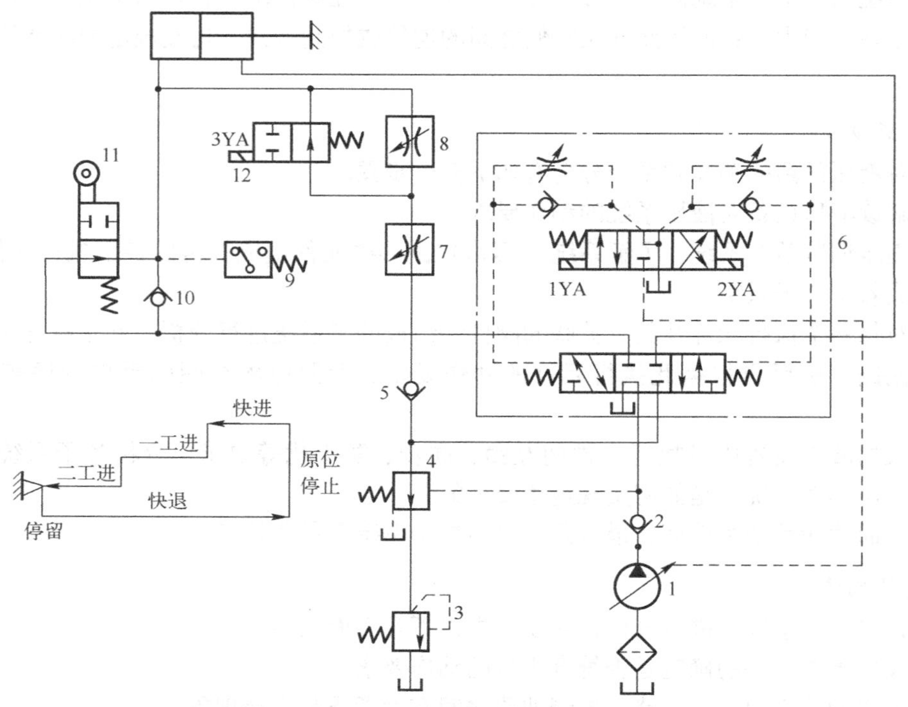

1—变量泵；2、5、10—单向阀；3—背压泵；4—液控顺序阀；6—电液动换向阀；
7、8—调速阀；9—压力继电器；11—行程阀；12—电磁换向阀

图9-13　动力滑台液压系统原理

回油路：液压缸的右腔→换向阀6左位→单向阀5→行程阀11下位→液压缸左腔。

2）第一次工作进给

当滑台快速运动到预定位置时，滑台上的行程挡块压下了行程阀11的阀芯，切断了该通道，压力油须经调速阀7进入液压缸的左腔。由于油液流经调速阀，因此系统压力上升，打开液控顺序阀4，此时，单向阀5的上部压力大于下部压力，所以单向阀5关闭，切断了液压缸的差动回路，回油经液控顺序阀4和背压阀3流回油箱，从而使滑台转换为第一次工作进给。

进油路：泵1→单向阀2→换向阀6左位→调速阀7→换向阀12右位→液压缸左腔；

回油路：液压缸右腔→换向阀6左位→顺序阀4→背压阀3→油箱。

因为工作进给时，系统压力升高，所以变量泵1的输油量便自动减小，以适应工作进给的需要。其中，进给量大小由调速阀7调节。

3）第二次工作进给

第一次工进结束后，行程挡块压下行程开关（图中未画出），行程开关发出电信号，使 3YA 通电，二位二通换向阀将通路切断，进油必须经调速阀 7 和调速阀 8 才能进入液压缸，此时，由于调速阀 8 的开口量小于调速阀 7 的，所以进给速度再次降低，其他油路情况同一工进。

4）止挡块停留

当滑台工作进给完毕之后，碰上止挡块的滑台不再前进，停留在止挡块处，同时，系统压力升高，当升高到压力继电器 9 的调整值时，压力继电器动作，经过时间继电器的延时，再发出信号使滑台返回，滑台的停留时间可由时间继电器在一定范围内调整。

5）快退

时间继电器经延时发出信号，2YA 通电，1YA、3YA 断电，其主油路如下。

进油路：泵 1→单向阀 2→换向阀 6 右位→液压缸右腔；

回油路：液压缸左腔→单向阀 10→换向阀 6 右位→油箱。

6）原位停止

当滑台退回到原位时，行程挡块压下行程开关（图中未画出），发出信号，使 2YA 断电，换向阀 6 处于中位，液压缸失去液压动力源，滑台停止运动。液压泵输出的油液经换向阀 6 直接回到油箱，泵卸荷。

如表 9–2 所示为组合机床动力滑台液压系统电磁铁和行程阀动作顺序表。

表 9–2　组合机床动力滑台液压系统电磁铁和行程阀动作顺序表

电磁铁、行程阀 / 动作	电　磁　铁			行程阀	动作/转换信号
	1YA	2YA	3YA		
快进	+	−	−	−	启动按钮
一次工进	+	−	−	+	行程阀 11 发信号
二次工进	+	−	+	+	行程开关 1
止挡块停留	+	−	+	+	时间继电器延时
快退	−	+	−	+	压力继电器
原位停止	−	−	−	−	行程开关 2

2. YT4543 型动力滑台液压系统特点

通过以上分析可以看出，该液压系统具有以下几个特点。

（1）系统采用了限压式变量叶片泵 – 调速阀（背压阀式）的调速回路，能保证稳定的低速运动（进给速度最小可达 6. 6 mm/min），较好的速度刚性和较大的调速范围（容积节流调速，回油路加背压可承受负性载荷）。

（2）系统采用了限压式变量泵和差动连接式液压缸来实现快进，能源利用比较合理。当滑台停止运动时，换向阀使液压泵在低压下卸荷，减少了能量损耗。

（3）系统采用了行程阀和顺序阀实现快进与工进的换接，简化了电气回路，动作更可靠，换接精度高。至于两个工进之间的换接，由于两者速度都比较低，因此采用电磁阀完全能保证换接精度。

（4）采用三位五通电液换向阀提高换向平稳性，进给时有背压，后退时无背压，M 型中位机能卸荷，功率消耗最小。

任务实施 9-2　动力滑台液压系统分析

1. 液压系统的组建步骤

（1）按照实验回路图的要求，取出所要用的液压元件，检查型号是否正确。

（2）将性能完好的液压元件安装在实验台面板合理位置，通过快换接头和液压软管按回路要求连接。

（3）进行电气线路连接，并把选择开关拨至所要求的位置。

（4）安装完毕，放松溢流阀，启动液压泵，调节溢流阀压力，按动“启动”按钮，按照顺序动作表中的顺序要求操作阀即可实现动作。

（5）对系统压力、速度等进行调节。

（6）观察运行情况，对使用中遇到的问题进行分析和解决。

（7）先卸压，再关油泵，拆下管路，整理好所有元件，归位。

2. 工作任务单

姓名		班级		组别		日期	
工作任务	动力滑台液压系统分析						
任务描述	根据动力滑台液压系统要求和液压原理图，进行系统分析与组建液压系统，展示并进行讨论、提出完善方案						
任务要求	1. 分析动力滑台液压系统，明确组建液压系统的要求； 2. 分组组建液压系统，展示并展开讨论； 3. 完善组建液压系统						
提交成果	液压系统原理图和电磁铁动作顺序表						
考核评价	序号	考核内容	配分	评分标准	得分		
	1	安全意识	20	遵守安全规章、制度			
	2	组建液压系统	50	正确的液压系统工作回路			
	3	操作正确	20	操作台操作正确，电磁铁动作顺序正确			
	4	团队协作	10	与他人合作有效			
指导教师			总分				

任务 9-3　数控车床液压系统的安装调试与故障诊断

任务引入

CK6140 数控车床（如图 9-14 所示）随着工作时间的增加及环境的影响，液压传动系统会出现一些工作上的异常现象，例如，产生噪声和震动、油温过高等。出现这些故障以后，要如何去检查和修理液压传动系统呢？

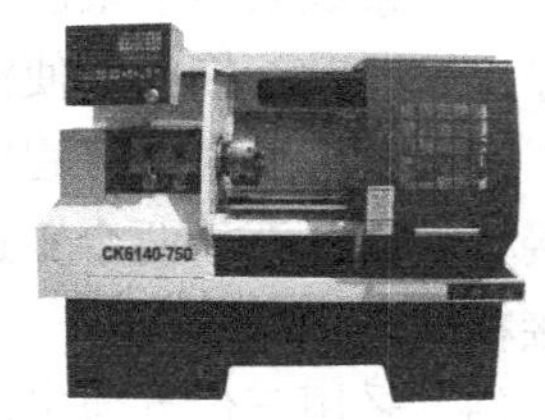

图 9-14　CK6140 数控车床

任务分析

正确的维护和保养液压传动系统是延长液压传动系统正常使用寿命的重要措施。数控车床 CK6140 随着工作时间的增加及环境的影响，液压传动系统会出现一些工作上的异常现象，例如，产生噪声和震动、油温过高等。当出现这些故障以后，需要检查和修理液压传动系统。该任务通过学习数控车床液压传动系统的检修和故障分析方法，使学生能够检修普通液压系统工作中常见的几种故障。

图 9-15 所示为数控机床液压系统。数控机床的液压控制系统能够完成卡盘的松开与夹紧、尾座套筒的伸出与缩回。当卡盘处于夹紧状态时，夹紧力的大小由减压阀 7 来调整；当尾座套筒处于伸出状态时，伸出的预紧力的大小由减压阀 11 来调整，伸缩速度的大小由单向节流阀 13 来控制，可以适应不同工件的需要且操作方便。

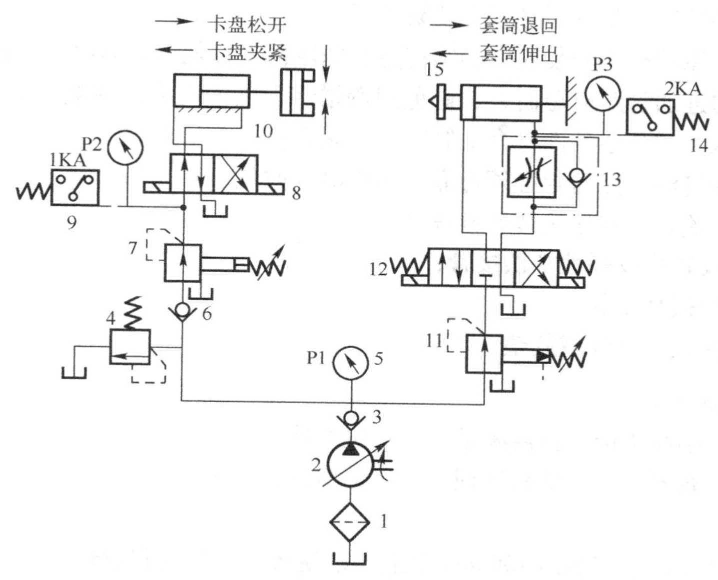

图 9-15　数控车床液压系统

相关知识

9-3-1　液压系统的安装

液压系统由各种液压元件、辅助元件组成，各元件间由管路、管接头、连接体等零件连在一起，组成一个完整的液压系统。液压系统的安装质量直接影响设备的工作性能和可靠性。

1. 安装前的准备工作和要求

(1) 认真分析液压系统工作原理图、管道连接图及有关液压元件使用说明书，并准备好需要的元件、部件、辅件、专用和通用工具以及材料等。

(2) 仔细检查所用油管是否完好无损。在正式装配前要进行配管安装，试装合适后拆下油管，用 20% 的硫酸或盐酸酸洗 30 ～ 40 min，清洗液的温度为 30 ～ 40℃，然后用温度为 30 ～

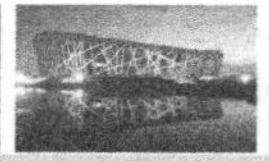

40℃的10%的苏打水中和15 min，最后用温水清洗，待干燥后涂油待装。

（3）各种液压元件在安装前应该用煤油清洗干净并认真校验，必要时须进行密封和压力试验。

（4）对系统中所用的仪器、仪表应进行严格的调试，确保其灵敏、准确、可靠。

（5）注意安装场地清洁，保障有足够的操作空间。

2. 液压元件的安装

安装时一般按先内后外、先难后易和先精密后一般的原则进行，安装过程中必须注意以下要求。

1）液压泵装置的安装要求

（1）液压泵与原动机之间的联轴器的形式及安装要求必须符合制造厂的规定。

（2）外露的旋转轴、联轴器必须安装防护罩。

（3）液压泵与原动机的安装底座必须有足够的刚性，以保证运转时始终同轴。

（4）液压泵的进油管路应短而直，避免拐弯增多，断面突变。在规定的油液黏度范围内，必须使泵的进油压力和其他条件符合泵制造厂的规定值。

（5）液压泵的进油管路密封必须可靠，不得吸入空气。

（6）高压、大流量的液压泵装置推荐采用：

① 泵进油口设置橡胶弹性补偿接管；

② 泵出油口连接高压软管；

③ 泵装置底座设置弹性减震垫。

2）油箱装置的安装要求

（1）油箱的大小和所选板材需满足液压系统的使用要求。

（2）油箱的内表面需进行防锈处理，应仔细清洗，用压缩空气干燥后，再用煤油检查焊缝质量。

（3）油箱底部应高于安装面150 mm以上，以便搬移、放油和散热。

（4）油箱盖与箱体之间、清洗孔与箱体之间、放油塞与箱体之间应可靠密封。

3）液压阀的安装要求

（1）阀的安装方式应符合制造厂规定。

（2）板式阀或插装阀必须有正确的定向措施。安装前要检查进出油口处密封圈是否符合要求，要凸出安装平面，保持安装后有一定的压缩量以防泄漏。固定螺钉要均匀拧紧，最后使元件的安装平面与元件底板平面全面接触。

（3）为了保证安全，阀的安装必须考虑重力、冲击、震动对阀内主要零件的影响。

（4）阀用连接螺钉的性能等级必须符合制造厂的要求，不得随意代换。

（5）应注意进油口与回油口的方位，某些阀若将进油口与回油口装反，会造成事故。有些阀件为了安装方便，往往开有同作用的两个孔，安装后不用的一个要堵死。

（6）为了避免空气渗入阀内，连接处应保证密封良好。用法兰安装的阀件，螺钉不能拧得过紧，因为有时过紧反而会造成密封不良。必须拧紧时，原来的密封件或材料若不能满足密封，应更换密封件的形式或材料。

（7）方向控制阀的安装，一般应使轴线安装在水平位置上。压力阀一般应保持阀芯与轴线垂直安装。

(8) 阀类元件安装完毕后，应使调压阀的调节螺钉处于放松状态；而流量阀的调节手柄处于使阀关闭的状态，换向阀的阀芯位置应尽量处于原理图所示位置。

4) 热交换器的安装要求

(1) 安装在油箱上的加热器的位置必须低于油箱低极限液面位置，加热器的表面耗散功率不得超过 $0.7W/cm^2$。

(2) 使用热交换器时，应有液压油（液）和冷却（或加热）介质的测温点。

(3) 采用空气冷却器时，应防止进排气通路被遮蔽或堵塞气阀。

(4) 加热器的安装位置、冷却器的回油口必须远离测温点。

5) 密封件的安装要求

(1) 密封件的材料必须与相接触的介质相容。

(2) 密封件的使用压力、温度及安装应符合相关标准规定。

(3) 随机附带的密封件，在制造厂规定的使用条件下使用，不得使用超过有效期的密封件。

6) 蓄能器的安装要求

(1) 蓄能器（包括气体加载式蓄能器）充气的气体种类必须符合制造厂的规定。

(2) 蓄能器一般应保持轴线竖直，油口向下安装，管路之间要设置安全截止阀。

(3) 过滤器安装在吸油管路时，应浸没在油箱液面以下。安装在回油路和压油路时，为使过滤器堵塞时油液仍然顺利回到油箱，应并联一个安全阀。

(4) 各种仪表的安装位置应考虑便于观察和维修。

7) 液压执行元件的安装要求

(1) 安装液压缸时，如果结构允许，进、出油口的位置应在最上面，应装有放气方便的放气阀。没有设置放气装置的液压缸进、出油口应尽量安装在向上的位置，便于利用进、出口排气。

(2) 液压缸的安装应牢固可靠，为了防止热膨胀的影响，在行程大和工作条件热的场合下，缸的一端必须保持浮动。

(3) 液压缸的安装面和活塞杆的滑动面，应保持足够的平行度和垂直度。

(4) 密封圈不要装得太紧，特别是U形密封圈不可装得过紧。

(5) 液压马达与被驱动装置之间的联轴器形式及安装要求应符合制造厂的规定。

(6) 外露的旋转轴和联轴器必须有防护罩。

(7) 液压执行元件的安装底座必须具有足够的刚性，保证执行机构正常工作。

(8) 液压马达的壳体回油管与油箱连接，禁止通过系统回油管道回油。

8) 配装管路的安装要求

(1) 管路的布置要整齐，长度应尽量短，直角转弯应尽量少，同时应便于装拆、检修，不妨碍生产人员行走和设备运转。

(2) 管道外壁与相邻管件轮廓边缘的距离应大于10 mm，长管道应用支架固定。

(3) 管道与设备、液压元件连接，不应使设备和液压元件承受附加外力。

(4) 管道连接时，不得用加热管道、加偏心垫或多层垫等强力对正方法来消除接口端面的空隙、偏差、错口或不同心等缺陷。

(5) 软管连接时，应避免急弯（最小弯曲半径应在10倍管径以上）；软管不应处于受拉

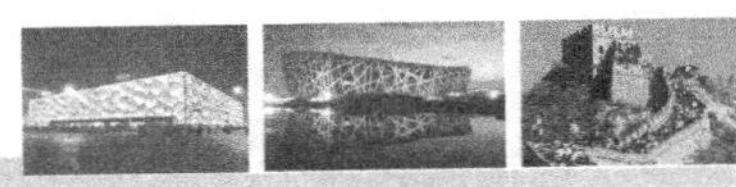

状态，一般应有4%左右的长度余量；与管接头的连接处应有一段直线过渡部分，其长度不应小于管道外径的2倍；在静止或随机移动时，管道本身不得扭曲变形。

（6）吸油管与液压泵吸油口处应密封良好，液压泵的吸油高度一般不应大于500 mm；在吸油管口上应设置过滤器。

（7）回油管口应尽量远离吸油管口而伸至距油箱底面2倍管径处；回油管口应切成45°，且斜口向箱壁一侧；溢流阀的回油管不得和液压泵的吸油口连通，要单独接回油箱；凡外部有泄油口的阀（如减压阀、顺序阀、液控单向阀等），其泄油口与回油管相通时，不允许在总回油管上有背压，否则应单独设置泄油管通油箱。

（8）管道安装间歇期间，管接头要紧固、密封，不得漏气，各管口应严密封闭。吸油管下要安装滤油器，以保证油液清洁；回油管应插入油面之下，防止产生气泡。

9-3-2　液压系统的调试

新设备及修理后的设备，在安装、清洗和精度检验合格后必须进行调试，使其液压系统的性能达到预定的要求。液压系统调试步骤如下。

1）调试前的检查

（1）根据系统原理图、装配图及配管图检查并确认每个液压缸是由哪个支路的电磁阀操纵的。

（2）电磁阀分别进行空载换向，确认电气动作是否正确、灵活，符合动作顺序要求。

（3）将泵吸油管、回油管路上的截止阀开启，泵出口溢流阀及系统中安全阀手柄全部松开；将减压阀置于最低压力位置。

（4）流量控制阀置于小开口位置。

（5）按照使用说明书要求，向蓄能器内充氮。

2）启动液压泵

（1）检查过滤器的过滤精度和过滤能力。

（2）选择符合液压泵使用要求的液压油，要参照液压泵的使用说明上提供的型号。

（3）进油管的通径要满足要求，不能太小，否则会使进油管流速太大，真空度过高，易造成吸空现象而产生气蚀，减短设备使用寿命。

（4）应注意液压泵的进出油口不要接反，驱动设备的旋向一定要符合液压泵的旋向要求，否则液压泵不能工作。

（5）启动液压泵之前，先向泵体内灌入液压油，防止在初始启动时，由于润滑不良而损坏液压泵内部精密零件。

（6）用手盘动电动机和液压泵之间的联轴器，确认无干涉并转动灵活。

（7）点动电动机，检查判定电动机转向是否与液压泵转向标志一致，确认后连续点动几次，无异常情况后按下电动机启动按钮，液压泵开始工作。

3）系统排气

启动液压泵后，将系统压力调到1.0 MPa左右，分别控制电磁阀换向，使油液分别循环到各支路中，拧动管道上设置的排气阀，将管道中的气体排出；当油液连续溢出时，关闭排气阀。液压缸排气时可将液压缸活塞杆伸出侧的排气阀打开，电磁阀动作，活塞杆运动，将空气挤出，升到上止点时，关闭排气阀。打开另一侧排气阀，使液压缸下行，排出无杆腔中的空

气，重复上述排气方法，直到将液压缸中的空气排净为止。

4）系统耐压试验

系统耐压试验主要是指现场管路，液压设备的耐压试验应在制造厂进行。对于液压管路，耐压试验的压力应为最高工作压力的1.5倍。工作压力≥21 MPa的高压系统，耐压试验的压力应为最高工作压力的1.25倍。若系统自身液压泵可以达到耐压值时，可不必使用电动试压泵。升压过程中应逐渐分段进行，不可一次达到峰值，每升高一级时，应保持几分钟，并观察管路是否正常。试压过程中严禁操纵换向阀。

5）空载调试

空载调试的目的是全面检查液压系统各回路、各液压元件工作是否正常，工作循环或各种动作的自动转换是否符合要求。

（1）启动液压泵，检查泵在卸荷状态下的运转。正常后，即可使其在工作状态下运转。

（2）调整系统压力，在调整溢流阀压力时，从零压力开始，逐步提高压力使之达到规定压力值。

（3）调整流量控制阀，先逐步关小流量阀，检查执行元件能否达到规定的最低速度及其平稳性，然后按其工作要求的速度来调整。

（4）调整自动工作循环和顺序动作，检查各动作的协调性和顺序动作的正确性。

（5）各工作部件在空载条件下，按预定的工作循环或工作顺序连续运转2～4 h后，应检查油温及液压系统所要求的各项精度，一切正常后，方可继续进行负载调试。

6）负载调试

负载调试是在规定负载条件下运转，进一步检查系统的运行质量和存在的问题，检查机器的工作情况，安全保护装置的工作效果，有无噪声、震动和外泄漏现象，系统的功率损耗和油液温升等。

负载调试时，一般应先在低于最大负载和速度的情况下试车，如果轻载试车一切正常，才逐渐将压力阀和流量阀调节到规定值，以进行最大负载试车。若系统工作正常，即可交付使用。

9-3-3　液压系统的维护

在液压设备中，很多设备会受到不同程度的外界伤害，如风吹、雨淋、烟尘、高热等。为了充分保障和发挥这些设备的工作效能，减少故障，延长使用寿命，必须加强设备的定期检查和维护，使设备始终保持在良好的工作状态下。

液压系统的维护应分为日常维护、定期检查和综合检查三个阶段进行。

1）日常维护

日常维护通常是指用目视、耳听及手触感觉等较简单的方法，在泵启动前、后和停止运转前检查油量、油温、压力、漏油、噪声及震动等情况，并随之进行维护和保养。对重要的设备应填写“日常维护卡”。

2）定期检查

定期检查包括调查日常维护中发现异常现象的原因并排除；对需要维修的部位，必要时进行分解检修。定期检查的时间间隔，一般与过滤器的检修期相同，通常为2～3个月。

3）综合检查

综合检查主要是检查液压装置的各元件和部件，判断其性能和寿命，并对产生故障的部位进行检修，对经常发生故障的部位提出改进意见。综合检查的方法主要是分解检查，大约一年一次，要重点排除一年内可能产生的故障因素。

定期检查和综合检查均应做好记录，作为设备出现故障查找原因或设备大修的依据。

1. 液压系统在使用时的注意事项

（1）使用者应明白设备的工作原理，熟悉各种操作和调整手柄的位置、功用及旋向。

（2）开车前应检查系统上各调整手柄、手轮是否被非工作人员动过，电气开关和行程开关的位置是否正确和牢固，对外露部位应先擦拭以保证清洁无污物，然后才能开车。

（3）工作中应随时注意油液温度，正常工作时，油箱中油温应不超过60℃，油温过高时应设法冷却，并使用黏度较高的液压油；温度较低时，应进行预热，或在连续运转前进行间歇运转，使油温逐步升高后，再进入正式工作状态。异常升温时，应停车检查。

（4）正式工作之前应先对系统进行排气。

（5）油箱要加盖密封并经常检查其通气孔是否畅通；要经常检查油面高度以保证系统有足够的排量；液压油要定期检查和更换；滤油器中滤芯应定期清理和更换。

（6）流量控制阀要从小流量调到大流量，并逐步调整。

（7）设备若长期不用，应将各调节旋钮全部放松，防止弹簧产生永久变形而影响元件的性能。

2. 检修液压系统时的注意事项

（1）系统工作时及停机未泄压时或未切断控制电源时，禁止对系统进行检修，防止发生人身伤亡事故。

（2）检修现场一定要保持清洁，拆除元件或松开管件前应清除其外表面污物，检修过程中要及时用清洁的护盖把所有暴露的通道口封好，防止污染物浸入系统，不允许在检修现场进行打磨、施工及焊接作业。

（3）检修或更换元器件时必须保持清洁，不得有砂粒、污垢、焊渣等，可以先漂洗一下，再进行安装。

（4）更换密封件时，不允许用锐利的工具，注意不得碰伤密封件或工作表面。

（5）拆卸、分解液压元件时要注意零部件拆卸时的方向和顺序并妥善保存，不得丢失，不要将其精加工表面碰伤。元件装配时，各零部件必须清洗干净。

（6）安装元件时，拧紧力要均匀适当，防止造成阀体变形，阀芯卡死或接合部位漏油。

（7）油箱内工作液的更换或补充，必须将新油通过高精度滤油车过滤后注入油箱。工作液牌号必须符合要求。

（8）不允许在蓄能器壳体上进行焊接和加工，维修不当可以造成严重事故。若发现问题应及时送回制造厂修理。

（9）检修完成后，需对检修部位进行确认。无误后，按液压系统调试一节内容进行调整，并观察检修部位，确认正常后，可投入运行。

3. 液压系统的清洗

液压传动系统中元件、液压油随着使用时间的增加，会受到各种因素的影响而被污染，被污染的液压元件或液压油会严重影响系统工作的稳定性。为保证系统可靠工作和延长系统使用

寿命，必须对液压传动系统进行清洗，清除污染物。

在实际生产中，对液压系统进行清洗通常有主系统清洗和全系统清洗两种。

全系统清洗是指对液压装置的整个回路进行清洗。在清洗前应将系统恢复到实际运转状态。清洗的介质一般可用液压油，清洗的标准以回路滤网上无杂质为准。

清洗时应注意以下几方面。

（1）清洗时一般可用工作用的液压油或试车油，千万不可以用煤油、汽油、酒精、蒸汽或其他液体。

（2）在清洗过程中，液压泵运转和清洗介质加热同时进行。

（3）在清洗过程中，也可以用非金属锤击打油管，以利于清除管内的附着物。

（4）在清洗油路的回油路上，应安装滤油器或过滤网。

（5）为防止外界湿气引起锈蚀，在清洗结束时，液压泵应继续运转一段时间，直到温度恢复正常。

9-3-4 液压系统的故障诊断

液压传动系统由于其独特的性能，系统中各元件和工作液体都是在封闭油路内工作，不像机械设备那样直观，也不像电气设备那样可利用各种检测仪器方便地测量各种参数。在液压设备中，仅靠有限的几个压力表、流量计等来指示系统某些部位的工作参数，则其他参数难以测量，而且一般的故障根源有许多种可能，这给液压系统的使用、维护及保养带来一定困难。

在生产现场，由于受生产计划和技术条件的制约，要求使用、维护人员准确、简便和高效地诊断出液压设备的故障；要求维修人员利用现有的信息和现场的技术条件，尽可能减少拆装工作量，节省维修工时和费用，用最简便的技术手段，在尽可能短的时间内，准确地找出故障部位和发生故障的原因并加以修理，使系统恢复正常运行，并力求今后不再发生同样故障。

1. 液压系统故障诊断的方法和步骤

正确分析故障是排除故障的前提，系统故障大部分并非突然发生，发生前总有预兆出现，当预兆发展到一定程度即产生故障。引起故障的原因是多种多样的，并无固定规律可循。统计表明，液压系统发生的故障约90%是由于使用管理不善所致，为了快速、准确、方便地诊断故障，必须充分认识液压故障的特征和规律，这是故障诊断的基础。

目前查找液压系统故障的传统方法是逻辑分析逐步逼近诊断。此法的基本思路是综合分析、条件判断。即维修人员通过观察、听、触摸和简单的测试以及对液压系统的理解，凭经验来判断故障发生的原因。当液压系统出现故障时，故障根源有许多种可能。采用逻辑代数方法，将可能故障原因列表，然后根据先易后难原则逐一进行逻辑判断，逐项逼近，最终找出故障原因和引起故障的具体条件。

此法在故障诊断过程中要求维修人员具有液压系统基础知识和较强的分析能力，方可保证诊断的效率和准确性。但诊断过程较烦琐，须经过大量的检查、验证工作，而且只能是定性的分析，诊断出的故障原因不够准确。为减少系统故障检测的盲目性和经验性及拆装工作量，传统的故障诊断方法已远不能满足现代液压系统的要求。

1）四觉诊断法

液压传动系统的故障是各种各样的，产生的原因也是多种多样的。当系统产生故障的时候，应根据“四觉诊断法”，分析故障产生的部位和原因，从而决定排除故障的措施。

“四觉诊断法”即指检修人员运用触觉、视觉、听觉和嗅觉来分析判断液压传动系统的故障。

触觉：即检修人员根据触觉来判断油温的高低、元件及管道震动的位置。

视觉：观察运动是否平稳，系统中是否存在泄漏和油液变色的现象。

听觉：根据液压泵和液压马达的异常响声、溢流阀的尖叫声及油管的震动等来判断噪声和震动的大小。

嗅觉：通过嗅觉判断油液变质和液压泵发热烧结等故障。

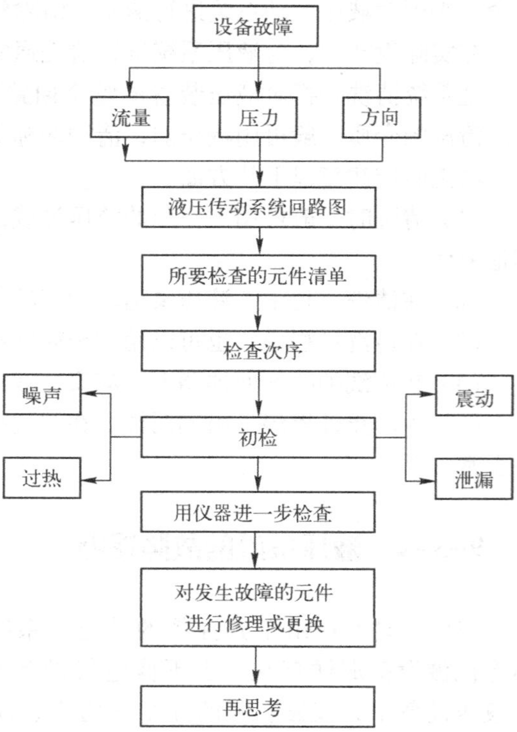

2）液压传动系统故障分析步骤

当液压传动系统出现故障时，正确判断故障点是保证检修有效进行的关键，一般采用逻辑分析法对故障进行分析，减少怀疑对象，逐渐逼近，找出故障发生部位。

故障的逻辑分析步骤如图9-16所示。

图9-16　故障的逻辑分析步骤

任务实施9-3　数控车床液压系统的安装调试与故障诊断

1. 数控车床液压系统的常见故障诊断及排除

1）系统无压力和压力不足

（1）出现故障原因如下：

① 油液是否不足；

② 溢流阀阀芯被卡死；

③ 液压泵出故障；

④ 其他阀类和部件及油管严重漏油。

（2）排除方法如下：

① 添加油液至油窗所显示正常的量；

② 拆卸溢流阀，查看主阀阀芯和先导阀阀芯是否完好无损，阻尼小孔是否堵塞；

③ 拆开液压泵，看是否密封不好、有漏油现象；

④ 检查各阀类和各管道有无大泄漏现象。

2）系统流量不足（动作过慢）

（1）出现故障原因如下：

① 油箱油液过少；
② 油液黏度过大，过滤器堵塞；
③ 液压元件、液压缸及密封件损坏造成泄漏；
④ 变量泵出现故障。
(2) 排除方法如下：
① 添加油液，量要达到要求；
② 加入低号机油或高级煤油；
③ 液压元件漏油，及时更换密封圈；
④ 修理变量泵，使其压力和流量正常变化。

3) 数控车床因液压问题报警
(1) 出现故障原因如下：
① 卡盘没有卡紧，它的直接原因是压力继电器出现故障；
② 换向阀出现故障（阀芯卡住）。
(2) 排除方法如下：
① 拆卸压力继电器，使其恢复正常，并调出合适夹紧力的正常压力；
② 拆卸换向阀，修理电磁头和阀芯，使其换向自如。

2. 工作任务单

姓名		班级		组别		日期	
工作任务	数控车床液压系统安装调试与故障诊断						
任务描述	根据数控车床液压系统的原理图，在数控车床中找到液压系统部分，对液压部分进行安装调试及相关故障分析						
任务要求	1. 教师讲解数控车床的结构及液压系统的工作原理、调试步骤及注意事项； 2. 学生分组完成液压系统的组装并做好记录； 3. 分组完成液压系统的调试工作并做好记录； 4. 结束后将使用工具进行整理并放回原处。						
提交成果	液压系统调试记录表与故障分析报告						
考核评价	序号	考核内容	配分	评分标准	得分		
	1	安全意识	20	遵守安全规章、制度			
	2	拆装工具的使用	50	正确使用拆装工具			
	3	液压系统调试、维护及故障分析的详细记录	20	调试步骤正确、方法得当			
	4	团队协作	10	与他人合作有效			
指导教师		总分					

知识拓展 12　液压系统常见故障的产生原因及排除

液压系统在工作中发生故障的原因是多方面的，要对液压系统故障进行分析，须做到：
(1) 熟悉设备的液压系统图，弄清各液压回路和液压元件的工作原理、功用等。
(2) 到现场了解并掌握液压系统故障的起因情况及设备的使用和维修情况。

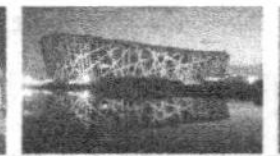

(3) 必须具有液压系统故障产生原因与排除方法的基本知识。

液压系统常见故障、产生原因及其排除方法见表 9-3。

表 9-3　液压系统常见故障、产生原因及其排除方法

故障现象	故障原因	维修方法
无压力或压力不足	(1) 电动机转向不对 (2) 液压系统不供油（轴断或联轴器损坏） (3) 溢流阀主阀芯或锥阀芯被卡死在开口位置 (4) 溢流阀弹簧折断或永久变形 (5) 溢流阀阻尼孔堵塞或阀芯与阀座接触不良 (6) 泄漏量大	(1) 检查电动机转向 (2) 更换泵或配键 (3) 清洗检修溢流阀 (4) 更换弹簧 (5) 清洗、修研或更换弹簧 (6) 检查泵、缸、阀内易损件情况和系统各连接处的密封
流量不足	(1) 液压泵反转或转速过低 (2) 油液黏度不适合 (3) 油箱油位太低 (4) 溢流阀弹簧折断或永久变形 (5) 液压系统吸油不良 (6) 液压元件磨损，内泄漏增加 (7) 控制阀动作不灵 (8) 回油管在油面之上，空气进入	(1) 检查电动机转向，调整泵的转速符合要求 (2) 更换适合黏度油液 (3) 补充油液至游标处 (4) 更换弹簧 (5) 加大吸油管直径，增加吸油过滤器的通油能力，清洗滤网，检查是否有空气进入 (6) 拆修或更换有关元件 (7) 调整或更换有关元件 (8) 检查管路连接是否正确，油封是否可靠
系统有震动和噪声	(1) 液压泵本身或其进油管路密封不良或密封圈损坏、漏气 (2) 泵内零件卡死或损坏 (3) 泵与电动机联轴器不同心或松动 (4) 电动机振动，轴承磨损严重 (5) 油箱油量不足或泵吸油管过滤器堵塞，使泵吸空引起噪声 (6) 溢流阀阻尼小孔被堵塞、阀座损坏或调压弹簧永久变形、损坏 (7) 电液换向阀动作失灵 (8) 液压缸缓冲装置失灵或造成液压冲击	(1) 拧紧泵的连接螺栓及管路各管螺母或更换密封元件 (2) 修复或更换 (3) 重新安装紧固 (4) 更换轴承 (5) 将油量加至游标处，或清洗过滤器 (6) 清洗、疏通阻尼小孔，修复阀座或更换弹簧 (7) 修复换向阀 (8) 进行检修和调整
系统发热油温升高	(1) 油箱容量设计太小或散热性能差 (2) 油液黏度过低或过高 (3) 液压系统背压过高，使其在非工作循环中有大量压力油损失，致使油温升高 (4) 压力调节不当，选用的阀类零件规格小，造成压力损失增大，导致系统发热 (5) 液压元件内部磨损严重，内泄漏大 (6) 系统管路太细太长，使压力损失增大 (7) 电控调温系统失灵	(1) 适当增大油箱容量、更换或增设冷却装置 (2) 选择黏度适合的油液 (3) 改进系统设计，重新选择回路或液压泵 (4) 将溢流阀压力调至规定值，重新选用符合系统要求的阀类 (5) 拆洗、修复或更换已磨损零件 (6) 尽量缩短管路，适当加大管径，减少弯曲 (7) 检修相关部件
运动部件换向有冲击	(1) 活塞杆与运动部件连接不牢固 (2) 电液换向阀中的节流螺钉松动 (3) 电液换向阀中的单向阀卡住或密封不良 (4) 节流阀口有污物，运动部件速度不均 (5) 导轨润滑油量过多 (6) 油温高，黏度下降 (7) 泄漏增加，进入空气	(1) 检查并紧固连接螺栓 (2) 检查、调整节流螺钉 (3) 检查并修研 (4) 清洗节流阀节流口 (5) 调节润滑油压力或流量 (6) 检查原因并排除 (7) 防止泄漏，排除空气

自我评价 9

1. 填空题

(1) 蓄能器是液压系统中的储能元件，它________多余的液压油液，并在需要时________出来供给系统。

(2) 蓄能器有________式、________式和充气式三类，常用的是________式。

(3) 蓄能器的功能是________、________和缓和冲击，吸收压力脉动。

(4) 滤油器的功能是过滤混在液压油液中的________，降低进入系统中油液的________度，保证系统正常地工作。

(5) 滤油器在液压系统中的安装位置通常有：安装在泵的________处、泵的油路上、系统的________路上、系统________油路上或安装单独过滤系统。

(6) 油箱的功能主要是________油液，此外还起着________油液中热量、________混在油液中的气体、沉淀油液中污物等作用。

(7) 在液压传动中，常用的油管有________管、________管、尼龙管、塑料管、橡胶软管等。

2. 判断题

(1) 在液压系统中，油箱唯一的作用是储存油。(　　)

(2) 滤油器的作用是清除油液中的空气和水分。(　　)

(3) 油泵进油管路堵塞将使油泵温度升高。(　　)

(4) 防止液压系统油液污染的唯一方法是采用高质量的油液。(　　)

(5) 油泵进油管路如果密封不好（例如，有一个小孔），油泵可能吸不上油。(　　)

(6) 滤油器只能安装在进油路上。(　　)

(7) 滤油器只能单向使用，即按规定的液流方向安装。(　　)

(8) 气囊式蓄能器应垂直安装，油口向下。(　　)

3. 填表题

(1) 自动钻床液压系统如图 9-17 所示，能实现“A 进（送料）→A 退回→B 进（夹紧）→C 快进→C 工进（钻削）→C 快退→B 退（松开）→停止”。试列出此工作循环时电磁铁的状态于表 9-4 中。

(2) 如图 9-18 所示的液压传动系统，液压缸能够实现图中所示的动作循环，试填写表 9-5 中所列控制元件的动作顺序。

4. 问答题

(1) 滤油器有哪些功能？一般应安装在什么位置？

(2) 简述油箱及油箱内隔板的功能。

(3) 滤油器在选择时应注意哪些问题？

(4) 密封装置有哪些类型？

(5) 简述造成数控车床在工作时油温过高的原因及检修方法。

(6) 为何要对液压系统进行清洗？如何清洗？

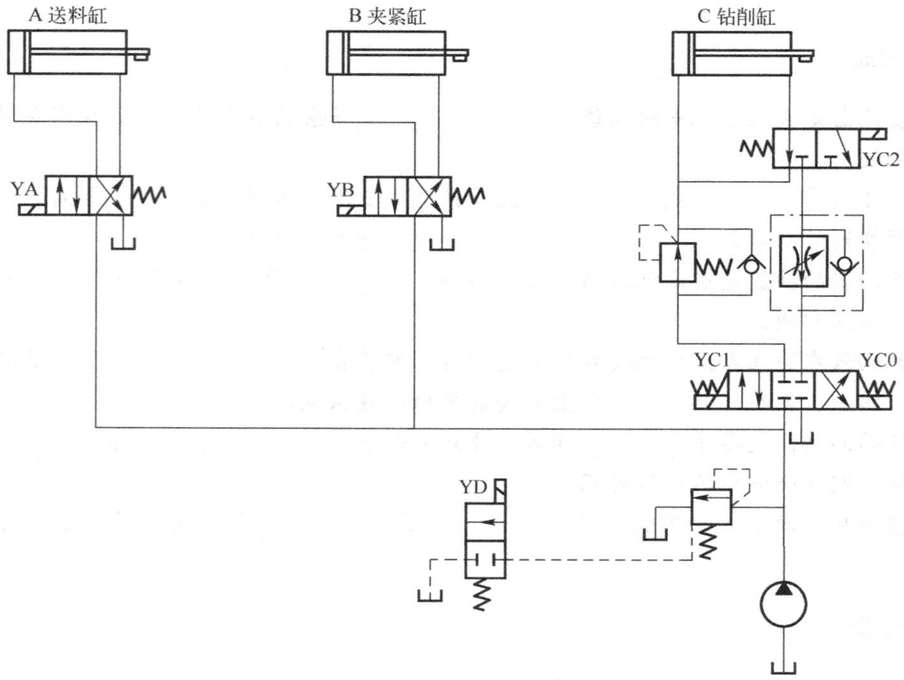

图 9–17 自动钻床液压系统

表 9–4

工 作 过 程	电磁铁状态					
	YA	YB	YC0	YC1	YC2	YD
A 进（送料）						
A 退回						
B 进（夹紧）						
C 快进						
C 工进（钻削）						
C 快退						
B 退（松开）						
停止						

注：电磁铁通电时填 1 或 +，断电时填 0 或–。

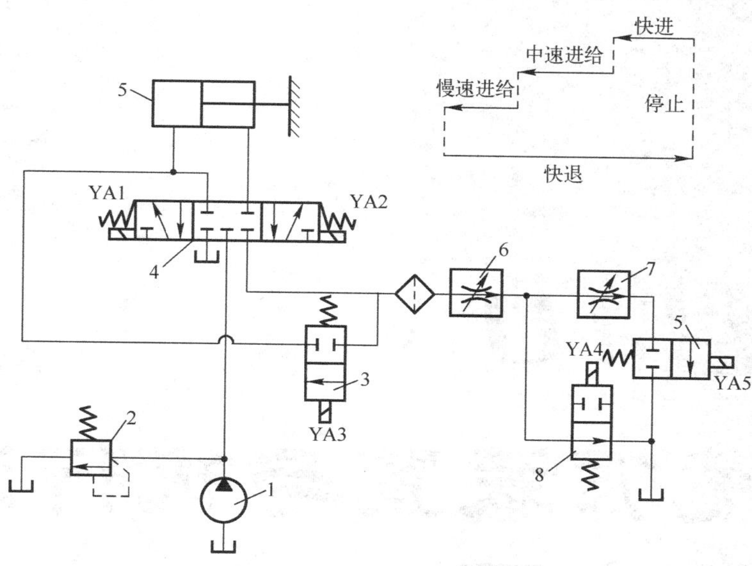

图 9–18　液压传动系统

表 9–5

动 作 循 环	电磁铁状态				
	YA1	YA2	YA3	YA4	YA5
快进					
中速进给					
慢速进给					
快退					
停止					

项目10 气源装置与执行元件的应用

学习目标

通过本项目的学习，要求掌握气源装置的工作原理，气动辅助元件的作用，气动执行元件的选用等知识点。其具体目标为：

(1) 掌握气压传动系统的基本组成；

(2) 掌握空气压缩机的工作原理；

(3) 掌握各气源净化装置的作用；

(4) 掌握各气动辅助元件的作用；

(5) 熟悉气缸和气动马达的结构与工作原理；

(6) 掌握气压传动系统的组成和特点。

气压传动是以压缩空气作为工作介质，进行能量传递或信号传递的工程技术，是实现生产自动化的重要手段之一。气源装置是气压传动系统的动力部分，这部分元件性能的好坏直接关系到气压传动系统能否正常工作；气压辅助元件是气压传动系统必不可少的组成部分；气缸和气动马达作为气动系统的执行元件，它们的工作原理与液压缸和液压马达相类似。

任务10-1 认识气压系统

任务引入

近年来随着气动技术的飞速发展，气压传动在工业中得到了越来越广泛的应用，已成为当今工业科技的重要组成部分。如图10-1为气动技术在各方面的应用。本任务以气动剪切机为例，使读者对气压系统有一个基础认知。

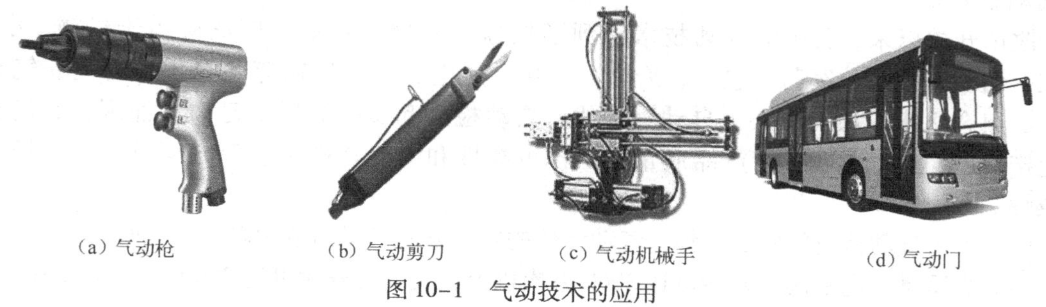

图10-1 气动技术的应用

任务分析

如图10-2所示为气动剪切机的工作原理图，图示位置为剪切前的情况。空气压缩机1产生的压缩空气经后冷却器2、油水分离器3、贮气罐4、空气过滤器5、减压阀6、油雾器7、到达气控换向阀9。部分气体经节流通路进入气控换向阀9的下腔，使上腔弹簧压缩，气控换向阀9的阀芯位于上端。大部分压缩空气经气控换向阀9进入气缸10的上腔，而气缸的下腔经换向阀与大气相通，故气缸活塞处于最下端位置。

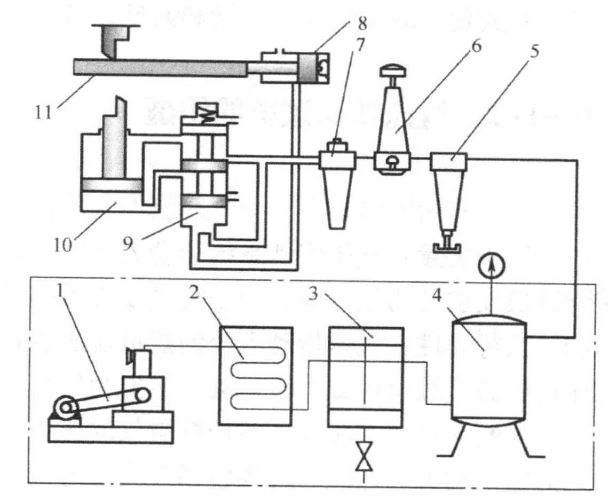

1—空气压缩机；2—后冷却器；3—油水分离器；4—贮气罐；5—空气过滤器；6—减压阀；7—油雾器；8—行程阀；9—气控换向阀；10—气缸；11—工料

图10-2 气动剪切机工作原理图

当上料装置把工料11送入剪切机并到达规定位置时，工料压下行程阀8。此时气控换向阀9的阀芯下腔压缩空气经行程阀8排入大气，在弹簧的推动下，气控换向阀9的阀芯向下运动至下端。压缩空气则经换向阀9进入气缸的下腔，上腔经气控换向阀9与大气相通，气缸活塞向上运动，带动剪刀上行

剪断工料。工料剪下后，即与行程阀8脱开。行程阀8的阀芯在弹簧作用下复位，出路堵死。气控换向阀9的阀芯上移，气缸活塞向下运动，又恢复到剪断前的状态。

相关知识

10-1-1 气压传动的发展及应用

早在远古时期，人们就学会利用空气的能量完成一些工作。但是气动技术应用的雏形大约开始于1776年科学家发明的空气压缩机。1880年，人们第一次利用气缸做成气动刹车装置，将它成功应用到火车的制动上。20世纪30年代初，气动技术成功地应用于自动门的开闭及各种机械的辅助动作上。进入60年代，尤其是70年代初，随着工业机械化和自动化的发展，气动技术才广泛应用于生产自动化的各个领域，形成现代气动技术。

改革开放以来，我国的气动技术得到了快速的发展和提高，广泛应用于机械、电子、轻工、纺织、食品、医药、包装、冶金、石化、航空、交通运输等各个工业部门。气动机械手、组合机床、加工中心、自动生产线、自动检测和实验装置等已大量涌现，它们在提高生产效率、自动化程度、产品质量、工作可靠性和实现特殊工艺等方面显示出了极大的优越性。

根据世界气动行业的发展趋势，气动元件的发展方向可以归纳为以下几方面。

(1) 高质量：电磁阀的寿命可达3000万次以上，气缸的寿命可达2000～5000 km；

(2) 高精度：定位精度达0.5～0.1 mm，过滤精度可达0.01 μm；

(3) 高速度：小型电磁阀的换向频率可达数十赫兹，气缸最大速度可达3 m/s；

(4) 低功耗：电磁阀的功耗可降至0.1 W；

(5) 小型化：元件制成超薄、超短、超小型；

(6) 轻量化：元件采用铝合金及塑料等新型材料制造，强度不变，质量大幅度降低；

(7) 集成化：减少配线、配管和元件，节省空间，简化拆装，提高工作效率。

10-1-2 气压传动系统的组成

由上面的实例可以看出，一个完整的气压传动系统主要由以下几部分组成。

(1) 气源装置：气压传动系统的动力元件。其主体部分是空气压缩机，它将原动机输入的机械能转换成空气的压力能，为各类气压设备提供洁净的压缩空气。

(2) 执行元件：气压传动系统的能量输出装置，它将压缩空气的压力能转换为机械能，驱动工作机构做直线运动或旋转运动，主要为气缸和气动马达。

(3) 控制元件：控制和调节压缩空气的压力、流量和流动方向，以保证系统各执行机构具有一定的输出动力和速度，主要包括各类压力阀、流量阀、方向阀和逻辑阀。

(4) 辅助元件：除以上三种以外的其他装置，主要包括油雾器、消声器和转换器等。它们对保持系统正常、可靠、稳定、持久地工作起着十分重要的作用。

(5) 传动介质：气压传动系统中传递能量的气体。常用的传动介质是压缩空气。

气压传动以压缩空气作为工作介质。理论上把完全不含有蒸汽的空气称为干空气。

而实际上自然界中的空气都含有一定量的蒸汽，这种由干空气和蒸汽组成的气体称为湿空气。空气的干湿程度对系统的工作稳定性和使用寿命都有着一定的影响。若它的湿度较大，即空气中含有的蒸汽较多，这样的湿空气在一定的温度和压力条件下，在系统中的局部管道和气动元件中凝结出水滴，使管道和气动元件锈蚀，严重时还可导致整个系统工作失灵。因此必须采取有效措施，减少压缩空气中所含的水分。

单位体积空气的质量称为空气的密度。气体密度与气体压力和温度有关，压力增加，空气密度增大，而温度升高，空气密度减小。气体体积随压力增大而减小的性质称为压缩性，气体体积随温度升高而增大的性质称为膨胀性。气体的压缩性和膨胀性都大于液体的压缩性和膨胀性，故在研究气压传动时应予以考虑。

10-1-3　气压传动的优缺点

1. 气压传动的主要优点

气压传动与其他的传动方式相比，主要优点如下。

（1）气动装置简单、轻便、安装维护简单，压力等级低，使用安全。

（2）以空气作为工作介质，排气处理简单，不会污染环境，成本低。

（3）调节速度快，一般为 50 ～ 500 mm/s，比液压和电气方式的动作速度快。

（4）可靠性高，使用寿命长，电气元件的有效动作次数约为数百万次，而新型电磁阀的寿命大于 3000 万次，小型阀超过 2 亿次。

（5）适于标准化、系列化、通用化。

（6）利用空气的可压缩性，可储存能量，实现集中供气；可短时间释放能量，以获得间歇运动中的高速响应；可实现缓冲；对冲击负载和过负载有较强的适应能力；在一定条件下，可使气动装置有自保持能力。

（7）具有防火、防爆、耐潮湿的能力。与液压方式相比，气动方式可在恶劣的环境下进行正常工作。

（8）由于空气的黏性很小，流动的能量损失远小于液压传动，宜于远距离输送和控制，压缩空气可集中供应。

2. 气压传动的主要缺点

气压传动与其他的传动方式相比，主要缺点如下。

（1）空气具有压缩性，气缸的动作速度易受负载的影响，平稳性不好。

（2）目前气动系统的压力级一般小于 0.8 MPa，系统的输出力较小，传动效率低。

（3）气压传动装置的信号传递速度限制在声速（约 340 m/s）范围内，所以它的工作频率和响应速度远不如电子装置，并且信号要产生较大的失真和延滞，也不便于构成较复杂的回路。

（4）工作介质没有润滑性，系统中必须采取措施进行给油润滑。

（5）噪声大，尤其在超声速排气时需要加装消声器。

任务实施 10-1　认识机电设备气压系统的组成部分

工作任务单

<table>
<tr><td>姓名</td><td></td><td>班级</td><td></td><td>组别</td><td></td><td>日期</td><td colspan="2"></td></tr>
<tr><td colspan="2">工作任务</td><td colspan="7">认识机电设备气压系统的组成部分</td></tr>
<tr><td colspan="2">任务描述</td><td colspan="7">在教师的指导下，在实训室或生产车间对机电设备的气压系统进行观察，找出所用气压系统的各个组成部分</td></tr>
<tr><td colspan="2">任务要求</td><td colspan="7">1. 了解实训室或生产车间安全知识；
2. 掌握危险化学物品的安全使用与存放；
3. 认识气压元件实物并记录其型号；
4. 对气压元件进行归类</td></tr>
<tr><td colspan="2">提交成果</td><td colspan="7">1. 气压动力元件、执行元件、控制元件和辅助元件的型号清单；
2. 气压工作介质清单</td></tr>
<tr><td colspan="2" rowspan="6">考核评价</td><td>序号</td><td colspan="2">考核内容</td><td>配分</td><td colspan="2">评分标准</td><td>得分</td></tr>
<tr><td>1</td><td colspan="2">安全意识</td><td>20</td><td colspan="2">遵守规章、制度</td><td></td></tr>
<tr><td>2</td><td colspan="2">工具的使用</td><td>10</td><td colspan="2">正确使用实验工具</td><td></td></tr>
<tr><td>3</td><td colspan="2">危险因素清单</td><td>10</td><td colspan="2">危险因素查找全面、准确</td><td></td></tr>
<tr><td>4</td><td colspan="2">气压元件清单</td><td>50</td><td colspan="2">气压元件无遗漏、归类准确</td><td></td></tr>
<tr><td>5</td><td colspan="2">团队协作</td><td>10</td><td colspan="2">与他人合作有效</td><td></td></tr>
<tr><td colspan="2">指导教师</td><td colspan="3"></td><td colspan="3">总分</td><td></td></tr>
</table>

任务 10-2　气源装置的组建

任务引入

气源装置和气动辅助元件是气动系统的两个不可缺少的重要组成部分。气源装置给系统提供清洁、干燥且具有一定压力和流量的压缩空气，其主体部分是空气压缩机。但经空气压缩机输出的空气常含有灰尘、蒸汽及油分等各种杂质成分，不能直接为设备所用，所以气源装置中还应包括净化装置。常用的净化装置有后冷却器、油水分离器、贮气罐、干燥器、过滤器等。气动辅助元件具有提高系统元件连接可靠性、使用寿命以及改善工作环境等功能，对保持系统正常工作起到了重要作用，常用的气动辅助元件有油雾器、消声器、转换器等。

本任务主要讲解气源装置各组成部分的作用和原理，通过相关知识点的学习，使读者具备组建一个气源装置的能力。气源装置一般由气压发生装置、净化及贮存压缩空气的装置和设备、气动三联件和传输压缩空气的管道系统四部分组成，如图 10-3 所示为气源装置的工作示意图。

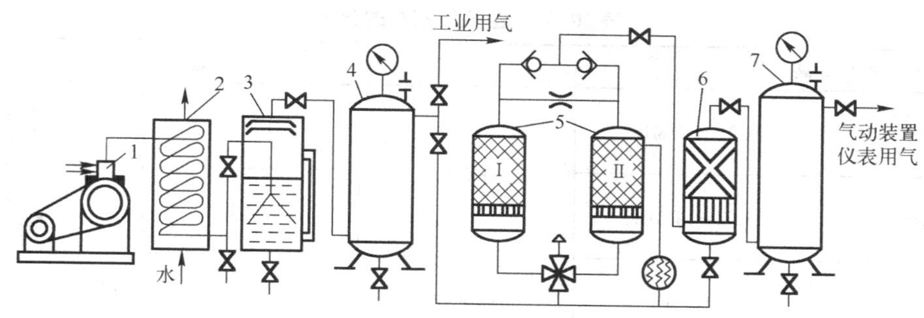

1—空气压缩机；2—后冷却器；3—油水分离器；4、7—贮气罐；
5—干燥器；6—空气过滤器；8—加热器；9—四通阀

图 10-3　气源装置的组成和布置

任务分析

如图 10-3 所示，1 为空气压缩机，用以产生压缩空气，一般由电动机带动。其吸气口装有空气过滤器，以减少进入空气压缩机内气体的杂质量。2 为后冷却器，用以降温冷却压缩空气，使汽化的水、油凝结起来。3 为油水分离器，用以分离并排出降温冷却凝结的水滴、油滴、杂质等。4 为贮气罐，用以贮存压缩空气，稳定压缩空气的压力，并除去部分油分和水分。5 为干燥器，用以进一步吸收或排除压缩空气中的水分及油分，使之变成干燥空气。6 为空气过滤器，用以进一步过滤压缩空气中的灰尘、杂质颗粒。7 为贮气罐。贮气罐 4 输出的压缩空气可用于一般要求的气压传动系统，贮气罐 7 输出的压缩空气可用于要求较高的气动系统（如气动仪表及射流元件组成的控制回路等）。8 为加热器，可将空气加热，使热空气吹入闲置的干燥器中进行再生，以备干燥器Ⅰ、Ⅱ交替使用。9 为四通阀，用于转换两个干燥器的工作状态。

相关知识

10-2-1　空气压缩机的工作原理与选用

1. 空气压缩机的分类

空气压缩机简称空压机，是气源装置的核心，用于将原动机输出的机械能转换为气体的压力能。空气压缩机的种类很多，按工作原理主要可分为容积式和速度式（叶片式）两类。

在容积式压缩机中，气体压力的提高是由于压缩机内部的工作容积被缩小，使单位体积内气体的分子密度增加而形成的；而在速度式压缩机中，气体压力的提高是由于气体分子在高速流动时突然受阻而停滞下来，使动能转化为压力能而达到的。容积式压缩机按结构不同又可分为活塞式、膜片式和螺杆式等；速度式空气压缩机按结构不同可分为离心式和轴流式等。

空气压缩机的分类如表 10-1 所示。通过缩小气体的体积来提高气体压力的压缩机称为容积式压缩机。提高气体的速度，让动能转化成压力能，来提高气体压力的压缩机称为速度式压缩机。现在常用的以容积式居多。

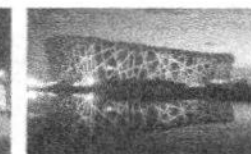
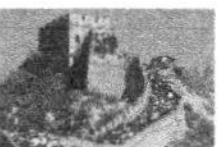

表 10-1　空气压缩机的分类

按压力高低分		按工作原理分		
低压型	0.2～1.0 MPa	容积式	往复式	活塞式 膜片式
中压型	1.0～10 MPa		旋转式	滑片式 螺杆式
高压型	>10 MPa	速度式	离心式 轴流式	

2. 空气压缩机的工作原理

目前，使用最广泛的是活塞式压缩机，活塞式压缩机是通过曲柄连杆机构使活塞往复运动而实现吸、压气，并达到提高气体压力的目的。

如图 10-4 所示为活塞式压缩机的工作原理。活塞 2 向右运动时，由于左腔容积增加，压力下降，而当压力低于大气压力时，吸气阀 6 被打开，气体进入气缸 1 内，此为吸气过程。当活塞向左运动时，吸气阀 6 关闭，缸内气体被压缩，压力升高，此过程即为压缩过程。当缸内气体压力高于排气管道内的压力时，顶开排气阀 7，压缩空气被排入排气管内，此过程为排气过程。至此完成一个工作循环，电动机带动曲柄做回转运动，通过连杆、滑块、活塞杆，推动活塞做往复运动，空气压缩机就连续输出高压气体。

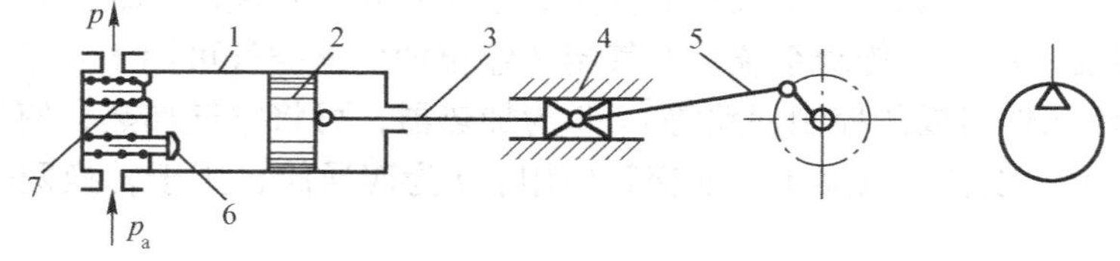

（a）工作原理　　（b）图形符号

1—气缸；2—活塞；3—活塞杆；4—滑块；5—曲柄连杆机构；6—吸气阀；7—排气阀

图 10-4　活塞式压缩机

3. 空气压缩机的选择和使用

选择空气压缩机的根据是气压传动系统所需要的工作压力和流量两个主要参数。

一般空气压缩机为中压空气压缩机，额定排气压力为 1 MPa。另外，还有低压空气压缩机，排气压力为 0.2 MPa；高压空气压缩机，排气压力为 10 MPa；超高压空气压缩机，排气压力为 100 MPa。

输出流量的选择，要根据整个气动系统对压缩空气的需要量再加一定的备用余量，作为选择空气压缩机（或机组）流量的依据。空气压缩机铭牌上的流量是自由空气流量。

空气压缩机在使用中要注意以下几方面。

（1）往复式空气压缩机所用的润滑油一定要定期更换，必须使用不易氧化和不易变质的压缩机油，防止出现“油泥”。

（2）空气压缩机的周围环境必须清洁，确保粉尘少、湿度低、通风好，以保证吸入空气的质量。

（3）空气压缩机在启动前后应将小气罐中的冷凝水放掉，并定期检查过滤器的阻塞情况。

10-2-2 气源净化装置的工作原理

直接由空气压缩机排出的压缩空气，如果不进行净化处理，不除去混在压缩空气中的水分、油分等杂质是不能为气动装置使用的。因此必须设置一些除油、除水、除尘、使压缩空气干燥的辅助设备，来提高压缩空气的质量，对气源进行净化处理。

1. 后冷却器

后冷却器安装在空气压缩机出口管道上，空气压缩机排出具有 140 ～ 170 bar 的压缩空气经过后冷却器，温度降至 40 ～ 50℃。这样，就可使压缩空气中的油雾和水汽达到饱和使其大部分凝结成滴而析出。后冷却器的结构形式有：蛇形管式、列管式、散热片式和套管式等，冷却方式有水冷和风冷式两种。蛇形管式和列管式后冷却器的结构如图 10-5 所示。

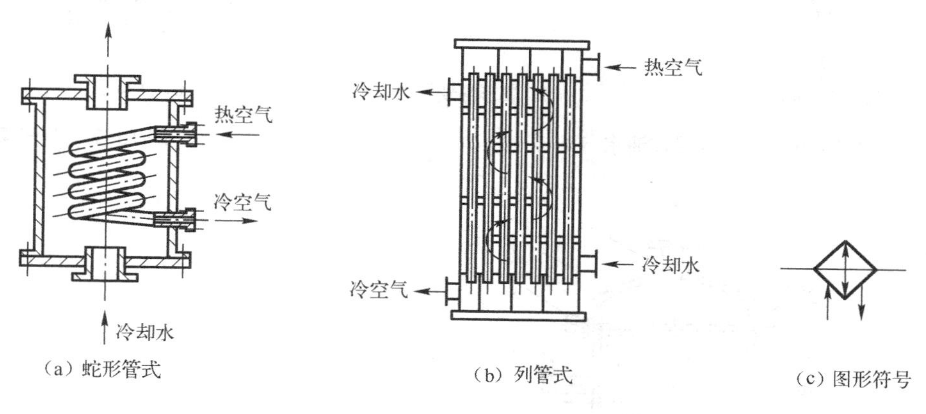

图 10-5 后冷却器

2. 油水分离器

油水分离器安装在后冷却器后面的管道上，作用是分离压缩空气中所含的水分、油分等杂质，使压缩空气得到初步净化。油水分离器的结构形式有环形回转式、撞击折回式、离心旋转式、水浴式及以上形式的组合等。油水分离器主要利用回转离心、撞击、水浴等方法使水滴、油滴及其他杂质颗粒从压缩空气中分离出来。撞击折回式油水分离器的结构形式如图 10-6 所示。

3. 贮气罐

贮气罐的主要作用是贮存一定数量的压缩空气，减少气源输出气流的脉动，增加气流连续性，减弱空气压缩机排出气流脉动引起的管道震动；进一步分离压缩空气中的水分和油分；当出现突然停机或停电等意外情况时，维持短时间供气，以便采取紧急措施保证气动设备的安全。贮气罐的结构形式如图 10-7 所示。

4. 干燥器

干燥器的作用是进一步除去压缩空气中含有的水分、油分和颗粒杂质等，使压缩空气干燥。它提供的压缩空气，用于对气源质量要求较高的气动装置、气动仪表等。压缩空气的干燥

方法主要采用吸附、离心、机械降水及冷冻等方法。干燥器的结构形式如图10-8所示。

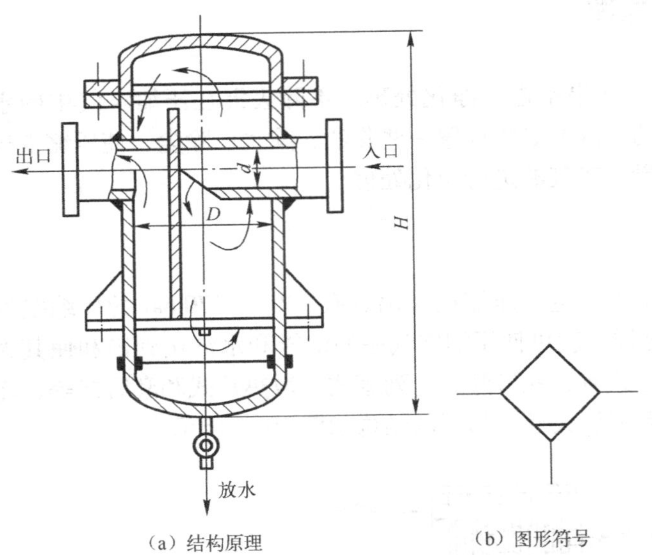

（a）结构原理　　（b）图形符号

图10-6　撞击折回式油水分离器

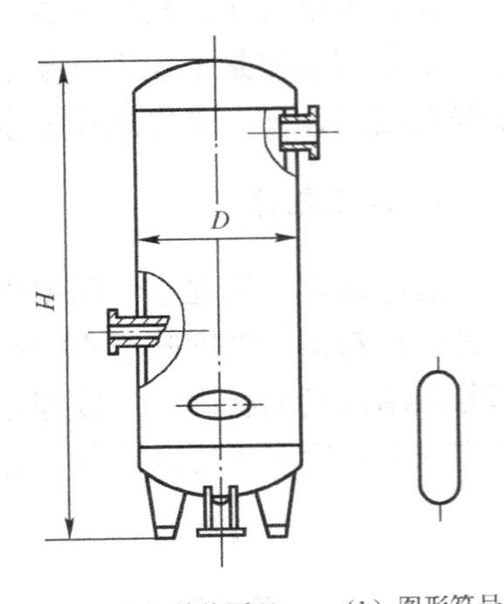

（a）结构原理　　（b）图形符号

图10-7　贮气罐

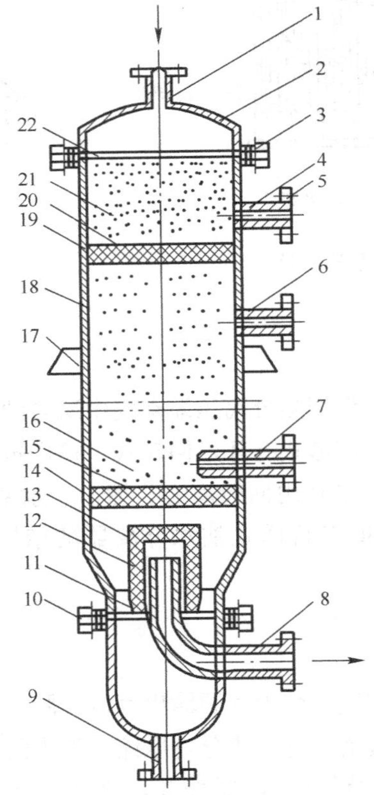

（a）结构原理

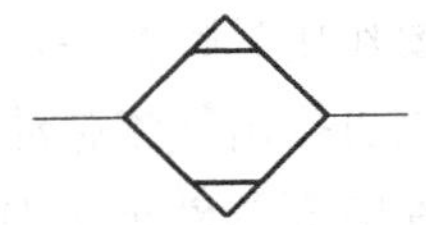

（b）图形符号

1—湿空气进气管；2—顶盖；3、5、10—法兰；4、6—再生空气排气管；7—再生空气进气管；8—干燥空气输出管；9—排水管；11、22—密封垫；12、15、20—钢丝过滤网；13—毛毡；14—下栅板；16、21—吸附剂层；17—支撑板；18—筒体；19—上栅板

图10-8　干燥器

5. 过滤器

空气过滤器又名分水过滤器、空气滤清器，它的作用是滤除压缩空气中的水分、油滴及杂质，以达到气动系统所要求的净化程度。它属于二次过滤器，大多与减压阀、油雾器一起构成气动三联件，安装在气动系统的入口处。

如图10-9所示为普通空气过滤器（二次过滤器）的结构图。其工作原理是：压缩空气从输入口进入后，被引入旋风叶子，旋风叶子上有许多成一定角度的缺口，迫使空气沿切线方向产生强烈旋转。这样夹杂在空气中的较大水滴、油滴和灰尘便依靠自身的惯性与存水杯的内壁碰撞，并从空气中分离出来沉到杯底。而微粒灰尘和雾状水汽则由滤芯滤除。为防止气体旋转将存水杯中积存的污水卷起，在滤芯下部设挡水板。为保证其正常工作，必须及时将存水杯中的污水通过手动排水阀放掉。

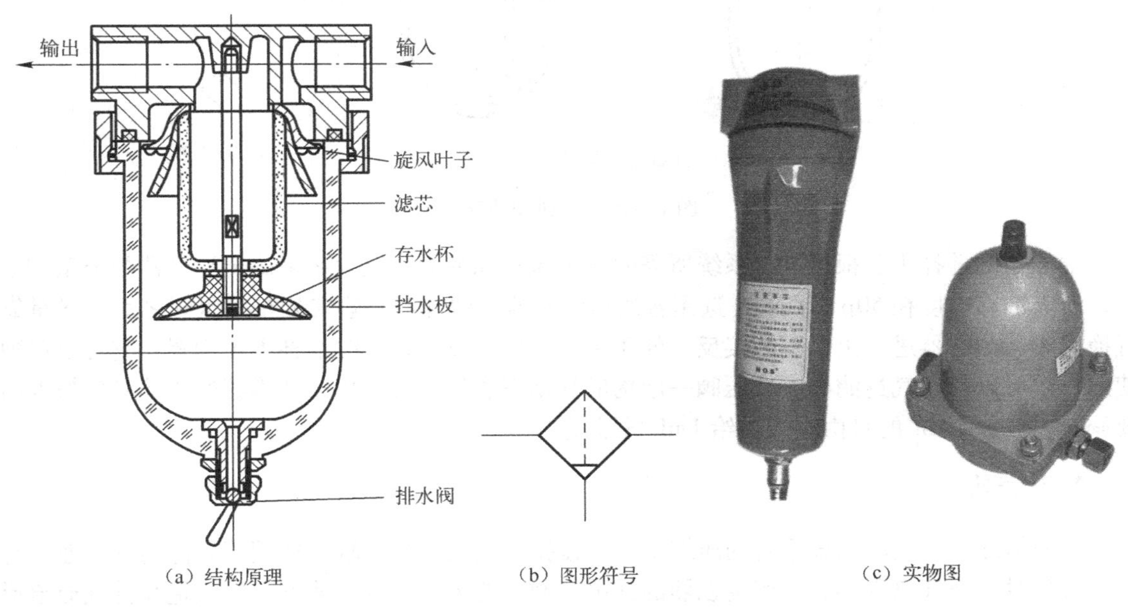

（a）结构原理　（b）图形符号　（c）实物图

图10-9　空气过滤器

空气过滤器要根据气动设备要求的过滤精度和自由空气流量来选用。空气过滤器一般装在减压阀之前，也可单独使用；要按壳体上的箭头方向正确连接其进、出口，不可将进、出口接反，也不可将存水杯朝上倒装。

10-2-3　气动辅助元件

1. 油雾器

油雾器是一种特殊的注油装置，它以压缩空气为动力，将润滑油喷射成雾状并混合于压缩空气中，使压缩空气具有润滑气动元件的能力。目前气动控制阀、气缸和气动马达主要是依靠这种带有油雾的压缩空气来实现润滑的，其优点是方便、干净、润滑质量高。

如图10-10所示为普通型油雾器，压缩空气由输入口进入，一小部分由小孔进入单向阀的阀座内腔。此时单向阀Ⅰ的钢球在压缩空气和弹簧力作用下处于中间位置，因此，气体经单向阀进入储油杯的上腔A，油面受压油液经吸油管上升，顶开单向阀Ⅱ。因钢球上部的管口有

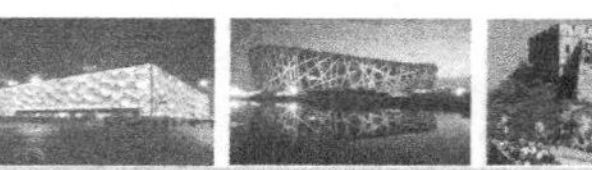

一个边长小于钢球直径的四方孔，所以钢球不能封死上部管口，油液能不断经可调节流阀流入视油器内，再滴入喷嘴小孔中，被主管道中的气流引射出来，雾化后随气流从输出口输出，送入气动系统。

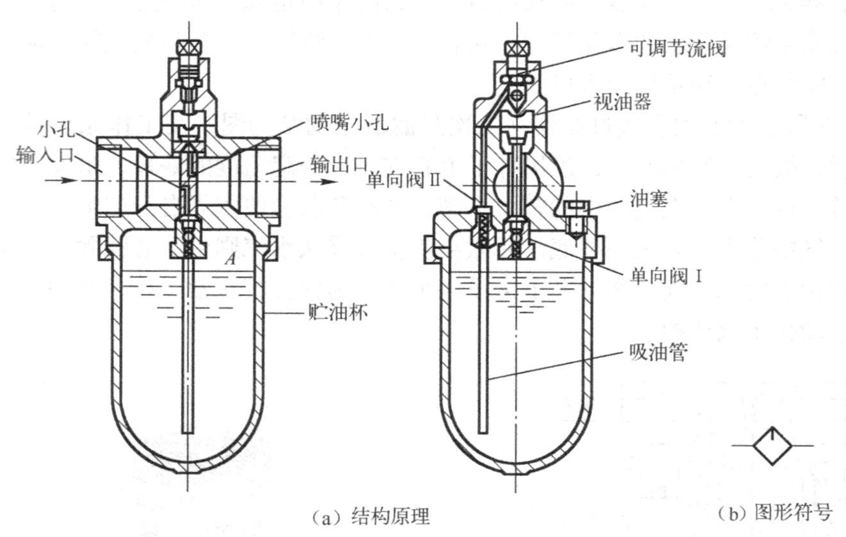

（a）结构原理　　（b）图形符号

图 10-10　普通型油雾器

油雾器的选择主要根据气压系统所需的额定流量和油雾粒度大小来确定油雾器的类型和通径，所需油雾粒度在 50μm 左右时选用普通型油雾器。油雾器一般安装在减压阀之后，尽量靠近换向阀；油雾器进、出口不能接反，使用中一定要垂直安装，贮油杯不可倒置，它可以单独使用，也可以与空气过滤器、减压阀一起构成气动三联件联合使用。油雾器的给油量应根据需要调节，一般 10 m^3的自由空气供给 1mL 的油量。

2. 消声器

一般情况下，气动系统用后的压缩空气直接排进大气。当气缸、气阀等元件的排气速度与余压较高时，空气急剧膨胀，产生强烈的噪声。噪声的大小随排气速度、排气量和排气通道形状的变化而变化，速度和功率越大，噪声也越大，一般在 80 ～ 120 dB 之间。

为降低噪声，通常在气动系统的排气口装设消声器。消声器通过增加对气流的阻尼或增大排气面积等措施，降低排气速度和功率，从而降低噪声。

常用的消声器有吸收型消声器、膨胀干涉型消声器、膨胀干涉吸收型消声器。

1）吸收型消声器

目前，最广泛使用的消声器是吸收型消声器，结构如图 10-11 所示，其原理是让气流通过多孔的吸声材料，靠流动摩擦生热而使气体压力能转化为热能耗散，从而减少排气噪声。消声套大多使用聚氯乙烯纤维、玻璃纤维、铜粒等烧结成形。吸收型消声器结构简单，常装于换向阀的排气口，对中高频噪声一般可降低 20 dB。

2）膨胀干涉型消声器

这种消声器的内径比排气孔径大很多，气流在消声器内的扩散、减速，碰撞反射，互相干涉而消耗能量，降低噪声，最后排入大气。

膨胀干涉型消声器结构简单，排气阻力小，不易堵塞，主要用于消除中低频噪声，尤其是低频噪声。但体积较大，不适宜在换向阀上安装，故常用于集中排气的总排气管，常见的各种

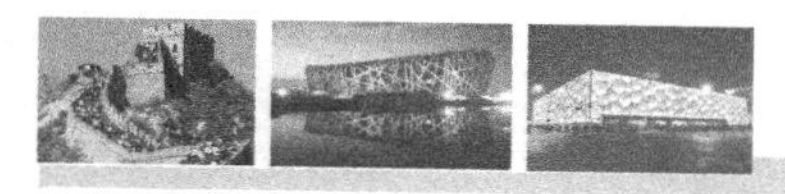

内燃机的排气管上都装这种消声器。

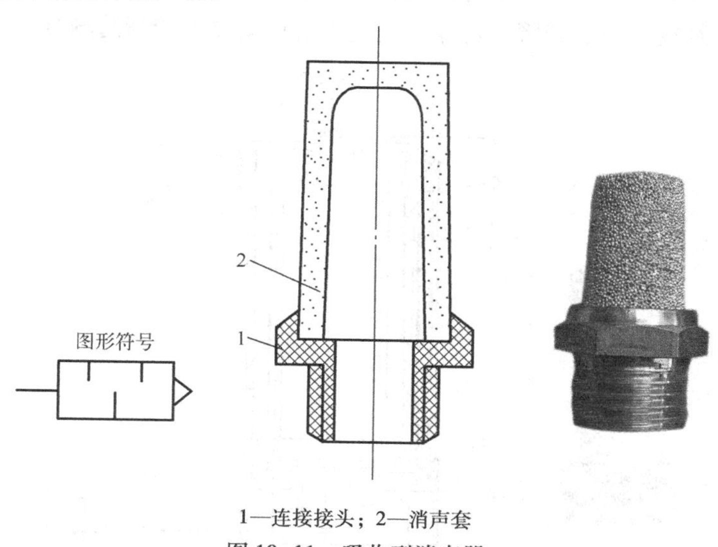

1—连接接头；2—消声套

图 10-11　吸收型消声器

3）膨胀干涉吸收型消声器

膨胀干涉吸收型消声器是前两种消声器的组合应用，结构如图 10-12 所示。气流由上方孔引入，在 A 室扩散、减速并与器壁碰撞，反射至 B 室；在 B 室内气流进一步扩散、干涉，互相撞击，进一步降低速度而消耗能量；最后再通过敷设在消声器内壁的吸声材料被阻尼降低噪声后排入大气。

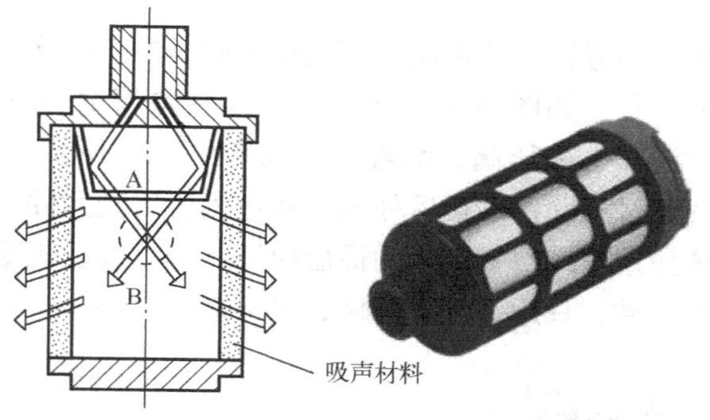

图 10-12　膨胀干涉吸收型消声器

这种消声器消声效果较好，低频约可降低 20 dB，高频可降低 45 dB，但结构复杂，排气阻力较大，且需定期清洗更换，只适用于集中排气的总排气管。

3. 转换器

将空气压力转换成相等压力的液压力的元件称为气液转换器。

图 10-13 所示为一种隔离式气液转换器，上部进气口接气源，压缩空气先经过缓冲板 10 缓冲，再通过浮子 7 作用于液体（多为液压油），推压液体以同样压力从出油口输出，以推动气液联动缸运动。缓冲板 10 还可以防止空气流入时发生冷凝水混入、排气时流出油沫。浮子 7 用于防止油、气直接接触，避免空气混入油中。

在具有压缩空气源的地方，采用气液转换器和空气压力驱动气液联动缸的方式，既不用配

备液压泵装置，又避免了空气可压缩的缺陷，发挥了液压系统的优势，使控制速度和位置更平稳、更精确。系统结构简单、经济、可靠，适用于对运动要求较高的场合。

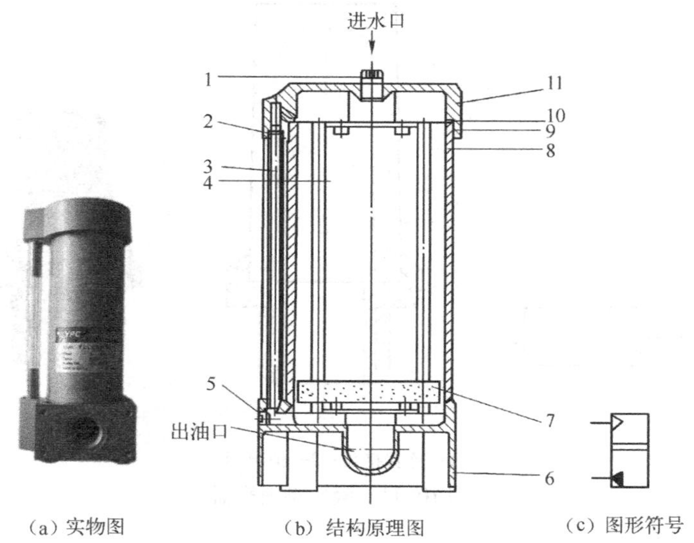

（a）实物图　　（b）结构原理图　　（c）图形符号

1—进气管；2—油位计垫圈；3—油位；4—拉杆；5—泄油塞；6—下盖；7—浮子；8—筒体；9—垫圈；10—缓冲板；11—头盖

图10-13　气液转换器的结构图

10-2-4　气动三联件

空气过滤器、减压阀、油雾器三件依次无管化连接而成的组件称为气动三联件，是多数气源装置中必不可少的组成部分，如图10-14所示。在大多数情况下三件组合使用，其安装次序按照进气方向为空气过滤器、减压阀、油雾器，如图10-15所示。气动三联件应安装在用气设备的近处，压缩空气经过三联件的最后处理，将进入各气动元件及气动系统。所以，三联件是气动元件及气动系统使用压缩空气质量的最后保证。其组成及规格，须由气动系统具体的用气要求确定，可以少于三件，只用一件或两件，也可多于三件。

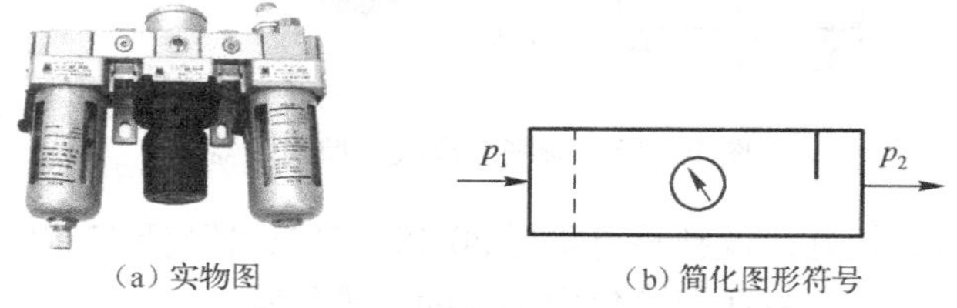

（a）实物图　　（b）简化图形符号

图10-14　气动三联件

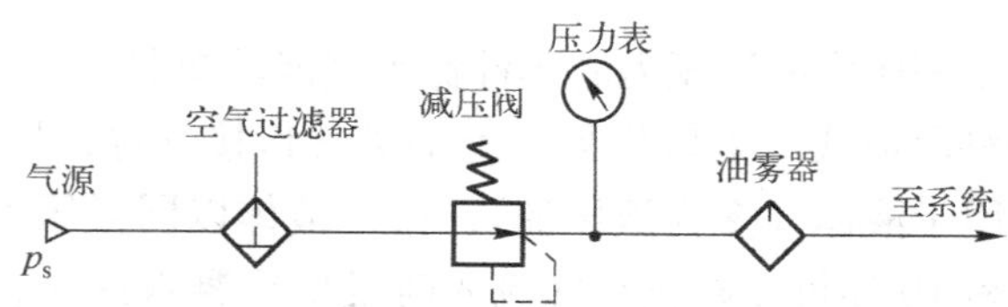

图10-15　气动三联件的安装次序

任务实施 10-2　气动辅件的选用与气源装置的组建

工作任务单

姓名		班级		组别		日期	
工作名称	气源装置的组建						
任务任务	气动辅件的选用与气源装置的组建						
任务描述	观察实训室的气动系统，选择合适的空气压缩机和相关辅件组建气源装置，说明所选用的各个气动元件的作用和原理，并能对组建好的气源装置进行综合分析						
任务要求	1. 气动实训台与空气压缩机实物认识； 2. 空气压缩机和气动辅件的选型； 3. 气源装置的组建						
提交成果	1. 气动元件清单； 2. 组建好的气源装置						
考核评价	序号	考核内容	配分	评分标准	得分		
	1	安全意识	20	遵守规章、制度			
	2	工具的正确使用	10	选择合适工具，正确使用工具			
	3	空气压缩机和气动辅件型号清单	10	气动元件无遗漏、选用合理			
	4	气源装置的组建	50	组建正确			
	5	团队协作	10	与他人合作有效			
指导教师			总分				

任务 10-3　气动夹紧机构执行元件的应用

任务引入

如图 10-16 所示为机床上的夹紧机构示意图。此机构采用气动执行元件来实现工件的夹紧和松开，试确定该选择哪种类型的执行元件。如果所需的夹紧力为 4600 N，供气压力为 0.7 MPa，行程为 600 mm，试确定该执行元件的种类及主要参数。

任务分析

选择气动执行元件时一般先确定它的类型，再确定它的种类及具体的结构参数。为使所选用的元件正确、合理，必须掌握气动执行元件的类型、工作原理、结构及选用方法。

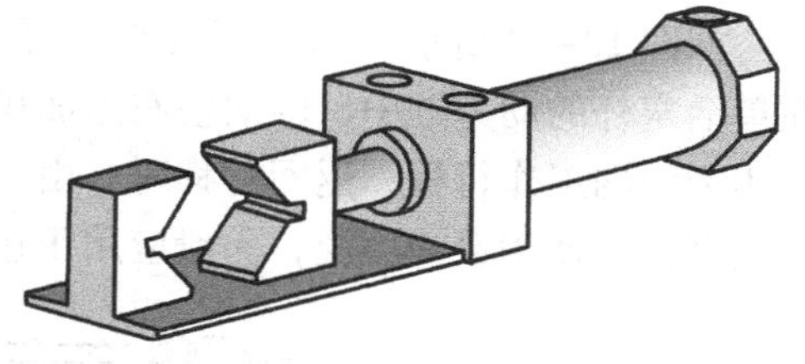

图 10-16　气动夹紧机构

相关知识

10-3-1　气缸的分类与工作原理

气动执行元件是将压缩空气的压力能转换为机械能，驱动机构做直线往复运动、摆动或旋转运动的装置。它包括气缸和气动马达两大类，其中气缸又分直线往复运动的气缸和摆动气缸，用于实现直线运动和摆动；气动马达用于实现连续回转运动。

气缸是气动系统的执行元件之一，它是将压缩空气的压力能转换为机械能并驱动工作机构做往复直线运动或摆动的装置。与液压缸相比，它具有结构简单、制造容易、工作压力低和动作迅速等优点，故应用十分广泛。

1. 气缸的分类

气缸的种类很多，结构各异，分类方法也较多，常用的有以下几种。

（1）按压缩空气在活塞端面作用力的方向不同，分为单作用气缸和双作用气缸。

（2）按结构特点不同，分为活塞式、薄膜式、柱塞式和摆动式气缸等。

（3）按安装方式不同，可分为耳座式、法兰式、轴销式、凸缘式、嵌入式和回转式等。

（4）按功能分为普通式、缓冲式、气－液阻尼式、冲击和步进气缸等。

如表 10–2 所示为常见普通气缸的图形符号。

表 10–2　常见普通气缸的图形符号

单作用气缸	双作用气缸		
	普通气缸	缓冲气缸	
弹簧压出	单活塞杆	不可调单向	可调单向
弹簧压入	双活塞杆	不可调双向	可调双向

2. 常用气缸的工作原理

1）普通气缸

如图 10–17 所示为双作用气缸。所谓双作用是指活塞的往复运动均由压缩空气来推动。在单活塞杆的动力缸中，因活塞右边面积比较大，当空气压力作用在右边时，提供一个慢速的作用力大的工作行程；返回行程时，由于活塞左边的面积较小，所以速度较快而作用力变小。此类气缸的使用最为广泛，一般应用于包装机械、食品机械和加工机械等设备上。

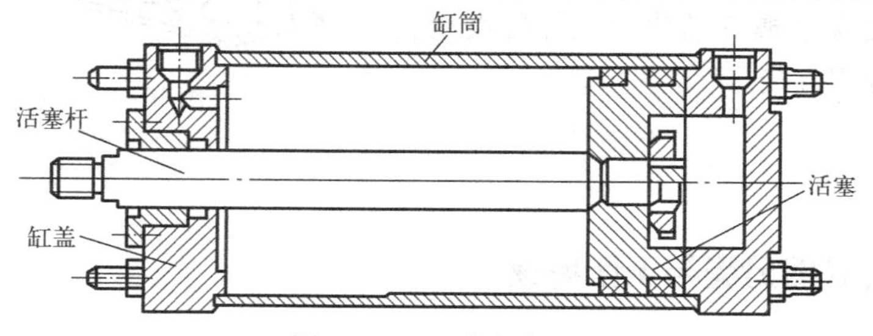

图 10–17　双作用气缸

如图 10–18 为普通型单活塞杆双作用气缸的基本结构图。气缸由缸筒 11，前后缸盖 3、1，活塞 8，活塞杆 10，密封件和紧固件等零件组成。缸筒在前后缸盖之间由四根拉杆和螺母将其

连接锁紧（图中未画出）。活塞与活塞杆相连，活塞上装有活塞密封圈 4、导向环 5 及磁性环 6。为防止漏气和外部粉尘的侵入，前缸盖上装有防尘组合密封圈 15。磁性环用来产生磁场，使活塞接近磁性开关时发出电信号，即在普通气缸上安装磁性开关就成为可以检测气缸活塞位置的开关气缸。

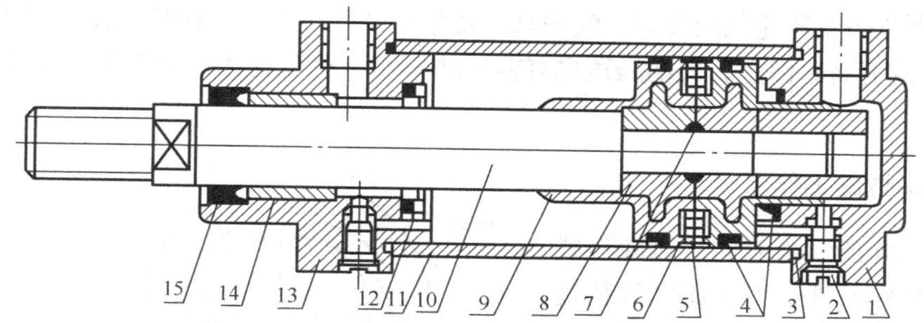

1—后缸盖；2—缓冲节流针阀；3、7—密封圈；4—活塞密封圈；5—导向环；6—磁性环；8—活塞；
9—缓冲柱塞；10—活塞杆；11—缸筒；12—缓冲密封圈；13—前缸盖；14—导向套；15—防尘组合密封圈

图 10-18　普通型单活塞杆双作用气缸

2）薄膜式气缸

薄膜式气缸是一种利用膜片在压缩空气作用下产生变形来推动活塞杆做直线运动的气缸。如图 10-19 所示为薄膜式气缸结构简图。它可以是单作用的，也可以是双作用的。

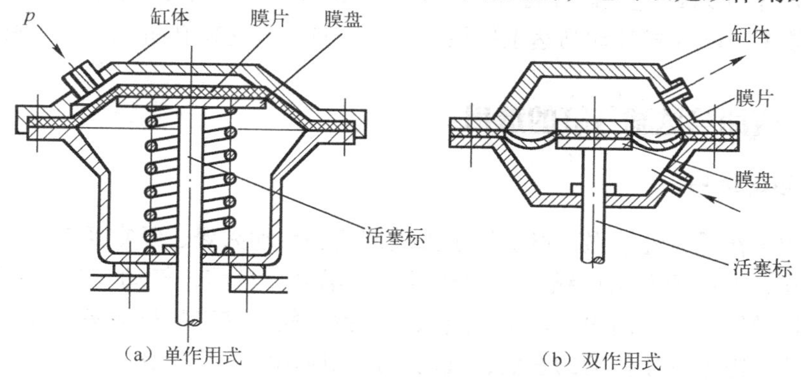

（a）单作用式　　（b）双作用式

图 10-19　薄膜式气缸

薄膜式气缸与活塞式气缸相比，具有结构紧凑、简单、成本低、维修方便、寿命长和效率高等优点。但因膜片的变形量有限，其行程较短，一般不超过 40 ～ 50 mm，且气缸活塞上的输出力随行程的加大而减小，因此它的应用范围受到一定限制，适用于气动夹具、自动调节阀及短行程工作场合。

10-3-2　气动马达的特点与工作原理

1. 气动马达的特点

气动马达是将压缩空气的压力能转换成旋转运动的机械能的装置。按结构形式可分为叶片式、活塞式和齿轮式等，与电动机相比，气动马达具有如下优点。

（1）工作安全。在易燃、高温、震动、潮湿、粉尘等恶劣条件下都能正常工作。

（2）有过载保护作用，不会因过载而发生烧毁。过载时气动马达只会降低速度或停机，一旦负载减小时即能重新正常运转。

（3）能快速实现正反转。气动马达回转部分惯性矩小，且空气本身的惯性也小，所以能快速启动和停止。只要通过换向阀改变进排气方向，就能实现输出轴的正反转。

（4）连续满载运转。由于压缩空气的绝热膨胀的冷却作用，能降低滑动摩擦部分的发热，因此气动马达可长时间在高温环境中满载运转，且温升较小。

（5）功率范围及转速范围较宽。气动马达功率小到几百瓦，大到几万瓦，转速可以从零到 2 5000 r/min 或更高。但是，气动马达也有输出功率小、耗气量大、效率低、噪声大和易产生振动等缺点。

2. 气动马达的工作原理

如图 10-20 所示为双向旋转叶片式气动马达的结构原理。当压缩空气从进气口进入气室后立即喷向叶片，作用在叶片的外伸部分，产生转矩带动转子做逆时针转动，输出机械能。若进气、出气口互换，则转子反转，输出相反方向的机械能。转子转动的离心力和叶片底部的气压力、弹簧力（图中未画出）使得叶片紧贴在定子的内壁上，以保证密封，提高容积效率。叶片式气动马达主要用于风动工具、高速旋转机械及矿山机械等。

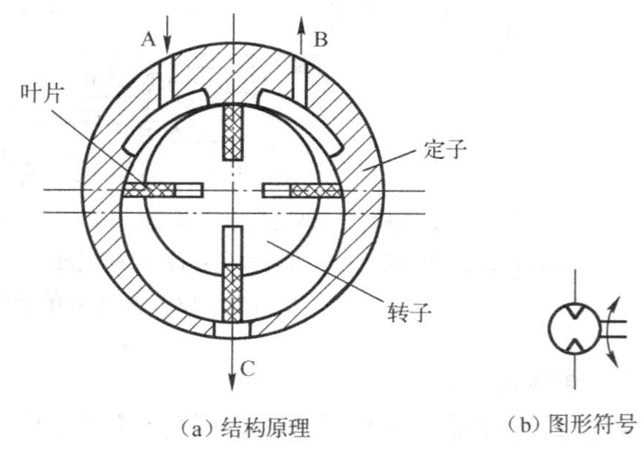

(a) 结构原理　　(b) 图形符号

图 10-20　双向旋转叶片式气动马达

10-3-3　气动马达和气缸的选用

1. 气动马达的选用

气动马达的工作适应性较强，可适用于无级调速、启动频繁、经常换向、高温潮湿、易燃易爆、负载启动、不便于人工操纵及有过载可能的场合。目前，气动马达主要应用于矿山机械、专业性的机械制造业、油田、化工、造纸、炼钢、船舶和工程机械等行业，许多气动工具都装有气动马达。随着气压传动的发展，气动马达的应用将更趋广泛。

选择气动马达主要从负载状态出发。在变负载的场合使用时，主要考虑的因素是速度的范围及满足工作机构所需的转矩；在均衡负载下使用时，工作速度则是重要因素。叶片式气动马达比活塞式气动马达转速高，当工作速度低于空载最大转速的 25% 时，最好选用活塞式气动马达。至于所选气动马达的具体型号、技术规格、外形尺寸等，可参考有关手册及产品样本。

2. 气缸的选用

1）选用原则

气缸的合理选用，是保证气动系统正常工作的前提。合理选用气缸，就是要根据各生产厂家要求的选用原则，使气缸符合正常的工作条件，这些条件包括工作压力范围、负载要求、工作行程、工作介质温度、环境条件、润滑条件及安装要求等。

我国目前已生产出五种标准化气缸供用户优先选用。这种气缸从结构到参数都已经标准化、系列化，在生产过程中应尽可能使用标准化气缸，这样可使产品具有互换性，给设备的使用和维修带来方便。气缸选用的要点如下。

（1）安装形式的选择。由安装位置、使用目的等因素决定。在一般场合下，多用固定式气

缸。在需要随同工作机构连续回转时应选用回转气缸。在除要求活塞杆做直线运动外，有要求气缸做较大的圆弧摆动时，则选用轴销式气缸。仅需要做往复摆动时，应选用单叶片或双叶片摆动气缸。

（2）作用力的大小。根据工作机构所需力的大小来确定活塞杆上的推力和拉力。一般应根据工作条件的不同，按力平衡原理计算出的气缸作用力再乘以 1.15 ～ 2 的备用系数，从而去选择和确定气缸内径。气缸的运动速度主要取决于气缸进、排气口及导管内径，选取时以气缸进排气口连接螺纹尺寸为基准。为获得缓慢而平稳的运动可采用气－液阻尼缸。普通气缸的运动速度为 0.5 ～ 1 m/s，对高速运动的气缸应选用缓冲气缸或在回路中加缓冲装置。

（3）负载的情况。根据气缸的负载状态和负载运动状态确定负载力和负载率，再根据使用压力应小于气源压力 85% 的原理，按气源压力确定使用压力 p。对单作用缸按杆径与缸径比为 0.5，双作用杆径与缸径比为 0.3 ～ 0.4 预选，并根据公式便可求得缸径 D，将所求出的 D 值标准化即可。若 D 尺寸过大，可采取机械扩力机构。

（4）行程的大小。根据气缸及传动机构的实际运行距离来预选气缸的行程，以便于安装调试。对计算出的距离加大 10 ～ 20 mm 为宜，但不能太长，以免增大耗气量。

2）选择步骤

气缸选择的主要步骤：确定气缸的类型，计算气缸内径及活塞杆直径，对计算出的直径进行圆整，根据圆整值确定气缸型号。

（1）计算气缸内径。在一般情况下，根据气缸所使用的压力 p、轴向负载力 F 和气缸的负载率 η 来计算气缸内径，p 应小于减压阀进口压力的 85%。

① 负载力的计算：负载力是选择气缸的重要因素，负载状态与负载力的关系如表 10-3 所示。

表 10-3　负载状态与负载力的关系

负载状态	W	W	W	W
负载力	$F = W$（重力）	$F = K$（夹紧力）	$F = \mu W$ $\mu = 0.1 \sim 0.4$	$F = \mu W$ $\mu = 0.2 \sim 0.3$

② 气缸负载率 η 的计算与选择：气缸的负载率 η 是气缸活塞杆受到的轴向负载力 F 与气缸的理论输出力 F_0 之比。

$$\eta = \frac{F}{F_0} \times 100\% \tag{10-1}$$

负载率可以根据气缸的工作压力选取，如表 10-4 所示。

表 10-4　气缸工作压力与负载率的关系

p(MPa)	0.06	0.20	0.24	0.30	0.40	0.50	0.60	0.70～1
η	10%～30%	15%～40%	20%～50%	25%～60%	30%～65%	35%～70%	40%～75%	45%～75%

③ 气缸内径的计算方法：确定了 F、η 和 p 后，可以根据气缸的理论输出力的计算方法来反推气缸的内径 D。

单出杆、双作用气缸的计算公式如下。

活塞杆伸出时：
$$D=\sqrt{\frac{4F}{\pi p\eta}} \tag{10-2}$$

活塞杆返回时：
$$D=\sqrt{\frac{4F}{\pi p\eta}+d^2} \tag{10-3}$$

计算出 D 后，再按标准的缸径进行圆整，缸筒内径的圆整值如表 10-5 所示。

表 10-5　缸筒内径的圆整值　　（单位：mm）

8	10	12	16	20	25	32	40	50	63	80	(90)	100
125	(140)	160	(180)	200	(220)	250	(280)	320	(360)	400	450	

（2）活塞杆直径的确定。在确定气缸活塞杆直径时，一般按 $d/D=0.2\sim0.3$ 进行计算，计算后再按标准值进行圆整，活塞杆直径的圆整值如表 10-6 所示。

表 10-6　活塞杆直径圆整值　　（单位：mm）

4	5	6	8	10	12	14	16	18	20	22	25
28	32	36	40	45	50	56	63	70	80	90	100
110	125	140	160	180	200	220	250	280	320	360	—

选好气缸内径和活塞杆直径后，还要选用密封件、缓冲装置，确定防尘罩。

任务实施 10-3　执行元件的选择与参数计算

1. 操作步骤

选择夹紧机构的执行元件的步骤为：确定气动执行元件类型→计算气缸内径及活塞杆直径→对计算出的直径进行圆整→根据圆整值确定气缸型号。

因为该任务夹紧机构需要实现往复直线运动，所以选择气缸作为夹紧装置的气动执行元件。

2. 工作任务单

<table>
<tr><td>姓名</td><td></td><td>班级</td><td></td><td>组别</td><td></td><td>日期</td><td></td></tr>
<tr><td colspan="2">工作任务</td><td colspan="6">执行元件的选择、参数的计算</td></tr>
<tr><td colspan="2">任务描述</td><td colspan="6">在教师的指导下，根据具体的任务要求，选择正确的执行元件，并计算该执行元件的主要参数</td></tr>
<tr><td colspan="2">任务要求</td><td colspan="6">1. 了解实训室或生产车间安全知识；
2. 掌握危险化学物品的安全使用与存放；
3. 选择执行元件的类型和种类；
4. 计算执行元件的主要参数</td></tr>
<tr><td colspan="2">提交成果</td><td colspan="6">1. 选择的执行元件；
2. 计算得出的缸径值和活塞杆直径值</td></tr>
<tr><td colspan="2" rowspan="6">考核评价</td><td>序号</td><td>考核内容</td><td>配分</td><td colspan="2">评分标准</td><td>得分</td></tr>
<tr><td>1</td><td>安全意识</td><td>20</td><td colspan="2">遵守规章、制度</td><td></td></tr>
<tr><td>2</td><td>工具的使用</td><td>10</td><td colspan="2">正确使用实验工具</td><td></td></tr>
<tr><td>3</td><td>执行元件选择</td><td>10</td><td colspan="2">元件选择正确</td><td></td></tr>
<tr><td>4</td><td>参数计算</td><td>50</td><td colspan="2">计算完整、准确</td><td></td></tr>
<tr><td>5</td><td>团队协作</td><td>10</td><td colspan="2">与他人合作有效</td><td></td></tr>
<tr><td colspan="2">指导教师</td><td colspan="2"></td><td colspan="3">总分</td><td></td></tr>
</table>

知识拓展13　空气传送管道系统的设计与确定原则

1. 管道系统的组成

管道系统包括管道和管接头。

1）管道

气动系统中常用的管道有硬管和软管。硬管以钢管和紫铜管为主，常用于高温高压和固定不动的部件之间的连接。软管有各种塑料管、尼龙管和橡胶管等，其特点是经济、拆装方便、密封性好，但应避免在高温、高压和有辐射的场合使用。

供气系统管道包括以下几种类型。

（1）压缩空气站内气源管道：包括压缩机的排气口至后冷却器、油水分离器、贮气罐、干燥器等设备的压缩空气管道。

（2）厂区压缩空气管道：包括从压缩空气站到各用气车间的输送管道。

（3）用气车间压缩空气管道：包括从车间入口到气动装置和气动设备的输送管道。

2）管接头

管接头是连接、固定管道所必需的辅件，分为硬管接头和软管接头两类。硬管接头有螺纹连接及薄壁管扩口式卡套连接，它与液压用管接头基本相同。对于通径较大的气动设备、元件、管道等，可采用法兰连接。

2. 管道系统的选择

气源管道的管径大小是根据压缩空气的最大流量和允许的最大压力损失决定的。为避免压缩空气在管道内流动时压力损失过大，空气主管道流速应在6 ～ 10 m/s（相应压力损失小于0. 03 MPa），用气车间空气流速应不大于10 ～ 15 m/s，并限定所有管道内空气流速不大于25 m/s，最大不得超过30 m/s。管道的壁厚主要是考虑强度问题，可查相关的手册选用。

3. 供气系统管道设计的原则

1）从供气的压力要求考虑

（1）多种压力管道供气系统：适用于气动设备有多种压力要求，且用气量都比较大的情况。应根据供气压力大小和使用设备的位置，设计几种不同压力的管道供气系统。

（2）降压管道供气系统：适用于气动设备有多种压力要求，但用气量都不大的情况。应根据最高供气压力设计管道供气系统，气动装置需要的低压可利用减压阀降压来得到。

（3）管道供气与瓶装供气相结合的供气系统：适用于大多数气动装置都使用低压空气，部分气动装置需要用气量不大的高压空气的情况。应根据对低压空气的要求设计管道供气系统，而气量不大的高压空气采用气瓶供气方式来解决。

2）从供气的空气质量要求考虑

根据各气动装置对空气质量的不同要求，分别设计成一般供气系统和清洁供气系统。若一般供气量不大，为了减少投资，可用清洁供气代替。若清洁供气系统的用气量不大，可单独设置小型净化干燥装置来解决。

3）从供气的可靠性和经济性考虑

（1）单树枝状管网供气系统：如图10-21所示，这种供气系统简单，经济性好，适合于间

断供气的工厂或车间采用。但该系统中的阀门等附件容易损坏，尤其开关频繁的阀门更易损坏。解决的方法是开关频繁的阀门，用两个串联起来，其中一个用于经常动作，另一个一般情况下总开启，当经常动作的阀门需要更换检修时，这一阀门才关闭，使之与系统切断，不致影响整个系统工作。

（2）环状管网供气系统：如图 10-22 所示，这种供气系统从供气的可靠性来讲比单树枝状管网供气系统优越，并且压力也较稳定。当某支管上的阀门损坏和管道穿孔或产生裂纹需要维修时，关断环形管道上支管两侧的阀门即可，整个管道系统照常运行。环状管道上的阀门不经常操作，一般不易损坏。这种管道系统显然多用了管材、附件及阀门，基本建设投资高。因此，若采用这种管道系统，一定要全面做经济技术比较而定。对厂区管网来讲，一般不采用环状管网供气系统。车间内管道通过经济技术比较，基本建设投资增加不多，并且易损零件与附件多时，可以采用环状管网供气系统。

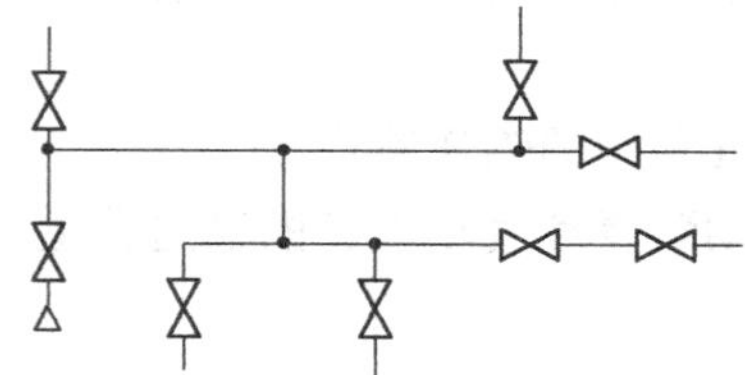

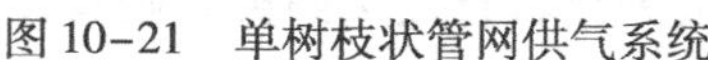

图 10-21　单树枝状管网供气系统

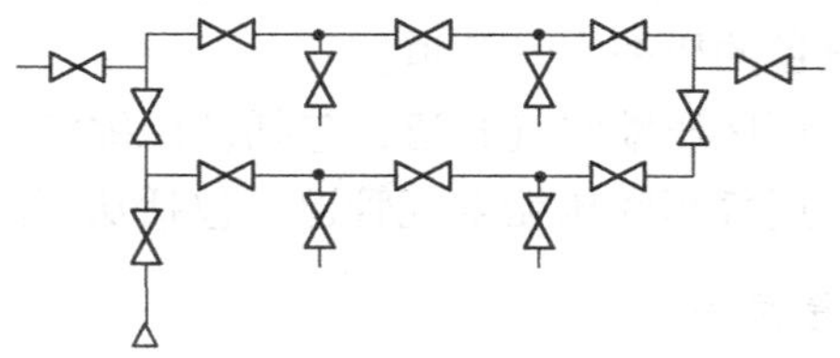

图 10-22　环状管网供气系统

（3）双树枝状管网供气系统：如图 10-23 所示，这种供气系统的特点是敷设有一条备用管网。一般情况下，两套管网同时处于工作状态。当任何一个管道附件损坏时，随时可以关闭一个系统进行维修，而另外一个系统照常工作。但是这种管网供气系统投资要比单树枝状管网供气系统增加一倍。因此，这种系统仅用于不允许停气的特殊用户，一般很少用。

知识拓展 14　其他常用气缸

1. 气－液阻尼气缸

通常气缸采用的工作介质是压缩空气，其特点是动作快，但速度不易控制，当载荷变化较大时，容易产生“爬行”或“自走”现象。而液压缸采用的工作介质是通常认为不可压缩的液压油，其特点是动作不如气缸快，但速度易于控制，当载荷变化较大时，采用措施得当，一般不会产生“爬行”和“自走”现象。把气缸与液压缸巧妙地组合起来，取长补短，即成为气动系统中普遍采用的气－液阻尼气缸。按气缸与液压缸的连接形式，可分为串联型与并联型两种。

如图 10-24 所示为串联型气－液阻尼气缸，由气缸与液压缸串联而成，两活塞固定在同一个活塞杆上。液压缸不用泵供油，只要充满油即可，其进出口间装有液压单向阀、节流阀及补油杯。当气缸右端供气时，气缸克服载荷带动液压缸活塞向左运动（气缸左端排气），此时液压缸左端排油，单向阀关闭，油只能通过节流阀流入液压缸右腔及油杯内，这时若将节流阀阀口开大，则液压缸左腔排油通畅，两活塞运动速度就快；反之，若将节流阀阀口关小，液压缸左腔排油受阻，两活塞运动速度会减慢。这样，调节节流阀开口大小，就能控制活塞的运动速度。可以看出，气液阻尼缸的输出力应是气缸中压缩空气产生的力（推力或拉力）与液压缸中油的阻尼力之差。串联型缸体较长，加工与安装时对同轴度要求较高，有时两缸间会产生窜气、窜油现象。

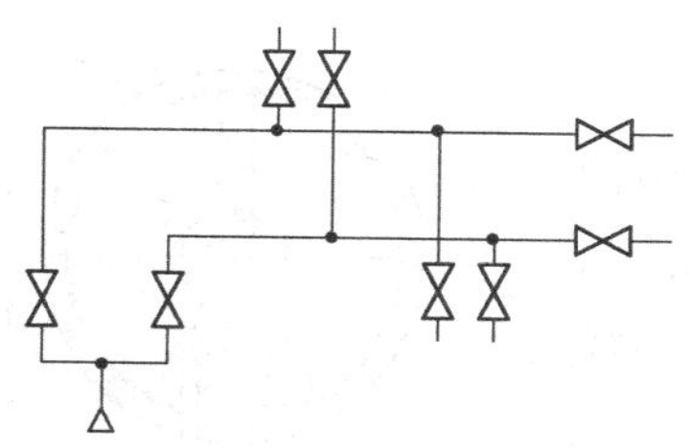
图 10-23　双树枝状管网供气系统

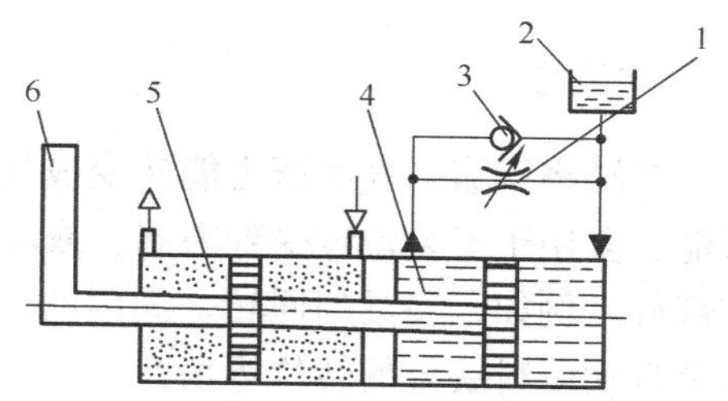

1—节流阀；2—油杯；3—单向阀；4—液压缸；5—气缸；6—外载荷
图 10-24　串联型气 - 液阻尼气缸

如图 10-25 所示为并联型气 - 液阻尼气缸，由气缸与液压缸并联而成。并联型缸体较短、结构紧凑。气、液缸分置，不会产生窜气窜油现象。因液压缸工作压力可以相当高，液压缸可制成相当小的直径（不必与气缸等直径）。但因气、液两缸安装在不同轴线上，会产生附加力矩，会增加导轨装置磨损，也可能产生“爬行”现象。

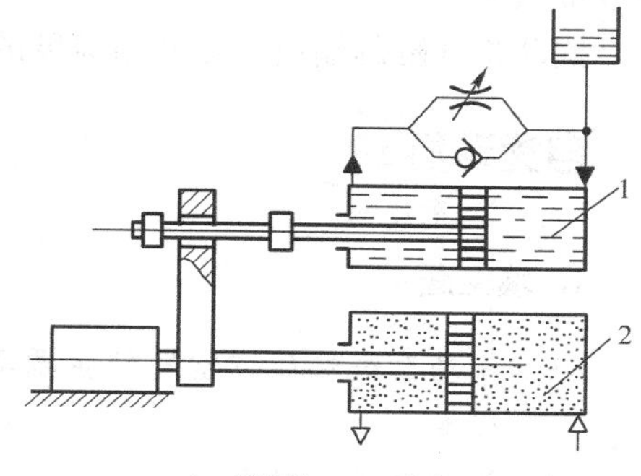

1—液压缸；2—气缸
图 10-25　并联型气 - 液阻尼气缸

2. 冲击式气缸

冲击式气缸是一种体积小巧、结构简单、易于制造、耗气功率小但能产生相当大的冲击力的特殊气缸。与普通气缸相比，冲击式气缸的结构特点是增加了一个具有一定容积的蓄能腔和喷嘴。其工作原理如图 10-26所示。

冲击式气缸的整个工作过程可简单地分为三个阶段。

（1）第一个阶段。如图 10-26（a）所示，压缩空气由孔口 A 输入冲击缸的下腔，蓄能腔经孔口 B 排气，活塞上升并用密封垫封住喷嘴，中盖和活塞间的环形空间经排气孔与大气相通。

（2）第二个阶段。如图 10-26（b）所示，压缩空气改由孔口 B 进气，输入蓄能腔中，冲击缸下腔经孔口 A 排气。由于活塞上端气压作用在面积较小的喷嘴上，而活塞下端受力面积较大，一般为喷嘴面积的 9 倍。冲击缸下腔的压力虽因排气而下降，但此时活塞下端向上的作用力仍然大于活塞上端向下的作用力。

（3）第三阶段。如图 10-26（c）所示，蓄能腔的压力继续增大，冲击缸下腔的压力继续降低，当蓄能腔内压力高于活塞下腔压力的 9 倍时，活塞开始向下移动，活塞一旦离开喷嘴，蓄能腔内的高压气体迅速充入到活塞与中盖间的空间，使活塞上端受力面积突然增加 9 倍，于是活塞将以极大的加速度向下运动，气体的压力能转换成活塞的动能。在冲程达到一定时，获得最大冲击速度和能量，利用这个能量对工件进行冲击做功，可产生很大的冲击力。

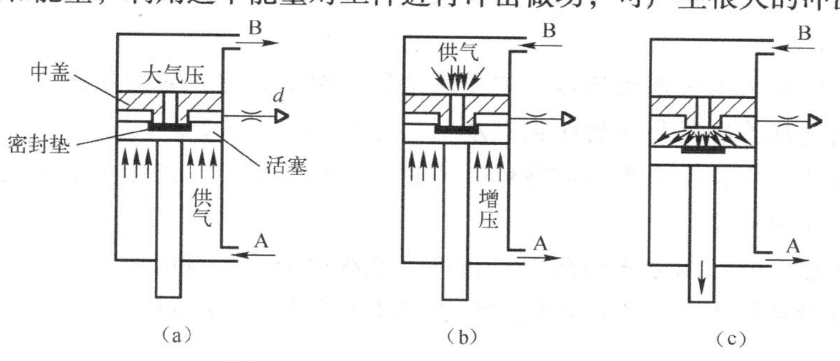

图 10-26　冲击气缸工作原理图

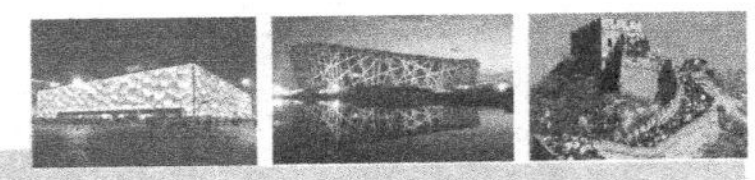

3. 摆动式气缸

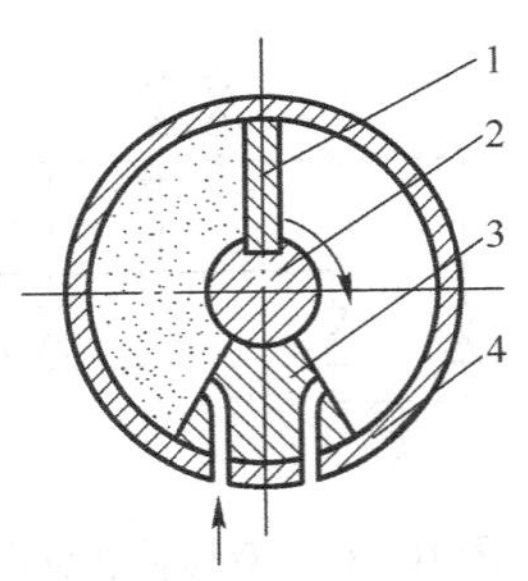

1—叶片；2—转子；
3—定子；4—缸体
图 10-27 摆动式气缸

摆动式气缸将压缩空气的压力能转变成气缸输出轴的有限回转的机械能，多用于安装位置受到限制、或转动角度小于 360°的回转工作部件。例如，夹具的回转、阀门的开启、转塔车床转塔的转位以及自动上料装置的转位等场合。

如图 10-27 所示为单叶片式摆动气缸的工作原理图，定子 3 与缸体 4 固定在一起，叶片 1 和转子 2（输出轴）连接在一起。当左腔进气时转子顺时针转动，反之，转子则逆时针转动。转子可做成图示的单叶片式，也可做成双叶片式。这种气缸的耗气量一般都较大。

摆动式气缸的输出转矩和角速度的计算与摆动式液压缸相同，故不再重复。

自我评价 10

1. 填空题

(1) 气动系统对压缩空气的主要要求有：具有一定________和________，并具有一定的________程度。

(2) 气源装置一般由气压________装置、________及________压缩空气的装置和设备、传输压缩空气的管道系统和________四部分组成。

(3) 空气压缩机简称________，是气源装置的核心，用于将原动机输出的机械能转化为气体的压力能。空气压缩机的种类很多，但按工作原理主要可分为________和________（叶片式）两类。

(4) ________、________、________一起称为气动三联件，是多数气动设备必不可少的气源装置。在大多数情况下，三联件组合使用，三联件应安装在用气设备的________。

(5) 气动执行元件是将压缩空气的压力能转换为机械能的装置，包括________和________。

2. 判断题

(1) 气源管道的管径大小是根据压缩空气的最大流量和允许的最大压力损失决定的。(　　)

(2) 在大多数情况下，气动三联件组合使用，其安装次序依进气方向为空气过滤器、后冷却器和油雾器。(　　)

(3) 空气过滤器又名分水过滤器、空气滤清器，它的作用是滤除压缩空气中的水分、油滴及杂质，以达到气动系统所要求的净化程度，它属于二次过滤器。(　　)

(4) 气动马达的突出特点是具有防爆、高速、输出功率大、耗气量小等优点，但也有噪声大和易产生震动等缺点。(　　)

(5) 气动马达是将压缩空气的压力能转换成直线运动的机械能的装置。(　　)

(6) 气压传动系统中所使用的压缩空气直接由空气压缩机供给。(　　)

3. 选择题

(1) 以下不属于贮气罐的作用的是（　　）。

A. 减少气源输出气流脉动　　B. 进一步分离压缩空气中的水分和油分

C. 冷却压缩空气

(2) 利用压缩空气使膜片变形，从而推动活塞杆做直线运动的气缸是（　　）。

A. 气－液阻尼缸　　B. 冲击气缸　　C. 薄膜式气缸

(3) 气源装置的核心元件是（　　）。

A. 气动马达　　B. 空气压缩机　　C. 油水分离器

(4) 空气压缩机的输出压力为（　　）

A. 小于0.2 MPa　　B. 0.2 ～ 1 MPa　　C. 1 ～ 10 MPa

(5) 油水分离器安装在（　　）后的管道上。

A. 后冷却器　　B. 干燥器　　C. 贮气罐

(6) 在要求双向行程时间相同的场合，应采用（　　）。

A. 多位气缸　　B. 膜片式气缸　　C. 伸缩套筒气缸　　D. 双出杆活塞缸

(7) 压缩空气站是气压系统的（　　）。

A. 辅助装置　　B. 执行装置　　C. 控制装置　　D. 动力源装置

(8) 符号代表（　　）。

A. 直线气缸　　B. 摆动气缸　　C. 单作用缸　　D. 气动马达

4. 简答题

(1) 一个典型的气动系统由哪几部分组成？

(2) 气动系统对压缩空气有哪些质量要求？气源装置一般由哪几部分组成？

(3) 空气压缩机有哪些类型？如何选用空气压缩机？

(4) 什么是气动三联件？气动三联件的安装次序如何？

(5) 空气压缩机在使用中要注意哪些事项？

(6) 气缸选择的主要步骤有哪些？

项目11 气动控制元件的应用与回路设计

学习目标

任何一个气动控制回路均需要使用气动控制元件，也都是由一些特定功能的基本回路组成的。通过本项目的学习，要求掌握气动控制元件的工作原理、结构特点和气压传动系统基本回路的工作原理及应用特点。其具体目标为：

（1）掌握气动控制元件的结构、原理和应用；

（2）掌握气动控制元件的职能符号、表示方法；

（3）掌握气动控制基本回路的分析方法；

（4）能根据具体的工作要求设计出回路图；

（5）能正确连接回路，检验回路；

（6）会分析其他常用回路。

任务 11-1　气动控制阀的识别与选用

任务引入

在气压传动系统中，气动控制元件是用来控制和调节压缩空气的压力、流量、流动方向和发送信号的重要元件，利用它们可以组成各种气动控制回路，以保证气动执行元件或工作机构按设计的程序正常工作。因此掌握各种气动控制元件的结构、工作原理是分析、使用和维护气动系统的基础。通过本任务的学习，要求掌握各种气动控制阀的结构特点、工作原理和应用。气动控制阀按其作用和功能可分为压力控制阀、流量控制阀和方向控制阀三大类，除这三类外，还有能实现一定逻辑功能的逻辑元件。

任务分析

如图 11-1 为各种气动控制阀的外形图。其中方向控制阀用于控制压缩空气的流动方向和气路的通断，以控制执行元件的启动、停止及运动方向。压力控制阀用来控制气动系统中压缩空气的压力，满足各种压力需求或用于节能。流量控制阀用于控制压缩空气的流量，进而控制执行元件的运动速度、阀的切换时间和气动信号的传递速度。而气动逻辑元件用于实现一定的逻辑功能。

(a) 单向阀　(b) 梭阀　(c) 快速排气阀　(d) 电磁换向阀

(e) 气控换向阀　(f) 减压阀　(g) 安全阀　(h) 顺序阀

(i) 节流阀　(j) 单向节流阀　(k) 排气节流阀

图 11-1　各种气动控制阀的外形图

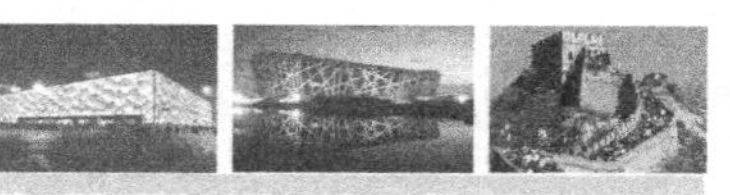

相关知识

11-1-1 方向控制阀的工作原理

气动方向控制阀和液压方向控制阀相似，分类方法也大致相同。按其作用特点可分为单向型和换向型两种，其阀芯结构主要有截止式和滑阀式。

1. 单向型控制阀

单向型控制阀包括单向阀、或门型梭阀、与门型梭阀和快速排气阀。

1）单向阀

如图 11-2 所示为单向阀的典型结构图。其工作原理与液压单向阀类似，即气体只能沿着一个方向流动，反向截止。只不过在气动单向阀中，阀芯与阀座之间有一层胶垫。

2）或门型梭阀

在气压传动系统中，当两个通路 P_1 和 P_2 均与另一通路 A 相通，而不允许 P_1 与 P_2 相通时，就要用或门型梭阀，其结构和工作原理如图 11-3 和图 11-4 所示。由于阀芯像织布梭子一样来回运动，因而称之为梭阀，该阀相当于两个单向阀的组合。在逻辑回路中，它起到或门的作用。

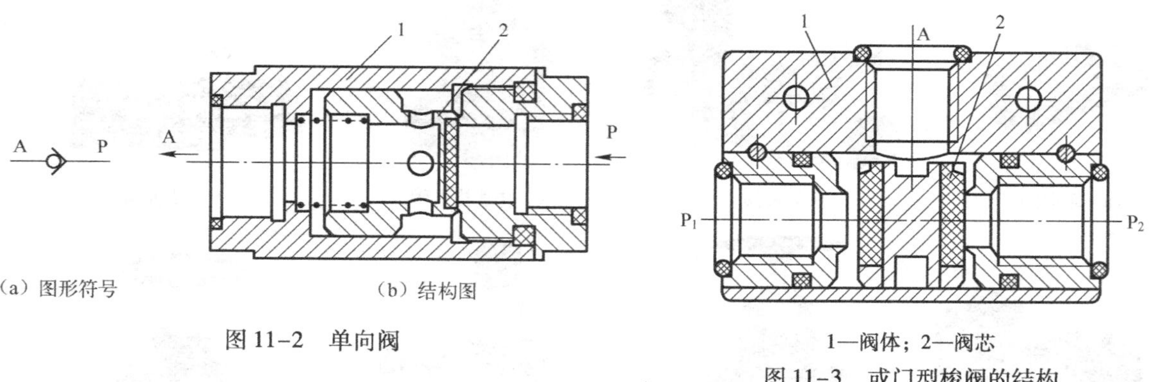

（a）图形符号　（b）结构图

图 11-2　单向阀

1—阀体；2—阀芯

图 11-3　或门型梭阀的结构

如图 11-4（a）所示，当 P_1 进气时，将阀芯推向右边，通路 P_2 被关闭，于是气流从 P_1 进入通路 A。反之，气流则从 P_2 进入 A，如图 11-4（b）所示。当 P_1、P_2 同时进气时，哪端压力高，A 就与哪端相通，另一端就自动关闭。图 11-4（c）为该阀的图形符号。

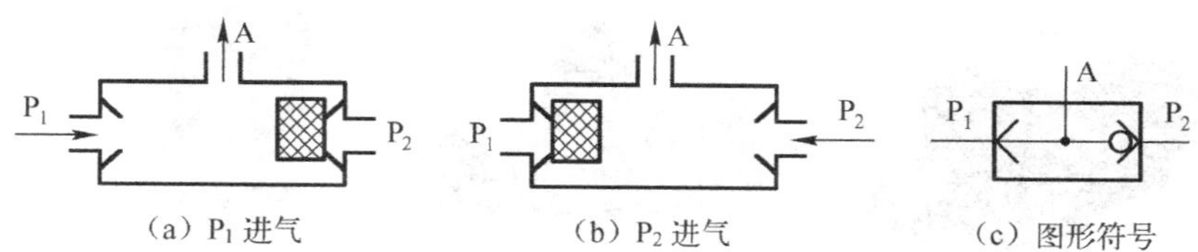

（a）P_1 进气　（b）P_2 进气　（c）图形符号

图 11-4　或门型梭阀的工作原理

图11-5是或门型梭阀的应用实例，可实现手动和电动操作方式的转换。

3）与门型梭阀

与门型梭阀又称双压阀，该阀只有当两个输入口 P_1、P_2 同时进气时，A口才能输出。与门型梭阀的结构和工作原理如图11-6和图11-7所示。P_1 或 P_2 单独输入时，如图11-7（a）、（b）所示，此时A口无输出，只有当 P_1、P_2 同时有输入时，A口才有输出，如图11-7（c）所示。当 P_1、P_2 气体压力不等时，则气压低的通过A口输出。如图11-7（d）所示为该阀的图形符号。

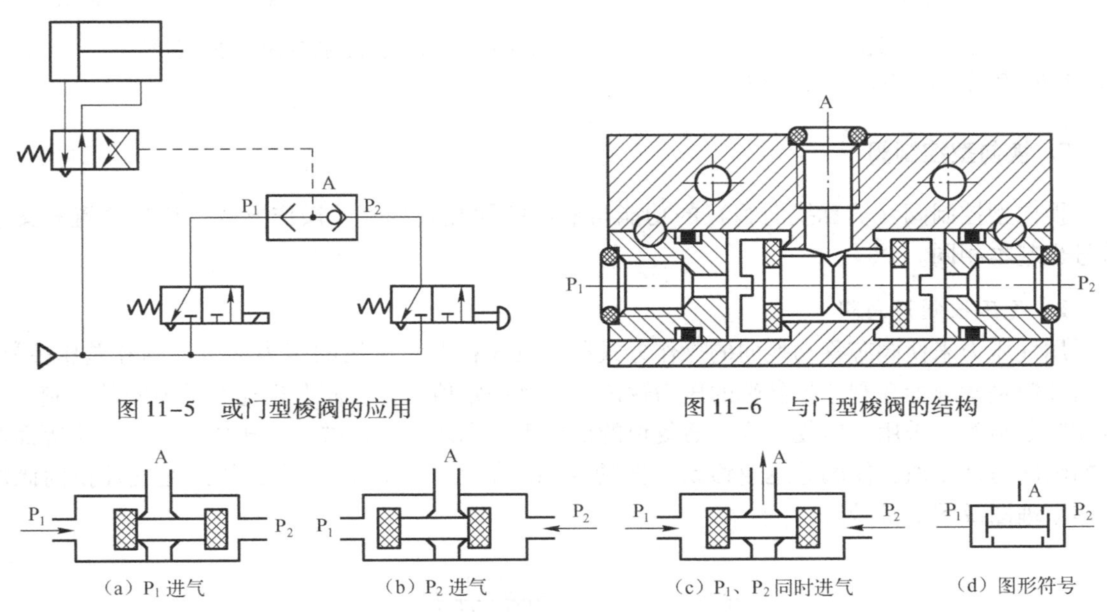

图11-5　或门型梭阀的应用

图11-6　与门型梭阀的结构

（a）P_1 进气　（b）P_2 进气　（c）P_1、P_2 同时进气　（d）图形符号

图11-7　与门型梭阀工作原理

如图11-8所示为与门型梭阀的应用实例。当阀1和阀2都有信号时，阀3才有信号给阀4，使缸5换向。

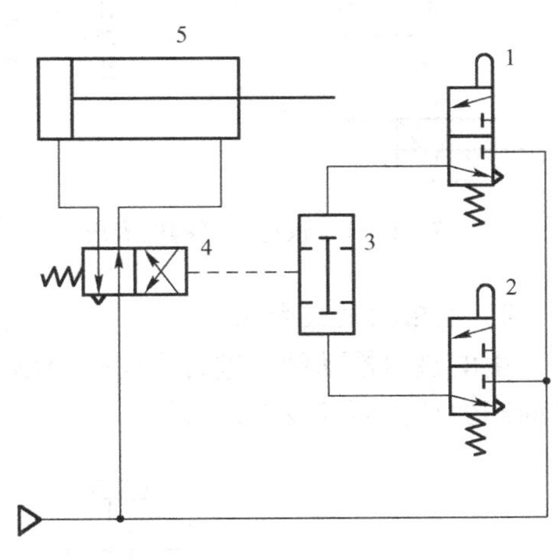

图11-8　与门型梭阀的应用

4）快速排气阀

快速排气阀又称快排阀，它是为加快气缸运动作快速排气用的。膜片式快速排气阀的结构如图11-9所示，其工作原理图11-10所示。当进气腔P进入压缩空气时，将密封活塞迅速上推，开启阀口，同时关闭排气口，使进气腔P与工作腔A相通，如图11-10（a）所示；当P腔没有压缩空气进入时，在A腔和P腔压差作用下，密封活塞迅速下降，关闭P腔，使A腔通过阀口经O腔快速排气，如图11-10（b）所示。图11-10（c）为该阀的图形符号。

如图11-11所示为快速排气阀的应用实例。当按下定位手动换向阀1时，气体经节流阀2、快速排气阀3进入单作用缸4，使缸4缓慢前进。当定位手动换向阀回复原位时，气源切断。这时，气缸中的气体经快速排气阀3快速排空，使气缸在弹簧作用下迅速复位，节省了气

缸回程时间。

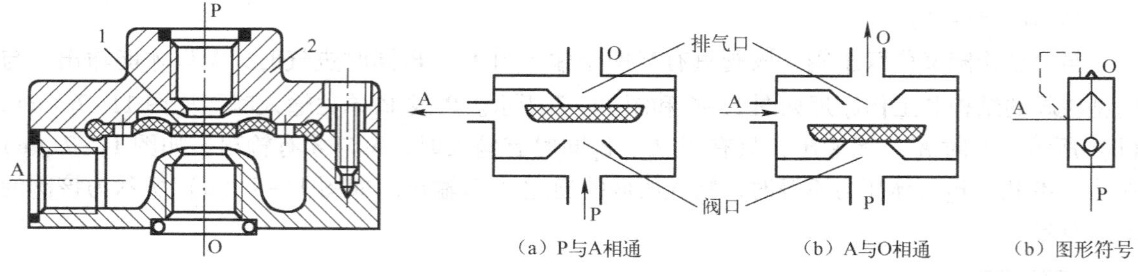

1—膜片；2—阀体

图 11-9　膜片式快速排气阀的结构

图 11-10　膜片式快速排气阀工作原理图

2. 换向型控制阀

换向型控制阀（简称换向阀）的功能与液压的同类阀相似，操作方式、切换位置和图形符号也基本相同。

1）气压控制换向阀

用气压力来使阀芯移动换向的操作方式称为气压控制。常用的多为加压控制和差压控制。加压控制是指施加在阀芯控制端的压力逐渐升高到一定值时，使阀芯迅速移动换向的控制。差压控制是指阀芯采用气压复位或弹簧复位的情况下，利用阀芯两端受气压作用的面积不等而产生的轴向力之差值，使阀芯迅速移动换向的控制。如图 11-12 所示为二位三通气控换向阀的工作原理图及图形符号。

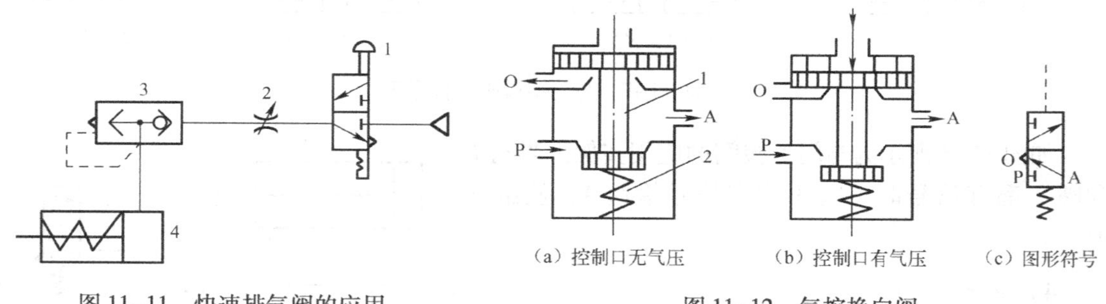

图 11-11　快速排气阀的应用

图 11-12　气控换向阀

2）电磁控制换向阀

由电磁力推动阀芯进行换向的控制方式称为电磁控制。如图 11-13 所示为二位三通电磁换向阀的结构原理及图形符号。

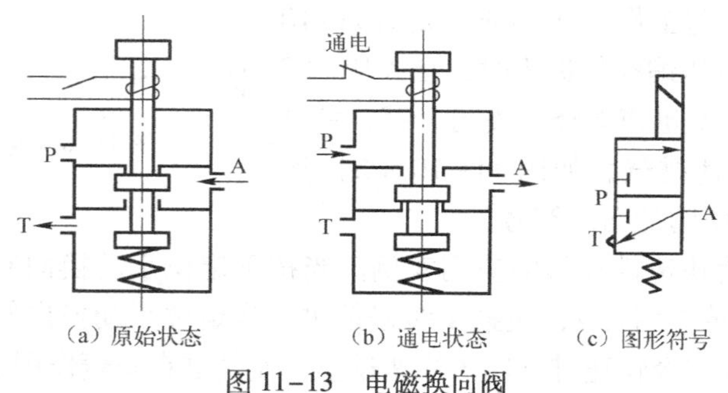

图 11-13　电磁换向阀

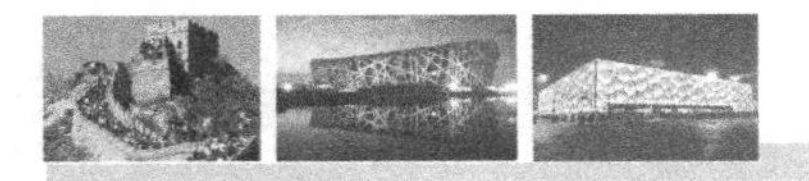

11-1-2　压力控制阀的工作原理

气动压力控制阀主要有减压阀、顺序阀和安全阀，按调压方式可分为直动式和先导式。如图 11-14 所示为直动式压力控制阀及其图形符号。它们都是利用作用于阀芯上的流体（压缩空气）压力和弹簧力相平衡的原理来进行工作的。

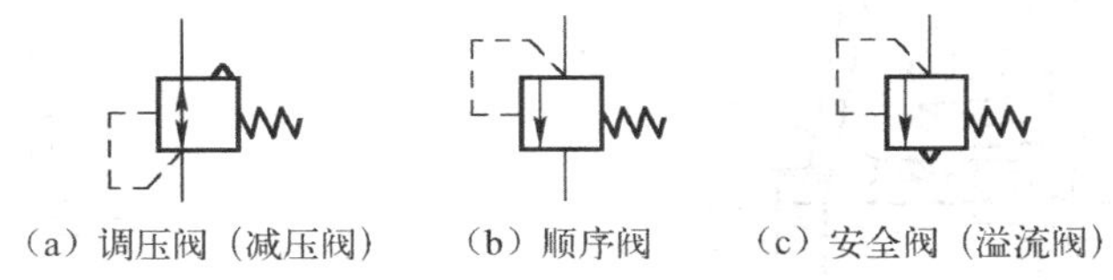

（a）调压阀（减压阀）　（b）顺序阀　（c）安全阀（溢流阀）

图 11-14　压力控制阀（直动型）图形符号

在气压传动中，一般都是由空气压缩机将空气压缩后贮存于贮气罐中，然后经管路输送给各传动装置使用，贮气罐提供的空气压力高于每台装置所需的压力，且压力波动也较大。因此必须在每台装置入口处设置一个减压阀（在气动系统中也称调压阀），以将入口处的空气降低到所需的压力，并保持该压力值的稳定。

当气动装置中不便安装行程阀，而要依据气压的大小来控制两个以上的气动执行机构的顺序动作时，就要用到顺序阀。

当管路中的压力超过允许压力时，为了保证系统的工作安全，往往用安全阀来实现自动排气，使系统的压力下降，如贮气罐必须安装安全阀。

1）气动减压阀

气动减压阀、顺序阀和安全阀的工作原理均与液压的同类阀相似。如图 11-15 所示为 QTA 型直动型调压阀（减压阀）的结构原理。调节手柄 1 以控制阀口开度的大小，即可控制输出压力的大小。

2）气动顺序阀

（1）顺序阀。顺序阀是依靠气路中压力的作用而控制执行机构按顺序动作的压力阀。在气动系统中，顺序阀通常安装在需要某一特定压力场合，以便完成某一操作。只有达到需要的操作压力后，顺序阀才有气信号输出。顺序阀的工作原理如图 11-16 所示。

依靠弹簧的预压量来控制其开启压力。压力达到某一值时，顶开弹簧，于是 P 到 A 才有输出，否则 A 无输出。

（2）单向顺序阀。顺序阀很少单独是用，往往与单向阀组合在一起使用，成为单向顺序阀。其工作原理如图 11-17 所示。

当压缩空气进入腔 4 后，作用在活塞 3 上的力小于弹簧 2 的力时，阀处于关闭状态。当作用在活塞上的力大于弹簧力时，将活塞顶起，压缩空气从 P 经工作腔 4、5 到 A，然后进入气缸或气控换向阀。此时，单向阀 6 在弹簧 7 和工作腔 4 内气压作用下处于关闭状态。当切换气源时，如图 11-17（b）所示，由于工作腔 4 内压力迅速下降，顺序阀关闭，此时工作腔 5 内压力高于工作腔 4 内压力，在气体压差作用下，打开单向阀，反向的压缩空气从 A 到 O 排气。

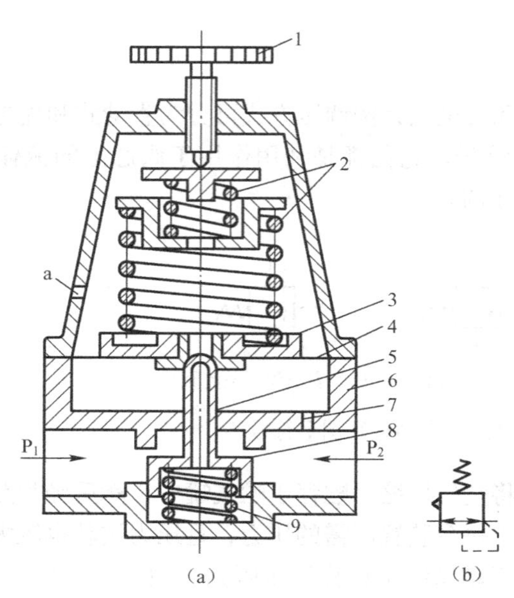

1—手柄；2—调压弹簧；3—下弹簧座；4—膜片；5—阀芯；6—阀套；7—阻尼孔；8—阀口；9—复位弹簧

图 11-15　直动型减压阀

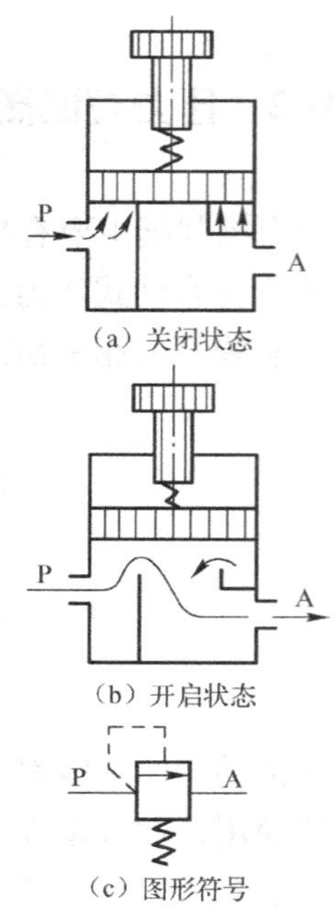

图 11-16　顺序阀的工作原理

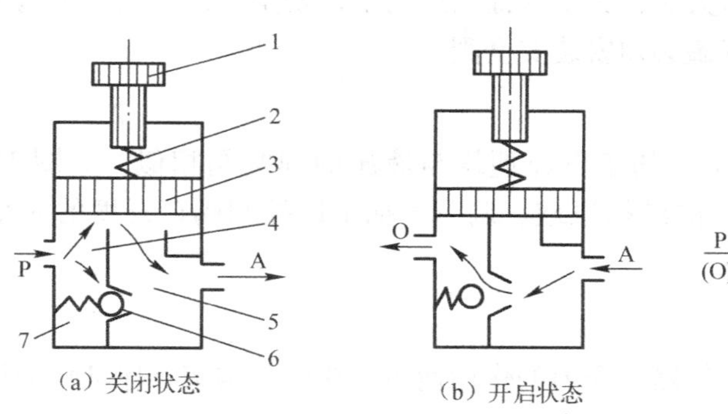

1—旋钮；2、7—弹簧；3—活塞；4、5—工作腔；6—单向阀

图 11-17　单向顺序阀工作原理

如图 11-18 所示为单向顺序阀的结构图，调节手轮可改变单向顺序阀的开启压力。单向顺序阀常用于控制气缸自动顺序动作或不便于安装机械控制阀的场合。

3）安全阀

当贮气罐或回路中压力超过某调定值时，要用安全阀往外放气。安全阀在系统中起过压保护作用。安全阀与减压阀类似，以控制方式分，有直动式和先导式两种；从结构上分，有活塞式与膜片式两种。直动式安全阀如图 11-19 所示。其工作原理如图 11-20 所示。

当系统中气体压力在调定范围内时，作用在活塞的压力小于弹簧力，活塞处于关闭状态。当系统压力升高，作用在活塞上的压力大于弹簧的预压力时，活塞向上移动，阀门开启排气。直到系统压力降至调定范围以下，活塞又重新关闭。开启压力的大小与弹簧的预压量有关。

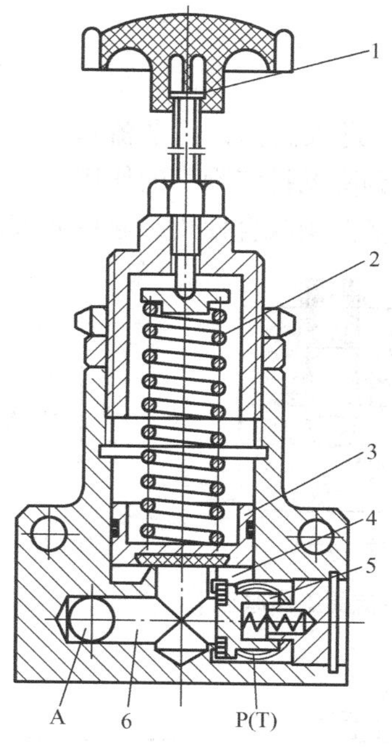

1—调节手轮；2—弹簧；3—活塞；4，6—工作腔；5—单向阀

图 11-18　单向顺序阀结构图

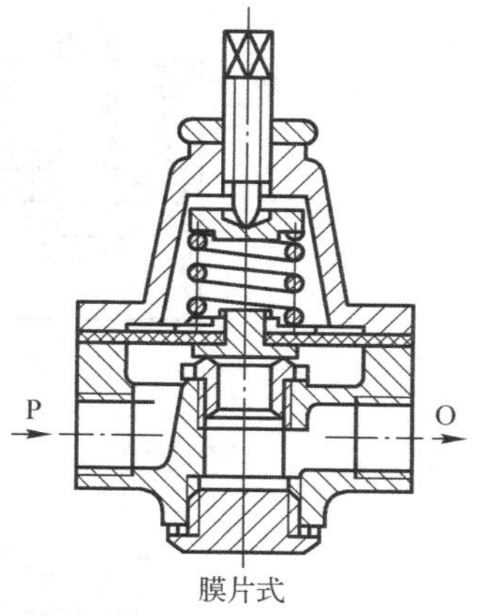

图 11-19　直动式安全阀

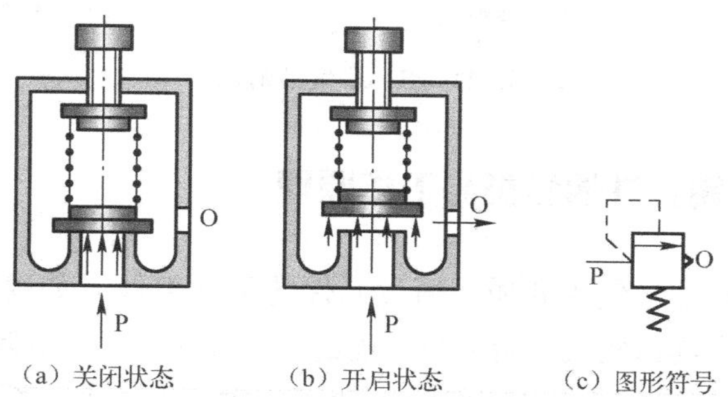

图 11-20　安全阀的工作原理

11-1-3　流量控制阀的工作原理

气动流量控制阀主要有节流阀、单向节流阀和排气节流阀等，都是通过改变控制阀的通流面积来实现流量控制的元件。

1）节流阀

对于节流阀调节特性的要求是：调节流量范围要大，调节精度要高，调节杆的位移与通过的流量呈线性关系。图 11-21 所示为节流阀的结构图。

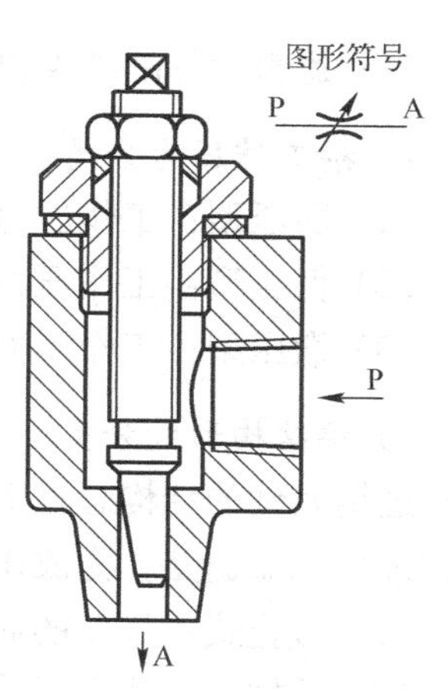

图 11-21　节流阀的结构图

2）单向节流阀

单向节流阀是由单向阀和节流阀并联而成的组合控制阀，如图 11-22（a）所示。当气流沿着一个方向，例如，P→A 流动时，经过节流阀节流；反方向流动（A→P）时，单向阀打

开，不节流。

3）排气节流阀

如图 11-23 所示为排气节流阀。气流从 A 口进入阀内，由节流口节流后经消声套排出。因而它不仅能调节执行元件的运动速度，还能起到降低排气噪声的作用。

排气节流阀通常安装在换向阀的排气口处与换向阀联合使用，起单向节流阀的作用。

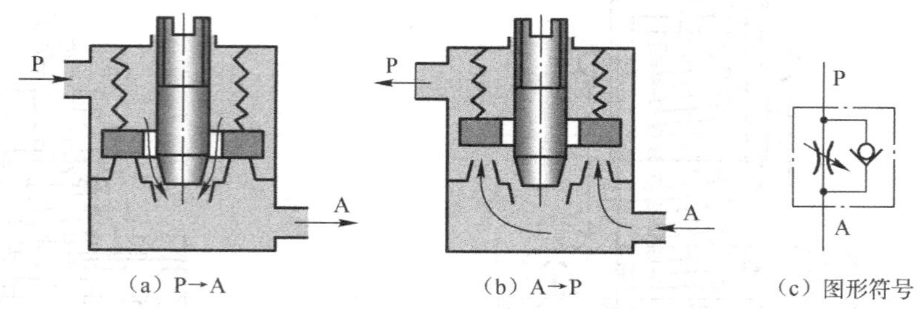

（a）P→A　　（b）A→P　　（c）图形符号

图 11-22　单向节流阀工作原理

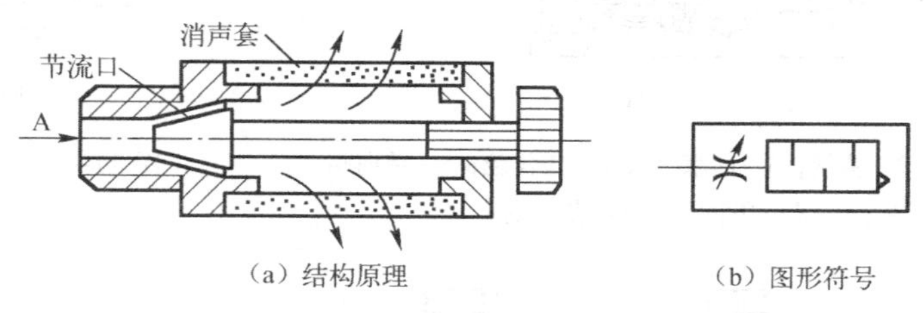

（a）结构原理　　（b）图形符号

图 11-23　排气节流阀

11-1-4　气动逻辑元件的分类与工作原理

气动逻辑元件是以压缩空气为介质，通过元件的可动部件（如膜片、阀芯）在气控信号作用下动作，改变气流方向以实现一定逻辑功能的气体控制元件。实际上气动方向控制阀也具有逻辑元件的各种功能，所不同的是它的输出功率较大，尺寸大。而气动逻辑元件的尺寸较小，因此在气动控制系统中广泛采用各种形式的气动逻辑元件（又称为逻辑阀）。

1. 气动逻辑元件的分类

气动逻辑元件的种类很多，可根据不同特性进行分类。

1）按工作压力分类

（1）高压型：工作压力 0.2 ～ 0.8 MPa。

（2）低压型：工作压力 0.05 ～ 0.2 MPa。

（3）微压型：工作压力 0.005 ～ 0.05 MPa。

2）按结构形式分类

逻辑元件的结构总是由开关部分和控制部分组成。开关部分在控制气压信号作用下来回动作，改变气流通路，完成逻辑功能。根据组成原理，气动逻辑元件的结构形式可分为三类。

（1）截止式：气路的通断依靠可动件的端面与气嘴构成的气口的开启或关闭来实现。

（2）滑柱式：依靠滑柱（或滑块）的移动，实现气口的开启或关闭。

（3）膜片式：气路的通断依靠弹性膜片的变形开启或关闭气口。

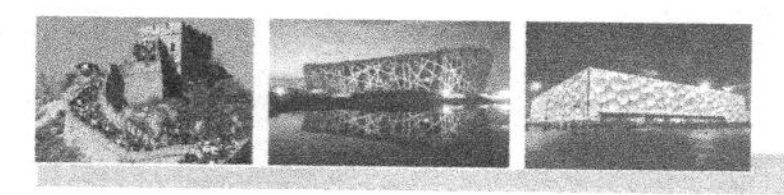

3）按逻辑功能分类

对二进制逻辑功能的元件，可按逻辑功能的性质分为两类。

（1）单功能元件：每个元件只具备一种逻辑功能，如或、非、与、双稳等。

（2）多功能元件：每个元件具有多种逻辑功能，各种逻辑功能由不同的连接方式获得，如三膜片多功能气动逻辑元件等。

2. 高压截止式逻辑元件

现以高压截止式逻辑元件为例，介绍气动逻辑元件的工作原理。高压截止式逻辑元件是依靠控制气压信号推动阀芯或通过膜片的变形推动阀芯动作，改变气流的流动方向以实现一定逻辑功能的逻辑元件。气压逻辑系统中广泛采用高压截止式逻辑元件。它具有行程小、流量大、工作压力高、对气源净化要求低，便于实现集成安装和实现集中控制等优点，其拆卸也方便。

1）或门元件

如图 11-24 所示为或门元件的结构原理图。A、B 为元件的信号输入口，S 为信号的输出口。气流的流通关系是：A、B 口任意一个有信号或同时有信号，则 S 口有信号输出。逻辑关系式：S = A + B。

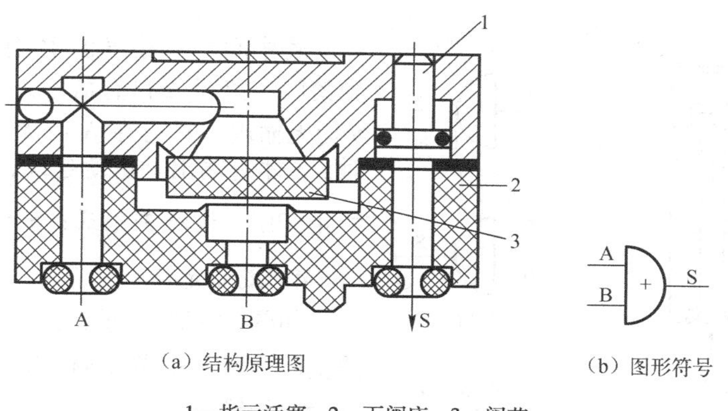

（a）结构原理图　　（b）图形符号

1—指示活塞；2—下阀座；3—阀芯

图 11-24　气动或门元件

2）是门和与门元件

如图 11-25 所示为是门和与门元件的结构原理图。在 A 口接信号，S 为输出口，中间孔接气源 P 的情况下，元件为是门。在 A 口没有信号的情况下，由于弹簧力的作用，阀口处在关闭状态。当 A 口接入控制信号后，气流的压力作用在膜片上，压下阀芯导通 P、S 通道，S 有输出。指示活塞 2 可以显示 S 有无输出，手动按钮 1 用于手动发信。元件的逻辑关系为：S = A。

若中间孔不接气源 P 而接信号 B，则元件为与门。也就是说，只有 A、B 同时有信号时 S 口才有输出。逻辑关系式：S = A · B。

3）非门和禁门元件

非门和禁门元件的结构原理如图 11-26 所示。在 P 口接气源，A 口接信号，S 为输出口的情况下元件为非门。当输入端 A 没有信号输入时，阀芯 3 在气源压力 P 作用下紧压在上阀座上，输出端 S 有输出信号；当输入端 A 有输入信号时，作用在膜片 2 上的气压力使阀芯 3 下移，关闭气源通路，S 没有输出。其逻辑关系式：$S = \overline{A}$。

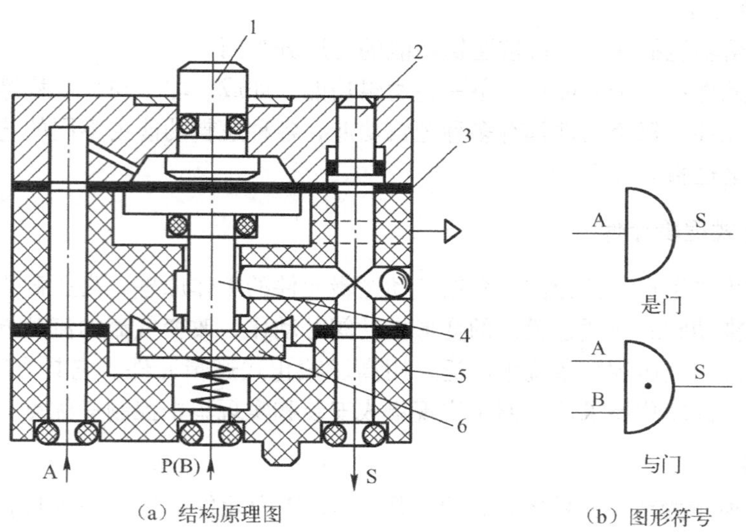

（a）结构原理图　　（b）图形符号

1—手动按钮；2—指示活塞；3—膜片；4—阀芯；5—阀体；6—阀片

图 11-25　气动是门和与门元件

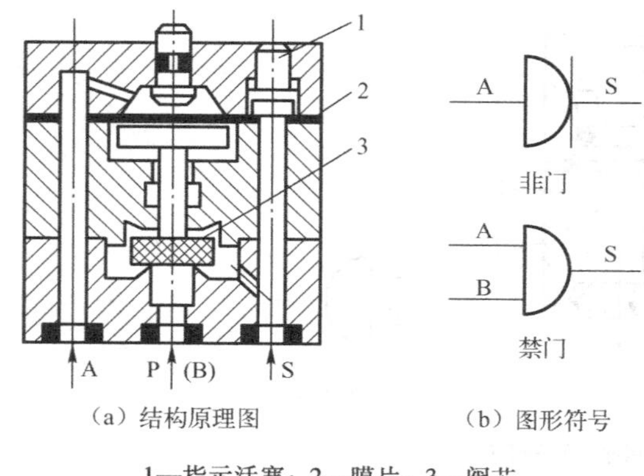

（a）结构原理图　　（b）图形符号

1—指示活塞；2—膜片；3—阀芯

图 11-26　气动非门和禁门元件

若中间孔不接气源 P 而接信号 B，则元件为禁门。只要 A 口有信号，不论 B 口有无信号，S 均无输出，只有在 A 口无信号而 B 口有信号时，S 才有输出。也就是说，A 信号对 B 信号起禁止作用，逻辑关系式：$S=\overline{A}\cdot B$。

4）或非元件

如图 11-27 所示，或非元件是在非门元件的基础上增加了两个输入端，即具有 A、B、C 三个信号输入端。在三个输入端都没有信号时，P、S 导通，S 有输出信号。当存在任何一个输入信号时，元件都没有输出。元件的逻辑关系式：$S=\overline{(A+B+C)}$。

或非元件是一种多功能逻辑元件，可以实现是门、或门、与门、非门或记忆等逻辑功能。

5）双稳元件

双稳元件属于记忆型元件，在逻辑线路中具有重要的作用。如图 11-28 所示为双稳元件的工作原理。

当 A 有信号输入时，阀芯移动到右端极限位置，由于滑块的分隔作用，P 口的压缩空气通过 S_1 输出，S_2 与排气口 O 相通。在 A 信号消失后 B 信号到来前，阀芯保持在右端位置，S_1 总有输出。当 B 有信号输入时，阀芯移动到左端极限位置，P 口的压缩空气通过 S_2 输出，S_1 与排气口 T 相通。在 B 信号消失后 A 信号到来前，阀芯保持在右端位置，S_2 总有输出。这里，两个输入信号不能同时存在。元件的逻辑关系式为：$S_1=K_A^B$；$S_2=K_B^A$。

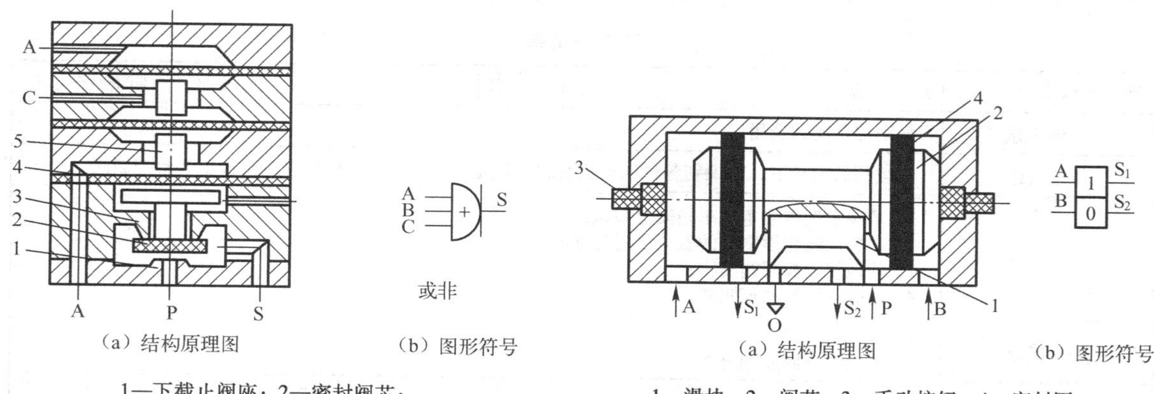

（a）结构原理图　（b）图形符号

1—下截止阀座；2—密封阀芯；3—上截止阀座；4—膜片；5—阀柱

图 11-27　气动或非元件

（a）结构原理图　（b）图形符号

1—滑块；2—阀芯；3—手动按钮；4—密封圈

图 11-28　双稳元件

11-1-5　气动控制阀的选用

正确合理地选用各种气动控制阀是设计气动控制系统的重要环节。它可使管路简化，减少阀的品种和数量，降低压缩空气的消耗量，提高系统的可靠性，降低成本。

（1）首先要考虑阀的技术规格能否满足使用环境的要求，例如，使用现场的气源压力大小、电源条件（交、直流、电压大小等）、介质温度、环境温度、湿度、粉尘情况等。

（2）根据气动系统运作要求选用阀的功能及操控方式，包括元件的位置数、通路数、记忆功能、静置时通断状态。应尽量选用与所需机能相一致的阀，如选不到可用其他阀或用几个阀组合使用。例如，用二位五通代替二位三通或二位二通阀，只要将不用的孔口用堵头堵上即可。

（3）根据流量选用阀的通径。对于直接控制气动执行元件的主阀，必须根据执行元件的流量来选择阀的通径。选用的阀的流量应略大于所需要的流量。信号阀（如手动阀）是根据它距所操控阀的远近、数量和响应时间要求来选用的。一般对集中操控或距离在 20 m 以内的场合，可选 3 mm 通径的；对于距离在 20 m 以上或操控数量较多的场合，可选 6 mm 通径的。

（4）根据使用条件、使用要求来选择阀的结构形式。如果密封是主要的，一般应选用橡胶密封的阀。例如，要求换向力小，有记忆性能应选择滑阀。再如，气源过滤条件差的地方，则采用截止阀好些。

（5）应根据实际情况选用阀的安装方式。从安装维修方面考虑板式连接较好，特别是对集中控制的自动、半自动控制系统优越性更突出。

（6）阀的种类选择。在设计控制系统时，应尽量减少阀的种类，避免采用专用阀，尽量选用标准化系列的阀，以利于专业化生产、降低成本和便于维修。

任务实施 11-1　气动控制阀的识别与选用

工作任务单

姓　名		班　级		组　别		日　期	
工作任务	气动控制阀的选用						
任务描述	在教师的指导下，能识别各种气动控制阀，并能根据具体的工作要求正确选用气动控制阀						
任务要求	1. 了解实训室或生产车间安全知识； 2. 掌握危险化学物品的安全使用与存放； 3. 认识气动控制阀实物； 4. 正确选用气动控制阀						
提交成果	1. 气动控制阀清单； 2. 气动控制阀原理分析						
考核评价	序　号	考核内容		配　分	评分标准	得　分	
	1	安全意识		20	遵守规章、制度		
	2	工具的使用		10	正确使用实验工具		
	3	气动控制阀清单		10	清单罗列正确		
	4	气动控制阀选用		50	选择正确，能满足工作要求		
	5	团队协作		10	与他人合作有效		
指导教师				总分			

任务 11-2　送料装置的控制回路设计与应用

任务引入

如图 11-29 所示为送料装置的工作过程示意图。工作要求为：当工件加工完成后，按下按钮，送料气缸活塞杆伸出，把已加工完成的工件送出装箱。松开按钮，送料气缸收回，以待把下一个未加工工件送到加工位置。试根据上述工作要求，设计送料装置的控制系统回路。

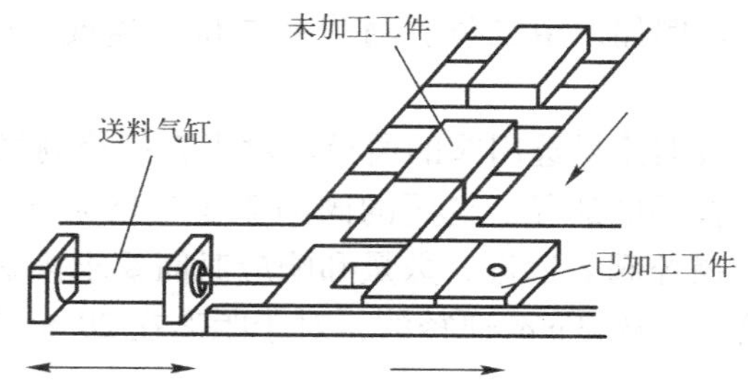

图 11-29　送料装置的工作过程

任务分析

要完成对送料装置系统回路的设计，主要需解决好以下三点问题：气缸伸出、收回的控制，系统压力的调节与控制，气缸运行速度的控制。在气动系统中常采用方向控制回路、压力控制回路、速度控制回路来解决上述问题。而无论一个气动系统多么复杂，其均由一些基本回路组成。因此气动基本回路是分析、设计气动系统的基础，需对其有全面了解。

相关知识

11-2-1　换向回路的工作原理

换向回路常用的有单作用气缸换向回路和双作用气缸换向回路。

1. 单作用气缸换向回路

如图 11-30（a）所示为由二位三通电磁阀控制的换向回路，通电时，活塞杆伸出；断电时，在弹簧力作用下活塞杆缩回。如图 11-30（b）所示为由三位五通电磁阀控制的换向回路，该阀具有自动对中功能，可使气缸停在任意位置，但定位精度不高，定位时间不长。

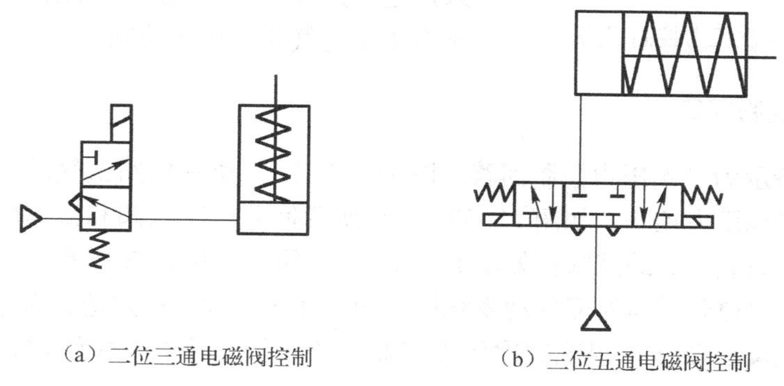

（a）二位三通电磁阀控制　　（b）三位五通电磁阀控制

图 11-30　单作用气缸换向回路

2. 双作用气缸换向回路

如图 11-31（a）所示为小通径的手动换向阀控制二位五通主阀操纵气缸换向；如图 11-31（b）所示为二位五通双电磁阀控制气缸换向；如图 11-31（c）所示为两个小通径的手动换向阀控制二位五通主阀操纵气缸换向；如图 11-31（d）所示为三位五通电磁阀控制气缸换向，该回路可使气缸停在任意位置，但定位精度不高。

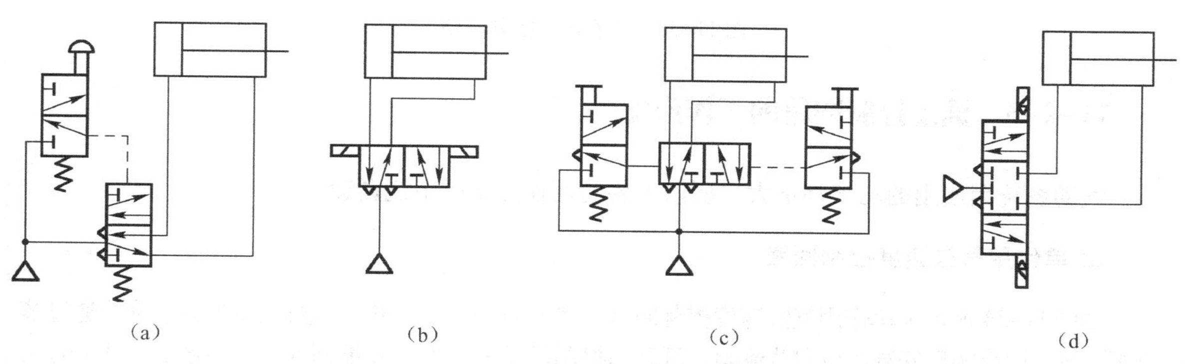

（a）　（b）　（c）　（d）

图 11-31　双作用气缸换向回路

11-2-2 压力控制回路的工作原理

压力控制回路的功能是使系统保持在某一规定的压力范围内。常用的有一次压力控制回路，二次压力控制回路和高低压转换回路。

1. 一次压力控制回路

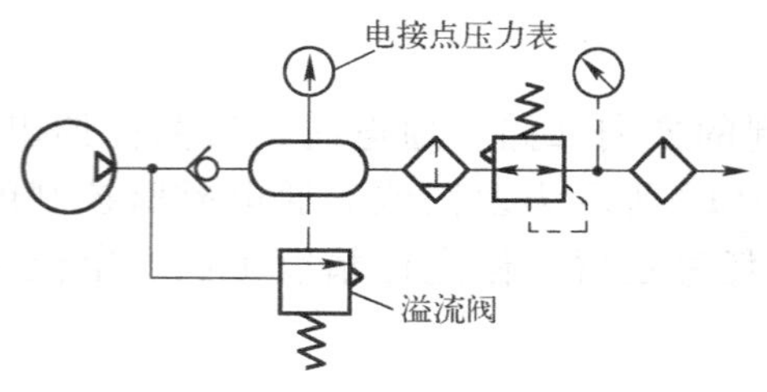

图 11-32 一次压力控制回路

如图 11-32 所示为一次压力控制回路。此回路用于控制贮气罐的压力，使之不超过规定的压力值。常用外控溢流阀或用电接点压力表来控制空气压缩机的转、停，使贮气罐内的压力保持在规定范围内。采用溢流阀，结构简单，工作可靠，但气量浪费大；采用电接点压力表对电动机及控制要求较高，常用于对小型空气压缩机的控制。

2. 二次压力控制回路

如图 11-33 所示为二次压力控制回路。图 11-33（a）所示回路由气动三联件组成，主要由溢流减压阀来实现压力控制；如图 11-33（b）所示回路由减压阀和换向阀构成，对同一系统实现输出高低压力 p_1、p_2的控制；如图 11-33（c）所示回路由减压阀来实现对不同系统输出不同压力 p_1、p_2的控制。为保证气动系统使用的气体压力为一稳定值，多用空气过滤器、减压阀、油雾器（气动三联件）组成二次压力控制回路，但要注意，供给逻辑元件的压缩空气不要加入润滑油。

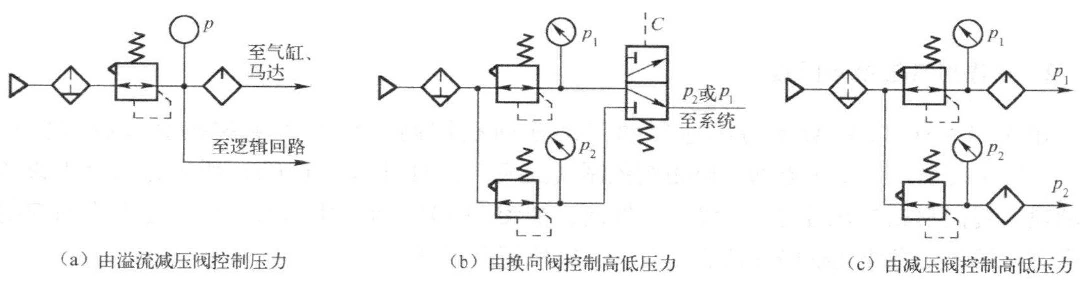

图 11-33 二次压力控制回路

11-2-3 速度控制回路的工作原理

气动系统因使用的功率都不大，所以主要的调速方法是节流调速。

1. 单作用气缸速度控制回路

如图 11-34 所示为单作用气缸速度控制回路。在图 11-34（a）中，气缸活塞的升、降均通过节流阀调速，两个相反安装的单向节流阀，可分别控制活塞杆的伸出及缩回速度。在图 11-34（b）所示的回路中，气缸活塞上升时可调速，下降时则通过快排气阀排气，使气缸快速返回。

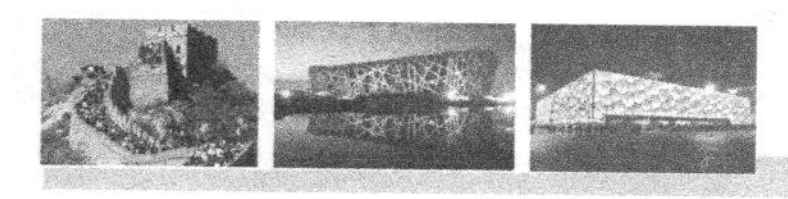

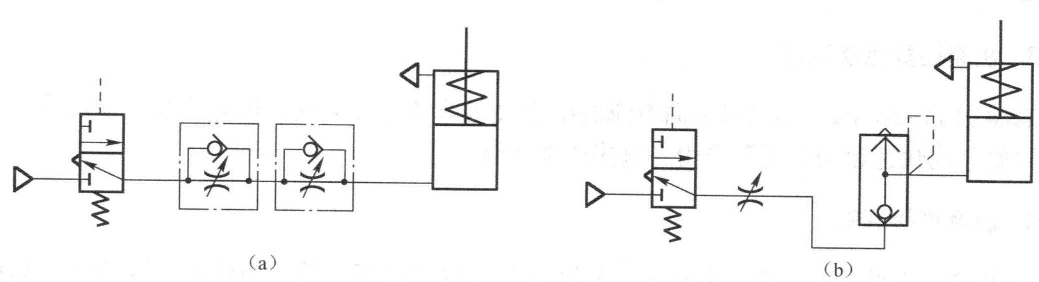

图 11-34　单作用气缸的速度控制回路

2. 双作用气缸速度控制回路

1）单向调速回路

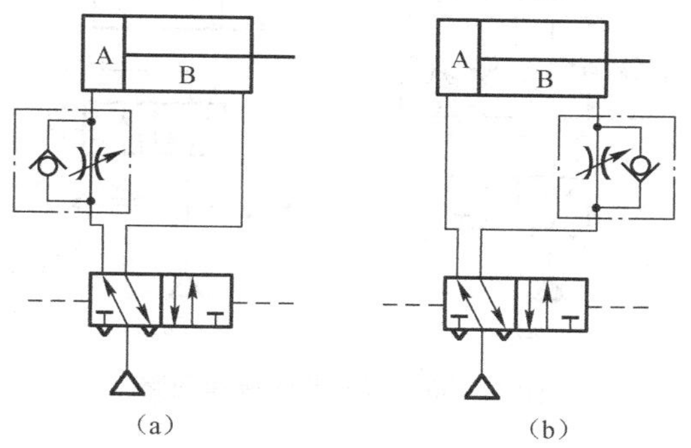

图 11-35　双作用气缸速度控制回路

双作用气缸有节流供气和节流排气两种调速方式。如图 11-35（a）所示为节流供气调速回路。在图示位置，当气控换向阀不换向时，气流经节流阀进入气缸 A 腔，B 腔排出的气体直接经换向阀快速排气。当节流阀开度较小时，由于进入 A 腔的流量较小，压力上升缓慢，当气压达到能克服负载时，活塞前进，此时 A 腔容积增大，结果使压缩空气膨胀，压力下降，使作用在活塞上的力小于负载，因而活塞就停止前进。待压力再次上升时，活塞才再次前进。这种由于负载及供气的原因使活塞忽走忽停的现象，叫气缸的“爬行”。节流供气的不足之处主要表现为：当负载方向与活塞运动方向相反时，活塞运动易出现不平稳现象，即“爬行”现象；当负载方向与活塞运动方向一致时，由于排气经换向阀快速排气，几乎没有阻尼，负载易产生“跑空”现象，使气缸失去控制。

所以节流供气多用于垂直安装的气缸供气回路中，在水平安装的气缸供气回路中一般采用如图 11-35（b）所示的节流排气回路。由图示位置可知，当气控换向阀不换向时，从气源来的压缩空气，经气控换向阀直接进入气缸的 A 腔，而 B 腔排出的气体必须经节流阀到气控换向阀而排入大气，因而 B 腔中的气体就具有一定的压力，此时活塞在 A 腔与 B 腔的压力差作用下前进，而减少了“爬行”发生的可能性。调节节流阀的开度，就可控制不同的排气速度，从而也就控制了活塞的运动速度。排气节流调速回路具有下述特点：气缸速度随负载变化较小，运动较平稳；能承受与活塞运动方向相同的负载（反向负载）。

以上的讨论适用于负载变化不大的情况。当负载突然增大时，由于气体的可压缩性，将迫使气缸内的气体压缩，使活塞运动速度减慢；反之，当负载突然减小时，气缸内被压缩的空气，必然膨胀，使活塞运动加快，这称为气缸的“自走”现象。因此在要求气缸具有准确而平稳的速度时（尤其在负载变化较大的场合），就要采用气液相结合的调速方式。

2）双向调速回路

在气缸的进、排气口装设节流阀，就组成了双向调速回路。如图 11-36 所示的双向节流调速回路中，图 11-36（a）所示为采用单向节流阀式的双向节流调速回路，如图 11-36（b）所示为采用排气节流阀的双向节流调速回路。

3. 快速往复运动回路

若将图 11-36（a）中两只单向节流阀换成快速排气阀就构成了快速往复运动回路。若欲实现气缸单向快速运动，可只采用一只快速排气阀。

4. 速度换接回路

如图 11-37 所示为速度换接回路，利用两个二位二通阀与单向节流阀并联实现。当撞块压下行程开关时，发出电信号，使二位二通阀换向，改变排气通路，从而使气缸速度改变。行程开关的位置可根据需要选定，图中二位二通阀也可改用行程阀。

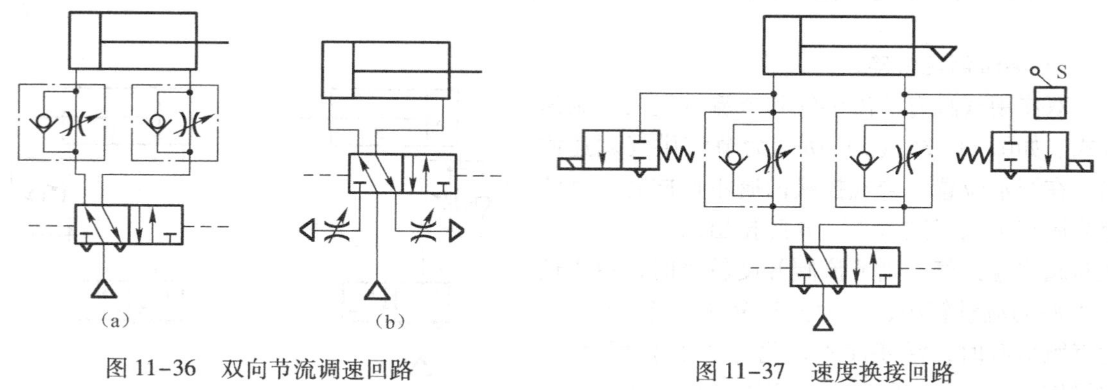

图 11-36　双向节流调速回路

图 11-37　速度换接回路

5. 缓冲回路

要获得气缸行程末端的缓冲，除采用带缓冲的气缸外，特别在行程长、速度快、惯性大的情况下，往往需要采用缓冲回路来控制气缸运动速度，常用的方法如图 11-38 所示。如图 11-38（a）所示的回路能实现快进→慢进缓冲→停止快退的循环，行程阀可根据需要来调整缓冲开始位置，这种回路常用于惯性力大的场合。如图 11-38（b）所示回路的特点是，当活塞返回到行程末端时，其左腔压力已降至打不开顺序阀 2 的程度，余气只能经节流阀 1 排出，因此活塞得到缓冲，这种回路常用于行程长、速度快的场合。

如图 11-38 所示的回路，都只能实现一个运动方向上的缓冲，若两侧均安装此回路，可达到双向缓冲的目的。

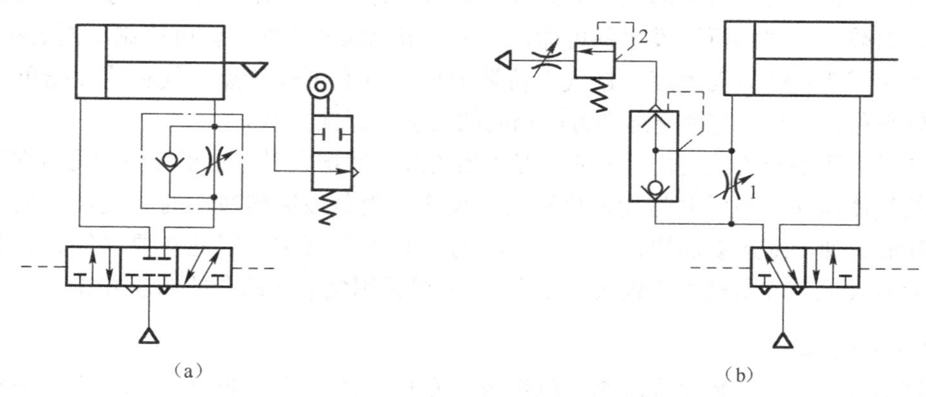

图 11-38　缓冲回路

11-2-4 其他基本回路

1. 安全保护回路

由于气动机构负荷的过载、气压的突然降低，以及气动执行机构的快速动作等原因都可能危及操作人员或设备的安全，因此在气动回路中，常常要加入安全回路。需要指出的是，在设计任何气动回路时，特别是安全回路，都不可缺少过滤装置和油雾器。因为污染空气中的杂物，可能堵塞阀中的小孔与通路，使气路发生故障；缺乏润滑油，很可能使阀发生卡死或磨损，致使整个系统的安全都发生问题。下面介绍几种常用的安全保护回路。

1）过载保护回路

如图11-39所示为过载保护回路。活塞杆在伸出的过程中，若遇到偶然障碍或其他原因使气缸过载时，活塞就立即缩回，实现过载保护。如图11-39所示，在活塞伸出的过程中，若遇到障碍6，无杆腔压力升高，打开顺序阀3，使阀2换向，阀4随即复位，活塞立即退回。同样，若无障碍6，气缸活塞杆向前运动时压下阀5，活塞即刻返回。

2）互锁回路

如图11-40所示为互锁回路。在该回路中，四通阀的换向受三个串联的机动三通阀控制，只有三个都接通，主控制阀才能换向。

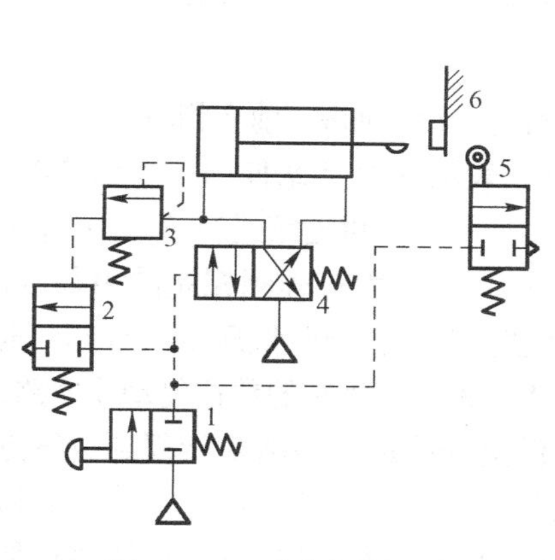

图11-39 过载保护回路

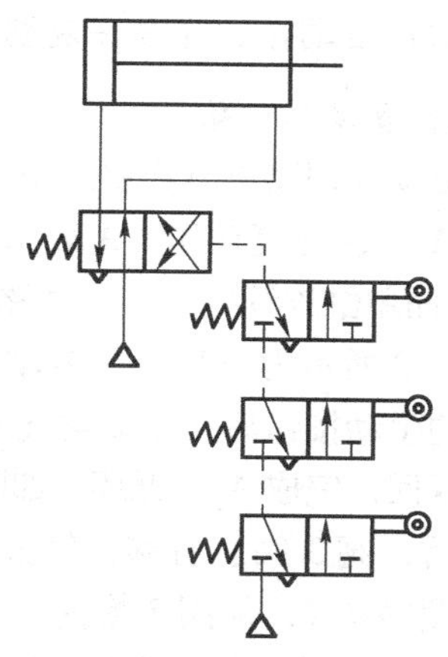

图11-40 互锁回路

2. 双手同时操作回路

所谓双手操作回路就是使用两个启动用的手动阀，只有同时按动两个阀才动作的回路。这种回路主要是为了安全，这在锻造、冲压机械上常用来避免误动作，以保护操作者的安全。

图11-41（a）所示为使用逻辑“与”回路的双手操作回路。为使主控阀换向，必须使压缩空气信号进入上方侧，为此必须使两只三通手动阀同时换向。另外这两个阀必须安装在单手不能同时操作的距离上，在操作时若有任何一只手离开则控制信号消失，主控阀复位，则活塞杆后退。图11-41（b）所示为使用三位主控阀的双手操作回路。把此主控阀1的信号A作为手动阀2和3的逻辑“与”回路，即只有手动阀2和3同时动作时，主控制阀1换向到上位，活塞杆前进；把信号B作为手动阀2和3的逻辑“或非”回路，即当手动阀2和3同时松开时（图示位置），主控制阀1换向到下位，活塞杆返回；若手动阀2或3任何一个动作，将使主控

制阀复位到中位，活塞杆处于停止状态。

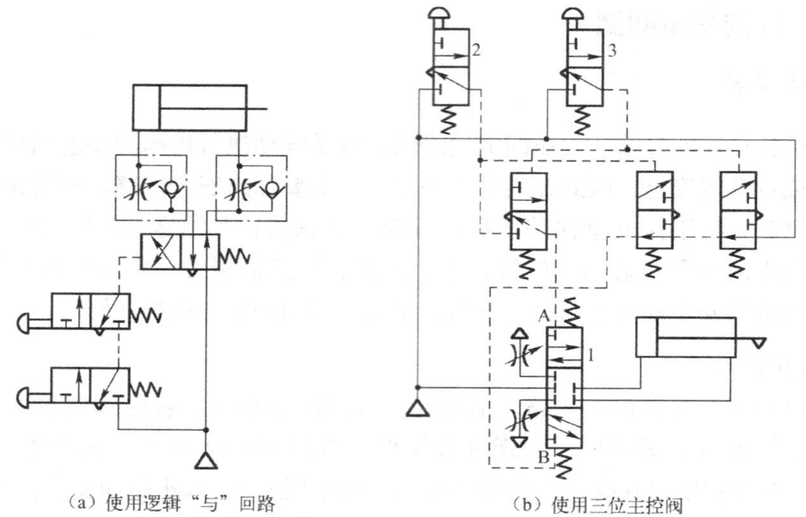

（a）使用逻辑“与”回路　　（b）使用三位主控阀

图 11-41　双手操作回路

3. 顺序动作回路

顺序动作是指在气动回路中，各个气缸按一定的程序完成各自的动作。例如，单缸有单往复动作、二次往复动作、连续往复动作等；双缸及多缸有单往复及多往复顺序动作等。

1）单缸往复动作回路

单缸往复动作回路可分为单缸单往复和单缸连续往复动作回路。前者指输入一个信号后，气缸只完成 A_1A_0一次往复动作（A 表示气缸，下标“1”表示 A 缸活塞伸出，下标“0”表示活塞缩回动作）。而单缸连续往复动作回路指输入一个信号后，气缸可连续进行 $A_1A_0A_1A_0$…动作。

如图 11-42 所示为三种单往复动作回路。图 11-42（a）为行程阀控制的单往复动作回路，当按下阀 1 的手动按钮后，压缩空气使阀 3 换向，活塞杆前进，当凸块压下行程阀 2 时，阀 3 复位，活塞杆返回，完成 A_1A_0循环。如图 11-42（b）所示为压力控制的单往复动作回路，按下阀 1 的手动按钮后，阀 3 阀芯右移，气缸无杆腔进气，活塞杆前进，当活塞行程到达终点时，气压升高，打开顺序阀 2，使阀 3 换向，气缸返回，完成 A_1A_0循环。图 11-42（c）是利用阻容回路形成的时间控制单往复动作回路，当按下阀 1 的按钮后，阀 3 换向，气缸活塞杆伸出，当压下行程阀 2 后，需经过一定的时间后，阀 3 才能换向，再使气缸活塞杆返回完成动作 A_1A_0的循环。由以上可知，在单缸往复回路中，每按动一次按钮，气缸可完成一个 A_1A_0的循环。

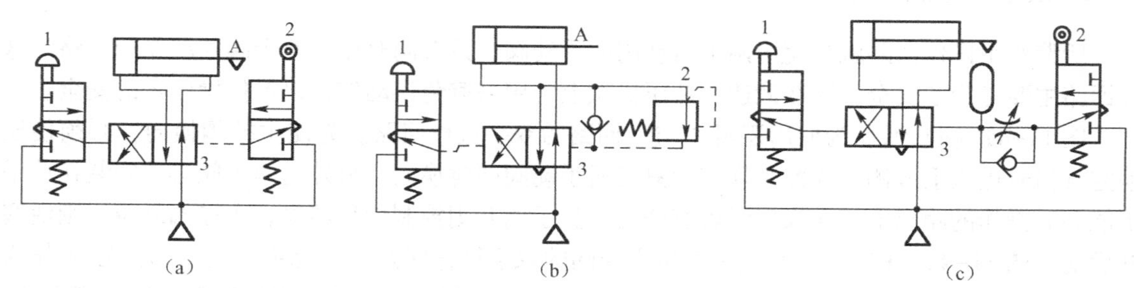

（a）　　（b）　　（c）

图 11-42　单往复控制回路

如图 11-43 所示的回路是一个连续往复动作回路，能完成连续的动作循环。当按下阀 1 的

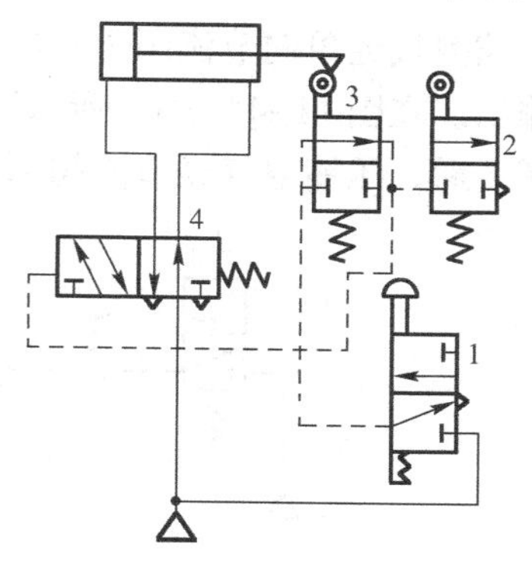

图 11-43　连续往复动作回路

按钮后，阀 4 换向，活塞向前运动，这时由于阀 3 复位将气路封闭，使阀 4 不能复位，活塞继续前进，到行程终点压下行程阀 2，使阀 4 控制气路排气，在弹簧作用下阀 4 复位，气缸活塞杆返回，在终点压下阀 3，阀 4 换向，活塞再次向前，形成了 $A_1A_0A_1A_0$…的连续往复动作。当提起阀 1 的按钮后，阀 4 复位，活塞返回而停止运动。

2）*多缸顺序动作回路*

两只、三只或多只气缸按一定顺序动作的回路，称为多缸顺序动作回路，其应用较广泛。在一个循环顺序里，若气缸只做一次往复，称之为单往复顺序，若某些气缸做多次往复，就称为多往复顺序。若用 A、B、C、…表示气缸，仍用下标 1、0 表示活塞的伸出和缩回，则两只气缸的基本顺序动作有 $A_1B_0A_0B_1$、$A_1B_1B_0A_0$ 和 $A_1A_0B_1B_0$ 三种。而三只气缸的基本动作就有十五种之多。这些顺序动作回路，都属于单往复顺序，即在每一个程序里，气缸只做一次往复，多往复顺序动作回路的顺序的形成方式将比单往复顺序多得多。

任务实施 11-2　送料装置的控制回路设计与应用

工作任务单

姓　名		班　级		组　别		日　期	
工作任务	根据工作要求设计送料装置控制系统						
任务描述	在实训室设计并组建一个送料装置控制系统，说明所选用的各个气动元件的作用和原理，并能对组建好的控制系统行综合分析						
任务要求	1. 掌握危险化学物品的安全使用与存放 2. 正确选用气动元件 3. 送料装置控制系统的设计与组建						
提交成果	1. 气动元件清单 2. 组建好的气源装置						
考核评价	序　号	考核内容	配　分	评分标准	得　分		
	1	安全意识	20	遵守规章、制度			
	2	工具的正确使用	10	选择合适工具，正确使用工具			
	3	气动元件的正确选用	10	元件选择正确			
	4	送料装置控制系统的设计与组建	50	系统正确，能满足工作要求			
	5	团队协作	10	与他人合作有效			
指导教师			总分				

知识拓展 15　其他常用回路

1. 延时回路

如图 11-44 所示为延时回路。图 11-44（a）是延时输出回路，当控制信号切换阀 4 后，

压缩空气经单向节流阀 3 向贮气罐 2 充气，当充气压力经延时升高至使阀 1 换位时，阀 1 就有输出。在图 11-44（b）所示回路中，按下阀 8，则气缸向外伸出，当气缸在伸出行程中压下阀 5 后，压缩空气经节流阀到贮气罐 6 延时后才将阀 7 切换，气缸退回。

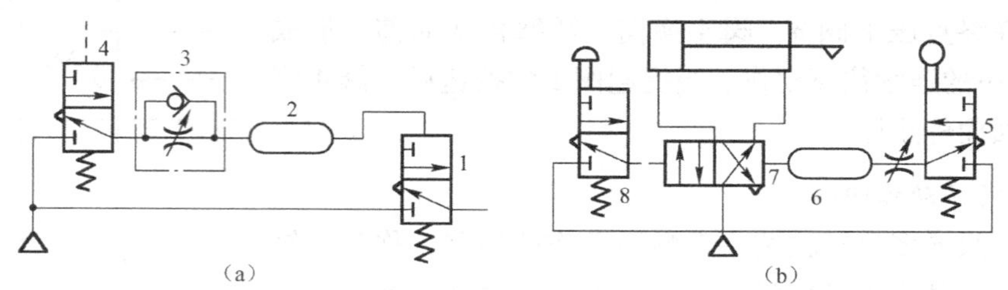

图 11-44 延时回路

2. 计数回路

计数回路可以组成二进制计数器。在图 11-45（a）所示回路中，按下阀 1 按钮，则气信号经阀 2 至阀 4 的左或右控制端使气缸活塞伸出或退回。阀 4 换向取决于阀 2 的位置，而阀 2 的换位又取决于阀 3 和阀 5。如图所示，设按下阀 1 时，气信号经阀 2 至阀 4 的左端使阀 4 换至左位，同时使阀 5 切断气路，此时活塞向外伸出；当阀 1 复位后，原通入阀 4 左控制端的气信号经阀 1 排空，阀 5 复位，于是气缸无杆腔的气经阀 5 至阀 2 左端，使阀 2 换至左位等待阀 1 的下一次信号输入。当阀 1 第二次按下后，气信号经阀 2 的左位至阀 4 右控制端使阀 4 换至右位，活塞退回，同时阀 3 将气路切断。待阀 1 复位后，阀 4 右控制端信号经阀 2、阀 1 排空，阀 3 复位并将气导至阀 2 左端使其换至右位，又等待阀 1 下一次信号输入。这样，第 1、3、5、…次（奇数）按压阀 1，则活塞伸出；第 2、4、6、…次（偶数）按压阀 1，则使活塞退回。

图 11-45（b）所示的计数原理同图 11-45（a），不同的是按压阀 1 的时间不能过长，只要使阀 4 切换后就放开，否则气信号将经阀 5 或阀 3 通至阀 2 左或右控制端，使阀 2 换位，气缸反行，从而使气缸来回振荡。

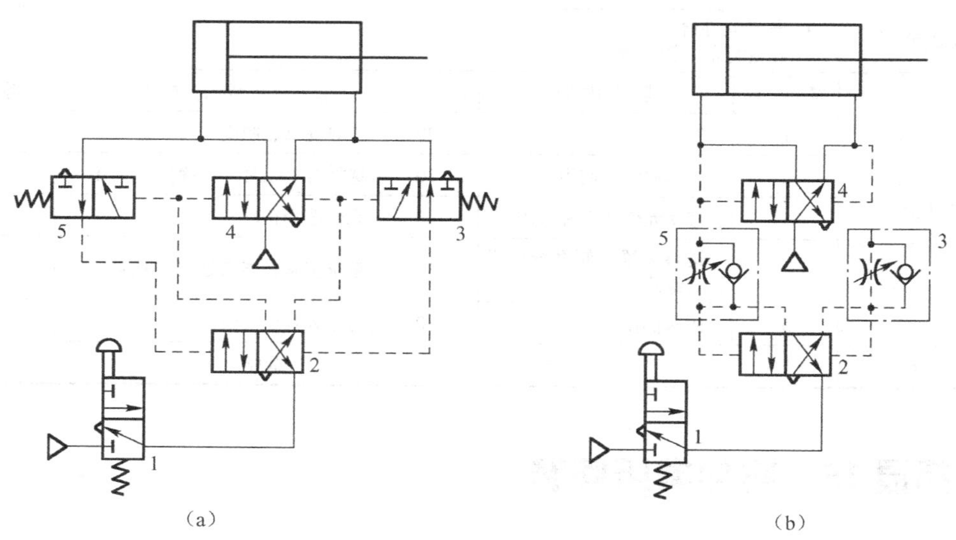

图 11-45 计数回路

自我评价 11

1. 填空题

（1）与门型梭阀又称________。

（2）气动控制元件按其功能和作用分为________控制阀、________控制阀和________控制阀三大类。

（3）气动单向型控制阀包括________、________、________和快速排气阀。其中________与液压单向阀类似。

（4）气动压力控制阀主要有________、________和________。

（5）气动流量控制阀主要有________、________、________等，都是通过改变控制阀的通流面积来实现流量控制的元件。

（6）气动系统因使用的功率都不大，所以主要的调速方法是________。

（7）在设计任何气动回路时，特别是安全回路，都不可缺少________和________。

2. 判断题

（1）快速排气阀的作用是将气缸中的气体经过管路由换向阀的排气口排出。（　　）

（2）每台气动装置的供气压力都需要用减压阀来减压，并保证供气压力的稳定。（　　）

（3）在气动系统中，与门型梭阀的逻辑功能相当于“或”元件。（　　）

（4）快排阀使执行元件的运动速度达到最快而使排气时间最短，因此需要将快排阀安装在方向控制阀的排气口。（　　）

（5）双气控及双电控二位五通方向控制阀具有保持功能。（　　）

（6）气压控制换向阀是利用气体压力来使主阀芯运动而使气体改变方向的。（　　）

（7）消声器的作用是排除压缩气体高速通过气动元件排到大气时产生的刺耳噪声污染。（　　）

（8）气动压力控制阀都是利用作用于阀芯上的流体（空气）压力和弹簧力相平衡的原理来进行工作的。（　　）

（9）气动流量控制阀主要有节流阀、单向节流阀和排气节流阀等，都是通过改变控制阀的通流面积来实现流量控制的元件。（　　）

3. 选择题

（1）下列气动元件是气动控制元件的是（　　）。

A. 气动马达　　B. 顺序阀　　C. 空气压缩机

（2）气压传动中方向控制阀用来（　　）。

A. 调节压力　　B. 截止或导通气流　　C. 调节执行元件的气流量

（3）在图 11-46 所示回路中，仅按下 P_{s3} 按钮，则（　　）。

A. 压缩空气从 S_1 口流出　　B. 没有气流从 S_1 口流出

C. 如果 P_{s2} 按钮也按下，气流从 S_1 口流出

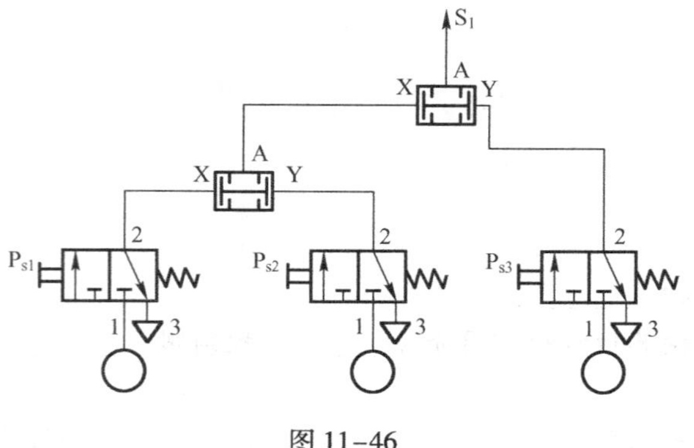

图 11-46

4. 简答题

(1) 气动系统中常用的压力控制回路有哪些？

(2) 延时回路相当于电气元件中的什么元件？

(3) 比较双作用缸的节流供气和节流排气两种调速方式的优缺点和应用场合。

(4) 为何在安全回路中都不可缺少过滤装置和油雾器？

5. 综合题

(1) 设计一个双手操作回路。

(2) 画出下列气动元件的图形符号：或门型梭阀、与门型梭阀、快速排气阀。

项目12 气动系统的构建与应用

学习目标

通过本项目的学习，应掌握气压传动系统中各元器件的功能、作用，形成应用基本回路分析、解决问题的能力和组建简单气动系统的能力。其具体目标为：

(1) 能识读气压传动系统图，能正确识别气压基本回路；

(2) 能正确组装并调试气压系统，能运用工作机构相关技术资料建立简单气压回路；

(3) 掌握典型气压系统中各元件的作用和相互联系；

(4) 能够运用气压传动基本知识，正确分析与操作典型的气压系统；

(5) 能够正确分析和总结典型的气压传动系统的特点；

(6) 能采用信号－动作状态图法（X－D线图法）对简单的气动系统进行设计与控制。

任务 12-1　机床工件夹紧气动系统的控制

任务引入

在现代化的生产厂内，工件的夹紧固定装置主要采用液压或气压两种。在切削机床中工件夹紧过程的精度和重复性，就直接影响着机械动作的精确度。

通过观察与分析机床工件夹紧工作过程，了解气压技术在机械加工机床中的应用，熟悉其工件加紧工作过程，正确分析其气动系统并掌握气动基本回路，正确操作机床工件夹紧系统，为机床日常维护打好基础。

任务分析

图 12-1 所示为机床夹具的工件夹紧工作流程。其动作循环是：垂直气缸 A 活塞杆下降将工件压紧，两侧的气缸 B 和 C 活塞杆再同时前进，对工件进行两侧夹紧，然后进行钻削加工，最后夹紧缸退回，松开工件。通过分析工件夹紧气动系统回路，掌握单向节流阀及双向节流调速回路控制。通过气动行程阀、手动换向阀、减压阀等元器件设计相关回路对系统进行控制。

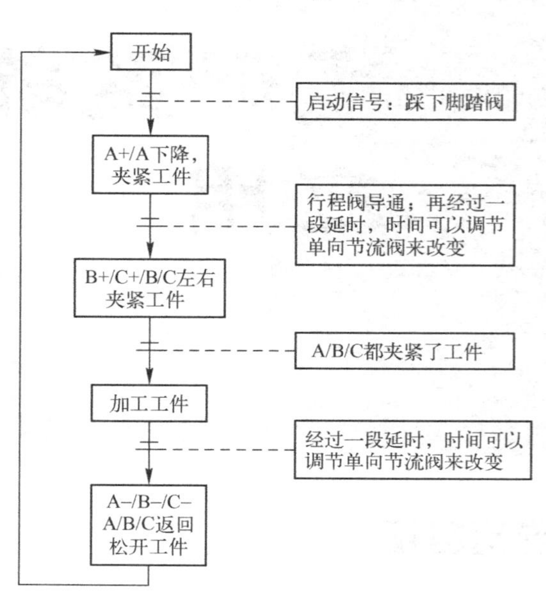

A—气缸 A；B—气缸 B；C—气缸 C；

+ —脚踏阀踩下；– —脚踏阀抬起

图 12-1　工件夹紧工作流程

相关知识

12-1-1　气动回路的符号表示法

1. 气动系统回路图表示法

在实际工程中，气动系统回路图是用气动元件图形符号绘制而成的，故应熟悉和了解前述所有气动元件的功能、符号与特性。用气动符号绘制的回路图可分为：定位和不定位两种表示法。

定位回路图以系统中元件实际的安装位置绘制，这种方法使工程技术人员容易看出阀的安装位置，便于维修保养，如图 12-2 所示。

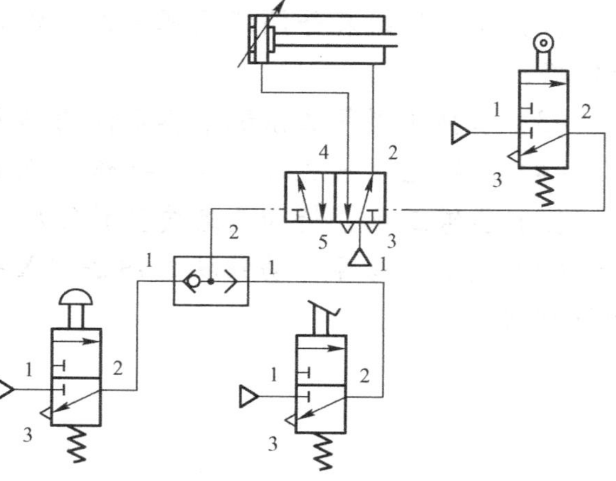

图 12-2　定位回路图

不定位回路图不按元件的实际位置绘制，而且根据回路信号的流动方向，从下向上绘制，各元件按其功能分类排列，依次顺序为气源系统、信号输入元件、信号处理元件、控制元件和执行元件，如图 12-3 所示。我们主要使用此种回路表示法。

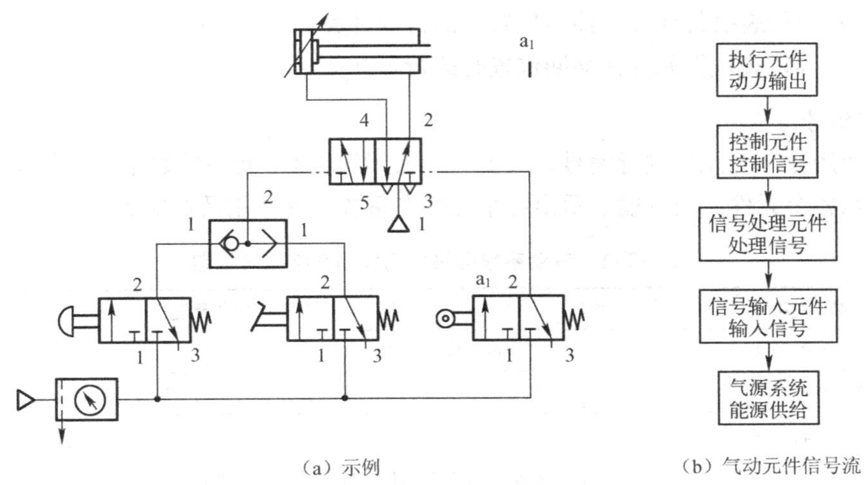

（a）示例　　（b）气动元件信号流

图 12-3　不定位回路图

为分清气动元件与气动回路的对应关系，给出全气动系统控制链中信号流和元件之间的对应关系，如图 12-4 所示，掌握这些关系对于分析和设计气动程序控制系统非常重要。

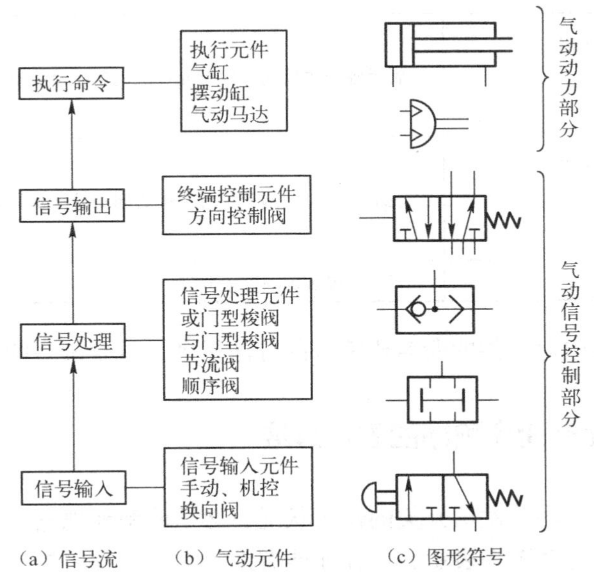

（a）信号流　（b）气动元件　（c）图形符号

图 12-4　全气动系统中信号流和气动元件之间的关系

2. 气动元件的命名和编号

1）数字命名

元件按控制链分成几组，每一个执行元件连同相关的阀称为一个控制链，0 组表示能源供给元件，1、2 组代表独立的控制链。

A—执行元件；V—控制元件；S—输入元件；Z—气源系统。

2）英文字母命名

英文字母常用于气动系统的设计，大写字母表示执行元件，小写字母表示信号元件。例如：

A，B，C 等代表执行元件；

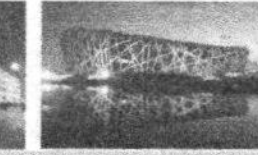

a_1，b_1，c_1等代表执行元件在伸出位置时的行程开关；

a_0，b_0，c_0等代表执行元件在缩回位置时的行程开关。

3）数字编号

一些企业用数字对元件进行编号，表12-1为系统回路中元件的数字编号规定，从中不但能清楚地表示各个元件，而且能表示出各个元件在系统中的作用及对应关系。

表12-1 气动系统回路中元件的数字编号规定

数字符号	表示含义及规定
1.0，2.0，3.0，…	表示各个执行元件
1.1，2.1，3.1，…	表示各个执行元件的末级控制元件（主控阀）
1.2，1.4，1.6，… 2.2，2.4，2.6，… 3.2，3.4，3.6，… …	表示控制各个执行元件前冲的控制元件
1.3，1.5，1.7，… 2.3，2.5，2.7，… 3.3，3.5，3.7，… …	表示控制各个执行元件回缩的控制元件
1.02，1.04，1.06，… 2.02，2.04，2.06，… 3.02，3.04，3.06，… …	表示各个主控阀与执行元件之间的控制执行元件前冲的控制元件
1.01，1.03，1.05，… 2.01，2.03，2.05，… 3.01，3.03，3.05，… …	表示各个主控阀与执行元件之间的控制执行元件回缩的控制元件
0.1，0.2，0.3，…	表示气源系统的各个元件

目前，在气动技术中对元件的命名或编号的方法很多，没有统一的标准。

12-1-2 执行元件动作顺序的表示方法

对执行元件的动作顺序及发信开关的作用状况，必须清楚地把它表达出来，尤其对复杂顺序及状况，必须借助于运动图来表示，这样才能有助于对气动程序控制回路图的分析与设计。

运动图是用来表示执行元件的动作顺序及状态的，按其坐标的表示不同可分为位移-步骤图和位移-时间图。

1. 位移-步骤图

位移-步骤图描述了控制系统中执行元件的状态随控制步骤的变化规律。图中的横坐标表示步骤，纵坐标表示位移（气缸的动作）。例如，A、B两个气缸的动作顺序为A+B+B-A-（A+表示A气缸伸出，B-表示B气缸退回），则其位移-步骤图如图12-5所示。

2. 位移-时间图

位移-步骤图仅表示执行元件的动作顺序，而执行元件动作的快慢，则无法表示出来。位移-时间图是描述控制系统中的执行元件的状态随时间变化规律的。如图12-6所示，图中的

横坐标表示动作时间，纵坐标表示位移（气缸的动作），从该图中可以清楚地看出执行元件动作的快慢。

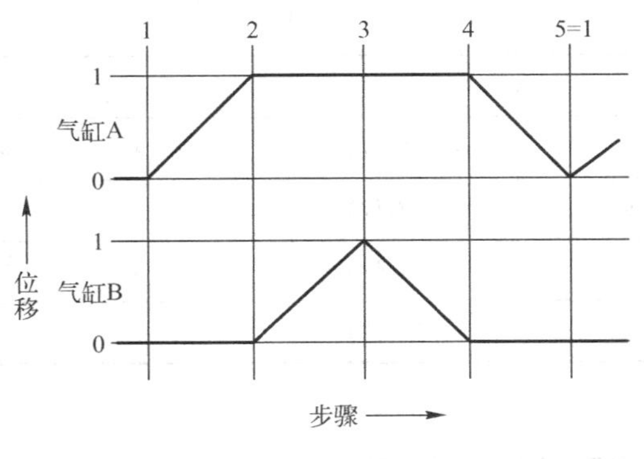

图 12-5　位移 - 步骤图

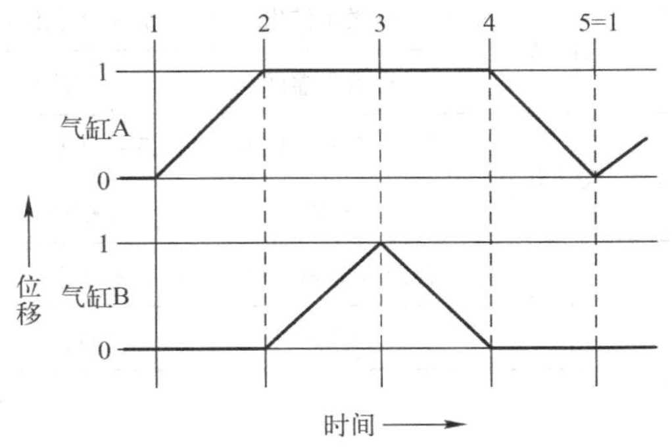

图 12-6　位移 - 时间图

至于具体采用哪种形式，一般由控制系统本身所定。

12-1-3　机床工件夹紧气动系统的控制

如图 12-7 所示为机床夹具的工件夹紧气动系统。当工件运行到指定位置后，气缸 A 的活塞杆伸出，将工件定位锁紧后，再将两侧的气缸 B 和 C 的活塞杆同时伸出，从两侧面压紧工件，实现夹紧，而后进行机械加工，加工任务完成后，通过换向阀使各夹紧缸活塞退回原位。

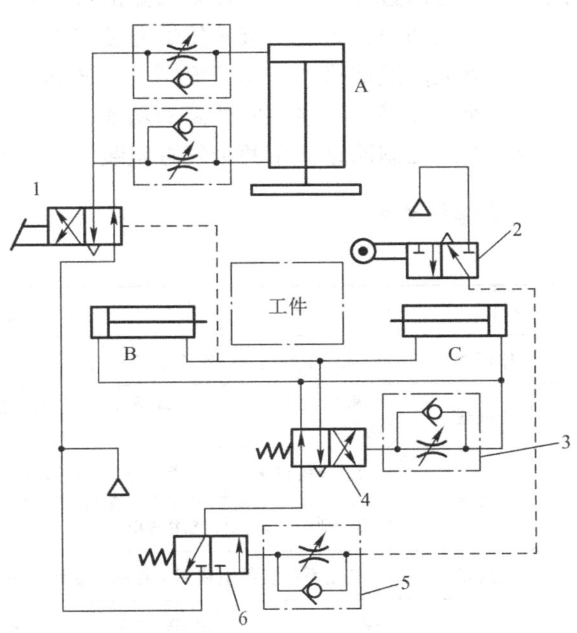

图 12-7　机床工件夹紧气动系统

其工作原理是：当用脚踏下脚踏换向阀 1（在自动线中往往采用其他形式的换向方式）后，压缩空气经单向节流阀进入气缸 A 的无杆腔，夹紧头下降至锁紧位置后使机动行程阀 2 换向，压缩空气经单向节流阀 5 进入中继阀 6 的右侧，使阀 6 换向，压缩空气经阀 6 通过主控阀 4 的左位进入气缸 B 和 C 的无杆腔，两气缸同时伸出。与此同时，压缩空气的一部分经单向节流阀 3 调定延时后使主控阀换向到右侧，则两气缸 B 和 C 返回。在两气缸返回的过程中有杆腔的压缩空气使脚踏阀 1 复位，则气缸 A 返回。此时由于行程阀 2 复位（右位），所以中继阀 6 也复位，由于阀 6 复位，气缸 B 和 C 的无杆腔通大气，主控阀 4 自动复位，由此完成一个缸 A 压下（A_1）→夹紧缸 B 和 C 伸出夹紧（B_1、C_1）→夹紧缸 B 和 C 返回（B_0、C_0）→缸 A 返回（A_0）的动作循环。此回路只有再踏下换向阀 1 才能开始下一个工作循环。气动夹紧系统回路的控制参见图 12-1 所示的工作流程。气动夹紧系统回路还可用于压力加工和剪断加工。

气动夹紧系统回路控制阀动作顺序见表 12-2。

表 12-2　气动夹紧系统回路控制阀动作顺序表

动　作		脚踏阀 1	机动行程阀 2	主控阀 4	气控换向阀 6
气缸 A	夹紧头伸出	踩下 +（左位）			
	夹紧头缩回	-（右位）			
气缸 B	伸出（夹紧工件）	踩下 +（左位）	+	-（左位）	+
	缩回	-（右位）	+	+（右位）	+
气缸 C	伸出（夹紧工件）	踩下 +（左位）	+	-（左位）	+
	缩回	-（右位）	+	+（右位）	+

任务实施 12-1　机床工件夹紧气动系统的控制

1. 气压传动系统组装与运行

机床工件夹紧气动系统基本回路主要由换向回路、调速回路、双缸同时操作回路等。在教师的指导下可以进行如下气压基本回路的实训。

（1）减压回路：组装一级减压回路或二级减压回路，观察系统压力的变化情况。

（2）节流调速回路：采用节流阀、调速阀和单向调速阀控制气缸活塞的移动速度。

（3）换向回路：观察换向回路的功能。

（4）多缸控制回路：用两个气缸组装气缸控制回路，进行多缸回路的操作与控制实训。

2. 工作任务单

姓　名		班　级		组　别		日　期	
工作任务	机床工件夹紧气动系统的控制						
任务描述	根据机床工件夹紧气动系统原理图，确定使用的气动元件的规格型号，组建气动回路完成系统功能。						
任务要求	1. 分析机床工件夹紧系统的功能要求； 2. 依据气动系统原理图，查阅相关设计手册，确定使用气动控制元件与执行元件等规格型号； 3. 制作气动元件选用清单						
提交成果	气动系统实物组建图与控制阀动作顺序表						
考核评价	序　号	考核内容		配　分	评分标准	得　分	
	1	安全意识		20	遵守安全规章、制度		
	2	工具的使用		20	正确使用实验工具		
	3	气动系统的组建		30	完成组建气动系统		
	4	控制阀动作顺序表		20	控制阀动作顺序正确		
	5	团队协作		10	与他人合作有效		
指导教师				总分			

任务12-2 气－液动力滑台气动系统的控制

任务引入

在液压传动部分已经介绍过关于机床液压动力滑台，本任务主要分析气－液动力滑台。气液动力滑台是采用气－液阻尼缸作为执行元件，由于在它的上面可安装单轴头、动力箱或工件，因而在机械设备中常用来作为实现进给运动的部件。该气－液动力滑台能完成两种工作循环。

任务分析

气－液动力滑台气动系统是主要使用气液增压缸的增压回路。它一方面完成快进→慢进（工进）→快退→停止，另一方面完成快进→慢进→慢退→快退→停止。图12-8所示为气液增压缸的外形图。

图12-8 气液增压缸的外形图

相关知识

12-2-1 气－液联动回路的工作原理

气液联动是以气压为动力，利用气液转换器把气压传动变为液压传动，或采用气液阻尼缸更平稳和有效地控制运动速度的气压传动，或使用气液增压器来使传动力增大等。气液联动回路的装置简单，经济实用，可靠性高。

1. 气液转换速度控制回路

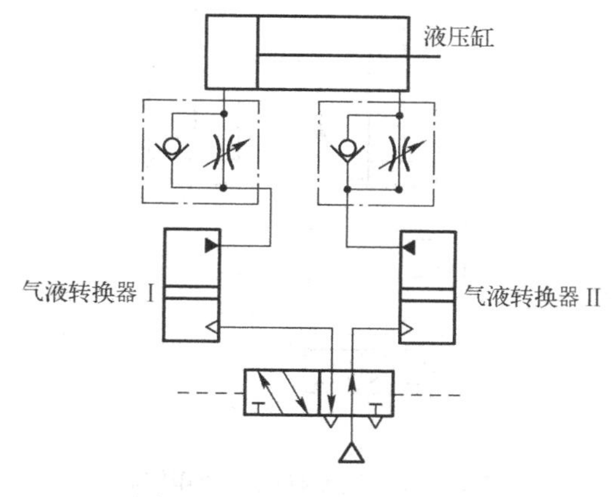

图12-9 气液速度控制回路

如图12-9所示为气液转换速度控制回路。它利用气液转换器Ⅰ、Ⅱ将气压变成液压，利用液压油驱动液压缸，从而得到平稳易控制的活塞运动速度，调节节流阀的开度，就可改变活塞的运动速度。这种回路充分发挥了气动供气方便和液压速度容易控制的特点。

2. 气液阻尼缸速度控制回路

如图12-10所示为气液阻尼缸速度控制回路。如图12-10（a）所示为慢进快退回路，改变单向节流阀的开度，即可控制活塞的前进速度。活塞返回时，气液阻尼缸中液压缸的无杆腔的油液通过单向阀快速流入有杆腔，故返回速度较快，高位油箱起补充泄漏油液的作用。如图12-10（b）所示为能实现机床工作循环中常用的快进→工进→快退的动作。当有K_2输出信号时，五通阀换向，活塞向左运动，液压缸无

杆腔中的油液通过 a 口进入有杆腔，气缸快速向左前进；当活塞的 a 口关闭时，液压缸无杆腔中的油液被迫从 b 口经节流阀进入有杆腔，活塞工作进给；当 K_1 信号消失，有 K_2 输入信号时，五通阀换向，活塞向右快速返回。

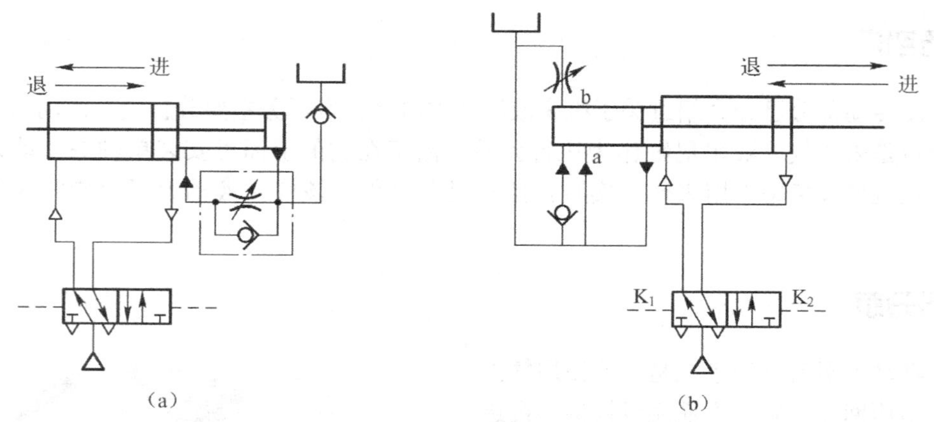

图 12-10　用气液阻尼缸的速度控制回路

3. 气液增压缸增力回路

如图 12-11 所示为利用气液增压缸把较低的气压变为较高的液压力，以提高气液缸的输出力的回路。

4. 气液缸同步动作回路

如图 12-12 所示为气液缸同步动作回路。该回路的特点是将油液密封在回路之中，油路和气路串接，同时驱动 1、2 两个缸，使两者的运动速度相同，但这种回路要求缸 1 无杆腔的有效面积必须和缸 2 的有杆腔面积相等。在设计和制造中，要保证活塞与缸体之间的密封，回路中的截止阀 3 与放气口相接，用于放掉混入油液中的空气。

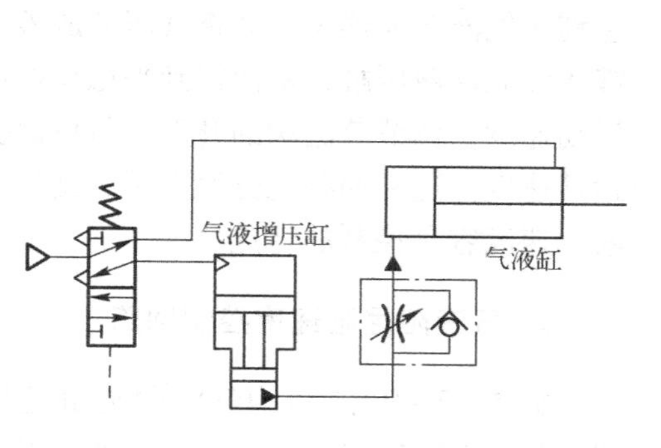

图 12-11　气液增压缸增力回路

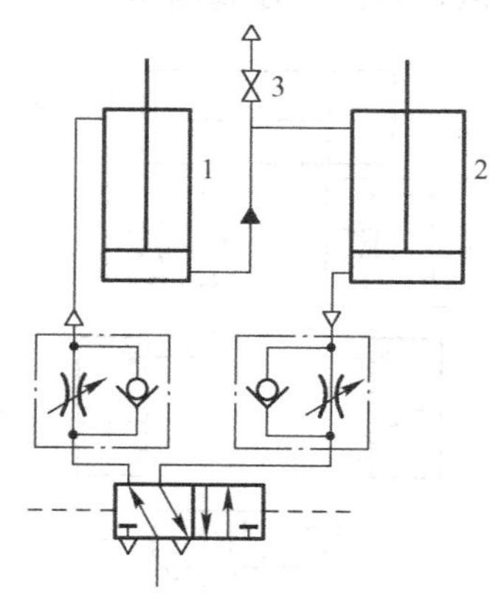

图12-12　气液缸同步动作回路

12-2-2　气 - 液动力滑台气动系统的控制

图 12-13 所示为气液动力滑台气压传动系统的工作原理。图中带定位机构的手动阀 1、行

程阀 2 和手动阀 3 组合成一个组合阀块，阀 4、5 和 6 为一个组合阀，补油箱 10 是为了补偿系统中的漏油而设置的，一般可用油杯来代替。

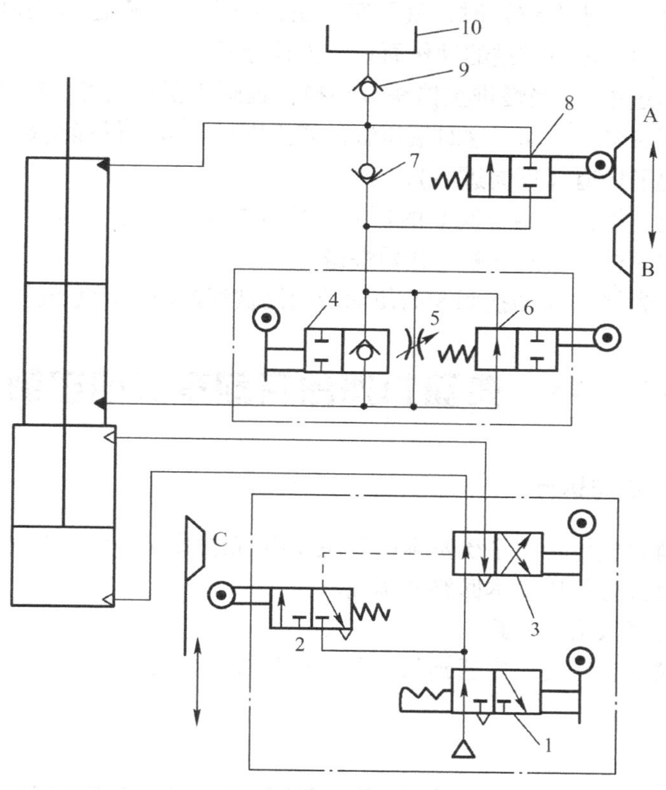

图 12-13　气液动力滑台气压传动系统

该气液动力滑台能完成两种工作循环，下面对其做简单介绍。

1. 快进→慢进（工进）→快退→停止

当图 12-13 中手动阀 4 处于图示状态时，就可实现快进→慢进（工进）→快退→停止的动作循环。

(1) 快进。当手动阀 3 切换到右位时，实际上就是给予进刀信号，在气压作用下气缸中活塞开始向下运动，液压缸中活塞下腔的油液经行程阀 6 的左位和单向阀 7 进入液压缸活塞的上腔，实现了快进。

(2) 慢进（工作进给）。当快进到活塞杆上的挡铁 B 切换行程阀 6（使它处于右位）后，油液只能经节流阀 5 进入活塞上腔，调节节流阀的开度，即可调节气液阻尼缸运动速度，所以活塞开始慢进（工作进给）。

(3) 快退。当慢进到挡铁 C 使行程阀 2 复位时，输出气信号使阀 3 切换到左位，这时气缸活塞开始向上运动，液压缸活塞上腔的油液经阀 8 的左位和手动阀 4 中的单向阀进入液压缸下腔，实现了快退。

(4) 停止。当快退到挡铁 A 切换阀 8 而使油液通道被切断时，活塞便停止运动。所以改变挡铁 A 的位置，就能改变“停”的位置。

2. 快进→慢进→慢退→快退→停止

把手动阀4关闭（处于左位）时，就可实现快进→慢进→慢退→快退→停止的双向进给程序，其动作循环中的快进→慢进的动作原理与上述相同。

（1）慢退（反向进给）。当慢进至挡铁C切换行程阀2至左位时，输出气信号使阀3切换到左位，气缸活塞开始向上运动，这时液压缸活塞上腔的油液经行程阀8的左位和节流阀5进入活塞下腔，即实现了慢退（反向进给）。

（2）快退。慢退到挡铁B离开阀6的顶杆而使其复位（处于左位）后，液压缸活塞上腔的油液就经阀6左位而进入活塞下腔，开始快退。

（3）停止。快退到挡铁A切换阀8而使油液通路被切断时，活塞就停止运动。

任务实施12-2　气-液动力滑台气动系统的控制

1. 气压系统的组装与运行

（1）气液动力滑台气压传动系统基本回路主要有气液增压回路、调速回路、换向回路等。在教师的指导下可以进行气压基本回路的实训。

（2）组装并运行气液增压回路。

（3）观察运行情况，对使用中遇到的问题进行分析和解决。

2. 工作任务单

<table>
<tr><td>姓　名</td><td></td><td>班　级</td><td></td><td>组　别</td><td></td><td>日　期</td><td></td></tr>
<tr><td>工作任务</td><td colspan="7">气-液动力滑台气动系统的控制</td></tr>
<tr><td>任务描述</td><td colspan="7">分析气-液动力滑台气动系统要求和系统原理图，设计气动回路，并组建气动系统</td></tr>
<tr><td>任务要求</td><td colspan="7">1. 分析气-液动力滑台系统的功能要求，明确组建气动系统的要求；
2. 依据气动系统原理图，查阅相关设计手册，确定使用气动控制元件与执行元件等规格型号；
3. 分组组建气动系统，展示并展开讨论，最后完善组建气动系统</td></tr>
<tr><td>提交成果</td><td colspan="7">气动系统实物组建图与控制阀动作顺序表</td></tr>
<tr><td rowspan="6">考核评价</td><td>序　号</td><td colspan="2">考核内容</td><td>配　分</td><td colspan="2">评分标准</td><td>得　分</td></tr>
<tr><td>1</td><td colspan="2">安全意识</td><td>20</td><td colspan="2">遵守安全规章、制度</td><td></td></tr>
<tr><td>2</td><td colspan="2">工具的使用</td><td>20</td><td colspan="2">正确使用实验工具</td><td></td></tr>
<tr><td>3</td><td colspan="2">气动系统的组建</td><td>30</td><td colspan="2">完成组建气动系统</td><td></td></tr>
<tr><td>4</td><td colspan="2">控制阀动作顺序表</td><td>20</td><td colspan="2">控制阀动作顺序正确</td><td></td></tr>
<tr><td>5</td><td colspan="2">团队协作</td><td>10</td><td colspan="2">与他人合作有效</td><td></td></tr>
<tr><td>指导教师</td><td colspan="3"></td><td colspan="3">总分</td><td></td></tr>
</table>

任务 12–3　气动钻床程序设计与控制

任务引入

全气动钻床是一种利用气动钻削头完成主体运动（主轴的旋转）、再由气动滑台实现进给运动的自动钻床，如图 12–14 所示。根据需要机床上还可安装由摆动气缸驱动的回转工作台，这样，一个工位在加工时，另一个工位则装卸工件，使辅助时间与切削加工时间重合，从而提高生产率。

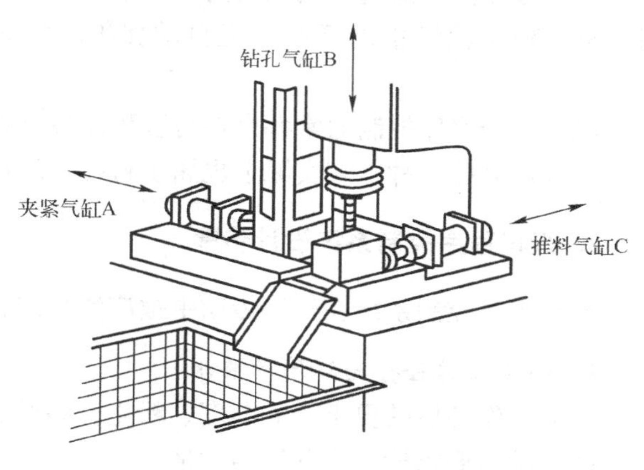

图 12–14　气动钻床

通过观察与分析全气动钻床的工作过程，进一步了解气动钻床在生产中的应用，熟悉气动钻床的操作与工作过程，掌握气动钻床系统控制与操作，为全气动钻床的日常使用与维护打好基础。

任务分析

气动钻床气压传动系统，是利用气压传动来实现进给运动和送料、夹紧等辅助动作。它共有三个气缸，即送料缸 A、夹紧缸 B、钻削缸 C 。全气动钻床控制系统属于多缸单往复行程控制回路，也就是在一个循环程序中，所有的气缸都只做一次往复运动。在设计这样的多缸回路时一般都是用位移 - 步骤图、行程程序图引导出信号 - 动作（X - D 图），通过对信号 - 动作图的分析，画出逻辑原理图，最终画出气动控制回路图。

相关知识

12–3–1　行程程序控制系统的分类与设计步骤

1. 程序控制的分类

各种自动机械或自动生产线，大多是按程序工作的。所谓程序控制，就是根据生产过程中位移、压力、时间、温度和液位等物理量的变化，使被控制的执行元件，按预先规定的顺序协调动作的一种自动控制方式。根据控制方式的不同，程序控制可分为时间程序控制、行程程序控制和混合程序控制三种。

（1）时间程序控制是指各执行元件的动作顺序按时间顺序进行的一种自动控制方式，时间信号通过控制线路，按一定的时间间隔分配给相应的执行元件，令其产生有顺序的动作，它是一种开环的控制系统。

（2）行程程序控制一般是一个闭环程序控制系统，它是前一个执行元件动作完成并发出信号后，才允许下一个动作进行的一种自动控制方式。行程程序控制系统包括行程发信装置、执行元件、程序控制回路和动力源等部分。

行程发信装置是一种位置传感器，常用的有行程阀、逻辑“非”等，此外，液面、压力、

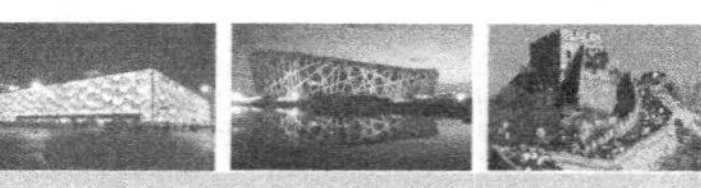

流量、温度等传感器也可看作行程发信装置；常用的执行元件有气缸、气液缸、气动马达、气动阀门、气电转换器等；程序控制回路可以是利用各种气动控制元件组成的回路，也可以是各种逻辑元件组成的各种逻辑控制回路；动力源主要由产生压缩空气的压缩机、净化空气的空气过滤器、干燥器、积蓄压缩空气的储气罐、稳压装置的调压阀、给油系统的油雾器等组成。

行程程序控制的优点是结构简单、维修容易、动作稳定，特别是当程序中某节拍出现故障时，整个程序就停止进行而实现自动保护。为此，行程程序控制方式在气动系统中被广泛采用。

（3）混合程序控制通常都是在行程程序控制系统中包含了一些时间信号，若将时间发信也作为行程信号的一种，它实际上也属于行程程序控制。

2. 行程程序控制系统设计步骤

行程程序控制系统在气压传动中被广泛采用，其设计步骤如下。

1）明确工作任务与环境的要求

（1）工作环境的要求，如温度、粉尘、易燃、易爆、冲击及震动情况。

（2）动力要求输出力和转矩的情况。

（3）运动状态要求，执行元件的运动速度、行程和回转角速度等。

（4）工作要求，即完成工艺或生产过程的具体程序。

（5）控制方式手动、自动等控制方式。

2）回路设计

回路的设计是整个气动控制系统的核心，其设计步骤如下。

（1）根据工作任务要求列出工作程序，包括用几个执行元件及动作顺序，以及执行元件的形式。

（2）根据程序画出信号－动作（X－D）状态图或卡诺图等。

（3）找出障碍并消除障碍。

（4）画出逻辑原理图和气动回路图。

3）选择和计算执行元件

（1）确定执行元件的类型及数目。

（2）计算和选定各运动和结构参数，即运动速度、行程、角速度、输出力、转矩及气缸的缸径等。

（3）计算耗气量。

4）选择控制元件

（1）确定控制元件的类型及数目。

（2）确定控制方式及安全保护回路。

5）选择气动辅助元件

（1）选择过滤器、油雾器、储气罐、干燥器等的形式及容量。

（2）确定管径及管长、管接头的形式。

（3）验算各种阻力损失，包括沿程损失和局部损失。

6）根据执行元件的耗气量、定出压缩机的容量及台数

按上述步骤进行，便可设计出比较完整的气动控制系统。

12-3-2　行程程序回路设计

多缸单往复行程程序控制回路，是指在一个循环程序中，所有的气缸都只做一次往复运动。常用的行程程序回路设计方法有信号－动作（X－D）状态图法和卡诺图图解法。在这里只介绍X－D状态图法，用这种方法设计行程程序控制回路控制准确、回路简单、使用和维护方便。

1. 行程程序回路设计步骤

行程程序回路设计主要是为了解决信号和执行元件动作之间的协调和连接问题。下面介绍用信号－动作（X－D）状态图法设计行程程序回路的步骤。

（1）根据生产自动化的工艺要求，列出工作程序或工作程序图；

（2）绘制X－D状态图；

（3）寻找障碍信号并排除，列出所有执行元件控制信号的逻辑表达式；

（4）绘制逻辑原理图；

（5）绘制气动回路的原理图。

2. X－D状态图法中的规定符号

为了准确描述气动程序动作、信号及相位间的关系，必须用规定的符号、数字来表示。

（1）把所用的气缸排成次序用A、B、C、D……字母表示，字母下标为“1”或“0”，“1”表示气缸活塞杆伸出，“0”表示活塞杆退回。

（2）用与各气缸对应的小写字母a、b、c、d……表示相应的行程阀发出的信号，其下标“1”表示活塞杆伸出所发出的信号，下标“0”表示活塞杆退回时发出的相应信号。

（3）控制气缸换向的主控制阀，也用与其控制的缸的所相应的文字符号表示。例如，A气缸的主控阀也用A表示。

（4）经过逻辑处理而排除障碍后的执行信号在右上角加“＊”号，如a_1^*、a_0^*等，而不带“＊”号的信号则为原始信号，如a_1、a_0等。

3. 信号—动作（X－D）动作状态图的画法

X－D动作状态图是一种图解法，它可以把各个控制信号的存在状态和气动执行元件的工作状态较清楚地用图线表示出来，从图中还能分析出障碍信号的存在状态，以及消除信号障碍的各种可能性。

1）画方格图

从左至右画方格，并在方格的顶上依次填上程序序号1、2、3、4等。在序号下面填上相应的动作状态A_1、B_1、B_0、A_0，在最右边留一栏填写“执行信号”。在方格图最左边纵栏由上至下填上控制信号及控制动作状态组的序号（简称X－D组）1、2、3等。每个X－D组包括上下两行，上行为行程信号行，下行为该信号控制的动作状态。例如，a_0（A_1）表示控制A_1的动作信号是a_0；a_1（B_1）表示控制B_1动作的信号是a_1等。下面的备用格可根据具体情况填入中间记忆元件（辅助阀）的输出信号、消障信号及联锁信号等。

2）画动作状态线（D线）

用横向粗实线画出各执行元件的动作状态线。动作状态线的起点是该动作程序的开始处，

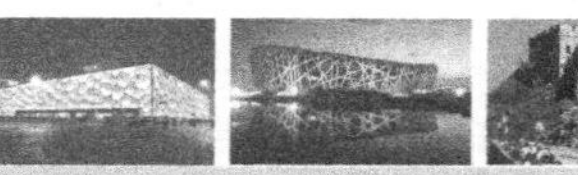

用符号“O”画出，动作状态线的终点处用符号“×”画出。动作状态线的终点是该动作状态变化的开始处，例如，缸 A 伸出状态 A_1，变换成缩回状态 A_0，此时 A_1 的动作线的终点必然是在 A_0 的开始处。

3）画信号线（X 线）

用细实线画各行程信号线。信号线的起点是与同一组中动作状态线的起点相同，用符号“O”画出；信号线的终点是和上一组中产生该信号的动作线终点相同。

4）分析有无故障信号并排除故障

在 X－D 图中，若各信号线均比所控制的动作线短（或等长），则各信号均为无障碍信号；若有某信号线比所控制的动作线长，则该信号为障碍信号，长出的那部分线段就叫障碍段，用波浪线表示。

为了使各执行元件能按规定的动作顺序正常工作，设计时必须把有障碍信号的障碍段去掉，使其变成无障碍信号，再由它去控制主控阀。在 X－D 图中，障碍信号表现为控制信号线长于其所控制的动作状态存在时间，所以常用的排除障碍的办法就是缩短信号线长度，使其短于此信号所控制的动作线长度，其实质就是要使障碍段失效或消失。常用的方法有脉冲信号法、逻辑回路法和辅助阀法。

5）绘制逻辑原理图

气控逻辑原理图是根据 X－D 线图的执行信号表达式及考虑手动、启动、复位等所画出的逻辑方框图。画图步骤如下。

（1）把系统中每个执行元件的两种状态与主控阀相联后，自上而下一个个地画在图的右侧。

（2）把发信器（如行程阀）大致对应其所控制的元件，一个个地列于图的左侧。

（3）在图上要反映出执行信号逻辑表达式中的逻辑符号之间的关系，并画出为操作需要而增加的阀（如启动阀）。

6）气动回路图的绘制

根据逻辑原理图可知气动回路所需的启动阀、行程阀和记忆元件等，并据此画出气动回路图。画气动回路图时，特别要注意的是哪个行程阀为有源元件（即直接与气源相接），哪个行程阀为无源元件（即不能与气源相接）。其一般规律是无障碍的原始信号为有源元件，而有障碍的原始信号，若用逻辑回路法排障，则为无源元件；若用辅助阀排障，则只需使它们与辅助阀、气源串接即可。

12-3-3　气动钻床气动回路设计

1. 工作程序图

气动钻床气压传动系统要求的动作顺序为：

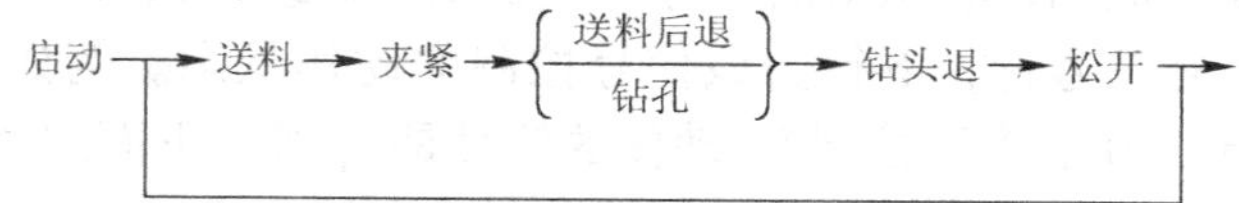

写成工作程序图为：

$$q\ \xrightarrow{qb_0} A_1 \xrightarrow{a_1} B_1 \xrightarrow{b_1} \begin{Bmatrix} A_0 \\ C_1 \end{Bmatrix} \xrightarrow{c_1 a_0} C_0 \xrightarrow{c_0} B_0 \xrightarrow{b_0}$$

由于送料缸后退（A_0）与钻削缸前进（C_1）同时进行，考虑到 A_0 动作对下一个程序执行没有影响，因而可不设联锁信号，即省去一个发信元件 a_0，这样可克服若 C_1 动作先完成，而动作 A_0 尚未结束时，C_1 等待造成钻头与孔壁相互摩擦，降低钻头寿命的缺点。在工作时只要 C_1 动作完成，立即发信执行下一个动作，而此时若 A_0 运动尚未结束，但由于控制 A_0 运动的主控阀所具有的记忆功能，A_0 仍可继续动作。

该动作程序可写成简化式为：

$$A_1 B_1 \begin{Bmatrix} A_0 \\ C_1 \end{Bmatrix} C_0 B_0$$

2. X－D 线图

按上述的工作程序可以绘出如图 12-15 所示的 X－D 状态图，由图可知，图中有两个障碍信号 $b_1(C_1)$ 和 $c_0(B_0)$，分别用逻辑线路法和辅助阀法来排除障碍，消障后的执行信号表达式为：$b_1^*(C_1) = b_1 a_1$ 和 $c_0^*(B_0) = c_0 K_{b_0}^{c_1}$。

3. 逻辑原理图

根据图 12-15 的 X－D 图，可以绘出如图 12-16 所示的逻辑原理图，图中右侧列出了三个气缸的六个状态，中间部分用了三个与门元件和一个记忆元件（辅助阀），图中左侧列出的由行程阀、启动阀等发出的原始信号。

X/D	1 A_1	2 B_1	3 A_1 C_1	4 C_0	5 B_0	执行信号
$b_0(A_1)$ A_1						$b_0(A_1)=qb_0$
$a_1(B_1)$ B_1						$a_1(B_1)=a_1$
$b_1(A_0)$ A_0						$b_1(A_0)=b_1a_1$
$b_1(C_1)$ C_1						$b_1^*(C_1)=b_1a_1$
$c_1(C_0)$ C_0						$c_1(C_0)=c_1$
$c_0(B_0)$ B_0						$c_0^*(B_1)=c_0K_{b_0}^{c_1}$
$b_1^*(C_1)$						
$K_{b_0}^{c_1}$						
$c_0^*(B_0)$						

图 12-15　气动钻床 X－D 线图

4. 气动系统原理图

根据图12-16的气动钻床逻辑原理图即可绘出该钻床的气压传动系统图，如图12-17所示。从图12-15的X-D线图中可以看出，a_1、b_0、c_1均为无障碍信号，因而它们是有源元件，在气动回路图中直接与气源相连接，而b_1、c_0为有障碍的原始信号，按照其消除障碍后的执行信号表达式$b_1^*(C_1)=b_1a_1$和$c_0^*(B_0)=c_0K_{b_0}^{c_1}$可知，原始信号$b_1$为无源元件，应通过$a_1$与气源相接；原始信号$c_0$只需与辅助阀（单记忆元件）、气源串接即可。另外，在设计中省略了a_0信号，即A缸活塞杆缩回(A_0)结束时它不发信号。

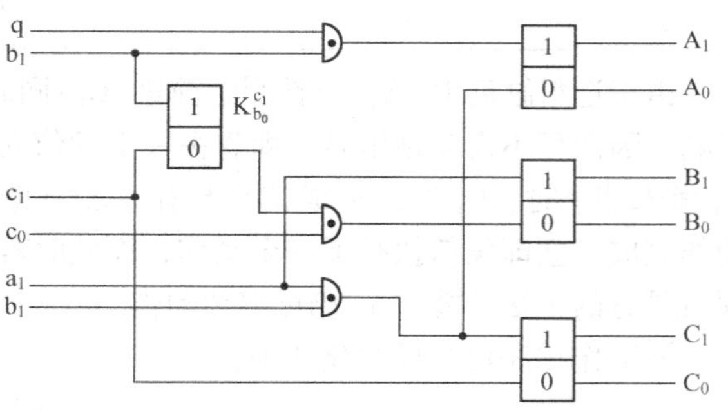

图12-16　气动钻床逻辑原理图

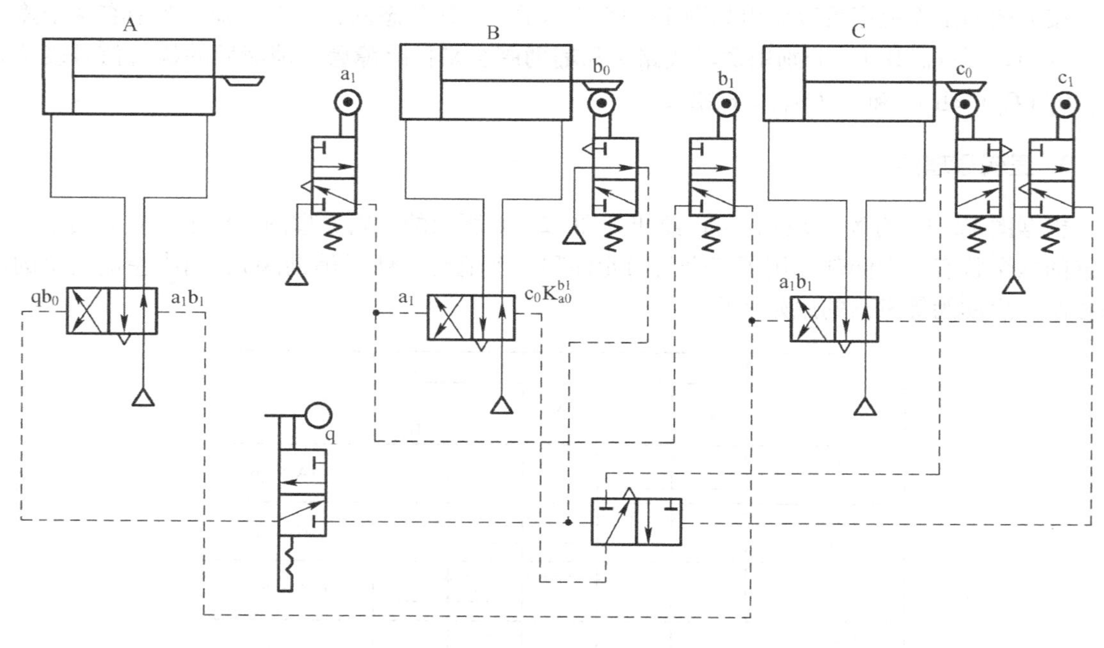

图12-17　气动钻床气压传动系统

任务实施12-3　气动钻床程序设计与控制

1. 气动钻床气动操作与控制

(1) 按下启动阀q，控制气体经启动阀使主阀处于左位，控制气体使A缸主控阀左侧有控制信号，并使阀处于左位，A缸活塞杆伸出，实现动作A_1（送料）。

(2) 当A缸活塞杆伸出其上的挡铁压下a_1时，控制气体使B缸的主控阀b左侧有控制信号，并使阀处于左位，B缸活塞杆伸出，实现动作B_1（夹紧）。

(3) 当B缸活塞杆伸出其上的挡铁压下b_1时（此时b_0复位，A缸主控阀左侧信号消失），控制气体使A缸的主控阀a右侧有控制信号，并使阀处于右位，A缸活塞杆伸出，实现动作

A_0（送料后退）。

同时控制气体也使C缸主控阀c左侧有控制信号，并使阀处于左位，C缸活塞杆伸出，实现动作C_1（钻孔）。

（4）当C缸活塞杆伸出其上的挡铁压下c_1时（此时c_0复位），控制气体使缸C的主控阀c右侧有控制信号并使阀处于右位，C缸活塞杆缩回，实现动作C_0（钻头后退）。

（5）当A缸活塞杆缩回其上的挡铁再次压下c_0时，控制气体使B缸的主控阀b右侧有控制信号，并使阀处于右位，B缸活塞杆缩回，实现动作B_0（松开）。

（6）当B缸活塞杆缩回其上的挡铁再次压下b_0时，控制气体经主阀使A缸的主控阀左侧产生控制信号，并使阀处于左位，A缸活塞杆再次伸出，实现动作A_1，于是重新开始下一个工作循环。

2. 工作任务单

<table>
<tr><td>姓　名</td><td></td><td>班　级</td><td colspan="2"></td><td>组　别</td><td></td><td>日　期</td><td></td></tr>
<tr><td colspan="2">工作任务</td><td colspan="7">气动钻床程序设计与控制</td></tr>
<tr><td colspan="2">任务描述</td><td colspan="7">分析气动钻床系统功能要求，结合气动基本回路组建气动系统</td></tr>
<tr><td colspan="2">任务要求</td><td colspan="7">1. 明确气动钻床系统的功能要求，明确组建气动系统的要求；
2. 分组进行气动系统方案设计，并选用合适的气动元件；
3. 展示各组设计的气动系统，并展开讨论，最后完善组建气动系统，调试系统功能</td></tr>
<tr><td colspan="2">提交成果</td><td colspan="7">气动系统实物组建图与控制阀动作顺序表</td></tr>
<tr><td colspan="2" rowspan="6">考核评价</td><td>序　号</td><td>考 核 内 容</td><td>配　分</td><td colspan="2">评 分 标 准</td><td colspan="2">得　分</td></tr>
<tr><td>1</td><td>安全意识</td><td>20</td><td colspan="2">遵守安全规章、制度</td><td colspan="2"></td></tr>
<tr><td>2</td><td>工具的使用</td><td>20</td><td colspan="2">正确使用实验工具</td><td colspan="2"></td></tr>
<tr><td>3</td><td>系统布局合理、管子连接正确可靠</td><td>30</td><td colspan="2">完成组建气动系统</td><td colspan="2"></td></tr>
<tr><td>4</td><td>动作顺序条理清晰，各元器件的工作状态描述清楚</td><td>20</td><td colspan="2">控制阀动作顺序正确</td><td colspan="2"></td></tr>
<tr><td>5</td><td>团队协作</td><td>10</td><td colspan="2">与他人合作有效</td><td colspan="2"></td></tr>
<tr><td colspan="2">指导教师</td><td colspan="2"></td><td colspan="3">总分</td><td colspan="2"></td></tr>
</table>

知识拓展16　PLC控制的单作用缸换向回路

1. 可编程控制器的结构与工作原理

可编程序控制器，简称PLC，是近年来发展迅速、应用十分广泛的控制装置。由于PLC价格低廉、功能齐全、操作简单、适用性强，因此广泛地应用于自动化系统的各个领域。PLC可直接与液压、气动、机电设备和自动化仪表等组成控制系统，加速了机电液气一体化技术的发展。

1）PLC的结构及各部分的作用

PLC的类型繁多，功能和指令系统也不尽相同，但结构与工作原理则大同小异，通常由主机、输入/输出接口、电源、编程器扩展器接口和外部设备接口等几个主要部分组成。

2）PLC的工作原理

PLC是采用“顺序扫描，不断循环”的方式进行工作的。即在PLC运行时，CPU根据用

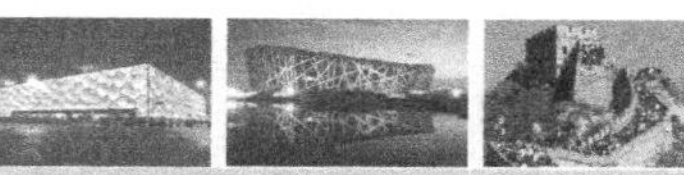

户按控制要求编制好并存于用户存储器中的程序，按指令步序号（或地址号）做周期性循环扫描，若无跳转指令，则从第一条指令开始逐条顺序执行用户程序，直至程序结束。然后重新返回第一条指令，开始下一轮新的扫描。在每次扫描过程中，还要完成对输入信号的采样和对输出状态的刷新等工作。

PLC 扫描一个周期必经输入采样、程序执行和输出刷新三个阶段。

（1）PLC 在输入采样阶段：首先以扫描方式按顺序将所有暂存在输入锁存器中的输入端子的通断状态或输入数据读入，并将其写入各对应的输入状态寄存器中，即刷新输入。随即关闭输入端口，进入程序执行阶段。

（2）PLC 在程序执行阶段：按用户程序指令存放的先后顺序扫描执行每条指令，执行的结果再写入输出状态寄存器中，输出状态寄存器中所有的内容随着程序的执行而改变。

（3）输出刷新阶段：当所有指令执行完毕，输出状态寄存器的通断状态在输出刷新阶段送至输出锁存器中，并通过一定的方式（继电器、晶体管或晶闸管）输出，驱动相应输出设备工作。

2. 常规控制

采用 PLC 控制的单作用气缸电磁换向回路，是一个启动、保持、停止电路，简称启保停电路。该电路应用非常广泛，电磁阀换向回路如图 12-18 所示，电气控制如图 12-19 所示。

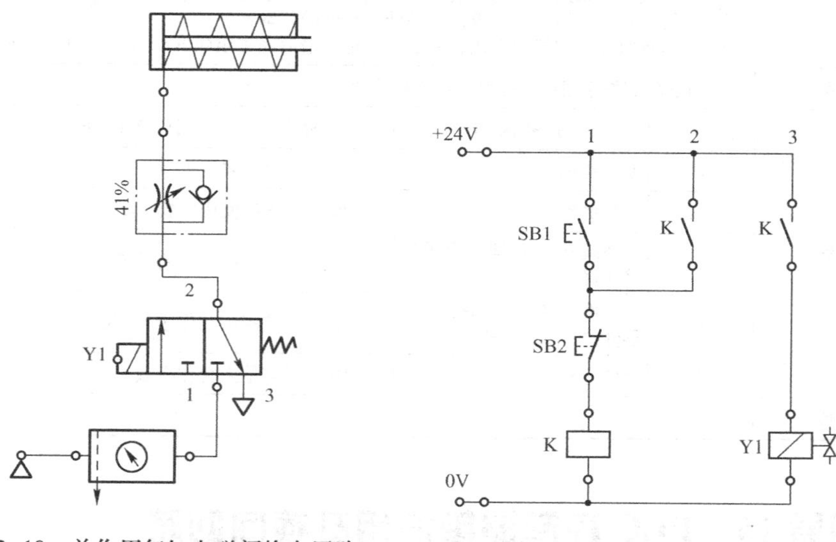

图 12-18　单作用气缸电磁阀换向回路　　图 12-19　电气控制回路

由于单电控两位三通电磁阀本身没有记忆功能，阀芯的切换需要连续脉冲信号，因而控制电路上必须有自保电路，2 号线上的继电器常开接点 K 为自保电路。按下启动按钮 SB1，电磁阀线圈 Y1 通电，电磁阀换向，活塞杆伸出。按下停止按钮 SB2，电磁阀线圈 Y1 失电，气缸弹簧使活塞杆复位，活塞杆退回，换向回路如图 12-18 所示。

3. PLC 程序控制

PLC 的控制程序与常规电气控制电路相似，是一个具有启保停控制功能的程序，程序设计如图 12-20 所示。图中 Y000 连接电磁阀 Y1，用以驱动气缸活塞杆的运动与停止。X000 和 X001 分别连接启动按钮 SB1 和停止按钮 SB2。按下 SB1，X000 常开触点接通，Y000 得电并自保；按下停止按钮 SB2，X001 常闭触点断开，Y000 失电。

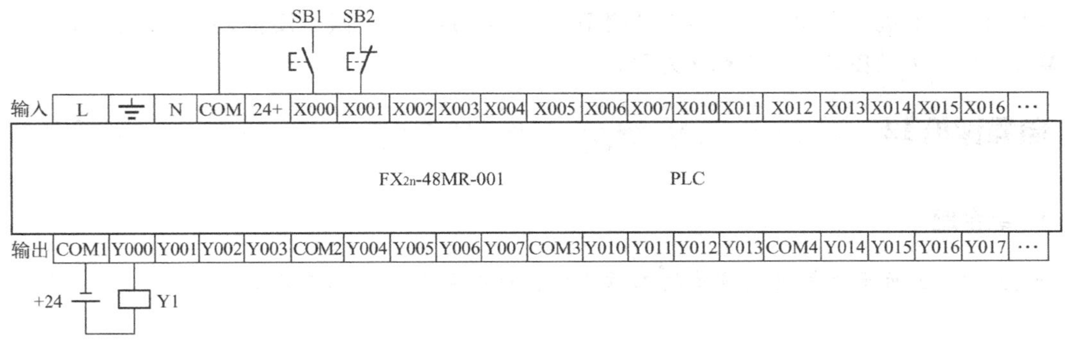

图 12-20　PLC 控制接线图

1）控制要求

（1）按下按钮 X000（SB1），Y000（电磁阀线圈 Y1）通电，电磁阀换向，活塞杆伸出。

（2）按下按钮 X001 （SB2），Y000 断电，气缸弹簧使活塞杆复位，活塞杆退回。

2）端子分配表

表 12-3　PLC 输入/输出端子分配表

PLC 地址		功能说明
输入	X000	启动按钮 SB1，控制活塞杆伸出
	X001	停止按钮 SB2，控制活塞杆缩回
输出	Y000	单电控两位三通电磁阀线圈 Y1

3）外部接线图

（1）PLC 的 COM1 接 24V（负）。

（2）PLC 输入端 X000 接点动按钮 SB1 常开触点一端，触点的另一端接 COM。

（3）PLC 输出端 Y000 接单电控两位三通电磁阀 Y1 负端，Y1 正端接 24 V（正）。

4）PLC 控制程序

如图 12-21 所示为 PLC 控制梯形图。

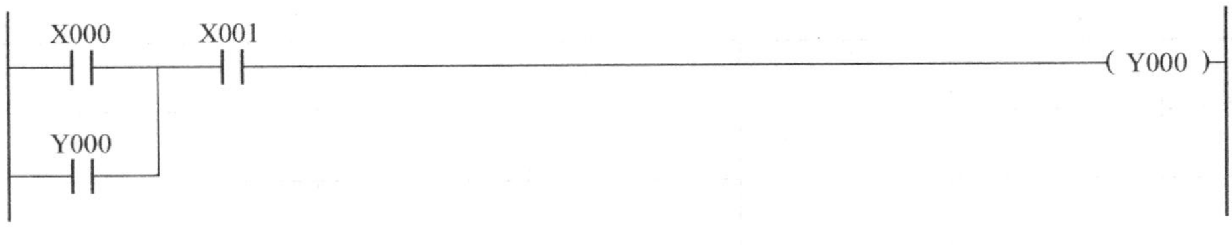

X000　X001　(Y000)

Y000

图 12-21　PLC 控制梯形图

4. PLC 控制回路实现步骤

（1）按照图 12-18 所示，选择元件：单出杆单作用气缸、单向节流阀、单电控两位三通换向阀、三联件和连接软管。接好气管，检查气源。

（2）按照图 12-19 和图 12-20 所示，连接 PLC 电路。再按图 12-21 所示，编写 PLC 控制程序，并下载到 PLC 里。

（3）确认电路连接正确无误，再把三联件的调压旋钮放松，开空压机。

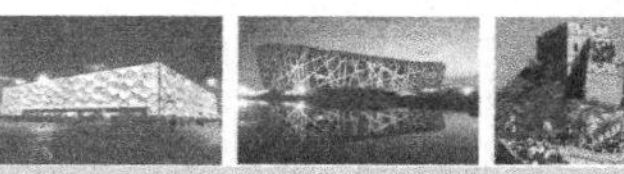

（4）待空压机工作正常后，再次调节三联件的调压旋钮，使回路中的压力在 0.3 ～ 0.5 MPa工作压力范围内（0.4 MPa 为宜）。

自我评价 12

1. 综合题

如图 12-22 所示为气动机械手的工作原理，试分析并回答以下各题。

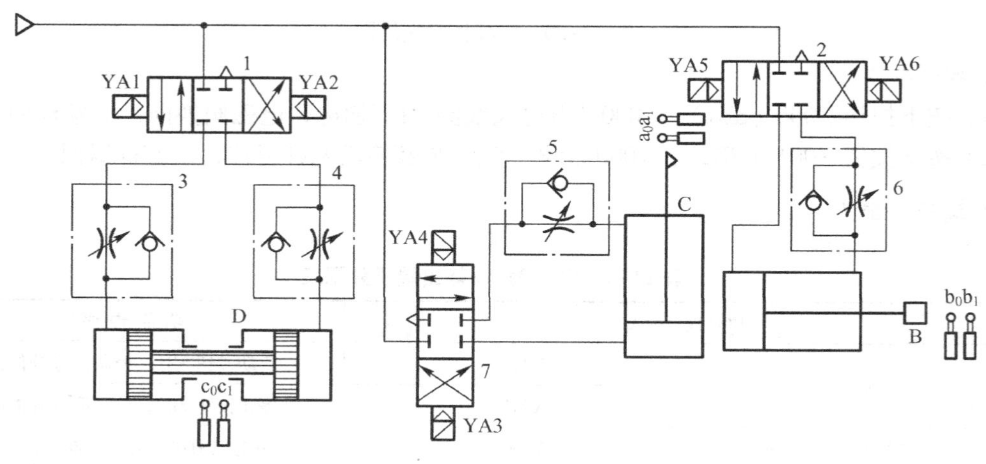

图 12-22 气动机械手

（1）写出元件 1、3 的名称及 b_0 的作用。

（2）填写电磁铁动作顺序在表 12-4 中。

表 12-4 电磁铁动作顺序

电磁铁	垂直缸 C 上升	水平缸 B 伸出	回转缸 D 转位	回转缸 D 复位	水平缸 B 退回	垂直缸 C 下降
YA1						
YA2						
YA3						
YA4						
YA5						
YA6						

2. 简答题

（1）在如图 12-23 所示的客车车门气压传动系统中，可否不用梭阀 1、2？

（2）在如图 12-24 所示折弯机的控制系统回路图中，如果错将梭阀替代为双压阀，回路运行时会出现什么结果？

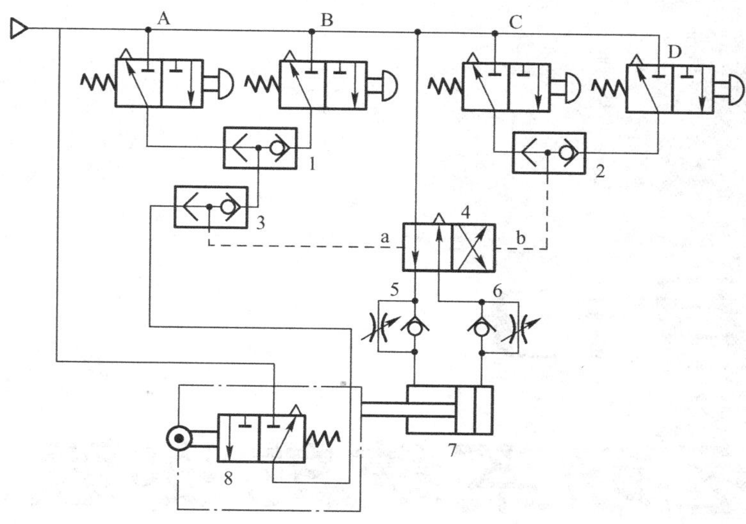

图 12-23　客车车门气压控制系统

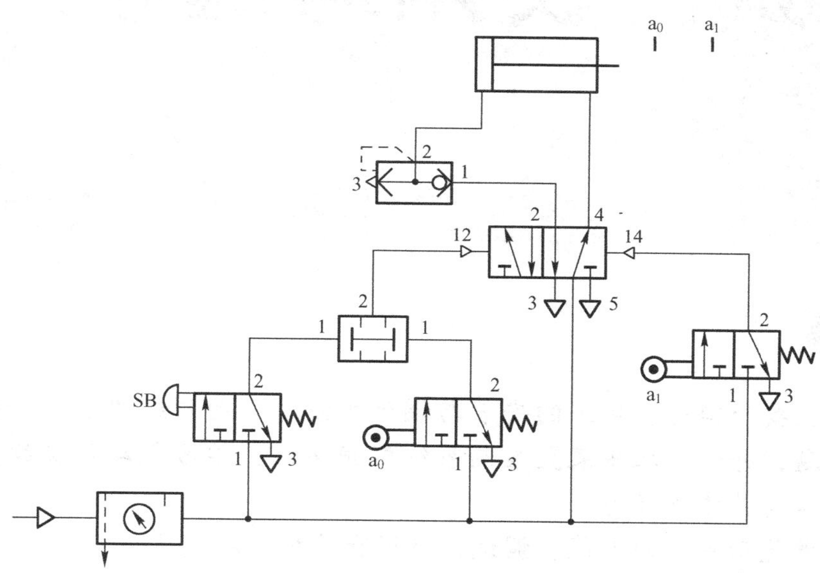

图 12-24　折弯机的控制系统回路

项目13 气动系统的安装、调试、使用与维护

学习目标

本项目主要介绍气动系统的安装与调试方法、气动系统的使用和维护过程中要注意的问题，并通过压印装置控制系统维护实例，学习气动系统故障的分析和维护的方法。其具体目标为：

(1) 熟悉气动系统的安装、调试、使用和维护方法；

(2) 掌握气动系统的故障诊断与排除；

(3) 掌握气动系统的日常维护方法。

任务13-1　压印装置控制系统的使用与维护

任务引入

如图13-1所示为压印装置的工作示意图，它的工作过程为：当踏下启动按钮后，打印气缸伸出对工件进行打印，从第二次开始，每次打印都延时一段时间，等操作者把工件放好后，才对工件进行打印。现要求对压印装置进行正确使用和日常维护；另外如果发现当踏下启动按钮后，气缸不工作，应当如何对系统进行故障判断。

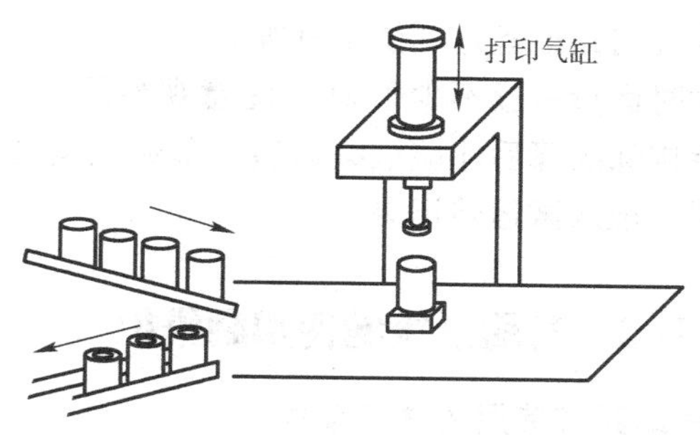

图13-1　压印装置

任务分析

要对压印装置进行日常维护必须掌握对气动控制系统的日常维护方法。日常维护的内容有哪些，并有什么样的要求？要对系统进行故障诊断，应在使用中熟悉和掌握故障诊断的经验法和推理分析法及故障排除方法。

相关知识

13-1-1　气动系统的安装与调试

1. 气动系统的安装

气动系统的安装主要包括管道和气动元件的安装，下面分别介绍管道和元件安装的注意事项。

1）管道的安装

（1）安装前要彻底清理管道内的粉尘及杂物。

（2）管子支架要牢固，工作时不得产生震动。

（3）接管时要充分注意密封性，防止漏气，尤其注意接头处及焊接处。

（4）管路尽量平行布置，减少交叉，力求最短，转弯最少，并考虑到能自由拆装。

（5）安装软管要有一定的弯曲半径，不允许有拧扭现象，且应远离热源或安装隔热板。

2）元件的安装

（1）应注意阀的推荐安装位置和标明的安装方向。

（2）逻辑元件应按控制回路的需要，将其成组地装在底板上，并在底板上开出气路，用软管接出。

（3）移动缸的中心线与负载作用力的中心线要同心，否则易引起侧向力，使密封件加速磨损，活塞杆弯曲。

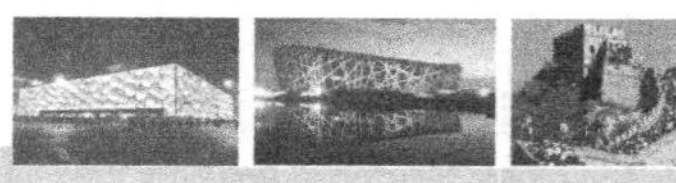

（4）各种自动控制仪表、自动控制器、压力继电器等，在安装前应进行校验。

2. 气动系统的调试

气动系统调试前要做如下准备：要熟悉说明书等有关技术资料，力求全面了解系统的原理、结构、性能和操作方法；了解元件在设备上的实际位置，需要调整的元件的操作方法及调节旋钮的旋向；准备好调试工具等。

空载时运行一般不少于2h，注意观察压力、流量、温度的变化，若发现异常应立即停车检查。待排除故障后才能继续运转。负载试运转应分段加载，运转一般不少于4h，分别测出有关数据，记入试运转记录。

13-1-2 气动系统的使用和维护

1. 气动系统使用的注意事项

（1）开车前后要放掉系统中的冷凝水。

（2）定期给油雾器注油。

（3）开车前检查各调节手柄是否在正确位置，机控阀、行程开关、挡块的位置是否正确、牢固，对导轨、活塞杆等外露部分的配合表面进行擦拭。

（4）随时注意压缩空气的清洁度，对空气过滤器的滤芯要定期清洗。

（5）设备长期不用时，应将各手柄放松，防止弹簧永久变形，而影响元件的调节性能。

2. 压缩空气的污染及防止方法

压缩空气的质量对气动系统性能的影响极大，它若被污染将使管道和元件锈蚀、密封件变形、堵塞喷嘴，使系统不能正常工作。压缩空气的污染主要来自水分、油分和粉尘三方面，其污染原因及防止方法如下。

1）水分

空气压缩机吸入的是含水分的湿空气，经压缩后提高了压力，当再度冷却时就要析出冷凝水，侵入到压缩空气中致使管道和元件锈蚀，影响其性能。

防止冷凝水侵入压缩空气的方法：及时排除系统各排水阀中积存的冷凝水，经常注意自动排水器、干燥器的工作是否正常，定期清洗空气过滤器、自动排水器的内部元件等。

2）油分

这里是指使用过的因受热而变质的润滑油。压缩机使用的一部分润滑油成雾状混入压缩空气中，受热后引起汽化随压缩空气一起进入系统，将使密封件变形，造成空气泄漏，摩擦阻力增大，阀和执行元件动作不良，而且还会污染环境。

清除压缩空气中油分的方法：较大的油分颗粒，通过除油器和空气过滤器的分离作用同空气分开，经设备底部排污阀排除。较小的油分颗粒，则可通过活性炭吸附作用清除。

3）粉尘

如果大气中含有的粉尘、管道中的锈粉及密封材料的碎屑等侵入到压缩空气中，将引起元件中的运行部件卡死、动作失灵、喷嘴堵塞等加速元件磨损，降低使用寿命，导致故障产生，严重影响系统性能。防止粉尘侵入压缩空气的主要方法：经常清洗空气压缩机前的预过滤器，

定期清洗空气过滤器的滤芯，及时更换滤清元件等。

3. 气动系统的日常维护

气动系统日常维护的主要内容是冷凝水的管理和系统润滑的管理。对冷凝水的管理方法在前面已讲述，这里仅介绍对系统润滑的管理。

气动系统中从控制元件到执行元件，凡有相对运动的表面都需要润滑。若润滑不当，会使摩擦阻力增大导致元件动作不良，因密封面磨损会引起系统泄漏等危害。

润滑油的性质直接影响润滑效果。通常，高温环境下用高黏度润滑油，低温环境下用低黏度润滑油。如果温度特别低，为克服起雾困难可在油杯内装加热器。供油量是随润滑部位的形状、运动状态及负载大小而变化。供油量总是大于实际需要量。一般以每 $10m^3$ 自由空气供给 1mL 的油量为基准。

还要注意油雾器的工作是否正常，如果发现油量没有减少，需及时检修或更换油雾器。

4. 气动系统的定期检修

定期检修的时间间隔，通常为三个月，其主要内容有以下几方面。

（1）查明系统各泄漏处，并设法予以解决。

（2）通过对方向控制阀排气口的检查，判断润滑油是否适度，空气中是否有冷凝水。如果润滑不良，考虑油雾器规格是否合适，安装位置是否恰当，滴油量是否正常等。如果有大量冷凝水排出，考虑过滤器的安装位置是否恰当，排除冷凝水的装置是否合适，冷凝水的排除是否彻底。如果方向控制阀排气口关闭时，仍有少量泄漏，往往是元件损伤的初期阶段，检查后，可更换受磨损元件以防止发生动作不良。

（3）检查安全阀、紧急安全开关动作是否可靠。定期修检时，必须确认它们动作的可靠性，以确保设备和人身安全。

（4）观察换向阀的动作是否可靠。根据换向时声音是否异常，判定铁芯和衔铁配合处是否有杂质。检查铁芯是否有磨损，密封件是否老化。

（5）反复开关换向阀观察气缸动作，判断活塞上的密封是否良好。检查活塞杆外露部分，判定前盖的配合处是否有泄漏。

上述各项检查和修复的结果应记录下来，以作为设备出现故障查找原因和设备大修时的参考。

气动系统的大修间隔期为一年或几年。其主要内容是检查系统各元件和部件，判定其性能和寿命，并对平时产生故障的部位进行检修或更换元件，排除修理间隔期间内一切可能产生故障的因素。

13-1-3　气动系统的故障诊断方法

气动系统的故障诊断方法常用的有经验法和推理分析法。

1. 经验法

经验法指依靠实际经验，并借助简单的仪表诊断故障发生的部位，并找出故障原因的方法。经验法和液压系统的故障诊断四觉方法类似，可按中医诊断病人的四字“望、闻、问、切”进行。

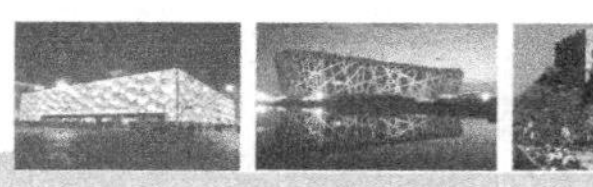

（1）望。例如，看执行元件的运动速度有无异常变化；各测压点的压力表显示的压力是否符合要求，有无大的波动；润滑油的质量和滴油量是否符合要求；冷凝水能否正常排出；换向阀排气口排除空气是否干净；电磁阀的指示灯显示是否正常；紧固螺钉及管接头有无松动；管道有无扭曲和压扁；有无明显震动存在；加工产品质量有无变化等。

（2）闻，包括耳闻和鼻闻。例如，气缸及换向阀换向时有无异常声音；系统停止工作但尚未泄压时，各处有无漏气，漏气声音大小及其每天的变化情况；电磁线圈和密封圈有无因过热而发出的特殊气味等。

（3）问。例如，查阅气动系统的技术档案，了解系统的工作程序、运行要求及主要技术参数；查阅产品样本，了解每个元件的作用、结构、功能和性能；查阅维护检查记录，了解日常维护保养工作情况；访问现场操作人员，了解设备运行情况，了解故障发生前的征兆及故障发生时的状况，了解曾经出现过的故障及其排除方法。

（4）切。例如，触摸相对运动件外部的手感和温度，电磁线圈处的温升等。触摸 2s 感到烫手，则应查明原因。另外，还要查明气缸、管道等处有无震动，气缸有无爬行，各接头处及元件处手感有无漏气等。

经验法简单易行，但由于每个人的感觉、实践经验和判断能力的差异，诊断故障会存在一定的局限性。

2. 推理分析法

推理分析法是利用逻辑推理、步步逼近，寻找出故障的真实原因的方法。

1）推理步骤

从故障的症状推理出故障的真正原因，可按下面三步进行。

（1）从故障的症状，推理出故障的本质原因；

（2）从故障的本质原因，推理出故障可能存在的原因；

（3）从各种可能的常见原因中，找出故障的真实原因。

2）推理方法

推理的原则：由简到繁、由易到难、由表及里逐一进行分析，排除掉不可能的和非主要的故障原因；故障发生前曾调整或更换过的元件先查；优先查故障概率高的常见原因。

下面介绍几种常用的推理方法。

（1）仪表分析法。利用检测仪器仪表，如压力表、压差计、电压表、温度计、电秒表及其他电仪器等，检查系统或元件的技术参数是否合乎要求。

（2）部分停止法。暂时停止气动系统某部分的工作，观察对故障征兆的影响。

（3）试探反证法。试探性地改变气动系统中部分工作条件，观察对故障征兆的影响。

（4）比较法。用标准的或合格的元件代替系统中相同的元件，通过工作状况的对比，来判断被更换的元件是否失效。

任务实施 13-1　压印装置控制系统的使用与维护

在实际应用中，为了从各种可能的常见故障推理原因中出故障的真实原因，可根据上述推理原则和推理方法，快速、准确地找到故障的真实原因。

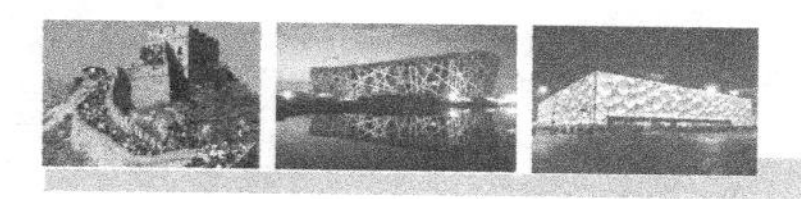

1. 压印装置气动控制原理图的分析

在分析故障诊断时，首先要对气动控制原理图进行仔细分析，分析压缩空气的工作路线，以及各元器件的控制状态，初步确定哪些元器件可能是故障产生的原因。

如图 13-2 所示为压印装置的控制原理图，当踏下启动按钮后，由于延时阀 1.6 已有输出，所以，双压阀 1.8 有压缩空气输出，使得主控阀 1.1 换向，压缩空气由主控阀的左位经单向节流阀 1.02 进入气缸 1.0 的左腔，使得气缸 1.0 伸出。

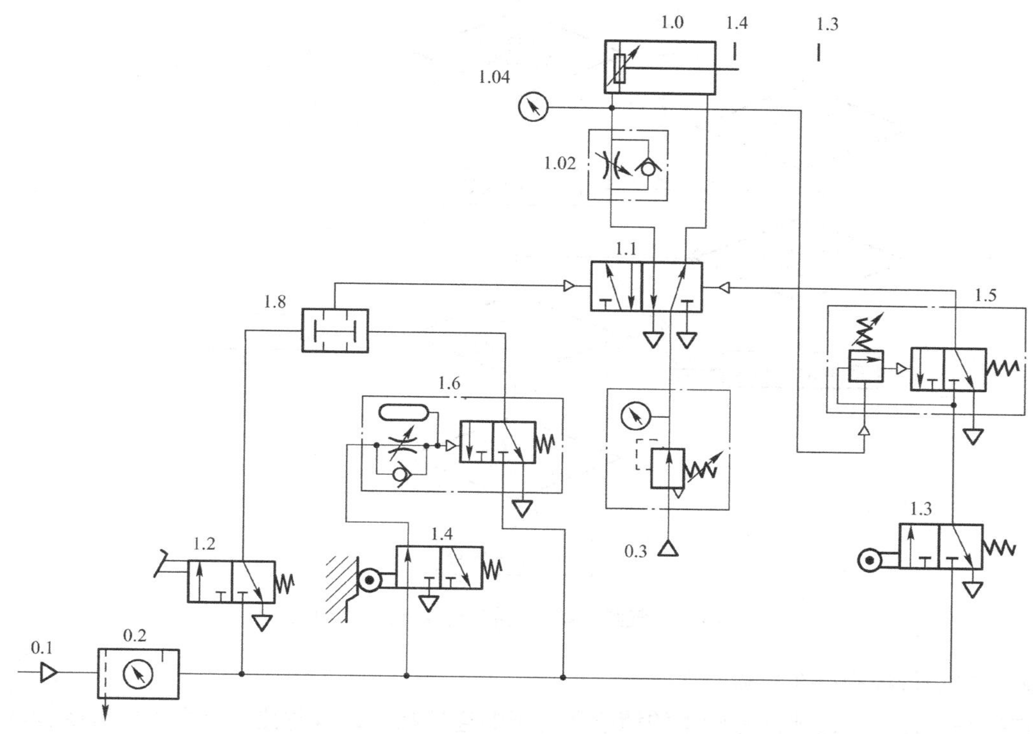

图 13-2　压印装置的控制原理图

如上述故障原因所述，踏下启动按钮气缸不动作，该故障有可能产生的元器件为气缸 1.0、单向节流阀 1.02、主控阀 1.1、压力控制阀 0.3、双压阀 1.8、延时阀 1.6、行程阀 1.4 及启动按钮 1.2。

2. 对系统进行故障诊断

绘出气缸不动作的故障诊断逻辑推理图，如图 13-3 所示。

首先查看单向节流阀 1.02 是否有压缩空气输出，如果有压缩空气输出，那就是气缸没有故障。如果没有压缩空气输出则有两种情况：一种是单向节流阀 1.02 有故障；另一种是主控阀 1.1 有故障。

在判别主控阀时，首先应当检查主控阀是否换向，若不换向则应当是控制信号没有输出或主控阀有故障，而主控阀换向则可能是主控阀 1.1 有故障或压力调节阀 0.3 有故障。

如果主控阀不换向，则原因是没有控制信号输出，也就是双压阀 1.8 没有压缩空气输出。双压阀没有压缩空气输出，有三种情况：一种是双压阀 1.8 有故障；第二种是启动按钮有故障或是延时阀没有信号输出；第三种是在延时阀没有信号输出时又存在两种情况，一是延时阀存

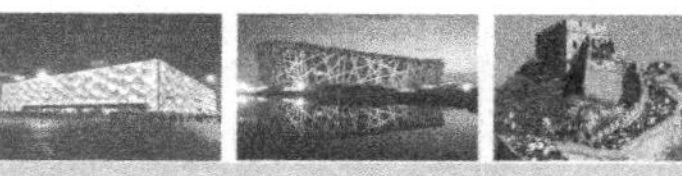

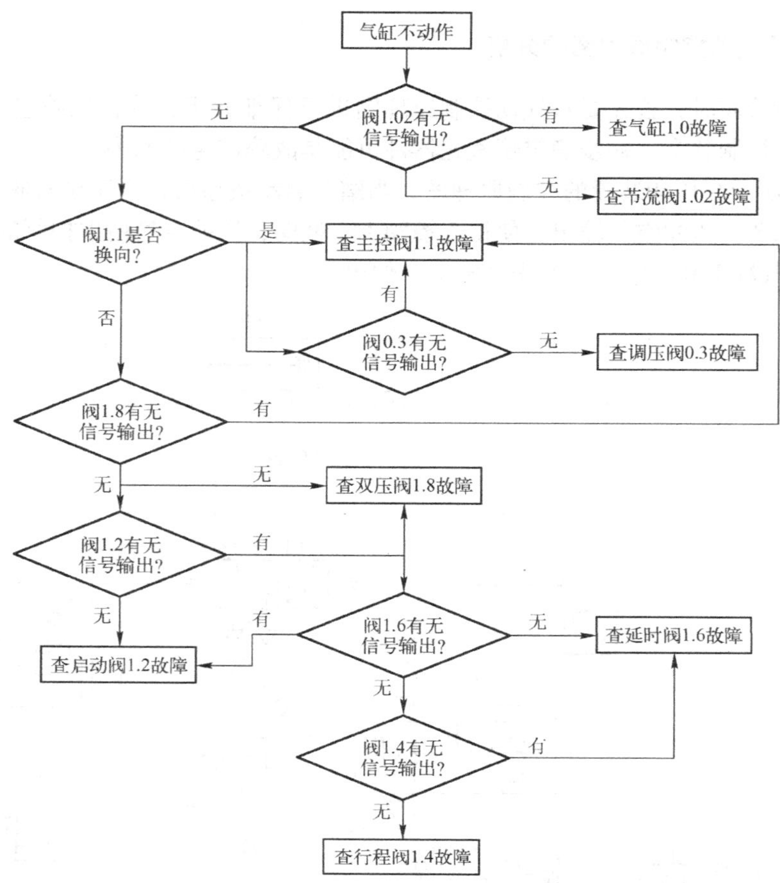

图 13-3　气缸不动作的故障诊断逻辑推理图

在故障，二是行程阀存在故障。

在检查过程中，还要注意管子的堵塞和管子的连接状况，有时往往是管子堵塞或管接头没有正确连接所引起的故障。还要注意输出压缩空气的压力，有时可能有压缩空气输出，但压力较小，这主要是由泄漏引起的。检查漏气时常采用的方法是在各检查点涂肥皂液。

在系统中有延时阀时，还要注意延时阀的节流口是否关闭或者节流调节是否过小，节流口关闭或调节过小也会使延时阀延时过长而没有输出。

3. 工作任务单

姓　名		班　级		组　别		日　期	
工作任务	压印装置控制系统的使用与维护						
任务描述	完成压印装置的动作状态分析；在实训室连接完成压印装置的气动回路；完成故障分析						
任务要求	1. 正确分析压印装置的动作状态； 2. 正确在操作台上连接压印装置的气动回路，检查其动作； 3. 对压印装置产生气缸伸出后不回程的故障进行分析排除，对照逻辑推理框图分析有可能产生的故障原因； 4. 实训结束后对液压装置、使用工具进行整理并放回原处						
提交成果	故障诊断与分析报告						

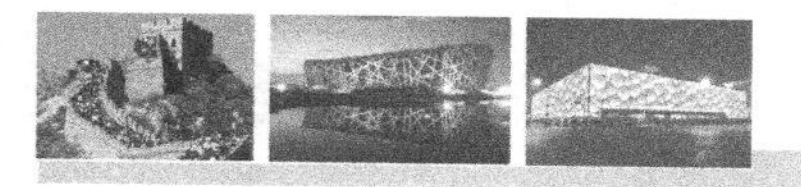

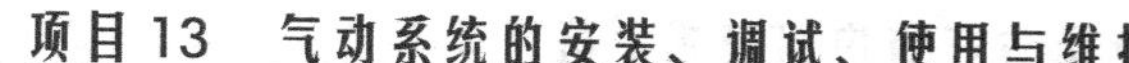

续表

<table>
<tr><td>姓 名</td><td></td><td>班 级</td><td></td><td>组 别</td><td></td><td>日 期</td><td></td></tr>
<tr><td rowspan="6">考核评价</td><td>序 号</td><td>考核内容</td><td>配 分</td><td colspan="3">评分标准</td><td>得 分</td></tr>
<tr><td>1</td><td>安全意识</td><td>20</td><td colspan="3">遵守安全规章、制度</td><td></td></tr>
<tr><td>2</td><td>工具的正确使用</td><td>10</td><td colspan="3">选择合适工具，正确使用工具</td><td></td></tr>
<tr><td>3</td><td>回路连接及动作正确</td><td>40</td><td colspan="3">正确连接元件，使动作正确</td><td></td></tr>
<tr><td>4</td><td>动作状态、故障排除分析</td><td>20</td><td colspan="3">动作状态及故障排除分析正确</td><td></td></tr>
<tr><td>5</td><td>团队协作</td><td>10</td><td colspan="3">与他人合作有效</td><td></td></tr>
<tr><td>指导教师</td><td colspan="2"></td><td colspan="4">总分</td><td></td></tr>
</table>

知识拓展17 气动系统常见故障解决方法

1. 气动执行元件（气缸）故障

由于气缸装配不当和长期使用，气动执行元件（气缸）易发生内、外泄漏，输出力不足和动作不平稳，缓冲效果不良，活塞杆和缸盖损坏等故障现象。

（1）气缸出现内、外泄漏，一般是因活塞杆安装偏心，润滑油供应不足，密封圈和密封环磨损或损坏，气缸内有杂质及活塞杆有伤痕等造成的。所以，当气缸出现内、外泄漏时，应重新调整活塞杆的中心，以保证活塞杆与缸筒的同轴度；须经常检查油雾器工作是否可靠，以保证执行元件润滑良好；当密封圈和密封环出现磨损或损坏时，须及时更换；若气缸内存在杂质，应及时清除；活塞杆上有伤痕时，应换新。

（2）气缸的输出力不足和动作不平稳，一般是因活塞或活塞杆被卡住、润滑不良、供气量不足，或缸内有冷凝水和杂质等原因造成的。对此，应调整活塞杆的中心；检查油雾器的工作是否可靠；供气管路是否被堵塞。当气缸内存有冷凝水和杂质时，应及时清除。

（3）气缸的缓冲效果不良，一般是因缓冲密封圈磨损或调节螺钉损坏所致。此时，应更换密封圈和调节螺钉。

（4）气缸的活塞杆和缸盖损坏，一般是因活塞杆安装偏心或缓冲机构不起作用而造成的。对此，应调整活塞杆的中心位置；更换缓冲密封圈或调节螺钉。

2. 换向阀故障

换向阀的故障有：阀不能换向或换向动作缓慢，气体泄漏，电磁先导阀有故障等。

（1）换向阀不能换向或换向动作缓慢，一般是因润滑不良、弹簧被卡住或损坏、油污或杂质卡住滑动部分等原因引起的。对此，应先检查油雾器的工作是否正常；润滑油的黏度是否合适。必要时，应更换润滑油，清洗换向阀的滑动部分，或更换弹簧和换向阀。

（2）换向阀经长时间使用后易出现阀芯密封圈磨损、阀杆和阀座损伤的现象，导致阀内气体泄漏，阀的动作缓慢或不能正常换向等故障。此时，应更换密封圈、阀杆和阀座，或将更换换向阀。

（3）若电磁先导阀的进、排气孔被油泥等杂物堵塞，封闭不严，活动铁芯被卡死，电路有故障等，均可导致换向阀不能正常换向。

对前三种情况应清洗先导阀及活动铁芯上的油泥和杂质。而电路故障一般又分为控制电路

故障和电磁线圈故障两类。在检查电路故障前，应先将换向阀的手动旋钮转动几下，看换向阀在额定的气压下是否能正常换向，若能正常换向，则是电路有故障。检查时，可用仪表测量电磁线圈的电压，看是否达到了额定电压，如果电压过低，应进一步检查控制电路中的电源和相关联的行程开关电路。如果在额定电压下换向阀不能正常换向，则应检查电磁线圈的接头（插头）是否松动或接触不实。方法是，拔下插头，测量线圈的阻值，如果阻值太大或太小，说明电磁线圈已损坏，应更换。

3. 调压阀故障

调压阀的故障有压力调不高、压力上升缓慢等。

（1）压力调不高，往往是因调压弹簧断裂或膜片破裂而造成的，必须换新。

（2）压力上升缓慢，一般是因过滤网被堵塞或下部密封圈阻力过大引起的，应拆下清洗或更换密封圈。

（3）平衡状态下，空气从溢流口溢流。故障原因可能是膜片破裂、阀杆顶端和溢流阀座之间密封漏气或研配质量不好、进气阀和溢流阀座有尘埃。应相应更换膜片、更换密封圈或重新研配、取下清洗等。

（4）出口压力发生激烈波动或不均匀变化。其原因为阀杆或进气阀芯上的 O 形密封圈表面损伤、进气阀芯与阀座之间导向接触不好。需更换 O 形密封圈、整修或更换阀芯。

4. 气动辅助元件故障

气动输助元件的故障主要有：油雾器故障，自动排污器故障，消声器故障等。

（1）油雾器的故障。例如，调节针的调节量太小、油路堵塞、管路漏气等都会使液态油滴不能雾化。对此，应及时处理堵塞和漏气的地方，调整滴油量，使其达到 5 滴/min 左右。正常使用时，油杯内的油面要保持在上、下限范围之内。对油杯底都沉积的水分应及时排除。

（2）自动排污器内的油污和水分有时不能自动排除，特别是在冬季温度较低的情况下尤为严重。此时，应将其拆下并进行检查和清洗。

（3）当换向阀上装的消声器太脏或被堵塞时，也会影响换向阀的灵敏度和换向时间，故要经常清洗消声器。

5. 气动调节阀常见故障和排除方法（见表 13–1）

表 13–1　气动调节阀常见故障和排除方法

故障现象	产生原因	简要的处理方法
阀门未动作	无气源或气源压力不足	检查并处理气源故障
	执行机构故障	修复故障部件
	阀杆或阀轴卡住	修复或更换
	阀内件损坏而卡住	更换新件后或修复后重装
	阀芯在阀座内卡死	修复或更换
	流向不对使阀芯受力过大脱落	改回正确的安装方向
	供气管路断裂或变形	更换新的管路
	供气接头损坏或泄漏	更换或修复
	调节器无输出信号	修复故障元件
	阀门定位器或电气切换阀故障	修复或更换

续表

故障现象	产生原因	简要的处理方法
阀内件磨损	流体流速过高	增大阀门或阀内件尺寸以降低流速
	流体中有颗粒	增大阀内件材料的硬度
	产生空化和闪蒸作用	改用低压力恢复阀门避免空化
阀芯与阀座间泄漏	阀芯与阀座结合面有磨损或腐蚀	修正结合面
	执行机构作用力太小	检查并调整执行机构
	阀座螺纹受到腐蚀或松动	拧紧或修复更换阀座
阀座环与阀体间泄漏	阀座环未拧紧	拧紧或修复更换阀座
	结合面间有杂物或加工准确度不够	清理干净或重新加工
	结合面间的密封垫选用得不合适	修整或更换合适的密封垫
	阀体上有微孔	按规定进行补焊处理
填料泄漏	阀杆弯曲	将阀杆校直
	阀杆的表面粗糙度不够	将阀杆抛光
	填料压盖未压紧	重新紧固
	填料压盖变形或损坏	修复或更换
	填料类型或尺寸选用不当	重新选取并更换填料
	填料受腐蚀或产生变形	重新选用性能适当的填料
	填料层堆积或填充方法不当	加装填料环并重新装填
上下阀盖与阀体间泄漏	结合面缝隙未紧固严密	加大力矩重新紧固
	结合面之间混入杂物或不光洁	清洁、修整结合面和密封垫
	阀盖裂纹或紧固螺栓处泄漏	查找泄漏点并消除
气缸活塞密封处泄漏	活塞环安装不到位未密封好	重新正确安装
	密封环的选用类型不当	按照要求重新选取
	密封环材料的使用温度偏低	根据使用温度重新选择
	气缸表面粗糙度差或内径偏差大	研磨气缸修复内径
	使用周期到，密封件损坏	更换新的密封件

自我评价13

1. 填空题

（1）压缩空气的质量对气动系统性能的影响极大，它若被污染将使管道和元件锈蚀、密封件变形、堵塞，使系统不能正常工作。压缩空气的污染主要来自________三方面。

（2）清除压缩空气中油分的方法有：较大的油分颗粒，通过________的分离作用同空气分开，再经设备底部排污阀排除；较小的油分颗粒，则可通过________吸附作用清除。

（3）气动系统日常维护的主要内容是________的管理和________的管理。

（4）要注意油雾器的工作是否正常，如果发现油量没有减少，需及时________油雾器。

（5）气动系统的大修时间间隔为________。其主要内容是检查系统________，判定其性能和寿命，并对平时产生故障的部位进行________元件，排除修理间隔期内一切可能产生故障的因素。

2. 简答题

（1）压缩空气污染的主要来源是什么？

（2）气动系统的大修时间间隔为多少？其主要内容是什么？

（3）气动系统的故障诊断方法有哪些？

附录A 常用液压与气动元件图形符号（GB/T 786.1—1993）

表A-1 基本符号、管路及连接

名称	符号	名称	符号
液压	▶	气动	▷
工作管路	――――――――	控制管路	----------
组合元件框线	—‥———‥—	泄油管线	----------
连接管路		交叉管路	
柔性管路		油箱	
连续放气装置		间断放气装置	
单向放气装置		直接排气口	
带连接排气口		带单向阀快换接头	
不带单向阀快换接头		旋转接头	

表A-2 控制机构和控制方法

名称	符号	名称	符号
人力控制一般符号		按钮式人力控制	
拉钮式人力控制		按拉式人力控制	
手柄式人力控制		踏板式人力控制	
双向踏板式人力控制		顶杆式机械控制	
可变行程机械控制		弹簧控制	
滚轮式机械控制		单向滚轮式机械控制	
单作用电磁铁		双作用电磁铁	

续表

名　称	符　号	名　称	符　号
单作用可调电磁铁		加压或卸压控制	
内部压力控制		外部压力控制	
气压先导控制		液压先导控制	
电磁 – 液压先导控制		电磁 – 气压先导控制	

表 A–3　泵、马达和缸

名　称	符　号	名　称	符　号
泵的一般符号	液压泵　气泵	单向定量液压泵	
双向定量液压泵		单向变量液压泵	
双向变量液压泵		单向定量马达	
双向定量马达		摆动马达	
液压源		气压源	
单作用缸	弹簧压出	单作用缸	弹簧压入
双作用单活塞缸		双作用双活塞缸	
单向缓冲气缸		双向缓冲气缸	
单作用伸缩气缸		单作用伸缩液压缸	

表 A-4 控制元件

名　称	符　号	名　称	符　号
二位二通换向阀		二位三通换向阀	
二位四通换向阀		二位五通换向阀	
三位四通换向阀		三位五通换向阀	
无弹簧单向阀		有弹簧单向阀	
液控单向阀		或门型梭阀	
与门型梭阀		快速排气阀	
直动式溢流阀		先导式溢流阀	
减压阀		溢流式减压阀	
先导式减压阀		直动式顺序阀	
先导式顺序阀		卸荷阀	
固定式节流阀		可调节流阀	
调速阀		分流阀	

表 A-5 辅助元件

名 称	符 号	名 称	符 号
过滤器	粗 精	空气过滤器	人工 自动
分水过滤器	人工 自动	除油器	人工 自动
空气干燥器		油雾器	
气源调节装置		冷却器	
加热器		压力指示器	
压力计		压差计	
液位计		流量计	
温度计		蓄能器	
贮气罐		消声器	
压力继电器		行程开关	

参考文献

[1] 徐小东，韩京海，王磊. 液压与气动应用技术 [M]. 北京：电子工业出版社，2009.
[2] 周进民. 液压与气动技术 [M]. 成都：西南交通大学出版社，2009.
[3] 左健民. 液压与气动技术 [M]. 北京：机械工业出版社，2008.
[4] 金英姬. 液压气动技术及应用 [M]. 北京：化学工业出版社，2009.
[5] 陈立群. 液压传动与气动技术 [M]. 北京：中国劳动社会保障出版社，2006.
[6] SMC（中国）有限公司. 现代实用气动技术 [M]. 3 版. 北京：机械工业出版社，2006.
[7] 赵静一，曾辉，李侃. 液压气动系统常见故障分析与处理 [M]. 北京：化学工业出版社，2009.
[8] 姜佩东. 液压传动与气动技术 [M]. 北京：高等教育出版社，2006.